Vorkurs der Ingenieurmathematik

Jürgen Wendeler

Vorkurs der Ingenieurmathematik

2., korrigierte und erweiterte Auflage

Mit 260 Aufgaben und Lösungen,
382 durchgerechneten Beispielen
sowie 274 Abbildungen

Prof. Dipl.-Ing. Jürgen Wendeler war Professor an
der ehemaligen Fachhochschule der Telekom, Dieburg

Bibliografische Information der Deutschen Nationalbibliothek

Die Deutsche Nationalbibliothek verzeichnet diese Publikation in der Deutschen Nationalbibliografie; detaillierte bibliografische Daten sind im Internet über http://dnb.d-nb.de abrufbar.

ISBN 978-3-8171-1670-6

Dieses Werk ist urheberrechtlich geschützt.
Alle Rechte, auch die der Übersetzung, des Nachdrucks und der Vervielfältigung des Buches – oder von Teilen daraus – sind vorbehalten. Kein Teil des Werkes darf ohne schriftliche Genehmigung des Verlages in irgendeiner Form (Fotokopie, Mikrofilm oder ein anderes Verfahren), auch nicht für Zwecke der Unterrichtsgestaltung, reproduziert oder unter Verwendung elektronischer Systeme verarbeitet werden. Zuwiderhandlungen unterliegen den Strafbestimmungen des Urheberrechtsgesetzes.

Nachdruck der 2., korrigierten und erweiterten Auflage 2002, 2007
©Wissenschaftlicher Verlag Harri Deutsch, Frankfurt am Main, 2007
Druck: freiburger graphische betriebe <www.fgb.de>
Printed in Germany

Vorwort

Dieses Buch dient der Vorbereitung auf ein Ingenieurstudium. Es entstand aus einer Reihe von Aufsätzen, die der Autor in den Unterrichtsblättern der Deutschen Telekom AG veröffentlicht hat und deren methodische Gestaltung Anerkennung fand. Bei der Zusammenfassung der Aufsätze zum vorliegenden Buch wurden dem gesteckten Ziel entsprechend wesentliche Ergänzungen und Erweiterungen vorgenommen.

Behandelt werden Rechenoperationen bis zum Logarithmieren, Funktionen einschließlich der trigonometrischen Funktionen, Gleichungen, Berechnungen am Dreieck, Vieleck und Kreis, Körperberechnungen und Grundlagen der Vektorrechnung. Neu hinzugekommen in der vorliegenden zweiten Auflage ist ein Kapitel über die algebraischen rationalen Funktionen. Damit ist im wesentlichen das Gebiet der Elementarmathematik erfaßt, und das Buch erhält für alle, die diesen Bereich der Mathematik wiederholen und festigen wollen, eine eigenständige Bedeutung.

Der Autor hat besonders auf Anschaulichkeit und Verständlichkeit des Lehrstoffs geachtet und am Anfang eine etwas breitere Darstellung gewählt, denn sichere Kenntnisse und Fertigkeiten in der Arithmetik sind eine unentbehrliche Grundlage für das weitere Studium.

Zahlreiche durchgerechnete Beispiele und Abbildungen unterstützen das methodische Anliegen des Buches. Die große Zahl von Aufgaben einschließlich Lösungen dient der Festigung des Lehrstoffs, seiner sicheren Anwendung sowie der notwendigen Selbstkontrolle für den Leser.

Das Buch ist zum Gebrauch neben Lehrveranstaltungen, aber auch in vollem Umfang zum Selbststudium geeignet. Der Autor dankt dem Verlag für die gute Zusammenarbeit bei der Entstehung dieses Buches.

Dieburg, im März 2002 J. Wendeler

Anregungen und Hinweise für Ergänzungen und Verbesserungen nehmen Verlag und Autor dankend entgegen.

Verlag Harri Deutsch
Gräfstr. 47
60486 Frankfurt am Main
E-Mail: verlag@harri-deutsch.de
http://www.harri-deutsch.de

Inhaltsverzeichnis

I Grundlagen

1 Bestimmte und allgemeine Zahlen 2
   1.1 Geschichtliches, Zahldarstellung, Zahlensysteme 2
      1.1.1 Geschichtliches 2
      1.1.2 Zahldarstellung 2
      1.1.3 Zahlensysteme 3
   1.2 Bestimmte Zahlen, allgemeine Zahlen 4
      1.2.1 Bestimmte Zahlen 4
      1.2.2 Allgemeine Zahlen 5
   1.3 Grundrechenarten für ganze Zahlen 6
      1.3.1 Die Addition 6
      1.3.2 Die Subtraktion 7
      1.3.3 Die Multiplikation 7
      1.3.4 Das Quadrat einer Zahl, der Potenzbegriff 8
      1.3.5 Die Division 9
   1.4 Brüche 9
      1.4.1 Bruchrechnung 10
      1.4.2 Dezimalbrüche 13
   1.5 Proportionen 15
      1.5.1 Definition und Eigenschaften 15
      1.5.2 Direkte und indirekte Proportionalität 18
      1.5.3 Prozentrechnung 19
   1.6 Aufgaben 21

2 Klammern, Terme, Summen 24
   2.1 Klammern 24
      2.1.1 Einführung in die Klammerrechnung 24
      2.1.2 Mehrere Klammern, Schachtelungen 25
   2.2 Terme, Summen 25
      2.2.1 Definition des Begriffes Term 25
      2.2.2 Erklärung der Summe, Summanden 26
      2.2.3 Addition und Subtraktion zweier Summen 27
      2.2.4 Multiplikation einer Summe mit einer Zahl, Ausklammern eines Faktors 28

		2.2.5	Multiplikation zweier Summen	28
		2.2.6	Binomische Formeln	29
		2.2.7	Division einer Summe durch eine Zahl, Kürzen	35
		2.2.8	Division einer Summe durch eine Summe, Bruchterme, Zerlegen in Faktoren	36
	2.3	Aufgaben	41
3	Mengen			45
	3.1	Definition		45
	3.2	Relationen und Operationen mit Mengen		46
	3.3	Aussagen und Aussageformen		49
	3.4	Aufgaben		50

II Funktionen und Gleichungen

4	Lineare Gleichungen, Determinanten				54
	4.1	Gleichungen			54
		4.1.1	Definition		54
		4.1.2	Bedeutung der Gleichung		54
		4.1.3	Geschichtliches		55
		4.1.4	Einteilung der Gleichungen		55
			4.1.4.1	Identische Gleichungen	55
			4.1.4.2	Funktionsgleichungen	56
			4.1.4.3	Bestimmungsgleichungen	56
	4.2	Das Lösen von Bestimmungsgleichungen			57
		4.2.1	Lineare Gleichungen mit einer Unbekannten		58
		4.2.2	Zwei lineare Gleichungen mit zwei Unbekannten		60
		4.2.3	Drei lineare Gleichungen mit drei Unbekannten		62
		4.2.4	n lineare Gleichungen mit n Unbekannten		64
	4.3	Gleichungssysteme und Determinanten			65
		4.3.1	Zweireihige Determinanten, Cramer-Regel		65
		4.3.2	Dreireihige Determinanten, Regel von Sarrus		69
		4.3.3	Determinantengesetze		71
		4.3.4	n-reihige Determinanten		75
	4.4	Ungleichungen			76
		4.4.1	Definitionen		76
		4.4.2	Rechengesetze für Ungleichungen		76
		4.4.3	Intervalle		77
		4.4.4	Lineare Ungleichungen		78
			4.4.4.1	Lineare Ungleichungen mit einer Variablen	78
			4.4.4.2	Lineare Ungleichungen mit zwei Variablen	79
			4.4.4.3	Systeme linearer Ungleichungen mit zwei Variablen	80
	4.5	Aufgaben			81

5 Funktionen ... 87
- 5.1 Definition und Darstellung von Funktionen ... 87
  - 5.1.1 Der Funktionsbegriff ... 87
  - 5.1.2 Darstellung von Funktionen ... 88
    - 5.1.2.1 Die Funktionstafel ... 88
    - 5.1.2.2 Die Funktionsgleichung ... 90
    - 5.1.2.3 Die Funktionskurve ... 93
- 5.2 Die lineare Funktion ... 96
  - 5.2.1 Definition und graphische Darstellung ... 96
  - 5.2.2 Graphische Lösung einer linearen Gleichung ... 103
  - 5.2.3 Graphische Lösung von linearen Gleichungssystemen mit zwei Unbekannten ... 105
  - 5.2.4 Anwendungsbezogene Beispiele ... 108
- 5.3 Die Umkehrfunktion ... 113
- 5.4 Aufgaben ... 115

6 Potenzrechnung, die Potenzfunktion ... 117
- 6.1 Einführung ... 117
  - 6.1.1 Begriff der Potenz, Definitionen ... 117
  - 6.1.2 Geschichtliches ... 118
- 6.2 Potenzgesetze (Rechengesetze der Potenzen) ... 118
  - 6.2.1 Addition/Subtraktion von Potenzen ... 118
  - 6.2.2 Multiplikation von Potenzen ... 119
    - 6.2.2.1 Potenzen mit gleichen Exponenten ... 119
    - 6.2.2.2 Potenzen mit gleichen Basen ... 119
  - 6.2.3 Division von Potenzen ... 119
    - 6.2.3.1 Potenzen mit gleichen Exponenten ... 119
    - 6.2.3.2 Potenzen mit gleichen Basen ... 119
  - 6.2.4 Potenzieren einer Potenz ... 121
- 6.3 Anwendungen ... 121
- 6.4 Die Potenzfunktion ... 123
  - 6.4.1 Definition ... 123
  - 6.4.2 Graphen der Potenzfunktionen ... 124
    - 6.4.2.1 Parabeln ... 124
    - 6.4.2.2 Hyperbeln ... 132
  - 6.4.3 Anwendungen ... 135
- 6.5 Aufgaben ... 137

7 Wurzelrechnung, Wurzelfunktionen ... 140
- 7.1 Einführung ... 140
  - 7.1.1 Grundbegriffe und Definitionen ... 140
  - 7.1.2 Quadratwurzel ... 142
  - 7.1.3 Kubikwurzel ... 143
  - 7.1.4 Rationale und irrationale Zahlen ... 144

		7.1.5	Geschichtliches	146

- 7.2 Rechengesetze für Wurzeln 146
    - 7.2.1 Wurzeln als Potenzen mit gebrochenen Exponenten 146
    - 7.2.2 Addition und Subtraktion von Wurzeln 148
    - 7.2.3 Multiplikation von Wurzeln mit gleichen Wurzelexponenten 148
    - 7.2.4 Division von Wurzeln mit gleichen Wurzelexponenten 149
    - 7.2.5 Radizieren von Potenzen 150
    - 7.2.6 Radizieren von Wurzeln 151
    - 7.2.7 Wurzeln mit verschiedenen Exponenten 151
- 7.3 Rationalmachen des Nenners 152
- 7.4 Wurzelfunktionen 154
- 7.5 Aufgaben 158

8 Quadratische und Wurzelgleichungen 161

- 8.1 Definitionen 161
- 8.2 Lösungsverfahren 162
    - 8.2.1 Sonderfälle 162
        - 8.2.1.1 Rein quadratische Gleichungen 162
        - 8.2.1.2 Quadratische Gleichungen mit fehlendem Absolutglied 164
    - 8.2.2 Gemischt-quadratische Gleichungen 165
        - 8.2.2.1 Quadratische Ergänzung, die p-q-Formel 165
        - 8.2.2.2 Lösung in allgemeiner Form 169
        - 8.2.2.3 Graphische Lösungen 170
- 8.3 Geschichtliches 172
- 8.4 Anwendungsbeispiele 173
- 8.5 Wurzelgleichungen 175
- 8.6 Aufgaben 177

9 Exponential- und Logarithmusfunktion 179

- 9.1 Exponentialfunktion 179
    - 9.1.1 Grundbegriffe und Definition 179
    - 9.1.2 Graphische Darstellung 180
    - 9.1.3 e-Funktion 182
- 9.2 Logarithmische Funktion, Logarithmenrechnung 186
    - 9.2.1 Logarithmische Funktion 186
    - 9.2.2 Rechnen mit Logarithmen 190
    - 9.2.3 Geschichtliches 195
    - 9.2.4 Exponentialgleichungen 196
    - 9.2.5 Funktionspapiere mit logarithmischem Maßstab 200
        - 9.2.5.1 Einfach-logarithmisches Papier 201
        - 9.2.5.2 Doppelt-logarithmisches Papier 203
- 9.3 Aufgaben 205

10 Trigonometrische Funktionen ... 207
- 10.1 Winkel ... 207
  - 10.1.1 Definition ... 207
  - 10.1.2 Grad- und Bogenmaß ... 208
  - 10.1.3 Winkel an Geraden und Parallelen ... 213
- 10.2 Winkelfunktionen ... 215
  - 10.2.1 Definition der Winkelfunktionen ... 215
  - 10.2.2 Darstellung der Winkelfunktionen am Einheitskreis ... 219
  - 10.2.3 Graphen und Eigenschaften der Winkelfunktionen ... 223
    - 10.2.3.1 Die Graphen der Winkelfunktionen ... 223
    - 10.2.3.2 Periodizität ... 224
    - 10.2.3.3 Definitions- und Wertebereich ... 224
    - 10.2.3.4 Symmetrieeigenschaften ... 225
- 10.3 Additionstheoreme ... 226
  - 10.3.1 Herleitung ... 226
  - 10.3.2 Funktionen des doppelten Winkels ... 228
  - 10.3.3 Summe und Differenz der sin- und cos-Werte zweier Winkel ... 229
  - 10.3.4 Quadrantenrelationen ... 230
- 10.4 Arkusfunktionen ... 231
  - 10.4.1 Definition ... 231
  - 10.4.2 Graphische Darstellung der Arkusfunktionen ... 232
  - 10.4.3 Darstellung am Einheitskreis ... 233
  - 10.4.4 Beziehungen zwischen den Arkusfunktionen ... 234
  - 10.4.5 Bestimmung von Winkeln mit den Arkusfunktionen ... 234
- 10.5 Goniometrische Gleichungen ... 235
- 10.6 Sinusfunktion, harmonische Schwingungen ... 239
- 10.7 Aufgaben ... 244

11 Algebraische rationale Funktionen ... 246
- 11.1 Einteilung der Funktionen ... 246
- 11.2 Algebraische ganzrationale Funktionen ... 246
  - 11.2.1 Grundbegriffe ... 246
  - 11.2.2 Horner-Schema ... 255
- 11.3 Algebraische gebrochene rationale Funktionen ... 257
  - 11.3.1 Definitionen ... 257
  - 11.3.2 Besondere Eigenschaften der gebrochenen rationalen Funktion ... 259
    - 11.3.2.1 Nullstellen ... 259
    - 11.3.2.2 Polstellen ... 260
    - 11.3.2.3 Lücken ... 264
    - 11.3.2.4 Asymptoten ... 266
  - 11.3.3 Partialbruchzerlegung ... 273
- 11.4 Aufgaben ... 277

III Geometrie und Vektorrechnung

12 Das Dreieck 280
    12.1   Allgemeines 280
    12.2   Die Kongruenz von Dreiecken 283
    12.3   Die Ähnlichkeit von Dreiecken 285
    12.4   Höhen, Mittelsenkrechte und Seitenhalbierende 287
    12.5   Flächeninhalt des Dreiecks 289
    12.6   Das rechtwinklige Dreieck 291
    12.7   Das gleichschenklige Dreieck 294
    12.8   Das gleichseitige Dreieck 295
    12.9   Berechnung des schiefwinkligen Dreiecks 295
            12.9.1   Allgemeines 295
            12.9.2   Der Sinussatz 296
            12.9.3   Der Cosinussatz 299
            12.9.4   Die Grundaufgaben der Dreiecksberechnung ... 301
    12.10 Aufgaben 304

13 Das Viereck, Vielecke 307
    13.1   Das allgemeine Viereck 307
    13.2   Spezielle Vierecke 309
    13.3   Das n-Eck 313
    13.4   Aufgaben 315

14 Der Kreis 317
    14.1   Definition, Umfang und Fläche 317
    14.2   Geraden, Strecken und Winkel am Kreis 318
    14.3   Kreissektor und Kreissegment 323
    14.4   Ähnlichkeitssätze am Kreis 325
    14.5   Zwei Kreise 327
    14.6   Aufgaben 330

15 Körperberechnung 332
    15.1   Allgemeines über Körper 332
    15.2   Der Quader 333
    15.3   Das Prisma 335
    15.4   Die Pyramide 338
    15.5   Der Zylinder 344
    15.6   Der Kegel 347
    15.7   Die Kugel 349
    15.8   Aufgaben 353

16 Grundlagen der Vektorrechnung 356
    16.1   Grundbegriffe, Definitionen 356
            16.1.1   Vektor und Skalar 356
            16.1.2   Definitionen 358

16.2	Rechengesetze		359
	16.2.1	Addition	359
	16.2.2	Subtraktion	360
	16.2.3	Multiplikation eines Vektors mit einem Skalar	361
16.3	Komponenten, Koordinaten, Richtungswinkel		363
16.4	Lineare Abhängigkeit von Vektoren		366
16.5	Skalares Produkt zweier Vektoren		372
	16.5.1	Definitionen	372
	16.5.2	Eigenschaften des skalaren Produktes	373
	16.5.3	Komponentendarstellung des Skalarproduktes	375
16.6	Vektorprodukt zweier Vektoren		377
	16.6.1	Definition	377
	16.6.2	Eigenschaften des Vektorproduktes	378
	16.6.3	Komponentendarstellung des Vektorproduktes	380
16.7	Spatprodukt		384
	16.7.1	Definition	384
	16.7.2	Geometrische Deutung des Spatproduktes	384
	16.7.3	Rechengesetze	386
16.8	Aufgaben		386

Lösungen 388

Sachwortverzeichnis 408

Teil I

Grundlagen

Kapitel 1

Bestimmte und allgemeine Zahlen

1.1 Geschichtliches, Zahldarstellung, Zahlensysteme

1.1.1 Geschichtliches

Zu Beginn allen mathematischen Denkens stand das Zählen. Die dazu benötigten Zahlzeichen oder Z i f f e r n stammen von den Indern und wurden von den A r a b e r n auf ihren Kriegszügen nach Europa gebracht, wo sie die bis dahin allgemein üblichen römischen Zahlzeichen verdrängten.

Die Verbreitung der *arabischen Ziffern* in weiten Kreisen der deutschen Bevölkerung und das Rechnen mit ihnen gelang erst dem berühmten Rechenmeister ADAM RIESE (1492–1559) durch sein im Jahr 1525 herausgegebenes Rechenbuch.

1.1.2 Zahldarstellung

Die wohl einfachste Form der Zahldarstellung ist das S t r i c h s y s t e m, wie es bei den sog. Kerbhölzern zum Notieren von Schulden üblich war (daher auch die Redewendung: Er hat etwas auf dem Kerbholz). Für größere Zahlen ging bei diesem Verfahren der Überblick verloren. Deshalb faßte man eine bestimmte Anzahl von Strichen zu Gruppen zusammen (Fünfergruppe, Zehnergruppe ...) und gab diesen Gruppen neue Zahlzeichen. Dieses Verfahren führte zum sog. A d d i t i o n s - s y s t e m, dessen bekanntestes Beispiel die römische Zahlenschreibweise ist:

Von den Grundzeichen (I=1; X=10; C=100; M=1000) werden je zehn zur nächsthöheren Gruppe zusammengefaßt; dazu gibt es noch Hilfszeichen (V=5; L=50; D=500). Durch Addieren (lateinisch *addere*, hinzufügen) der einzelnen Zeichen lassen sich größere Zahlen darstellen. Steht ein Zeichen (Ziffer) links neben einem höheren Zeichen, bedeutet das eine Subtraktion. Damit wird die viermalige Wiederholung eines Zeichens vermieden.

Beispiel 1.1
$$\begin{aligned} 1879 &= \text{MDCCCLXXIX} \\ &= 1000 + 500 + 100 + 100 + 100 + 50 + 10 + 10 - 1 + 10 \\ 1993 &= \text{MXMIII} \\ &= 1000 - 10 + 1000 + 1 + 1 + 1 \end{aligned}$$

(Häufig wird auch die Schreibweise MCMLXXXXIII oder MCMXCIII verwendet.) Auch dieses Verfahren erwies sich bei noch größeren Zahlen und vor allem beim Addieren als sehr umständlich.

1.1.3 Zahlensysteme

Deshalb traf es sich gut, daß die Araber mit den indischen Zahlenzeichen auch das von den Indern stammende Positionssystem[1]) nach Europa brachten, das erst die Darstellung von beliebig großen Zahlen in der heutigen einfachen Form mittels neun Ziffern und der Null als Zeichen für eine leere Stelle ermöglichte.

In diesem System werden je zehn Einheiten (Einer, E) zu einer neuen Gruppe, den Zehnern, Z, zusammengefaßt; davon wieder zehn zu einem Hunderter, H, usw. Jedoch wird für diese übergeordneten Gruppen - und das macht dieses System jetzt so übersichtlich und einfach - kein neues Zeichen wie bei den Römern eingeführt, sondern sie werden *durch ihre Stellung* innerhalb des ganzen Zahlzeichens *kenntlich gemacht*. In dem römischen Zeichen III für drei hat jede der drei Ziffern den Zahlenwert 1, und da es sich um ein Additionssystem handelt, ergibt sich die ganze Zahl durch Addition der drei Einzelwerte. In dem Zahlzeichen 111 für einhundertelf haben ebenfalls alle drei Ziffern den Zahlenwert 1, jedoch stehen sie innerhalb des ganzen Zahlzeichens an verschiedenen Stellen. Sie haben also v e r s c h i e d e n e   S t e l l e n w e r t e, und zwar steht der niedrigste Stellenwert - der Einer - am weitesten rechts.

Beispiel 1.2:
$$\begin{aligned} 1993 &= 1T + 9H + 9Z + 3 \\ &= 1000 + 900 + 90 + 3 \\ &= 1 \cdot 10^3 + 9 \cdot 10^2 + 9 \cdot 10^1 + 3 \cdot 10^0 \end{aligned}$$

[Über die Schreibweise und Bedeutung von $10^3, \ldots, 10^0$ siehe Abschnitt 6.1] Da jeweils zu Zehnergruppen zusammengefaßt wird, spricht man von einem *dekadischen* (griechisch *deka*, zehn) Positionssystem oder von einem *Dezimalsystem* (lat. *decem*, zehn). Die Zahl zehn heißt auch B a s i s (Grundzahl) des Systems. Andere Zahlensysteme wie das *Zwölfersystem* (sprachliche Überreste: Dutzend, Gros) oder das *Sechzigersystem* (Sexagesimalsystem) der Babylonier (Überreste: 1 Stunde = 60 Minuten = 60 · 60 Sekunden), haben sich nicht halten können. Dafür hat ein anderes Zahlensystem, das D u a l s y s t e m (lat. *duo*, zwei), auch

---
[1]) *Position* hier in der Bedeutung: Stelle Lage Standort.

Zweiersystem oder Binärsystem (lat. *bini*, je zwei) genannt, als Rechenbasis der Computer (elektronischen Rechenanlagen) eine überragende Bedeutung gewonnen. - Entsprechend dem Dezimalsystem, bei dem man höchstens zehn Zeichen benötigt (0, 1, 2, ..., 9), um eine Zahl anschreiben zu können, braucht man beim Dualsystem nur zwei Zeichen (0, 1 oder O, L). Damit wird die Darstellung einer Zahl sehr aufwendig, wie folgendes Beispiel zeigt.

Beispiel 1.3:
$$\begin{aligned}
1993_{10} &= \text{LLLLLOOLOOL}_2 \\
&= 2^{10} + 2^9 + 2^8 + 2^7 + 2^6 + 0 \cdot 2^5 + 0 \cdot 2^4 + 2^3 + 0 \cdot 2^2 \\
&\quad + 0 \cdot 2^1 + 2^0 \\
&= 1024 + 512 + 256 + 128 + 64 + 8 + 1
\end{aligned}$$

[Die Indizes (lat. *Index*, Anzeiger) 10 und 2 in der ersten Zeile geben das Zahlensystem an; L ist das Besetztzeichen, O das Leerzeichen für eine Position in Dualsystem.]

Aber es ist technisch am einfachsten, im Computer elektrische und elektronische Bauelemente zu verwenden, die nur zwischen zwei verschiedenen Zuständen (entsprechend den zwei Zeichen des Dualsystems) unterscheiden müssen:

Durch einen Draht fließt entweder ein Strom oder nicht, ein Schalter ist entweder geschlossen oder offen, ein Magnetring ist entweder rechtsherum oder linksherum magnetisiert usw.

Bei der Bedienung eines Rechners werden die Zahlen als Dezimalzahlen eingegeben; der Rechner übersetzt sie dann ins Dualsystem, ehe er mit ihnen weiterrechnet.

1.2 Bestimmte Zahlen, allgemeine Zahlen

1.2.1 Bestimmte Zahlen

Ursprünglich kannte man nur die natürlichen Zahlen 1, 2, 3, ..., die man als Folge des Zählens erhält. Die Folge der natürlichen Zahlen ist unbegrenzt.

Graphisch (griechisch *graphein*, zeichnen) läßt sich die Folge durch den Zahlenstrahl darstellen. Man trägt auf einem waagerechten Strahl (Bild 1.1) vom Anfangspunkt 0 (lat. *origo*, Anfang) aus eine beliebige Einheit, z. B. 1 cm, wiederholt nach rechts ab. Auf diese Weise erhält man Bildpunkte, die man durch die natürli-

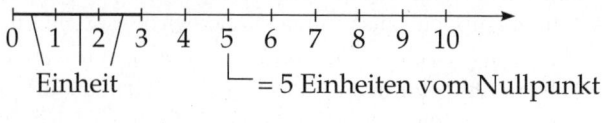

Bild 1.1

chen Zahlen 1, 2, 3, ... kennzeichnet. Der Ausgangspunkt 0 heißt Nullpunkt der Zählung. Die Zahlen geben den Abstand in Einheiten vom Nullpunkt an. Die Menge der natürlichen Zahlen wird mit N bezeichnet.

Bald schon genügten die natürlichen Zahlen nicht mehr den Ansprüchen des täglichen Lebens. So sind zwar 50 DM dem *Betrag* nach immer gleich; es ist aber ein Unterschied, ob man sie zu bekommen hat oder jemandem zahlen muß. Diesen Unterschied kennzeichnet man durch das *Vorzeichen*, mit dem der Betrag von 50 DM versehen wird. Im ersten Fall hat man 50 DM gut (Guthaben: +50 DM). Beträge mit einem P l u s z e i c h e n („und"-Zeichen, +) oder o h n e Vorzeichen nennt man p o s i t i v e Z a h l e n. Als ganze Zahlen entsprechen sie den bereits bekannten natürlichen Zahlen. Beträge mit einem M i n u s z e i c h e n („weniger"-Zeichen, −) nennt man n e g a t i v e Z a h l e n. Beide zusammen bilden die Menge Z der g a n z e n Z a h l e n.

Man bezeichnet den Schritt von den natürlichen zu den ganzen Zahlen als *erste Erweiterung des Zahlenbereiches*.

Die negativen Zahlen stellt man graphisch ebenfalls mittels eines Zahlenstrahles dar, der diesmal jedoch nach links orientiert ist (Bild 1.2).

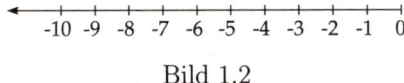

Bild 1.2

Faßt man beide Strahlen zusammen, so erhält man die Z a h l e n g e r a d e - sie besitzt keinen Anfang und kein Ende - und ist damit eine graphische Darstellung der ganzen Zahlen (Bild 1.3). Die Orientierung geschieht von links nach rechts in Richtung immer größerer Zahlen. Jede Zahl hat einen kleineren Vorgänger (z. B. $3 < 4$, „drei ist kleiner als vier", oder $-5 < -4$, „minus fünf ist kleiner als minus vier") und einen größeren Nachfolger (z. B. $5 > 4$, „fünf ist größer als vier", oder $-6 > -7$, „minus sechs ist größer als minus sieben").

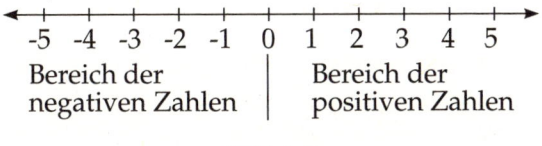

Bild 1.3

Zahlen, die vom Nullpunkt aus den gleichen Abstand haben, besitzen den gleichen *absoluten Betrag*. Man kennzeichnet den Betrag einer Größe, indem man sie in zwei senkrechte Striche, die Betragsstriche, einschließt, z. B. $|-3| = |+3| = 3$ (der Betrag von -3 ist gleich dem Betrag von $+3$, nämlich 3).

1.2.2 Allgemeine Zahlen

Alle hier bisher betrachteten Zahlen sind *bestimmte Zahlen*, weil sie eine genau bestimmte Anzahl von Einheiten angeben. Sie werden *mit Ziffern geschrieben* und spielen eine wichtige Rolle im täglichen Leben.

In der Mathematik jedoch, wo es darauf ankommt, allgemein gültige Formeln und Gesetzmäßigkeiten anzugeben und allgemeine Beweise zu führen, reichen bestimmte Zahlen allein nicht mehr aus. Das Einführen von Buchstaben zur Bezeichnung a l l g e m e i n e r Z a h l e n durch den französischen Mathematiker FRANCOIS VIÉTA (1540 - 1603) förderte deshalb den Ausbau der Mathematik, insbesondere der Arithmetik (griechisch *arithmos*, Zahl) ganz erheblich. - Schon ein Jahrhundert vor Viéta benutzte der deutsche JOHANNES MÜLLER (aus Königsberg in Franken) die Buchstaben zur Bezeichnung allgemeiner Zahlen. Sein frühzeitiger Tod verhinderte indes eine Ausbreitung dieser mathematischen Zeichensprache.

Bei der „Buchstabenrechnung" verwendet man gewöhnlich die kleinen Buchstaben des lateinischen Alphabets: a, b, c, ... (Ausnahme: Winkel werden mit griechischen Buchstaben gekennzeichnet). Sie stellen Zahlen dar, die keine bestimmte Einheit haben. Ihnen wird von Fall zu Fall nicht nur ein bestimmter Zahlenwert, sondern auch eine bestimmte Einheit zugeordnet. Dabei ist zu beachten, daß *ein und derselbe Buchstabe in einer Aufgabe stets ein und denselben Zahlenwert bedeutet.*

1.3 Grundrechenarten für ganze Zahlen

Ganze und allgemeine Zahlen lassen sich durch Rechenoperationen (Rechenarten) miteinander verknüpfen. Die vier bekanntesten, die sog. Grundrechenarten, sollen hier kurz wiederholt werden.

1.3.1 Die Addition

(lat. *addere*, hinzufügen)

Summand	plus	Summand	gleich	Summe		
3	+	4	=	7		
-3	+	4	=	$4-3$	=	1
-3	+	(-4)	=	$-3-4$	=	-7
3	+	(-4)	=	$3-4$	=	-1
allgemein:						
a	+	b	=	$a+b$		

Dabei gilt das k o m m u t a t i v e G e s e t z (lat. *commutare*, vertauschen):

$$\boxed{a+b=b+a} \tag{1.1}$$

- Bei der Addition ist die Reihenfolge der Summanden beliebig.

1.3.2 Die Subtraktion

(lat. *subtrahere*, abziehen)

Minuend	minus	Subtrahend	gleich	Differenz		
7	−	3	=	4		
7	−	8	=	−1		
7	−	(−3)	=	7 + 3	=	10
−7	−	3	=	−10		
−7	−	(−3)	=	−7 + 3	=	−4
allgemein:						
a	−	b	=	$a - b$		

Für b e i d e Rechenoperationen gilt:

- Gleiches Vorzeichen und Rechenzeichen ergeben eine Addition; ungleiches Vorzeichen und Rechenzeichen ergeben eine Subtraktion.

Addition und Subtraktion werden auch als Rechenoperationen erster Stufe bezeichnet. Rechenoperationen z w e i t e r S t u f e sind die Multiplikation (Abschnitt 1.3.3) und die Division (Abschnitt 1.3.5). Das Potenzieren (s. Abschnitt 1.3.4) gehört zur Rechenart dritter Stufe.

1.3.3 Die Multiplikation

(lat. *multiplicare*, vervielfältigen)

Multiplikator	mal	Multiplikand	gleich	Produkt
3	·	4	=	12
3	·	(−4)	=	−12
−3	·	(−4)	=	12
−3	·	4	=	−12
allgemein:				
a	·	b	=	ab

Auch hierbei gilt das kommutative Gesetz:

$$\boxed{a \cdot b = b \cdot a} \tag{1.2}$$

- Bei der Multiplikation ist die *Reihenfolge der Faktoren* beliebig (Multiplikator und Multiplikand werden normalerweise als Faktoren bezeichnet).

1.3.4 Das Quadrat einer Zahl, der Potenzbegriff

Multipliziert man eine Zahl mit sich selbst, so erhält man das *Quadrat der Zahl*.

Beispiel 1.4:
$$a \cdot a = a^2$$
in Worten: „a mal a gleich a-Quadrat"
oder „a mal a gleich a hoch 2".

Die Zahl auf der rechten Seite heißt Q u a d r a t z a h l. Quadratzahlen sind: 1; 4; 9; 16; 25; 36; 49; ... Das Wort „Quadrat" stammt aus der Geometrie (urspr. Landvermessung: Teil der Mathematik, die sich mit räumlichen Figuren und deren Darstellung befaßt) und kennzeichnet dort ein Rechteck gleicher Seitenlänge (Bild 1.4). Seinen Flächeninhalt A erhält man durch Multiplikation der Längen zweier aufeinander senkrecht stehender Seiten:
$$A = a \cdot a = a^2$$

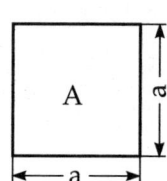 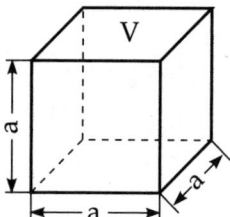

Bilder 1.4 und 1.5

Man sagt auch:
- Die Fläche eines Quadrates ist gleich der zweiten Potenz (a^2) seiner Seitenlänge (a).

Der neue Ausdruck „Quadrat" gehört wie auch die als Hochzahl geschriebene 2 zur P o t e n z r e c h n u n g (lat. *potentia*, Macht). a heißt *Basis* oder *Grundzahl*, die Hochzahl wird *Exponent* genannt (lat. *exponere*, herausstellen).

Bildet man das Produkt aus dreimal der gleichen Zahl als Faktor, erhält man eine K u b i k z a h l (lat. *cubus*, Würfel).

Beispiel 1.5:
$$a \cdot a \cdot a = a^3$$
in Worten: „a mal a mal a gleich a hoch drei".

Geometrisch läßt sich eine Kubikzahl deuten als das Volumen V (der Rauminhalt) eines Würfels (eines Quaders mit gleichen Kantenlängen):
$$V = a \cdot a \cdot a = a^3 \quad \text{(Bild 1.5)}$$

Man sagt:
- Das Volumen eines Würfels ist gleich der dritten Potenz (a^3) seiner Seitenlänge (a).

Kubikzahlen sind: 1; 8; 27; 64; 125; ...
Tritt allgemein eine Zahl a n-mal als Faktor in einem Produkt auf, also

$$a \cdot a \cdot a \cdot a \ldots a = a^n,$$

spricht man von der n-ten Potenz von a (gesprochen: „von der n-ten Potenz ...").
Für sie ist eine geometrische Deutung im 3-dimensionalen Raum nicht mehr möglich.

Abschließend läßt sich folgendes sagen:
- Ebenso wie man zur Vereinfachung des Addierens gleicher Summanden eine Rechenart zweiter Stufe, nämlich das Multiplizieren, eingeführt hat ($a + a + a + a = 4a$), hat man zur Vereinfachung der Multiplikation gleicher Faktoren eine Rechenart d r i t t e r Stufe, das Potenzieren (z. B. $a \cdot a \cdot a \cdot a \cdot a \cdot a = a^6$), eingeführt.

1.3.5 Die Division

(lat. *dividere*, teilen)

Dividend	durch	Divisor	gleich	Quotient
12	:	3	=	4
12	:	(-3)	=	-4
-12	:	(-3)	=	4
-12	:	3	=	-4
allgemein:				
a	:	b	=	$a : b$

Für die Rechenoperationen Multiplikation und Division gilt gleichermaßen:
- Gleiches Vorzeichen von Multiplikand und Multiplikator oder von Dividend und Divisor ergeben eine positive Zahl, ungleiche Vorzeichen ergeben eine negative Zahl.

Für die Division gilt noch zusätzlich:
- Durch Null darf nicht dividiert werden !
  (Zum Beispiel würde aus $7 : 0 = n$ folgen $\Rightarrow 7 = n \cdot 0$: das ist jedoch nicht möglich, da jede Zahl mit Null multipliziert, Null ergibt und nicht sieben.)

1.4 Brüche

Ist der Dividend
1. kleiner als der Divisor oder
2. nicht ohne Rest durch den Divisor teilbar,

erhält man eine neue Art von Zahlen, die sog. B r ü c h e. Das macht eine *zweite Erweiterung des Zahlenbereiches* notwendig: Brüche und ganze Zahlen bilden die Menge Q der r a t i o n a l e n Zahlen (lat. *ratio*, Verhältnis). Sie sind dadurch gekennzeichnet, daß sie sich durch das *Verhältnis zweier ganzer Zahlen* darstellen lassen.

Der erste Fall führt auf die e c h t e n B r ü c h e, bei denen der Zähler kleiner als der Nenner ist. (Bei Brüchen spricht man nicht mehr von Dividend und Divisor, sondern von *Zähler* und *Nenner*.)

Beispiel 1.6:
$$3 : 4 = \frac{3}{4}$$

Die Zahl oberhalb des Bruchstriches ist der Zähler, die unterhalb der Nenner. Der zweite Fall ergibt einen u n e c h t e n B r u c h, bei dem der Zähler größer als der Nenner und nicht ohne Rest durch den Nenner teilbar ist.

Beispiel 1.7:
$$13 : 4 = \frac{13}{4} = 3\frac{1}{4}$$

Rechnet man einen unechten Bruch aus, so erhält man eine g e m i s c h t e Z a h l ($3\frac{1}{4}$).
Ein Bruch, bei dem im Zähler eine 1 steht, heißt S t a m m b r u c h.

1.4.1 Bruchrechnung

Die vier Grundrechenarten lassen sich grundsätzlich auch auf Brüche anwenden. Vor der Addition (Subtraktion) müssen die Brüche jedoch *gleichnamig* gemacht werden, d. h., sie müssen auf den gleichen Nenner, den *Hauptnenner*, gebracht werden. Dazu werden Zähler und Nenner jedes Bruches mit dem gleichen Faktor multipliziert, der Bruch wird *erweitert*. Umgekehrt wird ein Bruch *gekürzt*, wenn Zähler und Nenner durch die gleiche Zahl dividiert werden.

Beispiel 1.8: Erweitern von Brüchen
$$\frac{2}{5} = \frac{2 \cdot 2}{5 \cdot 2} = \frac{4}{10}$$

$$\boxed{\frac{a}{b} = \frac{a \cdot c}{b \cdot c}} \tag{1.3}$$

Beispiel 1.9: Kürzen von Brüchen
$$\frac{24}{32} = \frac{24 : 8}{32 : 8} = \frac{3}{4} \qquad \frac{de}{efg} = \frac{de : e}{efg : e} = \frac{d}{fg}$$

(1.3) von rechts nach links gelesen bedeutet kürzen.

1.4 Brüche

Dabei gilt:
- Wird ein Bruch erweitert oder gekürzt, so bleibt sein Wert unverändert.
  Mit Null darf man weder erweitern noch kürzen.

Während das Erweitern eines Bruches in jedem Fall möglich ist, kann - wie das Beispiel 1.9 zeigt - ein Bruch nur dann gekürzt werden, wenn Zähler und Nenner jeweils Produkte mit mindestens e i n e m gemeinsamen Faktor sind. Mit diesen Kenntnissen werden die vier Grundrechenarten bei Brüchen durchgeführt.

Beispiel 1.10: Addition von Brüchen
$$\frac{3}{4} + \frac{1}{3} = \frac{3 \cdot 3}{4 \cdot 3} + \frac{1 \cdot 4}{3 \cdot 4} = \frac{9}{12} + \frac{4}{12} = \frac{9+4}{12} = \frac{13}{12} = 1\frac{1}{12}$$

(Der Hauptnenner ist 12.)

$$\boxed{\frac{a}{b} + \frac{c}{d} = \frac{a \cdot d}{b \cdot d} + \frac{c \cdot b}{d \cdot b} = \frac{ad + cb}{bd}} \tag{1.4}$$

(mit dem Hauptnenner bd)

Der Hauptnenner muß nicht unbedingt das Produkt der beiden Nenner ($4 \cdot 3 = 12$ oder bd) sein. Die Rechnung vereinfacht sich, wenn man statt dessen das „kleinste gemeinsame Vielfache" (KgV) der Nenner verwendet, falls es besteht. Unter dem KgV zweier Zahlen versteht man das kleinste Produkt, in dem beide Zahlen enthalten sind.

Beispiel 1.11: Das Kleinste gemeinsame Vielfache

von 4 und 12 ist 12, denn	$3 \cdot 4 = 12$ und
	$1 \cdot 12 = 12$;
von 24 und 36 ist 72, denn	$3 \cdot 24 = 72$ und
	$2 \cdot 36 = 72$;
von ab und ac ist abc, denn	$c \cdot ab = abc$ und
	$b \cdot ac = abc$.

Um das Kleinste gemeinsame Vielfache mehrerer Zahlen zu finden, werden die Zahlen in „Primfaktoren" zerlegt, d. h. in Faktoren, die selbst nicht mehr zerlegbar, also Primzahlen sind. Das Kleinste gemeinsame Vielfache ist dann das Produkt aller Primfaktoren, und jeder Faktor wird so oft angesetzt, wie er am häufigsten in einer Zahl vorkommt.

Beispiel 1.12: KgV von drei Zahlen

$$\begin{aligned}
56 &= 2 \cdot 2 \cdot 2 \cdot 7 \\
150 &= 2 \cdot 3 \cdot 5 \cdot 5 \\
105 &= 3 \cdot 5 \cdot 7 \\
\text{KgV} &: 2 \cdot 2 \cdot 2 \cdot 3 \cdot 5 \cdot 5 \cdot 7 = 4200
\end{aligned}$$

Beispiel 1.13: Subtraktion von Brüchen
$$\frac{d}{ab} - \frac{e}{ac} = \frac{dc}{abc} - \frac{be}{bac} = \frac{cd - be}{abc},$$

wobei auf den Hauptnenner abc das kommutative Gesetz der Multiplikation angewendet wurde.

Für die Addition (Subtrakton) von Brüchen gilt:
- Brüche werden addiert (subtrahiert), indem man sie zunächst gleichnamig macht und anschließend die Summe (Differenz) der Zähler durch den gemeinsamen Nenner, den Hauptnenner, dividiert.

Beispiel 1.14: Multiplikation von Brüchen
$$\frac{3}{4} \cdot \frac{5}{6} = \frac{3 \cdot 5}{4 \cdot 6} = \frac{3 \cdot 5}{4 \cdot 2 \cdot 3} = \frac{5}{4 \cdot 2} = \frac{5}{8}$$

Hier wurde die Drei gekürzt.

$$\boxed{\frac{a}{b} \cdot \frac{c}{d} = \frac{ac}{bd}} \qquad (1.5)$$

Für die Multiplikation von Brüchen gilt:
- Brüche werden miteinander multipliziert, indem man Zähler mit Zähler und Nenner mit Nenner multipliziert. Vor der Ausrechnung ist zu kürzen.

Beispiel 1.15: Division von Brüchen
$$\frac{4}{5} : \frac{16}{25} = \frac{4}{5} \cdot \frac{25}{16} = \frac{4 \cdot 25}{5 \cdot 16} = \frac{1 \cdot 5}{1 \cdot 4} = \frac{5}{4}$$

Hier wurde durch $4 \cdot 5$ gekürzt.

$$\boxed{\frac{a}{b} : \frac{c}{d} = \frac{a}{b} \cdot \frac{d}{c} = \frac{ad}{bc}} \qquad (1.6)$$

Dabei gilt:
- Zwei Brüche werden dividiert, indem der Dividend mit dem Kehrwert des Divisors multipliziert wird.

Der Kehrwert eines Bruches, z. B. $\frac{c}{d}$, ist $\frac{d}{c}$ oder in Worten: Multipliziert man einen Bruch mit seinem Kehrwert, erhält man 1.

$$\frac{c}{d} \cdot \frac{d}{c} = 1$$

Ganze Zahlen sind Sonderfälle von Brüchen. Jede ganze Zahl läßt sich als Bruch mit dem Nenner 1 darstellen: $4 = \frac{4}{1}$ $\quad 13 = \frac{13}{1}$ (gesprochen als „dreizehn Eintel").

1.4.2 Dezimalbrüche

Die bisher behandelten Brüche heißen *gemeine Brüche*. Sie lassen sich durch Ausdividieren in D e z i m a l b r ü c h e überführen.

Beispiel 1.16:
$$\frac{1}{2} = 1 : 2 = 0,5; \qquad \frac{3}{4} = 3 : 4 = 0,75$$
$$\frac{3}{5} = 3 : 5 = 0,6; \qquad \frac{2}{3} = 2 : 3 = 0,666\ldots = 0,\overline{6} \approx 0,67$$

Die drei ersten Brüche in diesem Beispiel sind *endliche* Dezimalbrüche, der letzte ist ein *periodischer* Dezimalbruch, da sich die 6 periodisch wiederholt, was durch den Strich über der 6 angedeutet wird. Als Näherung ($\approx$) kann man auch 0,67 oder 0,667 usw. schreiben, je nachdem, wie genau man den Wert angeben möchte.

Es gilt:
- Jeder gemeine Bruch läßt sich als endlicher oder periodischer Dezimalbruch schreiben. - Jeder endliche oder jeder periodische Dezimalbruch läßt sich in einen gemeinen Bruch umwandeln. Sowohl gemeine Brüche als auch Dezimalbrüche sind zwei verschiedene Schreibweisen der gleichen Zahlenart.

Die vier verschiedenen Grundrechenarten lassen sich genauso auf Dezimalbrüche anwenden wie auf gemeine Brüche oder ganze Zahlen.

Beispiel 1.17:
$$1,5 + 0,7 3\overline{6} = 2,23\overline{6} = 2,2366\ldots \approx 2,237$$

Beispiel 1.18:
$$2,74 - 0,73\overline{6} = 2,7400\ldots - 0,7366\ldots = 2,0033\ldots = 2,00\overline{3}$$

Beispiel 1.19:
$$2,5 \cdot 4,3 = 10,75$$
$$4,4 \cdot 0,25 = 1,10 = 1,1$$

Für die Multiplikation gilt:
- Man multipliziert zwei Dezimalbrüche wie ganze Zahlen - also ohne Rücksicht auf das Komma - und gibt dem Ergebnis soviel Dezimalen (unter Berücksichtigung auftretender Nullen) wie die Faktoren zusammen haben.

Beispiel 1.20:
$$2,5 : 0,5 = 25 : 5 = 5$$
$$0,36 : 0,6 = 3,6 : 6 = 0,6$$

Für die Division gilt:
- Vor der Division zweier Dezimalbrüche wird das Komma im Divisor und im Dividenden so lange um gleiche Stellen nach rechts verschoben, bis der *Divisor kommafrei* ist. (Mathematisch bedeutet das ein Erweitern des Bruches mit entsprechenden Zehnerpotenzen.)

Hat der Quotient zu viele Ziffern, begnügt man sich mit Näherungswerten und bricht nach einer gewissen Anzahl von Dezimalstellen die Rechnung ab, wobei die letzte Dezimale auf- oder abgerundet wird, je nachdem, ob die erste weggelassene Ziffer größer oder kleiner als fünf ist. Ist die erste weggelassene Ziffer eine „glatte" Fünf, dann wird so gerundet, daß die letzte stehenbleibende Zahl eine gerade Zahl ist.

Beispiel 1.21:
$$0,34 : 2,3 \;=\; 3,4 : 23 = 0,1478260869\ldots$$
$$\to 0,14783 \to 0,1478 \to 0,15$$

Anzumerken ist noch, daß - ganz allgemein - Addition und Subtraktion sowie Multiplikation und Division zueinander i n v e r s e (lat. *inversus,* entgegengerichtet) Rechenoperationen sind, die sich - auf gleiche Zahlen angewendet - gegenseitig aufheben.

Außerdem gilt:
- Rechenarten zweiter Stufe müssen v o r Rechenarten erster Stufe ausgeführt werden (Punktrechnung geht vor Strichrechnung).

Alle Zahlen, die sich als Verhältnis zweier Zahlen, d. h. als Brüche darstellen lassen, heißen r a t i o n a l e   Z a h l e n. Ihre Menge wird mit Q bezeichnet und ist also die Menge aller endlichen oder unendlichen periodischen Dezimalbrüche. Jeder rationalen Zahl läßt sich auf der Zahlengeraden ein Punkt zuordnen. So erhält man den Punkt, der zur Zahl $\frac{3}{5} = 0,6$ gehört, indem man die Strecke von 0 bis 1 in fünf Teile zerlegt und von 0 aus drei dieser Teilschritte in positiver Richtung geht (Bild 1.6). Zwischen zwei rationalen Zahlen liegen noch unendlich viele weitere rationale Zahlen.

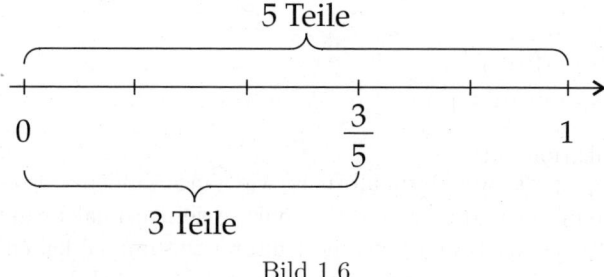

Bild 1.6

Denn sind a und b zwei rationale Zahlen, so ist das „arithmetische Mittel" $\frac{a+b}{2} = c$ wieder eine rationale Zahl, die auf der Zahlengeraden in der Mitte von a und b liegt (Bild 1.7). Nun könnte man das Mittel von a und c bilden usw., so daß tatsächlich unendlich viele rationale Zahlen zwischen a und b liegen. Trotzdem gibt es auf der Zahlengeraden noch Punkte, die keiner rationalen Zahl entsprechen, d. h., es gibt weitere Zahlen. Es sind die unendlichen, nichtperiodischen Dezimalbrüche wie z. B.

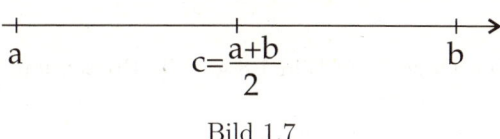

Bild 1.7

$\sqrt{2} = 1,414213\ldots$ oder $\pi = 3,1415926\ldots$ (vgl. Abschnitt 7.1.4). Diese Zahlen heißen **i r r a t i o n a l e   Z a h l e n** (nichtrationale Zahlen). Rationale und irrationale Zahlen zusammen bilden die Menge R der **r e e l l e n   Z a h l e n**. Jedem Punkt der Zahlengeraden entspricht genau eine reelle Zahl. Da man praktisch nur mit endlich vielen Dezimalstellen rechnen kann, rechnet man daher stets mit rationalen Zahlen.

1.5 Proportionen

1.5.1 Definition und Eigenschaften

Der Bruch $\dfrac{a}{b}$ gibt das *Verhältnis* der zwei Zahlen a und b an. Für $a = 18$ und $b = 6$ ist das Verhältnis $\dfrac{a}{b} = \dfrac{18}{6} = 3$, d. h. a ist dreimal so groß als b. Für das Verhältnis zweier Zahlen a und b schreibt man auch:

$a : b$, gelesen: „a zu b".

Beispiel 1.22:
Die Geschwindigkeit v wird definiert als das Verhältnis vom Weg s zu der Zeit t, in der dieser Weg zurückgelegt wird:

$$v = \frac{s}{t} = s : t$$

Werden zwei Verhältnisse gleichgesetzt, so entsteht eine **P r o p o r t i o n**:

$$\boxed{\frac{a}{b} = \frac{c}{d} \quad \text{oder} \quad a : b = c : d} \tag{1.7}$$

Die Proportion ist also eine *Verhältnisgleichung*. Gleichung (1.7) wird gelesen: „Es verhält sich a zu b wie c zu d".
Die Zahlen oder Größen a, b, c, d heißen die *Glieder* der Proportion.
Man nennt a, d die Außenglieder,
$\quad\quad\quad\quad\quad\;\;$ b, c die Innenglieder,
$\quad\quad\quad\quad\quad\;\;$ a, c die Vorderglieder und
$\quad\quad\quad\quad\quad\;\;$ b, d die Hinterglieder
der Proportion.

Beispiel 1.23:
Für die zwei ähnlichen Dreiecke in Bild 1.8 gilt die Proportion

$$a_1 : b_1 = a_2 : b_2$$
$$10 : 18 = 15 : 27, \quad \text{d. h.}$$
$$\frac{10}{18} = \frac{15}{27} = \frac{5}{9}$$

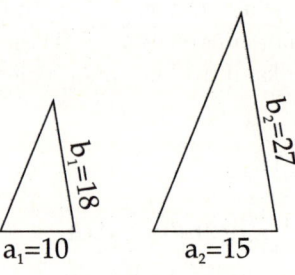

Bild 1.8

Wird Gleichung (1.7) mit $b \cdot d$ multipliziert, dann folgt

$$\boxed{ad = bc} \qquad (1.7a)$$

Gleichung (1.7a) heißt *Produktgleichung*.

- In einer Proportion ist das Produkt der Außenglieder gleich dem Produkt der Innenglieder.

Für Beispiel 1.23 ergibt die Produktgleichung
$$10 \cdot 27 = 18 \cdot 15 \quad \text{oder}$$
$$270 = 270$$

Beispiel 1.24:
In der Proportion
$$2,1 : 4,2 = 3,5 : x$$

ist x zu berechnen.

Lösung:
Die Produktgleichung (1.7a) ergibt

$$2,1 \cdot x = 4,2 \cdot 3,5 \quad \text{und nach Division durch } 2,1:$$
$$x = \frac{4,2 \cdot 3,5}{2,1}$$
$$\underline{\underline{x = 7,0}}$$

1.5 Proportionen

Sind in einer Proportion die beiden inneren Glieder gleich, d. h.

$$a : b = b : c,$$

so heißt b die *mittlere Proportionale*. Nach der Produktgleichung ist dann $b^2 = ac$ oder $b = \pm\sqrt{ac}$. Zum Beispiel ist in der Proportion

$$4 : 12 = 12 : 36$$

die Zahl 12 die mittlere Proportionale.

Beispiel 1.25:
Wird eine Strecke $\overline{AB} = a$ durch einen Punkt C nach dem *goldenen Schnitt* in die zwei Strecken c und d zerlegt (Bild 1.9), so gilt die Proportion: $a : b = b : c$, d. h. die

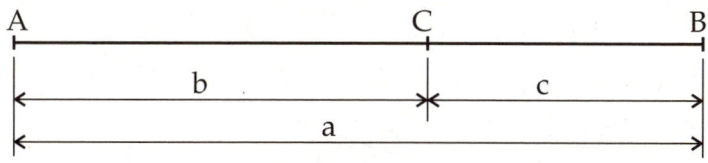

Bild 1.9

größere Teilstrecke b ist die mittlere Proportionale zwischen der gesamten Strecke a und der kleineren Teilstrecke c. Aus der Produktgleichung $b^2 = a \cdot c = a(a-b)$ kann man $b = 0,618a$, $c = 0,382a$ berechnen.

Der goldene Schnitt ist eine wegen ihrer ästhetischen Wirkung bereits im Altertum in Kunst und Architektur verwendete Teilung von Strecken.

Da eine Proportion nach (1.7) eine Gleichung zwischen zwei Brüchen ist, kann man aus den Gesetzen der Bruchrechnung Gesetze für die Proportion herleiten.

Wird die Gleichung $\dfrac{a}{b} = \dfrac{c}{d}$ mit b multipliziert und durch c dividiert, so folgt $\dfrac{a}{c} = \dfrac{b}{d}$. Den Bruchgleichungen entsprechen die Proportionen

$$a : b = c : d \quad \text{und} \quad a : c = b : d,$$

d. h. die inneren Glieder wurden vertauscht. Allgemein gilt :

- In einer Proportion können
  die Innenglieder untereinander,
  die Außenglieder untereinander,
  die Innen- und Außenglieder gegeneinander
  vertauscht werden.

Beispiel 1.26:
Aus der Proportion

$$5 : 13 = 15 : 39$$

lassen sich mit obigen Sätzen die folgenden Proportionen herleiten:

$$5 : 15 = 13 : 39$$
$$39 : 13 = 15 : 5$$
$$13 : 5 = 39 : 15$$

Für alle diese Proportionen ergibt die Produktgleichung $195 = 195$.

1.5.2 Direkte und indirekte Proportionalität

Beispiel 1.27:
Eine Straße steige auf der Länge l_1 um den Höhenunterschied h_1, auf der Länge l_2 um den Höhenunterschied h_2 usw. (Bild 1.10) Es ist $\dfrac{h_1}{l_1} = \dfrac{h_2}{l_2}$ oder $h_1 : l_1 = h_2 : l_2$.

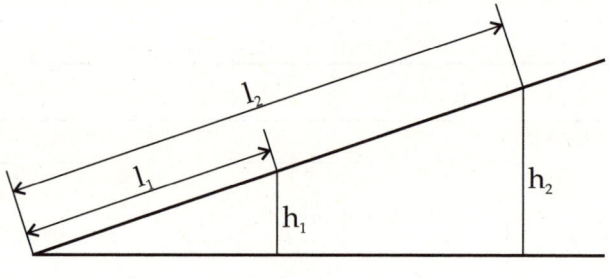

Bild 1.10

Allgemein gehöre zu der Länge l der Höhenunterschied h. Setzt man

$$\frac{h}{l} = c, \quad \text{so folgt } h = l \cdot c,$$

d. h. der Höhenunterschied h ist proportional zur Weglänge l, d. h. je größer l ist, umso größer ist auch h.
Gilt allgemein für zwei veränderliche Größen u und v :

$$\boxed{\dfrac{u}{v} = c \quad \text{oder } u = c \cdot v} \tag{1.8}$$

so heißen u und v **direkt proportional** zueinander, c ist der *Proportionalitätsfaktor*.

Beispiel 1.28:
Eine Strecke $s = 120$ km wird von einem Pkw in der Zeit $t_1 = 1,5$ h und von einem zweiten Pkw in der Zeit $t_2 = 2$ Stunden zurückgelegt. Die Geschwindigkeiten sind

$$\text{für den ersten Pkw:} \quad v_1 = \frac{120 \text{ km}}{1,5 \text{ h}} = 80 \text{ km/h}$$

$$\text{für den zweiten Pkw:} \quad v_2 = \frac{120 \text{ km}}{2,0 \text{ h}} = 60 \text{ km/h}$$

Es ist $v_1 = \dfrac{s}{t_1}$, $v_2 = \dfrac{s}{t_2}$ oder $v_1 \cdot t_1 = v_2 \cdot t_2 = s$. Für die vorliegenden Zahlen gilt

$$80 \frac{\text{km}}{\text{h}} \cdot 1,5 \text{ h} = 120 \text{ km}$$

$$60 \frac{\text{km}}{\text{h}} \cdot 2,0 \text{ h} = 120 \text{ km}$$

Je größer also die Geschwindigkeit v ist, umso kleiner ist die Zeit t, die notwendig ist, um die Strecke s zurückzulegen.

Gilt allgemein für zwei veränderliche Größen u und v:

$$\boxed{v = \frac{c}{u} \quad \text{oder} \quad v \cdot u = c} \tag{1.9}$$

so heißen u und v i n d i r e k t p r o p o r t i o n a l zueinander. v ist wegen $v = c \cdot \dfrac{1}{u}$ proportional zu $\dfrac{1}{u}$.

1.5.3 Prozentrechnung

Man definiert als ein P r o z e n t:

$$\boxed{1\% = \frac{1}{100} = 0,01} \tag{1.10}$$

Zum Beispiel kann man sagen

$$0,36 = \frac{36}{100} = 36 \cdot \frac{1}{100} = 36\%$$

$$1,25 = \frac{125}{100} = 125 \cdot \frac{1}{100} = 125\%$$

Das Verhältnis zweier Größen wird häufig in Prozent angegeben. Eine Größe (g) wird als *Bezugsgröße* oder *Grundwert* gewählt und entspricht $100\% = 1$. Die andere Größe (h), der *Prozentwert*, wird mit der Bezugsgröße verglichen:

$$\boxed{\frac{h}{g} = p \quad \text{oder} \quad h = p \cdot g} \tag{1.11}$$

p heißt *Prozentsatz*.

Beispiel 1.29
Es sind zwei Kapitalien $K_1 = 120$ TDM (Tausend DM) und $K_2 = 50$ TDM gegeben. Wie ist das Verhältnis von K_2 zu K_1 in Prozent ?

Lösung:
K_1 ist der Grundwert g. Aus (1.11) folgt:
$$\frac{h}{g} = \frac{K_2}{K_1} = \frac{50 \text{ TDM}}{120 \text{ TDM}} = 0,417 = \underline{\underline{41,7\%}} = p.$$

Das Kapital K_2 beträgt 41,7% des Kapitals K_1.

Beispiel 1.30:
Die Oberfläche der Erde beträgt annähernd $O = 510$ Mill km^2. Davon enthält das Festland 29%. Wie groß ist die Festlandfläche ?

Lösung:
Die Bezugsgröße ist $g = 510$ Mill km^2, der Prozentsatz ist $p = 29\%$. Die Festlandfläche $O_F = h$ folgt aus
$$\frac{O_F}{O} = \frac{h}{g} = p \quad , \quad h = g \cdot p = 510 \text{ Mill km}^2 \cdot 0,29$$
$$\underline{\underline{h = O_F \approx 148 \text{ Mill km}^2}}$$

Beispiel 1.31:
Eine Warenlieferung wurde auf 165 Stück reduziert, das sind 64% der eigentlich vorgesehenen Warenmenge. Wieviel Stück sollten ursprünglich geliefert werden ?

Lösung:
Die Bezugsgröße g (ursprüngliche Stückzahl) ist unbekannt. Es ist $h = 165$, $p = 64\% = 0,64$. Mit (1.11) ergibt sich
$$\frac{h}{g} = p \quad \text{oder} \quad g = \frac{h}{p} = \frac{165}{0,64} \approx 258.$$

Es sollten 258 Stück der Ware geliefert werden.

Die Z i n s r e c h n u n g ist eine Anwendung der Prozentrechnung. Das zu verzinsende Kapital K auf dem Sparbuch, der *Grundbetrag*, ist die Bezugsgröße, die *Zinsen* Z sind der Prozentwert und der *Zinsfuß* p ist der Prozentsatz:
$$\frac{Z}{K} = p \quad \text{oder} \quad Z = p \cdot K.$$

Beispiel 1.32:
Für ein Kapital $K = 28500$ DM ergeben sich mit dem Zinsfuß $p = 4,75\%$ nach einem Jahr die Zinsen
$$Z = 4,75\% \cdot 28500 \text{ DM} = 0,0475 \cdot 28500 \text{ DM}$$
$$\underline{\underline{Z = 1353,75 \text{ DM}}}$$

Beispiel 1.33:
Ein Kapital $K = 15365$ DM brachte nach einem Jahr die Zinsen $Z = 845$ DM. Wie groß war der Zinsfuß ?

Lösung:

$$\frac{Z}{K} = \frac{845 \text{ DM}}{15365 \text{ DM}} = 0,055 = \underline{5,5\% = p}$$

1.6 Aufgaben

1.1 Die folgenden im Dezimalsystem gegebenen Zahlen sind im Dualsystem darzustellen:
a) 53   b) 4831   c) 1000
(Man zerlege die Zahl nach Beispiel 1.3 in Potenzen von 2.)

1.2 Im Dualsystem gegebene Zahlen sind im Dezimalsystem zu schreiben:
a) LOOOLLOL   b) LLOOLLOOLL   c) LLOOLOO.

1.3 Berechnen Sie:
a) $|3| - |-2| + |-5|$ b) $|10| + |-28| - |-14|$.

1.4 Man vergleiche die Zahlen Z_1 und Z_2 mit:
a) $Z_1 = |8 + 6|$, $Z_2 = |8| + |6|$
b) $Z_1 = |8 - 6|$, $Z_2 = |8| + |-6|$
c) $Z_1 = |-8 + 6|$, $Z_2 = |-8| + |6|$
d) $Z_1 = |-8 - 6|$, $Z_2 = |-8| + |-6|$.

1.5 Man kürze die Brüche:

a) $\frac{90}{105}$ b) $\frac{210}{462}$ c) $\frac{52}{429}$ d) $\frac{147}{484}$

1.6 Man verwandle den unechten Bruch in eine gemischte Zahl:

a) $\frac{14}{3}$ b) $\frac{47}{21}$ c) $\frac{154}{39}$ d) $\frac{100}{67}$

1.7 Die gemischte Zahl ist als unechter Bruch zu schreiben:

a) $18\frac{2}{5}$ b) $155\frac{9}{13}$ c) $9\frac{17}{20}$ d) $99\frac{4}{5}$

1.8 Man bestimme das Kleinste gemeinsame Vielfache von:

a) 8, 16, 20   b) 12, 15, 24   c) 21, 45, 175
d) 44, 102, 187   e) 66, 42, 539, 198.

1.9 Man addiere bzw. subtrahiere die folgenden Brüche:

a) $\dfrac{5}{6}+\dfrac{2}{15}-\dfrac{3}{10}$ b) $\dfrac{1}{2}-\dfrac{2}{9}+\dfrac{4}{15}-\dfrac{3}{4}$

c) $\dfrac{1}{3}-\dfrac{2}{15}+\dfrac{3}{39}$ d) $\dfrac{1}{35}-\dfrac{5}{28}+\dfrac{19}{50}+\dfrac{1}{8}$

e) $\dfrac{p}{6}-\dfrac{2p}{3}+\dfrac{11p}{14}$ f) $\dfrac{a}{3b}-\dfrac{ab}{5}+\dfrac{b}{15a}$

1.10 Man multipliziere bzw. dividiere die folgenden Brüche und kürze das Ergebnis soweit wie möglich:

a) $\dfrac{5}{6}\cdot\dfrac{9}{25}$ b) $\dfrac{10}{21}\cdot\dfrac{42}{55}$ c) $\dfrac{10}{13}:\dfrac{30}{11}$

d) $\dfrac{17}{28}:\dfrac{102}{35}$ e) $\dfrac{7}{48}\cdot 6$ f) $\dfrac{72}{75}:9$

g) $\dfrac{2a^2b}{3c}\cdot\dfrac{6c^2}{a}$ h) $\dfrac{3mp^2}{5n}\cdot\dfrac{30}{m^2}\cdot\dfrac{n^2}{9p}$ i) $\dfrac{4x^2}{7yz}:\dfrac{12x}{21y^2z}$

1.11 Man schreibe die folgenden gemeinen Brüche als Dezimalbrüche:

a) $\dfrac{19}{33}$ b) $\dfrac{9}{40}$ c) $\dfrac{2}{7}$ d) $\dfrac{107}{330}$

1.12 Man runde die folgenden Zahlen auf zwei Dezimalen:
a) 2,3749   b) 0,3957   c) 0,815   d) 3,465.

1.13 Aus der Produktgleichung $3\cdot 12 = 4\cdot 9$ bilde man alle möglichen Proportionen.

1.14 Welche der folgenden Proportionen sind richtig?
a) $6:10 = 24:40$ b) $1,5:4,8 = 2,8:9,1$
c) $1,4:2,2 = 2,1:3,3$ d) $\dfrac{4}{9}:\dfrac{6}{5} = \dfrac{35}{3}:\dfrac{63}{2}$
e) $3,3:1,2 = 14,2:5,2$

1.15 Man berechne in den folgenden Proportionen das fehlende Glied x.
a) $5:11 = 15:x$ b) $0,6:1,0 = x:6,5$
c) $x:7a^2 = 68b:17ab$ d) $\dfrac{3}{5}:x = \dfrac{2}{15}:\dfrac{4}{21}$

1.16 Eine Mikrometerschraube hebt sich bei drei Umdrehungen um 1,8 mm. Um wieviel hebt sich die Schraube, wenn sie um 120° gedreht wird?

1.17 Welche von den Größen I, U und R sind entsprechend dem Ohmschen Gesetz direkt bzw. indirekt proportional zueinander? (In $IR = U$ ist eine Größe jeweils als konstant zu betrachten.)

1.18 a) 45 ist als prozentualer Teil von 72 anzugeben
      b) desgl. für 320 l und 240 l
      c) desgl. für 812 DM und 660 DM
      d) desgl. 1425 m und 1432 m.

1.6 Aufgaben

1.19 Wieviel sind
 a) 18% von 3215
 b) 0,24% von 75,30
 c) 118% von 2650 DM

1.20 Bei dem Stanzen von Blechteilen ergibt sich durchschnittlich 12,5% Abfall. Wieviel Abfall ergibt sich bei einer Blechmenge von 65 m^2?

1.21 Der Preis einer Ware wurde auf 82% gesenkt und beträgt jetzt 498,40 DM. Wieviel kostete die Ware ursprünglich?

1.22 a) Welche Zinsen ergeben 12500 DM zu 4,75% in einem Jahr?
 b) desgl. für 21700 DM zu 5,25% in vier Monaten?

1.23 Welcher Grundbetrag bringt in einem Jahr 782,50 DM Zinsen bei einem Zinsfuß von 3,25%?

Kapitel 2

Klammern, Terme, Summen

2.1 Klammern

2.1.1 Einführung in die Klammerrechnung

Die Regel „Punktrechnung geht vor Strichrechnung" kann - besonders bei der Buchstabenrechnung - die Schreibweise recht unübersichtlich und umständlich gestalten, zumal, wenn verschiedene Rechenoperationen miteinander verknüpft werden.

Zur Vereinfachung wurde deshalb die K l a m m e r r e c h n u n g eingeführt mit der Festlegung, daß - falls eben möglich - zuerst immer die Rechnung in der Klammer ausgeführt wird.

Beispiel 2.1:
$$(5+4) \cdot 2 = 9 \cdot 2 = 18 = 5 \cdot 2 + 4 \cdot 2$$

In diesem Beispiel wurden beide G l i e d e r der Klammer mit 2 multipliziert. Allgemein kann man sagen:

- Eine Klammer hält Zahlen für eine gemeinsame Rechenoperation zusammen.

Beispiel 2.2:
$$12 - (3+2) = 12 - 5 = 7 = 12 - 3 - 2$$

Beispiel 2.3:
$$12 + (3-2) = 12 + 1 = 13 = 12 + 3 - 2$$

In Beispiel 2.2 ist die für beide Glieder der Klammer gemeinsame Rechenoperation das Substrahieren, in Beispiel 2.3 ist es das Addieren.
Betrachtet man in den beiden letzten Beispielen die linken und die rechten Seiten,

$$12 - (3+2) = 12 - 3 - 2$$
$$12 + (3-2) = 12 + 3 - 2$$

kann man folgende Regel für das Rechnen mit Klammern herleiten:

- Beim *Auflösen* einer *Minusklammer* erhalten ihre Glieder entgegengesetzte Rechenzeichen; beim Auflösen einer *Plusklammer* verändern sich die Rechenzeichen ihrer Glieder nicht.

Beispiel 2.4:
$$-(a - b + c) = -a + b - c = b - a - c = b - (a + c)$$

Entsprechend muß obige Vorzeichenregel bei der *Einführung* einer Klammer (Beispiel 2.4, rechte Seite) gehandhabt werden.

Beispiel 2.5:
$$12 - 4 - 3 + 5 = 12 - (4 + 3 - 5) = 12 - 2 = 10$$
$$12 + 5 - 4 - 3 = 12 + (5 - 4 - 3) = 12 + (-2) = 12 - 2 = 10$$

also:
- Beim *Ausklammern* eines *Minuszeichens* erhalten die Glieder in der Klammer entgegengesetzte Vorzeichen, beim Ausklammern eines *Pluszeichens* bleiben die Vorzeichen erhalten.

2.1.2 Mehrere Klammern, Schachtelungen

Mehrere Klammern, die ineinandergeschachtelt sind, bezeichnet man auch als S c h a c h t e l u n g e n. Für sie gilt:
- Einen mehrgliedrigen Ausdruck, bei dem Klammern von Klammern umschlossen sind (Schachtelungen), löst man auf, indem man die einzelnen Klammern *von innen nach außen* unter Berücksichtigung der Vorzeichen auflöst.

Beispiel 2.6:
$$25 - (4 - [2 + (5 - 1)] + 12) = 25 - (4 - [2 + 4] + 12)$$
$$= 25 - (4 - 6 + 12) = 25 - 10 = 15$$

Beispiel 2.7:
$$a + (b - [c - (d - e)] + f) = a + (b - [c - d + e] + f)$$
$$= a + (b - c + d - e + f) = a + b - c + d - e + f$$

2.2 Terme, Summen

2.2.1 Definition des Begriffes Term

Klammern eignen sich vorzüglich für das Rechnen mit Termen.

Definition:
- Ein *Term* (T, S) ist eine aus Zahlen, Buchstaben und mathematischen Zeichen sinnvoll gebildete Folge, die einen bestimmten Zahlenwert annimmt, wenn man die Buchstaben durch frei wählbare Zahlen ersetzt.

Beispiel 2.8:

Aus $\quad T_1 = (6a-3) \cdot b + 4c - 5a : c$
erhält man mit $\quad a = 1; b = 3; c = -5$
$\quad\quad\quad\quad\quad T_1 = (6 \cdot 1 - 3) \cdot 3 + 4 \cdot (-5) - 5 \cdot 1 : (-5)$
$\quad\quad\quad\quad\quad\quad = (6-3) \cdot 3 + 4 \cdot (-5) - 5 : (-5)$
$\quad\quad\quad\quad\quad\quad = 3 \cdot 3 - 20 + 1$
$\quad\quad\quad\quad\quad\quad = 9 - 20 + 1 = -10$

Die Ziffern 6, 4 und 5 im Term T_1 heißen Beizahlen oder K o e f f i z i e n t e n[1]. Die frei wählbaren Zahlen sind häufig auch Einschränkungen unterworfen. In Beispiel 2.8 darf z.B nicht $c = 0$ gesetzt werden.

Im weitesten Sinne ist jeder sinnvolle mathematische Ausdruck, der keine Gleichung oder kein Rechenzeichen ist, ein Term. Zur genaueren Bestimmung kann man vor das Wort Term noch die Bezeichnung der Rechenart setzen:

$4a + 3b - 6c$ $\quad\quad\quad$ ist ein S u m m e n term;
$(3a + 5) \cdot (6b - 2c)$ $\quad$ ist ein P r o d u k t term,
$\quad\quad\quad\quad\quad\quad\quad\quad$ dessen Faktoren jeweils Summenterme sind;
$9f : 2$ $\quad\quad\quad\quad\quad\quad$ ist ein Q u o t i e n t e n term.

Einzelne Zahlen oder einen einzelnen Buchstaben bezeichnet man in diesem Zusammenhang auch als G r u n d term, weil ein Term nicht weniger Elemente haben kann, z.B. 4; 735; a.

Auf Terme lassen sich die vier Grundrechenarten anwenden. Als Ergebnis erhält man wieder Terme.

Terme mit gleichen Buchstaben heißen gleichartige Terme: $3a; 5a; 22a$. Sie werden addiert (subtrahiert), indem man ihre Koeffizienten addiert (subtrahiert):

$3a + 5a + 22a = (3 + 5 + 22)a = 30a$
$22a - 5a - 3a = (22 - 5 - 3)a = 14a$

Auch bei Termen ist darauf zu achten, daß *ein und derselbe Buchstabe stets ein und denselben Zahlenwert bedeutet.*

2.2.2 Erklärung der Summe, Summanden

Sind die Glieder eines Terms nur durch ein Plus- oder ein Minuszeichen miteinander verbunden, spricht man von einem S u m m e n term oder einer S u m m e.

---

[1] gesprochen: KO-EFFI... (Die Buchstaben O und E werden n i c h t zu Ö zusammengezogen!)

Beispiel 2.9:
$$6a + 3b - 4c + 100$$
$$\text{oder} \quad \frac{1}{2}x - 0,3y - bz + 99$$

Im folgenden werden nur noch die Ausdrücke „Summe" und „Summand" verwendet; die Differenzbildung $a - b$ wird als Bildung der Summe aus der positiven Zahl a und der negativen Zahl $-b$ betrachtet: $a - b = a + (-b)$ mit den Summanden a und $-b$.

In einer Summe kann man gleichartige Terme (Summanden) zusammenfassen.

Beispiel 2.10:
$$3a - 6b + 2c - 4a + 2b + c = (3-4)a - (6-2)b + (2+1)c$$
$$= (-1)a - (4)b + (3)c = -a - 4b + 3c$$

Es soll nun gezeigt werden, wie sich die vier Grundrechenarten auf Summen anwenden lassen. Die dabei verwendeten Regeln gelten ganz allgemein für Terme.

2.2.3 Addition und Subtraktion zweier Summen

Aus dem im vorstehenden Abschnitt Gesagten läßt sich für die Addition (Subtraktion) von Summen folgende *Regel* herleiten:
- Summen werden addiert (subtrahiert), indem man gleichartige Terme unter Berücksichtigung der Gesetze für die Klammerrechnung zusammenfaßt.

Beispiel 2.11:
$$(6a + 2b - 3c) - (4a + b + c) = 6a - 4a + 2b - b - 3c - c$$
$$= (6-4)a + (2-1)b - (3+1)c = 2a + b - 4c$$

Treten Brüche auf, so müssen sie vor dem Zusammenfassen erst gleichnamig gemacht werden.

Beispiel 2.12:
$$\left(\frac{3}{4} - \frac{1}{5}a + \frac{5}{6}b\right) + \left(\frac{1}{8} - \frac{1}{2}a + 3c\right)$$
$$= \frac{3}{4} + \frac{1}{8} - \left(\frac{1}{5} + \frac{1}{2}\right)a + \frac{5}{6}b + 3c$$
$$= \frac{6+1}{8} - \left(\frac{2+5}{10}\right)a + \frac{5}{6}b + 3c$$
$$= \frac{7}{8} - \frac{7}{10}a + \frac{5}{6}b + 3c$$

Für die Addition gelten wieder das k o m m u t a t i v e G e s e t z :
$$(a+b) + (c+d) = (c+d) + (a+b) = a + b + c + d$$

und das a s s o z i a t i v e G e s e t z (aus dem Lateinischen, *Assoziation*, Verbindung):
$$(a+b) + c = a + (b+c)$$

2.2.4 Multiplikation einer Summe mit einer Zahl, Ausklammern eines Faktors

Beispiel 2.13:
$$4 \cdot (5 + 3) = 4 \cdot 8 = 32 = 20 + 12 = 4 \cdot 5 + 4 \cdot 3$$

Das Beispiel zeigt:
- Eine Summe wird mit einer Zahl multipliziert, indem man jeden Summanden einzeln mit der Zahl multipliziert und die Produkte addiert.

Diese Regel bezeichnet man auch als d i s t r i b u t i v e s G e s e t z (lat. *distribuere*, verteilen):

$$\boxed{a(b+c) = ab + ac} \tag{2.1}$$

Beispiel 2.14:
$$-m \cdot (a + b - c) = -ma - mb - (-mc) = -ma - mb + mc$$

Dieses Beispiel, von rechts nach links gelesen, führt auf die Regel:
- Ein Faktor, der allen Gliedern einer Summe gemeinsam ist, kann ausgeklammert (aus der Klammer genommen) werden.

Merke: Die Multiplikation einer Zahl oder Summe mit Null ergibt Null!

2.2.5 Multiplikation zweier Summen

Beispiel 2.15:
$$\begin{aligned}(4+3) \cdot (6-2) &= 7 \cdot 4 = 28 \\ &= 4 \cdot (6-2) + 3 \cdot (6-2) = 4 \cdot 4 + 3 \cdot 4 \\ &= 16 + 12 \\ &= 4 \cdot 6 - 4 \cdot 2 + 3 \cdot 6 - 3 \cdot 2 \\ &= 24 - 8 + 18 - 6\end{aligned}$$

Das heißt:
- Zwei Summen werden miteinander multipliziert, indem man jeden Summanden der einen Summe mit jedem Summanden der zweiten Summe multipliziert und die einzelnen Produkte addiert.

Beispiel 2.16:
$$\begin{aligned}(a+b) \cdot (c+d-e) &= ac + ad + (-ae) + bc + bd + (-be) \\ &= ac + ad - ae + bc + bd - be\end{aligned}$$

Hat man mehr als zwei Summen miteinander zu multiplizieren, so verfährt man ebenfalls entsprechend obiger Regel. Jede neu entstandene Summe wird wieder gliedweise mit der nächstfolgenden Summe multipliziert:

Beispiel 2.17:
$$\begin{aligned}(a+b) \cdot (c+d) \cdot (e-f) &= (ac+ad+bc+bd) \cdot (e-f) \\ &= (ac+ad+bc+bd) \cdot e \\ &\quad -(ac+ad+bc+bd) \cdot f \\ &= ace+ade+bce+bde \\ &\quad -acf-adf-bcf-bdf\end{aligned}$$

2.2.6 Binomische Formeln

Einen besonders wichtigen Sonderfall der Multiplikation von Summentermen - nämlich den mit gleichen oder nahezu gleichen Faktoren - erfaßt man mit Hilfe der b i n o m i s c h e n F o r m e l n.

Unter einem B i n o m (lat. *bis nomen,* zwei Namen) versteht man einen aus *zwei* Buchstaben bestehenden Summenterm, z. B. $(a+b)$; $(3x-4y),\ldots$

Multipliziert man einen solchen Summenterm, z. B. $a+b$, mit sich selbst, so erhält man
$$(a+b) \cdot (a+b) = aa+ab+ba+bb = a^2+2ab+b^2$$
oder in Kurzform

$$\boxed{(a+b)^2 = a^2+2ab+b^2} \tag{2.2}$$

In Worten: „a plus b in Klammern zum Quadrat gleich a-Quadrat plus zwei a b plus b-Quadrat".

Mit Gleichung (2.2) hat man die 1. b i n o m i s c h e F o r m e l vorliegen. Entsprechend läßt sich $(a-b)^2$ schreiben zu

$$\boxed{(a-b)^2 = a^2-2ab+b^2} \tag{2.3}$$

als 2. b i n o m i s c h e F o r m e l;
und schließlich noch $(a+b) \cdot (a-b)$ zu

$$\boxed{(a+b) \cdot (a-b) = a^2-b^2} \tag{2.4}$$

als 3. b i n o m i s c h e F o r m e l.

Die drei Gleichungen (2.2)...(2.4) bringen, wenn man sie beherrscht, für das praktische Rechnen oft große Vereinfachungen, wie folgende Beispiele zeigen.

Beispiel 2.18:

a) $(4x + 2y)^2 = 16x^2 + 16xy + 4y^2$
b) $(3a - 2b)^2 = 9a^2 - 12ab + 4b^2$
c) $(5 + z) \cdot (5 - z) = 25 - z^2$
d) $c^2 + 2cd + d^2 = (c + d)^2$
e) $36a^2 - 9b^2 = (6a + 3b) \cdot (6a - 3b)$
f) $25x^2 - 10x + 1 = (5x - 1)^2$
g) $52^2 - 42^2 = (52 + 42) \cdot (52 - 42) = 94 \cdot 10 = 940$
h) $23 \cdot 17 = (20 + 3) \cdot (20 - 3) = 20^2 - 3^2 = 400 - 9 = 391$
i) $199^2 = (200 - 1)^2 = 200^2 - 200 \cdot 2 + 1$
  $= 40000 - 400 + 1 = 40001 - 400 = 39601$
k) $18^2 = (10 + 8)^2 = 10^2 + 2 \cdot 10 \cdot 8 + 8^2 = 100 + 160 + 64$
  $= 324$

Gerade die letzten Beispiele g...k veranschaulichen, wie man bei einiger Übung mit Hilfe der binomischen Formeln auch *anspruchsvollere Rechnungen im Kopf durchführen kann!*

Tritt das Binom $(a + b)$ nicht nur zweimal, sondern beliebig oft, z. B. n-mal als Faktor auf, verwendet man wieder die Potenzschreibweise

$$(a + b) \cdot (a + b) \cdot \ldots \cdot (a + b) = (a + b)^n$$

und spricht von einer *Binomialpotenz.* Ihre Rechnung erfordert einigen mathematischen Aufwand und führt zu dem b i n o m i s c h e n S a t z, der im folgenden hergeleitet werden soll.

Schreibt man die Ausrechnung der ersten Potenzen des Binoms $(a+b)^n$ ausführlich auf, so erhält man:

$$(a + b)^1 = 1a + 1b$$
$$(a + b)^2 = 1a^2 + 2ab + 1b^2$$
$$(a + b)^3 = 1a^3 + 3a^2b + 3b^2a + 1b^3$$
$$(a + b)^4 = 1a^4 + 4a^3b + 6a^2b^2 + 4ab^3 + 1b^4$$
$$(a + b)^5 = 1a^5 + 5a^4b + 10a^3b^2 + 10a^2b^3 + 5ab^4 + 1b^5$$
$$\ldots$$

Daraus ist zu erkennen, daß sich die Glieder der rechten Summen nach fallenden Potenzen von a und steigenden Potenzen von b ordnen lassen und daß die Exponentensumme der beiden allgemeinen Zahlen a und b in jedem Summanden konstant ist und gleich dem Exponenten der linken Binomialpotenz, wenn man $a^1 = a$, $b^1 = b$ und $a^0 = b^0 = 1$ definiert. Demnach haben *alle Glieder* der Ausrechnung der Binomialpotenz $(a + b)^n$ die *Exponentensumme n.*

Eine gesetzmäßige Bildung der Koeffizienten der einzelnen Summanden ist aus obiger Entwicklung zwar noch nicht zu erkennen, aber zu vermuten. Man kann sie durch eine zweckmäßige und übersichtliche Anordnung veranschaulichen, wenn man noch $(a + b)^0 = 1$ definiert:

2.2 Terme, Summen

$(a+b)^0:$ 1
$(a+b)^1:$ 1   1
$(a+b)^2:$ 1   2   1
$(a+b)^3:$ 1   3   3   1
$(a+b)^4:$ 1   4   6   4   1   usw.
...

Diese Darstellung der Koeffizienten der binomischen Formeln heißt P a s c a l s c h e s D r e i e c k (Blaise Pascal, 1623-1662, franz. Mathematiker).
Man erkennt:
1. Die Zahlen sind symmetrisch zum Mittellot angeordnet (*Symmetriegesetz* des Pascalschen Dreiecks).
2. Die seitlichen Randzahlen sind gleich 1.
3. Ein im Innern des Schemas stehender Koeffizient ergibt sich als Summe der beiden rechts und links über ihm stehenden Koeffizienten (*Additionsgesetz* des Pascalschen Dreiecks).

Die Zahlen des Dreiecks nennt man B i n o m i a l k o e f f i z i e n t e n. Man hat mit diesem Schema jetzt zwar die Möglichkeit gefunden, die Koeffizienten jeder Binomialpotenz bis zu einem beliebig großen n anzugeben, doch hat die Methode den Nachteil, daß sie z. B. für $n = 20$ die Kenntnis aller Binomialzahlen der Potenzen bis $n = 19$ voraussetzt. Mathematisch ist das unbefriedigend, zumal *ein Zusammenhang der Binomialzahlen mit dem Exponenten n* hierbei nicht ersichtlich ist, obwohl er vorhanden ist, wie im folgenden gezeigt werden soll.

Zu diesem Zweck schreibt man zunächst die Koeffizienten der Binomialpotenzen in der folgenden, scheinbar umständlichen Form an:

$$(a+b)^1 = 1a + \frac{1}{1}b$$

$$(a+b)^2 = 1a^2 + \frac{2}{1}ab + \frac{2 \cdot 1}{1 \cdot 2}b^2$$

$$(a+b)^3 = 1a^3 + \frac{3}{1}a^2b + \frac{3 \cdot 2}{1 \cdot 2}ab^2 + \frac{3 \cdot 2 \cdot 1}{1 \cdot 2 \cdot 3}b^3$$

$$(a+b)^4 = \underbrace{\frac{1}{1}}_{k_0}a^4 + \underbrace{\frac{4}{1}}_{k_1}a^3b + \underbrace{\frac{4 \cdot 3}{1 \cdot 2}}_{k_2}a^2b^2 + \underbrace{\frac{4 \cdot 3 \cdot 2}{1 \cdot 2 \cdot 3}}_{k_3}ab^3 + \underbrace{\frac{4 \cdot 3 \cdot 2 \cdot 1}{1 \cdot 2 \cdot 3 \cdot 4}}_{k_4}b^4$$

...

Jeder Koeffizient k_i - mit Ausnahme des ersten (k_0) - läßt sich als Bruch darstellen. Im Nenner steht jeweils das Produkt aller ganzen Zahlen von 1 bis i, wenn i der Index der Koeffizienten k_i ist; im Zähler steht ein Produkt aus gleich vielen Faktoren wie im Nenner. Dabei ist der erste Faktor gleich dem Exponenten n, und jeder folgende Faktor ist um 1 kleiner.

Ohne Beweis (der den Rahmen dieses Beitrages sprengen würde) soll diese Gesetzmäßigkeit auf die allgemeine Binomialpotenz angewendet werden:

$$(a+b)^n = a^n + \frac{n}{1}a^{n-1}b^1 + \frac{n(n-1)}{1 \cdot 2}a^{n-2}b^2$$

$$+\frac{n(n-1)(n-2)}{1\cdot 2\cdot 3}a^{n-3}b^3$$
$$= +\ldots+\frac{n(n-1)(n-2)\ldots 3\cdot 2}{1\cdot 2\cdot 3\cdot\ldots\cdot(n-2)(n-1)}a^1 b^{n-1}+b^n$$

Zu Vereinfachung der Koeffizientenschreibweise wird jetzt die von Leonhard Euler (1707 - 1783) stammende *symbolische Schreibweise* eingeführt, nach der gelten soll:

$$\frac{2}{1} = \binom{2}{1} \quad \text{gelesen: zwei über eins}$$

$$\frac{2\cdot 1}{1\cdot 2} = \binom{2}{2} \quad \text{gelesen: zwei über zwei}$$

$$\frac{3}{1} = \binom{3}{1} \quad \text{gelesen: drei über eins usw.}$$

Danach sind $\frac{3\cdot 2}{1\cdot 2}=\binom{3}{2}$; $\frac{3\cdot 2\cdot 1}{1\cdot 2\cdot 3}=\binom{3}{3}$; $\frac{4}{1}=\binom{4}{1}$; ...
und ganz allgemein

$$\binom{n}{i} = \frac{n(n-1)(n-2)(n-3)\ldots(n-i+1)}{1\cdot 2\cdot 3\cdot 4\ldots i}$$

mit $\quad n=0,1,2,3,\ldots\quad$ und $\quad i=1,2,3,\ldots$

Definiert man noch

$$\binom{n}{0}=1;\ \binom{n}{n}=1;\ \binom{n}{i}=0 \quad\text{für } i>n\ (\text{i größer als n})$$

so lassen sich die Binomialpotenzen wie folgt anschreiben:

$$(a+b)^1 = \binom{1}{0}a+\binom{1}{1}b$$
$$(a+b)^2 = \binom{2}{0}a^2+\binom{2}{1}ab+\binom{2}{2}b^2$$
$$(a+b)^3 = \binom{3}{0}a^3+\binom{3}{1}a^2b+\binom{3}{2}ab^2+\binom{3}{3}b^3$$
...

Verallgemeinert man diese Schreibweise auf $(a+b)^n$, so erhält man:

$$(a+b)^n = \binom{n}{0}a^n b^0+\binom{n}{1}a^{n-1}b^1+\binom{n}{2}a^{n-2}b^2+\ldots+\binom{n}{n}a^{n-n}b^n$$

mit $\quad a^{n-n}=a^0=1;\ b^0=1\quad$ und $\quad n=0,1,2,3,\ldots$ \hfill (2.5)

Diese Gleichung heißt der **B i n o m i s c h e S a t z**.

Er vereinfacht die Berechnung von Binomialpotenzen erheblich, wie das folgende Beispiel zeigt:

2.2 Terme, Summen

Beispiel 2.19:

$$(a+b)^5 = \binom{5}{0}a^5 + \binom{5}{1}a^4b + \binom{5}{2}a^3b^2 + \binom{5}{3}a^2b^3 + \binom{5}{4}ab^4 + \binom{5}{5}b^5$$

Nach oben Gesagtem sind aber

$$\binom{5}{0} = 1; \quad \binom{5}{1} = \frac{5}{1} = 5; \quad \binom{5}{2} = \frac{5 \cdot 4}{1 \cdot 2} = 10;$$

$$\binom{5}{3} = \frac{5 \cdot 4 \cdot 3}{1 \cdot 2 \cdot 3} = 10; \quad \binom{5}{4} = \frac{5 \cdot 4 \cdot 3 \cdot 2}{1 \cdot 2 \cdot 3 \cdot 4} = 5;$$

$$\binom{5}{5} = \frac{5 \cdot 4 \cdot 3 \cdot 2 \cdot 1}{1 \cdot 2 \cdot 3 \cdot 4 \cdot 5} = 1.$$

Damit erhält man für $(a+b)^5$:

$$(a+b)^5 = a^5 + 5a^4b + 10a^3b^2 + 10a^2b^3 + 5ab^4 + b^5$$

Auch hier hat jedes Glied die Exponentensumme n ($n=5$):
1. Glied: $5+0=5$; 2. Glied: $4+1=5$;
3. Glied: $3+2=5$; 4. Glied: $2+3=5$;
5. Glied: $1+4=5$; 6. Glied: $0+5=5$.

Beispiel 2.20 Wie heißen die ersten vier Glieder von $(x+0,01)^9$?

$$(x+0,01)^9 = \binom{9}{0}x^9 + \binom{9}{1}x^8 \cdot 0,01 + \binom{9}{2}x^7 \cdot 0,01^2 +$$

$$\binom{9}{3}x^6 \cdot 0,01^3 + \ldots$$

$$\binom{9}{0} = 1; \quad \binom{9}{1} = \frac{9}{1} = 9$$

$$\binom{9}{2} = \frac{9 \cdot 8}{1 \cdot 2} = 36; \quad \binom{9}{3} = \frac{9 \cdot 8 \cdot 7}{1 \cdot 2 \cdot 3} = 84$$

$$(x+0,01)^9 = x^9 + 0,09x^8 + 0,0036x^7 + 0,000084x^6 + \ldots$$

Mit der sog. S u m m e n s c h r e i b w e i s e läßt sich der binomische Satz in noch kürzerer Form anschreiben:

$$(a+b)^n = \sum_{i=0}^{i=n} \binom{n}{i} \cdot a^{n-i} \cdot b^i \tag{2.6}$$

In dieser Formel ist $\sum$, gesprochen „Sigma", der große griechische Buchstabe für S wie Summe; i wird als Summationsindex bezeichnet [$i=0$ ist die untere Grenze, $i=n$ die obere Grenze der Summenbildung (Summation)].

Die Schreibweise bedeutet:
- Man setze überall an die Stelle von i der Reihe nach die ganzen Zahlen von 0 bis n und addiere dabei die jeweils entstehenden Ausdrücke.

Beispiel 2.21:

$$\begin{aligned}(a+b)^3 &= \sum_{i=0}^{i=3} \binom{3}{i} \cdot a^{3-i} \cdot b^i \\ &= \binom{3}{0} \cdot a^{3-0} \cdot b^0 + \binom{3}{1} \cdot a^{3-1} \cdot b^1 + \binom{3}{2} \cdot a^{3-2} \cdot b^2 + \binom{3}{3} \cdot a^{3-3} \cdot b^3 \\ &= 1 \cdot a^3 \cdot 1 + 3 \cdot a^2 \cdot b^1 + 3 \cdot a^1 \cdot b^2 + 1 \cdot 1 \cdot b^3 \\ &= a^3 + 3a^2b + 3ab^2 + b^3 \end{aligned}$$

Die Summenschreibweise ist nicht auf den binomischen Satz beschränkt. Sie wird im Gegenteil in der Mathematik immer dort verwendet, wo irgendwelche umfangreicheren Summenbildungen mittels sog. *Bildungsgesetze* durchzuführen sind.

Entsprechend zu Gleichung (2.6) läßt sich auch der Ausdruck $(a-b)^n$ in Summenschreibweise angeben:

$$\boxed{(a-b)^n = \sum_{i=0}^{i=n} (-1)^i \cdot \binom{n}{i} \cdot a^{n-i} \cdot b^i} \tag{2.7}$$

Dazu *Beispiel 2.22:*

$$\begin{aligned}(a-b)^2 &= \sum_{i=0}^{2} (-1)^i \cdot \binom{2}{i} \cdot a^{2-i} \cdot b^i \\ &= (-1)^0 \cdot \binom{2}{0} \cdot a^{2-0} \cdot b^0 + (-1)^1 \cdot \binom{2}{1} \cdot a^{2-1} \cdot b^1 \\ &\quad + (-1)^2 \cdot \binom{2}{2} \cdot a^{2-2} \cdot b^2 \\ &= 1 \cdot 1 \cdot a^2 \cdot 1 + (-1) \cdot 2 \cdot a^1 \cdot b^1 + 1 \cdot 1 \cdot 1 \cdot b^2,\end{aligned}$$

wenn man berücksichtigt: $(-1)^0 = 1$; $(-1)^1 = -1$ und $(-1)^2 = (-1)\cdot(-1) = 1$. Läßt man in dem letzten Term jeweils den Faktor 1 weg, was allgemein üblich ist, so sieht man, daß obige Gleichung die bereits bekannte zweite binomische Formel
$$(a-b)^2 = a^2 - 2ab + b^2$$
darstellt.

Mit der symbolischen Schreibweise der Binomialkoeffizienten von Euler lassen sich das Symmetrie- und das Additionsgesetz des Pascalschen Dreiecks in Gleichungsform angeben:

Symmetriegesetz $$\boxed{\binom{n}{i} = \binom{n}{n-i}} \tag{2.8}$$

$$i = 1, 2, 3, \ldots;\ n = 0, 1, 2, 3, \ldots$$

Additionsgesetz $\quad \boxed{\binom{n+1}{i+1} = \binom{n}{i} + \binom{n}{i+1}} \quad$ (2.9)

$$i = 1, 2, 3, \ldots;\ n = 0, 1, 2, 3, \ldots$$

Zu erwähnen ist noch die **F a k u l t ä t e n d a r s t e l l u n g** der Binomialkoeffizienten. Man hat die Fakultätendarstellung als Kurzschreibweise für das Produkt der natürlichen Zahlen von 1 bis n eingeführt und schreibt:

$$1 \cdot 2 \cdot 3 \cdot 4 \cdot \ldots \cdot n = n! \quad \text{(gesprochen „n Fakultät")}$$

Durch die Definition ist festgelegt, daß 1!=1 und 0!=1 sein sollen.
Weiter gilt die **R e k u r s i o n s f o r m e l** (lat. *recurrere*, zurücklaufen):

$$\boxed{n! = (n-1)! \cdot n} \quad (2.10)$$

Mit ihr kann man die Berechnung von $n!$ auf diejenige von $(n-1)!$ zurückführen.
Mit diesen Kenntnissen kann man die Binomialkoeffizienten anschreiben:

$$\boxed{\binom{n}{i} = \frac{n!}{i! \cdot (n-i)!}} \quad (2.11)$$

Statt eines Beweises soll mit einem Beispiel die Richtigkeit der Gleichung (2.11) gezeigt werden.

Beispiel 2.23:

$$\begin{aligned}
\binom{8}{5} &= \frac{8!}{5! \cdot (8-5)!} = \frac{1 \cdot 2 \cdot 3 \cdot 4 \cdot 5 \cdot 6 \cdot 7 \cdot 8}{1 \cdot 2 \cdot 3 \cdot 4 \cdot 5 \cdot (3)!} \\
&= \underbrace{\frac{8 \cdot 7 \cdot 6 \cdot 5 \cdot 4}{1 \cdot 2 \cdot 3 \cdot 4 \cdot 5}}_{\binom{8}{5}} \cdot \underbrace{\frac{3 \cdot 2 \cdot 1}{1 \cdot 2 \cdot 3}}_{\cdot 1} = \binom{8}{5} \cdot 1 = \binom{8}{5}
\end{aligned}$$

2.2.7 Division einer Summe durch eine Zahl, Kürzen

Die Division ganz allgemein eines Terms - also auch einer Summe - durch eine Zahl ist gleichbedeutend der Multiplikation des Terms mit dem Kehrwert der Zahl, da bekanntlich Multiplikation und Division zueinander inverse (entgegengerichtete) Rechenoperationen sind.

$$\frac{T}{a} = T \cdot \frac{1}{a}, \quad a \neq 0 \quad (a \text{ darf nicht gleich Null sein})$$

Damit lassen sich die Gesetze der Multiplikation einer Summe mit einer Zahl entsprechend auch auf die Division einer Summe durch eine Zahl anwenden:

- Eine Summe wird durch eine Zahl dividiert, indem man jeden Summanden durch diese Zahl dividiert und die Brüche addiert (Distributivgesetz).

Beispiel 2.24:
$$(a + b - c) : c = (a + b - c) \cdot \frac{1}{c} = \frac{a}{c} + \frac{b}{c} - 1, \ c \neq 0$$

Achtung: Durch Null darf auch dabei nicht dividiert werden.
Liest man Beispiel 2.24 von rechts nach links, so sieht man:
- Ein Nenner, der allen Gliedern einer Summe gemeinsam ist, kann ausgeklammert werden.

Beispiel 2.25:
$$\begin{aligned}\frac{3}{10} - \frac{2}{50} + \frac{7}{40} &= \frac{1}{10} \cdot \left(3 - \frac{2}{5} + \frac{7}{4}\right) = \frac{1}{10} \cdot \left(\frac{60}{20} - \frac{8}{20} + \frac{35}{20}\right) \\ &= \frac{1}{10} \cdot \frac{1}{20} \cdot (60 - 8 - 35) = \frac{1}{200} \cdot 87 = \frac{87}{200}\end{aligned}$$

Ist der Divisor in jedem Summanden der Summe als Faktor enthalten, so heben sich Divisor und Faktor gegenseitig auf. Diesen Vorgang bezeichnet man bekanntlich als K ü r z e n (s. auch im Abschnitt 1.4.1)

Beispiel 2.26:
$$(12ac + 6ab - 18a^2) : 6a$$
$$= \frac{12ac}{6a} + \frac{6ab}{6a} - \frac{18a^2}{6a} = 2c + b - 3a$$
oder mit Ausklammern
$$= 6a \cdot (2c + b - 3a) : 6a = \frac{6a}{6a} \cdot (2c + b - 3a)$$
$$= 1 \cdot (2c + b - 3a) = 2c + b - 3a$$

2.2.8 Division einer Summe durch eine Summe, Bruchterme, Zerlegen in Faktoren

Zuweilen sind Aufgaben zu lösen, bei denen Summenterme durch Summenterme zu teilen sind. Zum Verständnis dienen auch Beispiele mit bestimmten Zahlen.

2.2 Terme, Summen

Beispiel 2.27:
$$132 : 12 = 11$$

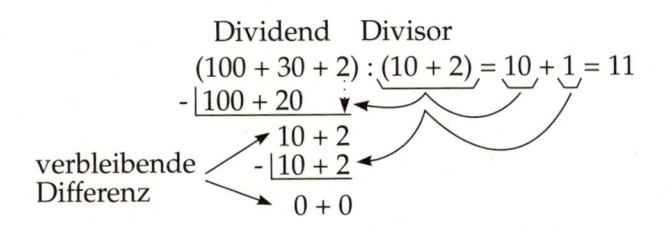

$$
\begin{array}{r}
\text{Dividend} \quad \text{Divisor} \\
(100 + 30 + 2) : (10 + 2) = 10 + 1 = 11 \\
-\lfloor 100 + 20 \\
\hline
10 + 2 \\
-\lfloor 10 + 2 \\
\hline
0 + 0
\end{array}
$$

verbleibende Differenz

Beispiel 2.28:
$$(2a^2 + 3ab + b^2) : (a+b) = (2a + b)$$

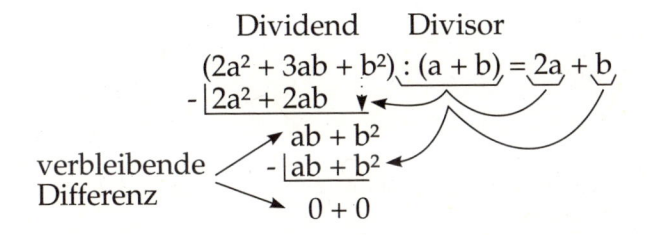

$$
\begin{array}{r}
\text{Dividend} \quad \text{Divisor} \\
(2a^2 + 3ab + b^2) : (a+b) = 2a + b \\
-\lfloor 2a^2 + 2ab \\
\hline
ab + b^2 \\
-\lfloor ab + b^2 \\
\hline
0 + 0
\end{array}
$$

verbleibende Differenz

Beispiel 2.29:
$$133 : 12 = 11\frac{1}{12}$$

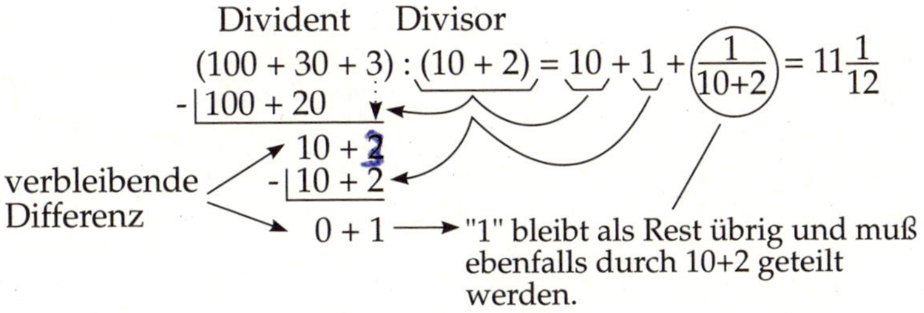

$$
\begin{array}{r}
\text{Dividend} \quad \text{Divisor} \\
(100 + 30 + 3) : (10 + 2) = 10 + 1 + \frac{1}{10+2} = 11\frac{1}{12} \\
-\lfloor 100 + 20 \\
\hline
10 + 3 \\
-\lfloor 10 + 2 \\
\hline
0 + 1
\end{array}
$$

verbleibende Differenz

"1" bleibt als Rest übrig und muß ebenfalls durch 10+2 geteilt werden.

Beispiel 2.30:
$$(2a^2 + 3ab + 2b^2) : (a+b) = 2a + b + \frac{b^2}{a+b}$$

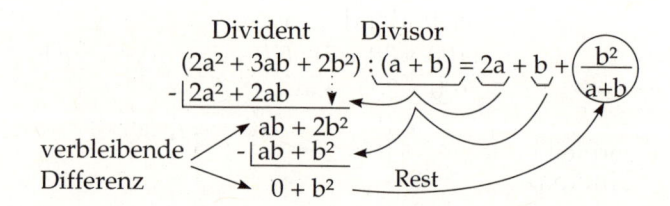

```
                    Divident    Divisor
                  (2a² + 3ab + 2b²) : (a + b) = 2a + b + ( b²  )
                  -⌊2a² + 2ab                              ( a+b )
                         ab + 2b²
   verbleibende        -⌊ab + b²
   Differenz              0 + b²     Rest
```

An Hand dieser Beispiele läßt sich für die Division zweier Summen folgende Rechenvorschrift aufstellen:

Eine algebraische Summe wird durch eine andere dividiert, indem man
1. das erste Glied des Dividenden durch das erste Glied des Divisors teilt,
2. den Divisor mit dem erhaltenen Quotienten multipliziert,
3. das erhaltene Produkt vom Dividenden abzieht,
4. die verbleibende Differenz in gleicher Weise wie den ursprünglichen Dividenden behandelt.

Das Verfahren wird so lange wiederholt, bis die Division aufgeht (Beispiele 2.27 und 2.28) oder ein Rest bleibt (Beispiele 2.29 und 2.30).

Achtung: Vor der Division müssen Dividend und Divisor so geordnet werden, daß die Variablen (die Buchstaben) nach dem gleichen Grundsatz aufeinanderfolgen. Man ordnet sie gewöhnlich in alphabetischer Folge.

Beispiel 2.31:
$$(3zy - 2xz + yx) : (4yz + 2xy)$$
$$= (xy - 2xz + 3yz) : (2xy + 4yz)$$

und nach f a l l e n d e n P o t e n z e n der ersten Variablen.

Beispiel 2.32:
$$(3ab^2 + 3ba^2 + b^3 + a^3) : (a+b)$$
$$= (a^3 + 3a^2b + 3ab^2 + b^3) : (a+b)$$
a^3, a^2, a^1 sind fallende Potenzen von a mit $a^1 = a$.

Beispiel 2.33:
$$(x^3 + y^3 - 2xy^2) : (x-y)$$
$$= (x^3 - 2xy^2 + y^3) : (x-y)$$

2.2 Terme, Summen

Hier fehlt beim Dividenden das Glied mit x^2. Bei Dezimalzahlen entspricht dem der Fall, daß an einer Stelle Null auftritt. Im Divisionsschema läßt man dann genügend Platz für das betreffende Glied:

$$
\begin{array}{l}
=(x^3 \quad\;\; -2xy^2 + y^3) : (x-y) = x^2 + xy - y^2 \\
\underline{-\;|\; x^3 - x^2 y} \\
\qquad\;\; +x^2y - 2xy^2 + y^3 \\
\qquad\; \underline{-\;|\; +x^2y - xy^2} \\
\qquad\qquad\qquad -xy^2 + y^3 \\
\qquad\qquad\;\; \underline{-\;|\; +xy^2 + y^3} \\
\qquad\qquad\qquad\quad\; 0 \quad\;\; 0
\end{array}
$$

verbleibende Differenz

Die Ausdrücke in den Beispielen 2.27 bis 2.33 lassen sich auch mit einem Bruchstrich schreiben, z. B.

$$133 : 12 = \frac{133}{12}$$

$$(2a^2 + 3ab + 2b^2) : (a+b) = \frac{2a^2 + 3ab + 2b^2}{a+b}$$

Deshalb nennt man sie auch B r u c h t e r m e. Für Bruchterme gelten die gleichen Rechenregeln wie für Brüche. Die Division zweier Summentermen durcheinander wird – abgesehen von der Berechnung von Bruchtermen – dann erforderlich, wenn man aus rechentechnischen Gründen eine Summe als Produkt darstellen möchte, sie also in F a k t o r e n zerlegt. Das ist allerdings nur möglich, falls sich der gegebene Term ohne Rest durch einen anderen Term teilen läßt

Beispiel 2.34:
Man schreibe folgende Summen in P r o d u k t s c h r e i b w e i s e (Zerlegung in Faktoren):
1. $a^2 + 2ab + b^2$
2. $x^2 - y^2$
3. $a^3 + 3a^2b + 3ab^2 + b^3$
4. $27 - 27x + 9x^2 + x^3$

Lösung: Die ersten beiden Summenterme sind bereits von den binomischen Formeln her bekannt. Dividiert man den ersten Term durch $a+b$ und den zweiten durch $x+y$ oder $x-y$, so bleiben im ersten Fall $a+b$ und im zweiten Fall $x-y$ oder $x+y$ übrig.
  Die Produktdarstellung der beiden Termen lautet somit:

1. $a^2 + 2ab + b^2 = (a+b) \cdot (a+b) = (a+b)^2$
2. $x^2 - y^2 = (x+y) \cdot (x-y) = (x-y) \cdot (x+y)$
3. Für die Zerlegung der dritten Summe bedarf es schon einiger Erfahrung. Man dividiert versuchsweise zunächst wieder durch $a+b$ und erhält als Rest $a^2 + 2ab + b^2$, den man bekanntlich als Produkt von $(a+b) \cdot (a+b)$ schreiben kann. Damit läßt sich der dritte Summenterm auch durch

darstellen kann:

$$a^3 + 3a^2b + 3ab^2 + b^3 = (a+b) \cdot (a^2 + 2ab + b^2)$$
$$= (a+b) \cdot (a+b) \cdot (a+b)$$
$$= (a+b)^3$$

darstellen. Der dritte Summenterm ist also nichts anderes als die binomische Formel für $(a+b)^3$.

4. Vergleicht man den vierten mit dem dritten Term, so sieht man nach einigen Umformungen, daß beide den gleichen Aufbau haben.

$$a^3 + 3a^2b + 3ab^2 + b^3$$
$$3^3 + 3 \cdot 3^2 \cdot (-x) + 3 \cdot 3 \cdot (-x)^2 + (-x)^3 \quad \text{mit} \quad 3^3 = 3 \cdot 3 \cdot 3 = 27$$
$$3 \cdot 3^2 = 3 \cdot 9 = 27$$
$$(-x)^2 = (-x) \cdot (-x) = x^2$$
$$(-x)^3 = (-x) \cdot (-x) \cdot (-x) = -x^3$$

Man hat es also auch bei diesem Summenterm mit einer binomischen Formel zu tun und kann entsprechend zu 3. zweimal den Faktor $(3-x)$ ausklammern:

$$27 - 27x + 9x^2 - x^3 = (3-x) \cdot (9 - 6x + x^2)$$
$$= (3-x) \cdot (3-x) \cdot (3-x) = (3-x)^3$$

Die Division zweier Brüche wird häufig auch in Form des D o p p e l b r u c h s geschrieben:

$$\frac{a}{b} : \frac{c}{d} = \frac{\dfrac{a}{b}}{\dfrac{c}{d}}.$$

Haben beide Brüche den gleichen Nenner bzw. kann man sie auf einen gemeinsamen Nenner bringen, dann läßt sich dieser kürzen:

$$\frac{\dfrac{a}{c}}{\dfrac{b}{c}} = \frac{a}{b} \quad \text{wegen} \quad \frac{a}{c} : \frac{b}{c} = \frac{a}{c} \cdot \frac{c}{b} = \frac{a}{b}$$

Stehen im Zähler und Nenner des Doppelbruchs Summen oder Differenzen von Brüchen, dann sind diese jeweils auf einen Hauptnenner zu bringen.

Beispiel 2.35:

$$\frac{\dfrac{x}{y} - \dfrac{y}{x}}{\dfrac{1}{y} + \dfrac{1}{x}} = \frac{\dfrac{x^2 - y^2}{xy}}{\dfrac{x+y}{xy}} = \frac{x^2 - y^2}{x+y}$$
$$= \frac{(x+y)(x-y)}{x+y} = \underline{\underline{x-y}}$$

2.3 Aufgaben

2.1   Man vereinfache die folgenden Terme:
a) $(3+8)-(6-10)-(5-4)$
b) $36-(112-45+16)+(20-65)-(1-93)$
c) $\left(2\frac{1}{2}-2+\frac{1}{3}\right)-\left(\frac{2}{3}-\frac{1}{6}\right)$
d) $0,4-(1,2-0,6)+(3,1+1,1)$
e) $a-(b-2a)-(3a+4b)$
f) $(2m-9n+3p)-(2p-10n+m)$
g) $(2p-8q)-(5p+2q)-(p-6q)+(5p+3q)$
h) $(5ab+4bc+3ac)-(4ab-2bc)-(6bc+2ac)$
i) $\left(a-\dfrac{b}{2}+\dfrac{3}{8}c\right)-\left(\dfrac{a}{4}+\dfrac{b}{4}-\dfrac{3}{8}c\right)$.

2.2   Man vereinfache die folgenden Terme:
a) $(8-[6-1])+(10+[1-4])$
b) $120-([31-40]-[52+18])$
c) $15-(15+[3-(20-16)])$
d) $\dfrac{5}{3}-\left(\dfrac{3}{2}+\left[\dfrac{5}{6}-\dfrac{2}{3}\right]\right)$
e) $2\dfrac{1}{2}-\left(\dfrac{6}{5}-\left[\dfrac{1}{15}-1\dfrac{2}{3}\right]\right)+\left(\dfrac{4}{15}-\left[1-2\dfrac{2}{3}-\dfrac{1}{30}\right]\right)$
f) $32,5-([25,2-17,5]-[21,6+19,1])$
g) $65,2-(51,8-[14,1+23,4]+[87,5-49,7])$
h) $(2a-[5b+c])-(a-[2c-4b])$
i) $5p-(4q+[3p-12q]-[6q-p])$
j) $([m-2n]-[m+2n])-([n+2m]-[n-2m])$
k) $2,8d+0,5e-(-[1,2f-(0,5e+1,8d)]-0,8f)$.

2.3   Man vereinfache nach Ausführung der Multiplikation:
a) $5(12-8)-2(6+3)$
b) $\dfrac{1}{3}\left(\dfrac{5}{7}+\dfrac{1}{7}\right)+\dfrac{2}{5}\left(\dfrac{9}{14}-\dfrac{2}{7}\right)$
c) $0,72(1,81-4,02+3,21)-0,22$
d) $2,4(0,8-4,0[7,5-12,5])$
e) $4(m+3n)-2(3m-n)+2(m-6n)$
f) $\left(\dfrac{3}{5}x-\dfrac{2}{15}y\right)\cdot\dfrac{10}{3}$
g) $(0,15p-1,20q)\cdot 0,4-(0,35p+0,55q)\cdot 0,8$
h) $\dfrac{ab}{c}\left(\dfrac{2}{a}-5\dfrac{c}{b}+\dfrac{bc}{a}\right)$
i) $4(2x-5[3+x]+6[x-2])$.

2.4   Die folgenden Summen sind zu multiplizieren:
a) $(8+5)(7-2)$
b) $(2,5-3,0)(7,2+5,7)+(1,8-2,3)(10,3-2,8)$
c) $(14,1-2,7)(33,9+8,1)(4,7-5,6)$

d) $(2a+5b)(3a-b)$
e) $(m-2n)(4m+7n)-(3m+n)(m-5n)$
f) $(1,5p+2,1q)(3,5p-0,4q)$
g) $(5x-2y)[(2x+y)(x-3y)-(x+y)(2x-3y)]$
h) $[(2u-v)(u+v)-(u+3v)(4u-v)](u-v)$.

2.5 Man berechne unter Verwendung der binomischen Formeln:
a) $(x-2y)^2$ b) $(a+1)^2$
c) $(3m+2n)^2$ d) $\left(\frac{5}{2}c-\frac{3}{4}d\right)^2$
e) $(4,2s-1,8t)^2$ f) $(5a+2b)^2-(a-4b)^2$
g) $(m-1)^2-(1-m)^2$ h) $(4x-3y)^2-(4x+3y)^2$
i) $(2a-b)(2a+b)$ j) $(c-1)(c+1)$
k) $\left(\frac{1}{2}x+\frac{3}{2}y\right)\left(\frac{1}{2}x-\frac{3}{2}y\right)$ l) $(2+3a^2)(2-3a^2)$.

2.6 Man verwandle mit Hilfe der binomischen Formeln die folgenden Terme in Quadrate von Binomen bzw. in Produkte:
a) x^2-6x+9 b) $4a^2+24ab+36b^2$
c) $1-8m+16m^2$ d) $1,44u^2+1,92uv+0,64v^2$
e) m^2-n^2 f) $9x^2-36y^2$
g) $\frac{25}{4}a^2-\frac{1}{16}b^2$ h) $0,01a^2-b^2$.

2.7 Man schreibe das Pascalsche Dreieck mit den Eulerschen Koeffizienten an.

2.8 Nach den Regeln für die Euler-Koeffizienten berechne man:
a) $\binom{-3}{4}$ b) $\binom{\frac{1}{3}}{2}$ c) $\binom{-\frac{5}{4}}{3}$.

2.9 Man berechne nach dem binomischen Satz:
a) $(2a+b)^3$ b) $(m-1)^4$
c) $\left(\frac{x}{2}-\frac{4}{3}y\right)^3$ d) $(1,2k+0,4)^4$
e) $\left(1-\frac{a}{2}\right)^3$ f) $(c+0,1)^5$.

2.10 Wie heißt das 4. Glied bei der Entwicklung von $\left(1+\frac{m}{2}\right)^7$ nach dem binomischen Satz?

2.11 Man berechne:
a) $(36a-12b):6$
b) $(60uv-25uw+10u):5u$
c) $\left(\frac{9}{2}x^2y+\frac{15}{4}xy^2-\frac{4}{3}xy\right):\frac{3}{4}xy$
d) $(2,94r^2s-1,68rs^2+9,03rs):2,1r$.

2.12 Man berechne:
a) $(2a^2-5ab-12b^2):(2a+3b)$
b) $(m^2-n^2):(m+n)$
c) $(2x^3-2x^2y-xy^2+3y^3):(x+y)$

d) $(81m^2 - 36mn + 4n^2) : (9m - 2n)$
e) $(a^3 - b^3) : (a - b)$
f) $(1,04u^2 - 21,56uv + 2,68uz + 4,92v^2 - 12,78vz +$
   $+ 1,2z^2) : (5,2u - 1,2v + 3,0z)$
g) $(10a^3 + 11a^2b - 4ab^2 + 3b^3) : (2a + 3b)$.

2.13 Man vereinfache die Brüche:
   a) $\dfrac{a^3 + a^2b - 3ab^2 + b^3}{a - b}$
   b) $\dfrac{24x^2 - 16xz - 14yx - 24y^2 - 12yz}{6x - 8y - 4z}$
   c) $\dfrac{a^3 - 4a^2 + 6a - 5}{a - 2}$.

2.14 Gemeinsame Faktoren sind auszuklammern:
   a) $2ab + 4ac - 8ad$
   b) $x^4 - 9x$
   c) $12m^2n - 6m^2n^2 + 15mn^2$
   d) $(4a - 2b)(x + y) - (3a + 4b)(x + y)$
   e) $\dfrac{1}{15}x^3y - \dfrac{1}{10}x^2y^2 + \dfrac{1}{20}x^2y^3$.

2.15 Folgende Ausdrücke sind in Faktoren zu zerlegen:
   a) $mn + m - n - 1$
   b) $m^2 + 2m - 3$
   c) $2p^2 - 3pq - 2q^2$
   d) $18a^2 - 45ab^2 + 14ab - 35b^3$
   e) $12x^3 - 9x^2y + 16xy^2 - 12y^3$
   f) $2xy^2 - 18xyz + 40xz^2$.

2.16 Man verwende die binomischen Formeln für die Zerlegung in Faktoren:
   a) $4a^2 - 12ab + 9b^2$
   b) $\dfrac{1}{16}m^2p + mnp + 4n^2p$
   c) $\dfrac{9}{4}x^2 - \dfrac{25}{4}y^2$.

2.17 Man vereinfache die folgenden Brüche durch Faktorenzerlegung und Kürzen:
   a) $\dfrac{ax - 1 + x - a}{ax + 1 + x + a}$ b) $\dfrac{6x^2 - 7x - 3}{4x^2 - 9}$
   c) $\dfrac{mx + m - x - 1}{x^2 - 1}$ d) $\dfrac{m^2 - 49}{6m - 42} : \dfrac{m^2 + 14m + 49}{12m + 84}$
   e) $\dfrac{2a + b}{a - b} \cdot \dfrac{a^2 - b^2}{4a + 2b}$.

2.18 Man addiere bzw. subtrahiere die folgenden Brüche:
   a) $1 - \dfrac{a}{a - 1} + \dfrac{a}{a + 1} + \dfrac{2}{a^2 - 1}$
   b) $\dfrac{p}{1 - \frac{1}{p}} - \dfrac{1}{p - 1}$

c) $\dfrac{m}{m+1} + \dfrac{2m}{m^2-1} + m$

d) $\dfrac{a-b}{a+b} - \dfrac{a^2-2ab}{a^2-b^2}$

e) $\dfrac{1}{u} + \dfrac{u^2+1}{u^2-u} - \dfrac{u-1}{u^2+u} - \dfrac{4}{u^2-1}$.

2.19 Man vereinfache die Doppelbrüche:

a) $1 - \dfrac{1}{1 - \dfrac{a}{a-b}}$

b) $\dfrac{\dfrac{m+1}{m-1} - 1}{1 + \dfrac{m+1}{m-1}}$

c) $\dfrac{\dfrac{1}{x^2} - \dfrac{2}{xy} + \dfrac{1}{y^2}}{\dfrac{1}{x^2} - \dfrac{1}{y^2}}$

d) $\dfrac{1}{\dfrac{1}{a} - \dfrac{1}{a-1} - \dfrac{1}{a-2}}$

e) $\dfrac{3 - \dfrac{3a-b}{a+b}}{4\dfrac{a+b}{a-b} - \dfrac{16b^2}{a^2-b^2} - \dfrac{16b}{a+b}}$

Kapitel 3

Mengen

3.1 Definition

Häufig sind ausgewählte gleichartige Objekte, z. B. die Mathematikbücher einer Bibliothek, die natürlichen Zahlen von 1 bis 10 oder alle Punkte einer Ebene, die auf einem Kreis liegen, für weitere Betrachtungen zusammenzufassen.

Definition 3.1.
- Eine M e n g e ist eine Zusammenfassung von bestimmten, wohlunterscheidbaren Objekten zu einer Gesamtheit. Die Objekte heißen die Elemente der Menge.

Die Mengen werden meist durch große lateinische Buchstaben bezeichnet: A, B, C, ..., M, N, ..., die Elemente der Menge durch kleine lateinische Buchstaben: a, b, c, ..., m, n, ...
Lassen sich die Elemente einer Menge leicht aufzählen, dann faßt man sie in einer geschweiften Klammer zusammen.

Beispiel 3.1:
$A = \{2, 4, 6, 8, 10\}$
A ist die Menge der geraden Zahlen von 1 bis 10.

Ist die Anzahl der Elemente sehr groß, in vielen Fällen unendlich, dann verwendet man eine andere geeignete Schreibweise.

Beispiel 3.2:
$Q = \{z \mid z \text{ ist eine Quadratzahl}\}$
gelesen: Q ist die Menge aller Zahlen z, wobei jede Zahl z eine Quadratzahl ist, kurz: Q ist die Menge aller Quadratzahlen. Man kann auch (zwar nicht ganz eindeutig) schreiben:
$Q = \{1, 4, 9, 16, 25, \ldots\}$

Beispiel 3.3:
$$M = \{t \mid t \text{ ist ein Teiler von } 60\} \quad \text{oder}$$
$$M = \{1, 2, 3, 4, 5, 6, 12, 15, 30, 60\}$$

Gehört ein Element a zu einer Menge A, so schreibt man:
$a \in A$, gelesen: a ist Element von A.
Gehört ein Element b nicht zur Menge A, dann schreibt man:
$b \notin A$, gelesen: b ist nicht Element von A.
Zum Beispiel gilt für die Menge des Beispiels 3.3:
$$3 \in M, \quad 18 \notin M.$$

Manchmal braucht man Mengen, die nur ein Element haben. Sie heißen E i n e r m e n g e n: $A = \{a\}$. So hat die Lösungsmenge L der Gleichung $x - 2 = 3$ nur das Element 5 als Lösung: $L = \{5\}$.
Auch die Menge der Schnittpunkte von zwei nicht parallelen Geraden in einer Ebene ist eine Einermenge.

Für allgemeine Aussagen muß man auch eine Menge definieren, die kein Element hat. Sie heißt l e e r e M e n g e und wird mit dem Symbol $\emptyset$ oder durch $\{\ \}$ bezeichnet:
Die Menge der Schnittpunkte von zwei parallelen Geraden ist eine leere Menge.

3.2 Relationen und Operationen mit Mengen

Zwischen den beiden Mengen $A = \{1, 2, 3, 4, 5\}$ und $B = \{1, 3, 5\}$ gibt es eine Beziehung (Relation): Jedes Element von B ist auch in der Menge von A enthalten.

Definition 3.2.
- Eine Menge B heißt genau dann T e i l m e n g e von A, wenn jedes Element von B auch Element von A ist. Man schreibt:
  $$B \subset A, \quad \text{gelesen: B ist Teilmenge von A.}$$

Beispiel 3.4:
$$A = \{t \mid t \text{ ist Teiler von } 36\} = \{1, 2, 3, 4, 6, 9, 12, 18, 36\}$$
$$B = \{t \mid t \text{ ist Teiler von } 6\} = \{1, 2, 3, 6\}$$
$$B \subset A$$

Beispiel 3.5:
N sei die Menge aller natürlichen Zahlen, G die Menge aller geraden Zahlen. Es ist $G \subset N$.

In Beispiel 3.4 ist B eine e c h t e T e i l m e n g e von A, denn A enthält Elemente, die nicht zu B gehören, A enthält *mehr Elemente* als B. Auch in Beispiel 3.5 ist G eine echte Teilmenge von N (obwohl beide Mengen unendlich viele Elemente haben). Die Definition 3.2. läßt aber auch zu, daß A und B die gleichen Elemente enthalten. Dann ist B eine unechte Teilmenge von A und natürlich auch A eine unechte Teilmenge von B. Für diesen Fall folgt

3.2 Relationen und Operationen mit Mengen

Definition 3.3:
- Zwei Mengen A und B sind genau dann g l e i c h, wenn jedes Element von A in B und jedes Element von B in A enthalten ist:

  $A = B,$ gelesen: A gleich B.

Es gilt also $A = B$ genau dann, wenn $A \subset B$ und $B \subset A$ gilt.

Beispiel 3.6:
$A = \{z \mid z \text{ ist durch 3 teilbar}\}$
$B = \{z \mid \text{die Quersumme von z ist durch 3 teilbar.}\}$
$A = B.$

Durch eine Rechenoperation wird zwei Zahlen eine dritte zugeordnet, zum Beispiel durch die Operation Addition der beiden Zahlen a und b die Summe $s = a + b$. Ebenso gibt es Operationen mit Mengen, die zwei Mengen nach bestimmter Vorschrift eine dritte Menge zuordnen. Es werden die drei wichtigsten Mengenoperationen behandelt.

Definition 3.4.
- Unter der V e r e i n i g u n g der Mengen A und B versteht man die Menge C derjenigen Elemente, die zu A o d e r zu B gehören:

  $C = A \cup B,$ gelesen: C ist gleich A, vereinigt mit B.

Das hier verwendete Wort o d e r ist das sogenannte *nicht ausschließende* o d e r, d. h. zu C gehören auch Elemente, die in beiden Mengen A, B enthalten sind.

Beispiel 3.7:
$A = \{1, 2, 3\}, \quad B = \{7, 8, 9, 10\}$
$C = A \cup B = \{1, 2, 3, 7, 8, 9, 10\}$

Beispiel 3.8:
$A = \{a, b, c, d\}, \quad B = \{c, d, e, f, g\}$
$C = A \cup B = \{a, b, c, d, e, f, g\}$

Beispiel 3.9:
$A = \{m, n, p, q, r\}, \quad B = \{q, r\}$
$C = A \cup B = \{m, n, p, q, r\}$

Da B eine Teilmenge von A ist: $B \subset A$, folgt $A \cup B = A$.

Eine anschauliche Darstellung der Mengenoperationen ergibt sich, wenn die Mengen als Punktmengen in der Ebene dargestellt werden. Es sei A die Menge aller Punkte innerhalb der Kurve k_1 und B die Menge aller Punkte innerhalb von k_2 (Bild 3.1). $C = A \cup B$ ist die Punktmenge, die durch die schraffierte Fläche gekennzeichnet ist. Zu den Beispielen 3.7 bis 3.9 gehören entsprechend die Bilder 3.1a bis 3.1c.

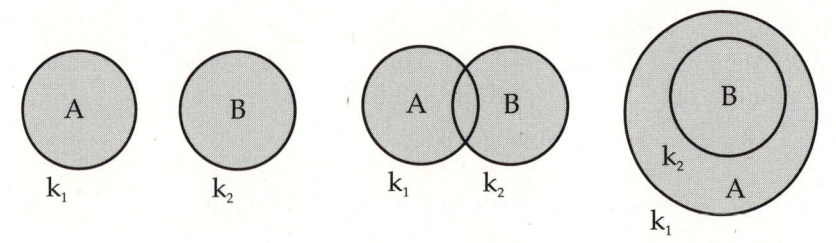

Bilder 3.1a, b und c

Es können auch mehr als zwei Mengen vereinigt werden.

Beispiel 3.10:
$A = \{1, 2, 3\}, \quad B = \{3, 4\}, \quad C = \{-2, -1, 0, 1\}$
$D = A \cup B \cup C = \{-2, -1, 0, 1, 2, 3, 4\}$

Definition 3.5.
- Unter dem D u r c h s c h n i t t der Mengen A und B versteht man die Menge C derjenigen Elemente, die zu A u n d zu B gehören:

$$C = A \cap B \quad \text{gelesen:} \quad \text{C ist der Durchschnitt von A und B}$$
$$\text{oder:} \quad \text{C ist gleich A, geschnitten mit B.}$$

Beispiel 3.11:
$A = \{a, b, c, d, e\}, \quad B = \{d, e, f, g\}$
$C = A \cap B = \{d, e\} \quad$ (vgl. Bild 3.2a)

Beispiel 3.12:
$A = \{1, 2, 3, 4\}, \quad B = \{5, 6, 7\}$
$C = A \cap B = \emptyset \quad$ (vgl. Bild 3.2b)

Beispiel 3.13:
$A = \{\alpha, \beta, \gamma, \delta\}, \quad B = \{\beta, \gamma\}$
$C = A \cap B = \{\beta, \gamma\} = B, \quad \text{denn} \quad B \subset A$
(vgl. Bild 3.2c)

Beispiel 3.14:
R sei die Menge aller Rechtecke, S die Menge aller Rhomben. Da das Rechteck vier rechte Winkel enthält und der Rhombus vier gleiche Seiten hat, muß die Menge $R \cap S$ aus den Vierecken bestehen, die vier rechte Winkel und vier gleiche Seiten haben. Das ist die Menge $Q = R \cap S$ aller Quadrate.

Definition 3.6.
- Unter der D i f f e r e n z der Mengen A und B versteht man die Menge C derjenigen Elemente, die zu A, aber nicht zu B gehören.

$C = A \setminus B, \quad$ gelesen: C ist die Differenzmenge von A und B.

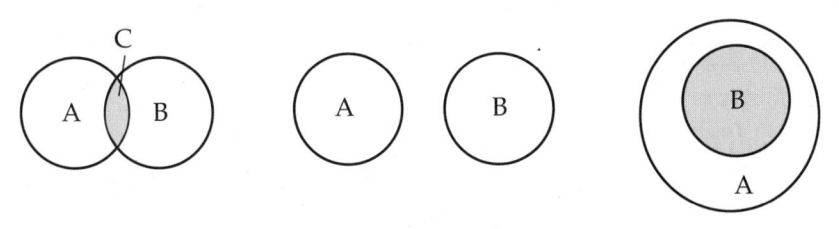

Bilder 3.2a, b und c

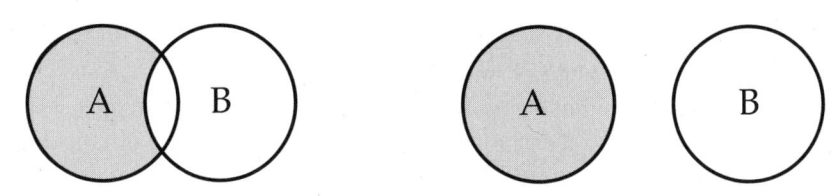

Bilder 3.3a und b

Beispiel 3.15:
$A = \{a, b, c, d, e\}, \qquad B = \{d, e, f, g\}$
$C = A \setminus B = \{a, b, c\}$ (vgl. Bild 3.3a)

Beispiel 3.16:
$A = \{1, 2, 3\}, \quad B = \{5, 6\}$
$C = A \setminus B = \{1, 2, 3\} = A$ (vgl. Bild 3.3b)

Beisiel 3.17:
$A = \{z \mid z \text{ ist eine Zahl von 1 bis 20}\}$
$B = \{z \mid z \text{ ist eine Primzahl}\}$
$C = A \setminus B = \{4, 6, 8, 9, 10, 12, 14, 15, 16, 18, 20\}$

Beispiel 3.18:
Man bilde mit den Mengen $A = \{a, b, c, d\}$, $B = \{c, d, e, f\}$, $C = \{c, g, h\}$ die neue Menge $A \setminus (B \cup C)$.
Lösung: $\quad B \cup C = \{c, d, e, f, g, h\}$
$\qquad\qquad A \setminus (B \cup C) = \{a, b\}$

3.3 Aussagen und Aussageformen

Ein grundlegender Begriff der Logik und damit auch der Mathematik ist der Begriff der Aussage.

Definition 3.7.
- Eine A u s s a g e beschreibt durch Worte oder Zeichen einen Sachverhalt und ist entweder *wahr* oder *falsch*.

Beispiel 3.19:
Unter a) bis e) sind einige Aussagen angegeben
a) Gauß war ein Mathematiker
b) Der Jupiter ist ein Fixstern
c) $2 + 5 = 7$
d) $\dfrac{1}{10} = \dfrac{1}{5} + \dfrac{1}{2}$
e) 19 ist eine Primzahl
Die Aussagen a), c), und e) sind wahre Aussagen, die Aussagen b) und d) sind falsch.

Es gibt keine Aussage, die zugleich wahr und falsch ist.
Der Satz „es regnet" stellt keine Aussage dar, da Ort und Zeit nicht festgelegt sind und man deshalb nicht entscheiden kann, ob der Satz den Sachverhalt wahr oder falsch widerspiegelt.
Auch die folgenden Beispiele stellen keine Aussage dar:
$4 - \dfrac{1}{2}$
Löse die Gleichung

Definition 3.8.
- Eine A u s s a g e f o r m ist ein Gebilde (Wort- oder Zeichenreihe), das eine Variable enthält und durch Belegen (Ersetzen) der Variablen durch geeignete Begriffe zu einer Aussage wird.

Beispiel 3.20:
Der Satz „x war ein Mathematiker" stellt eine Aussageform dar. Ersetzt man x durch „Gauß" oder durch „Euler", dann entsteht eine wahre Aussage. Ersetzt man x durch „Goethe", entsteht aus der Aussageform eine falsche Aussage.

Beispiel 3.21:
$x + 5 = 7$
Diese Aussageform ist eine Gleichung. Nur für $x = 2$ (Lösung der Gleichung) entsteht die wahre Aussage: $2 + 5 = 7$. Für alle anderen Zahlen x entstehen falsche Aussagen.

Beispiel 3.22:
Die Aussageform „$y - 4$ ist größer als Null" wird für alle Zahlen y, die größer als 4 sind, zu einer wahren Aussage. Zum Beispiel ist für $y = 5$: „$5 - 4$ ist größer als Null".

3.4 Aufgaben

3.1 Man bilde alle echten Teilmengen der Menge $A = \{1, 2, 3\}$.

3.2 Es seien V die Menge der Vierecke, T die Menge der Trapeze, S sei die Menge der Rhomben, P die Menge der Parallelogramme, R die Menge der Rechtecke und Q die Menge der Quadrate. Welche Teilmengenbeziehung besteht zwischen diesen Mengen?

3.3 Man bilde mit den Mengen $A = \{a, b, c, d\}$, $B = \{b, d, e\}$ die Operationen:
a) $A \cup B$ b) $A \cap B$ c) $A \setminus B$ d) $B \setminus A$.

3.4 Mit den Mengen $M = \{1, 2, 3\}$, $N = \{5, 6, 7, 8\}$, $P = \{1, 3, 5\}$ ist zu bilden:
a) $(M \cup N) \setminus P$ b) $P \setminus (M \cap N)$ c) $(M \cap P) \cup N$
d) $(P \cup N) \setminus M$ e) $P \cap (M \cup N)$.

3.5 Man schraffiere in dem Bild 3.4 die durch folgende Operationen bestimmten Punktmengen:
a) $A \cap B \cap C$ b) $(A \cup B) \cap C$ c) $A \setminus (B \cup C)$
d) $A \setminus (B \cap C)$.

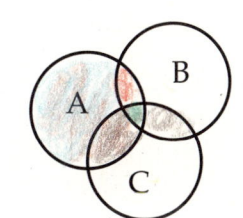

Bild 3.4

Teil II

Funktionen und Gleichungen

Kapitel 4

Lineare Gleichungen, Determinanten

4.1 Gleichungen

4.1.1 Definition

Will man ausdrücken, daß ein Term T_1 einem anderen Term T_2 gleichwertig oder äquivalent (lat. *aequus*, gleich, *valens*, stark, mächtig) ist, so schreibt man

$$T_1 = T_2$$

und bezeichnet diese Darstellung als G l e i c h u n g. T_1 steht auf der linken und T_2 auf der rechten Seite der Gleichung.

Die in Gleichungen auftretenden Größen können unterschiedlichster Art sein, z. B. Zahlen, Strecken, Geschwindigkeiten usw.; immer aber müsen die Größen auf b e i d e n Seiten einer Gleichung von d e r s e l b e n Art sein.

4.1.2 Bedeutung der Gleichung

Mit Hilfe von Gleichungen lassen sich „quantitative Beziehungen" in Natur und Technik ausdrücken. Da sich die Beziehung der Gleichheit (Gleichheits r e l a t i o n) zweier *Quantitäten*, also zweier *Größen*, als besonders wichtig erwiesen hat, stellt die Gleichung einen der wesentlichsten mathematischen Begriffe dar. Daher ist auch das Studium der Gleichungen und die Beherrschung des Umgangs mit den Gleichungen ein Hauptgegenstand der mathematischen Ausbildung.

Die in der Praxis vorkommenden Aufgaben liegen normalerweise nicht in der aufgeführten mathematischen Kurzform einer Termgleichung, sondern meistens als T e x t g l e i c h u n g vor, d. h.., die Gleichheit zweier Größen ist *in Worten* angegeben. Daraus muß - durch eine Art Übersetzung in die mathematische Formelsprache - eine mathematische Beziehung hergestellt werden. Erst so kann die in Worten gegebene Gleichheitsrelation schnell und sicher behandelt werden, und zwar mit Hilfe immer anwendbarer Regeln über den Umgang mit Gleichungen.

Die Überlegenheit der mathematischen Symbolik zeigt folgendes *Beispiel:*

> Für den Satz „Den Rauminhalt (das Volumen) einer Kugel berechnet man, indem man das Vierfache des Produktes aus dem Verhältnis ihres Umfanges zu ihrem Durchmesser ($U/d = \pi$) und der dritten Potenz ihres Radius (r) durch 3 teilt" schreibt man in mathematischer Kurzform
>
> $$V_{Kugel} = \frac{4}{3}\pi r^3$$

4.1.3 Geschichtliches

Gleichungen gehören nach den Zahlen zu den ersten mathematischen Errungenschaften der Menschheit. Sie treten schon in den ältesten schriftlich überlieferten mathematischen Quellen auf, z. B. in Keilschriften des alten Babylons, die bis ins dritte Jahrhundert v. Chr. zurückreichen, und in Papyri aus dem alten Ägypten der Zeit des Mittleren Reiches, d. h. um 1800 v. Chr.

Bei den alten Griechen erreichte die Gleichungslehre mit DIOPHANT (300 n. Chr.) ihren Höhepunkt. Der französische Mathematiker VIÉTA führte kurz vor dem Jahre 1600 in Gleichungen *Buchstaben* ein und hat damit wesentlich zur Förderung der Algebra beigetragen. DESCARTES, ebenfalls ein Franzose, bezeichnete (etwa um 1600) zuerst *bekannte* Größen einer Gleichung mit den *ersten*, unbekannte Größen mit den *letzten* Buchstaben des Alphabetes und erhöhte dadurch die Übersichtlichkeit bei rechnerischen Umformungen.

4.1.4 Einteilung der Gleichungen

Ihrem Wesen nach gibt es verschiedene Arten von Gleichungen:
- Identische Gleichungen,
- Funktionsgleichungen,
- Bestimmungsgleichungen.

4.1.4.1 Identische Gleichungen

Identisch bedeutet „gleich". Identische Gleichungen sind also „gleiche Gleichungen". Durch das zuviel verwendete Wort „gleich" soll ausgedrückt werden, daß es Gleichungen sind, die *unter allen Umständen* gelten.

Beispiele:
$$\begin{aligned} 6 + 3 &= 9 \\ 4x + 8x &= 12x \\ (a+b)^2 &= a^2 + 2ab + b^2 \end{aligned}$$

Die beiden letzten Gleichungen gelten für alle Werte der Variablen a, b und x. Sie machen aber keine Aussage über die Variablen selbst.

4.1.4.2 Funktionsgleichungen

Will man in mathematischer Form den Zusammenhang zwischen - voneinander unabhängigen - veränderlichen Größen beschreiben, verwendet man **Funktionsgleichungen** (vgl. 5.1.2.2). Eine solche Funktionsgleichung ist z. B. das Ohmsche Gesetz $I = U/R$, das die Abhängigkeit der Stromstärke I von der veränderlichen Spannung U bei gegebenen Widerstand R angibt. I ist eine **Funktion von** U.

Eine andere Funktionsgleichung besteht zwischen dem zurückgelegten Weg (s) und der Zeit (t) beim freien Fall im luftleeren Raum:

$$s = \frac{g}{2}t^2$$

(Mit der Anfangsgeschwindigkeit Null und mit g als Fallbeschleunigung).

4.1.4.3 Bestimmungsgleichungen

Ein dritter Typ sind die sog. **Bestimmungsgleichungen**. In ihnen tritt eine **unbekannte** Größe auf - meistens mit x bezeichnet -, die *bestimmt*, d. h. *berechnet* werden soll.

Man unterscheidet dabei:

1. lineare Gleichungen $\quad 8x + 7 = 25$
2. quadratische Gleichungen $\quad x^2 + 5x - 24 = 0$
3. kubische Gleichungen $\quad x^3 + 6x^2 + 3x - 2 = 0$
4. Wurzelgleichungen $\quad \sqrt{2x+3} = \sqrt{x+2} + 1$
5. Exponentialgleichungen $\quad e^x + 3x = 2$
6. goniometrische Gleichungen $\quad \sin x = \cos 3x + 2$
7. logarithmische Gleichungen $\quad \ln 2x + 6x = 4$

Die hier unter 1. bis 7. angegebenen Beispiele sind *Gleichungen mit einer Unbekannten*. Sie stellen Aussageformen dar, die zu wahren oder falschen Aussagen führen, wenn man für die Unbekannten Zahlen einsetzt. So ist z. B. die durch die erste Gleichung gemachte Aussage wahr, wenn man für $x = \dfrac{18}{8}$ einsetzt; für alle anderen Werte von x ist die erste Gleichung falsch. Nach der Zahl der zu bestimmenden Unbekannten unterscheidet man Gleichungen mit einer, mit zwei oder mehreren Unbekannten.

Ferner unterscheidet man je nach Art, in der die Unbekannten mit bekannten Größen verbunden sind:

(a) algebraische Gleichungen (Gleichungen 1 bis 4) und
(b) transzendente Gleichungen[1] (Gleichung 5 bis 7).

Algebraisch heißt eine Bestimmungsgleichung dann, wenn an den Größen dieser Gleichung nur die sechs algebraischen Rechenoperationen

„Addieren, Subtrahieren, Multiplizieren, Dividieren, Potenzieren, Radizieren (= Wurzel ziehen)"

vorgenommen werden. - Alle anderen Gleichungen nennt man transzendent.

---

[1] Transzendente Gleichungen erfordern eine Auflösungsmethode, welche die Kräfte der Algebra übersteigt (lat. *„quod algebrae vires transcendit"*), wie sich Leonard Euler (1707-1783) ausdrückte.

Nach der Potenz, in der die Unbekannten in einer algebraischen Gleichung vorkommmen, teilt man die algebraischen Gleichungen in

- (I) Gleichungen 1. Grades (lineare Gleichungen),
- (II) Gleichungen 2. Grades (quadratische Gleichungen),
- (III) Gleichungen 3. Grades (kubische Gleichungen),
- (IV) Gleichungen n-ten Grades (wenn x in der n-ten Potenz vorkommt).

4.2 Das Lösen von Bestimmungsgleichungen

Eine Bestimmungsgleichung lösen heißt, für die Unbekannte diejenigen Werte zu finden, die diese Gleichung beim Einsetzen zu einer identischen Gleichung machen. Ein solcher Wert heißt L ö s u n g oder auch W u r z e l der Gleichung. Man sagt von ihm, daß er die Gleichung löst oder erfüllt oder daß er der Gleichung genügt. $x = 2$ genügt z. B. der Gleichung $5x = 10$, $x = 3$ dagegen nicht.

Man findet die Lösung(en) einer Gleichung unter Anwendung des *Grundgesetzes für das Umformen* von Gleichungen:

- **Eine Gleichung geht in eine Gleichung über, wenn man auf beiden Seiten des Gleichheitszeichens mit gleichen Zahlen gleiche Rechenoperationen ausführt.**

Ziel dieser U m f o r m u n g e n ist es, die unbekannte Größe auf einer Seite der Gleichung zu isolieren. Dabei wird z. B. eine Zahl, die zu der Unbekannten addiert worden ist, durch Subtraktion auf die andere Seite der Gleichung gebracht -

Beispiel 4.1:
$$\begin{aligned} x + 4 &= 10 \quad |-4 \\ x + 4 - 4 &= 10 - 4 \\ x &= 6 \end{aligned}$$

- oder eine Größe, mit der die Unbekannte multipliziert wurde, durch Division in den Faktor Eins verwandelt.

Beispiel 4.2:
$$\begin{aligned} 3x &= 9 \quad |:3 \\ \frac{3x}{3} &= \frac{9}{3} \\ 1x = x &= 3 \end{aligned}$$

Man löst also eine Gleichung, indem man auf beiden Seiten die zu den gegebenen Rechenoperationen i n v e r s e n (lat. *inversum,* entgegengesetzt) Operationen verwendet. Solche Paare inverser Rechenoperationen sind

Addieren	↔	Subtrahieren
Multiplizieren	↔	Dividieren
Potenzieren	↔	Radizieren
(Logarithmieren	↔	Exponieren)

Beispiel 4.3:

$$\begin{aligned} 4x + 4 &= 12 & |-4 \\ 4x &= 8 & |:4 \\ x &= 2 \end{aligned}$$

Wie Beispiel 4.3 zeigt, entsteht von Schritt zu Schritt jedesmal eine neue - allerdings gleiche (äquivalente) - Gleichung, wenn sie *alle Lösungen* der Ausgangsgleichung besitzt und *nur diese* (was bei Wurzelgleichungen und quadratischen Gleichungen, die in Abschnitt 9 behandelt werden, nicht immer der Fall ist). Man nennt deshalb Umformungen von Gleichungen, die die Lösungsmenge unverändert lassen, ä q u i - v a l e n t e Umformungen. Treten nichtäquivalente Umformungen auf, *muß* nach der Gleichungsauflösung die Probe gemacht werden. Nur sie gibt die Sicherheit, daß wirklich eine Lösung gefunden wurde. Zur Probe setzt man den für die Unbekannte gefundenen Wert in die A u s g a n g s g l e i c h u n g ein. Wenn man eine identische Gleichung erhält, ist dieser Wert wirkliche Lösung der Gleichung. Erhält man einen Widerspruch, so ist der eingesetzte Wert keine Lösung. Aber auch bei äquivalenten Umformungen sollte man stets zum Schutz gegen Rechenfehler die Probe machen.

Bei *Textaufgaben* muß man die Probe an Hand des Textes vornehmen. Es ist nicht auszuschließen, daß eine mathematisch richtige Lösung der Bestimmungsgleichung den praktischen Sachverhalt nicht gerecht wird. (So ist z. B. ein negativer Wert für die Länge einer Strecke als Lösung unbrauchbar.)

4.2.1 Lineare Gleichungen mit einer Unbekannten

Läßt sich eine Gleichung auf die allgemeine Form (Normalform genannt) $ax + b = 0$ bringen, in der x die Unbekannte, a und b Konstante sind, so heißt sie *Gleichung 1. Grades* oder *lineare Gleichung mit einer Unbekannten*. Der bei der Unbekannten x stehende Faktor wird K o e f f i z i e n t genannt, das Glied ohne x A b s o l u t g l i e d.

Die Lösung dieser Gleichung erhält man durch schrittweises Anwenden der Grundgesetze unter der Voraussetzung, daß $a \neq 0$ ist:

$$\begin{aligned} ax + b &= 0 & |-b \\ ax &= -b & |:a \neq 0 \\ x &= -\frac{b}{a} \end{aligned}$$

Probe:
$$\begin{aligned} a\left(-\frac{b}{a}\right) + b &= 0 \\ -b + b &= 0 \\ 0 &= 0 \end{aligned}$$

Wie die Probe zeigt, ist $x = -\dfrac{b}{a}$ tatsächlich die Lösung der Gleichung für $a \neq 0$. Diese Bedingung sollte man immer mit angeben, um auszudrücken, daß man durch Null nicht dividieren darf.

Beispiel 4.4:
$$(x+a)^2 - (x-b)^2 = 2a(a+b)$$
$$x^2 + 2ax + a^2 - x^2 + 2bx - b^2 = 2a^2 + 2ab \quad | -a^2 + b^2$$
$$2x(a+b) = a^2 + 2ab + b^2 \quad | :2(a+b)$$
$$x = \frac{(a+b)^2}{2(a+b)}$$
$$\underline{\underline{x = \frac{a+b}{2}}}$$

Beispiel 4.5:
$$\frac{3x+5}{12} - \frac{2x-3}{6} = 1 + \frac{2x-5}{18}$$

Man bringt beide Seiten auf den Hauptnenner 36.
$$\frac{9x + 15 - 12x + 18}{36} = \frac{36 + 4x - 10}{36} \quad | \cdot 36$$
$$9x - 12x + 15 + 18 = 26 + 4x \quad | -26 + 3x$$
$$33 - 26 = 4x + 3x$$
$$7 = 7x \quad | :7$$
$$\underline{\underline{x = 1}}$$

Beispiel 4.6:
$$\frac{4}{x-5} + \frac{1}{x-3} - \frac{1}{x-7} = \frac{4}{x-4}$$

Lösung:
Um unnötiges Rechnen beim Gleichnamigmachen zu vermeiden, bringt man den einen Bruch noch auf die rechte Seite und macht jede Seite für sich gleichnamig.

$$\frac{4(x-3) + (x-5)}{(x-5)(x-3)} = \frac{4(x-7) + (x-4)}{(x-7)(x-4)}$$
$$\frac{5x - 17}{x^2 - 8x + 15} = \frac{5x - 32}{x^2 - 11x + 28} \quad | \cdot (x^2 - 8x + 15)(x^2 - 11x + 28)$$
$$(5x - 17)(x^2 - 11x + 28) = (5x - 32)(x^2 - 8x + 15)$$
$$5x^3 - 72x^2 + 327x - 476 = 5x^3 - 72x^2 + 331x - 480 \quad | -5x^3 + 72x^2$$
$$327x - 476 = 331x - 480 \quad | -331x + 476$$
$$327x - 331x = 476 - 480$$
$$-4x = -4 \quad | :(-4)$$
$$\underline{\underline{x = 1}}$$

Auf die Darstellung der Proben wurde in den Beispielen 4.4 bis 4.6 verzichtet, der Leser möge sich selbst damit beschäftigen. Die Gleichung in Beispiel 4.6 bezeichnet man auch als B r u c h g l e i c h u n g, weil ihr x im *Nenner* auftritt.
Die graphische Lösung einer linearen Gleichung wird in Abschnitt 5.2.2 behandelt.

4.2.2 Zwei lineare Gleichungen mit zwei Unbekannten

Eine lineare Gleichung mit zwei Unbekannten x und y läßt sich stets auf die allgemeine Form bringen:
$$ax + by = k$$
Dazu gibt es *unendlich viele* Wertepaare (x, y), welche die Gleichung erfüllen; denn man kann jedem beliebigen Wert der einen Unbekannten stets einen bestimmten Wert der anderen Unbekannten zuordnen.

Beispiel 4.7:
$$2x + 3y = 6$$
Für $x = 0$ muß $y = 2$ sein
für $x = -3$ ist $y = 4$,
für $x = 3$ ist $y = 0$ usw.

Sollen die Unbekannten eindeutig bestimmt werden können, muß noch eine zweite Beziehung zwischen ihnen bestehen. Liegt diese ebenfalls in Form einer linearen Gleichung vor, spricht man von einem l i n e a r e n G l e i c h u n g s s y s t e m m i t z w e i U n b e k a n n t e n. Seine allgemeine Form lautet:
$$a_1 x + b_1 y = k_1$$
$$a_2 x + b_2 y = k_2$$

Die Berechnung dieses Gleichungssystems führt auf einen Wert für x und einen für y. Beide zusammen bezeichnet man als *Wertepaar* und sagt:
- Die Lösungsmenge E (die Lösungen) des Gleichungssystems ist die Menge aller Wertepaare (x, y), für welche die Aussageformen (die Gleichungen) zu wahren oder falschen Aussagen werden.

Bei der Ermittlung der Lösungen unterscheidet man zwischen
(A) dem *Gleichsetzungsverfahren*
Beide Gleichungen werden nach derselben Unbekannten aufgelöst, die für sie erhaltenen Ausdrücke werden einander gleichgesetzt.

Beispiel 4.8:
$$\begin{aligned}
x - 2y &= 4 \quad \rightarrow \quad x = 4 + 2y \\
2x + 5y &= 35 \quad \rightarrow \quad x = \frac{35 - 5y}{2} \\
4 + 2y &= \frac{35 - 5y}{2} \quad x \text{ ist „eliminiert".} \\
y &= 3 \\
x - 2 \cdot 3 &= 4 \\
x &= 10
\end{aligned}$$

Probe: $10 - 2 \cdot 3 = 4$; $2 \cdot 10 + 5 \cdot 3 = 35$
Die Lösungsmenge besteht aus einem Wertepaar (Einermenge): $\underline{\underline{E = \{(10; 3)\}}}$

4.2 Das Lösen von Bestimmungsgleichungen

(B) der *Einsetzungsmethode*
Eine der beiden Gleichungen wird nach x oder y aufgelöst; dieser Wert wird in die zweite Gleichung eingesetzt.
Beispiel 4.9:

$$
\begin{aligned}
2x + 2y &= 8 \quad &\rightarrow \quad x = 4 - y \\
\underline{3x + y} &= \underline{6} \\
3(4 - y) + y &= 6 \quad &\rightarrow \quad 12 - 2y = 6 \\
y &= 6 - 3 = 3 \\
x &= 4 - 3 = 1 \\
\underline{\underline{E}} &\underline{\underline{= \{(1; 3)\}}}
\end{aligned}
$$

(C) *dem Additionsverfahren*
Durch Äquivalenzumformungen werden eine oder beide Gleichungen so umgeschrieben, daß bei ihrer gemeinsamen Addition eine der beiden Unbekannten herausfällt.
Beispiel 4.10:

$$
\begin{array}{l|ll}
 & 1. & 2. \\
2x + 5y = 8 & \cdot 3 & \cdot 3 \\
3x + 3y = 5 & \cdot(-2) & \cdot(-5)
\end{array}
$$

1. Die obere Gleichung wird mit 3, die untere mit -2 erweitert, dann werden beide addiert.

$$
\begin{aligned}
6x + 15y &= 24 \quad | \\
-6x - 6y &= -10 \quad | \quad + \\
\hline
9y &= 14 \quad \rightarrow \quad y = \frac{14}{9}
\end{aligned}
$$

2. Die obere Gleichung wird mit 3, die untere mit -5 erweitert, dann werden beide wieder addiert.

$$
\begin{aligned}
6x + 15y &= 24 \quad | \\
-15x - 15y &= -25 \quad | \quad + \\
\hline
-9x &= -1 \quad \rightarrow \quad x = \frac{1}{9}
\end{aligned}
$$

$$\underline{\underline{E = \left\{\left(\frac{1}{9}; \frac{14}{9}\right)\right\}}}$$

(D) dem *graphischen Verfahren* (vgl. Abschnitt 5.2.3) - sowie
(E) dem *Berechnungsverfahren mittels Determinanten* (s. Abschnitt 4.3 Determinanten)
Man unterscheidet bei der Berechnung von solchen Gleichungssystemen d r e i L ö s b a r k e i t s f ä l l e.

1. Fall: Ist eine der beiden Gleichungen ein lineares Vielfaches der anderen, nennt man die Gleichung *linear voneinander abhängig*. Die zweite Gleichung stellt gegenüber der ersten keine zusätzliche Bedingung dar. Das Gleichungssystem ist unterbestimmt und hat unendlich viele Lösungen.

Beispiel 4.11:
$$-x + y = 6$$
$$3x - 3y = -18$$

Multipliziert man die erste Gleichung mit -3, so erhält man die zweite. Man hat also tatsächlich nur e i n e Gleichung für die beiden Unbekanten x und y. Setzt man für $x(y)$ jetzt einen beliebigen Wert ein, erhält man aus der Gleichung den entsprechenden Wert für $y(x)$.
Im Beispiel ist $x = y - 6 = x(y)$. Die Lösungsmenge besteht aus unendlich vielen Wertepaaren
$$E = \{(x;y) \mid x = y - 6, \quad y \text{ beliebig}\}.$$

2. Fall: Sind die beiden Gleichungen linear unabhängig, ist aber die durch die eine Gleichung gestellte Bedingung mit der durch die zweite Gleichung gestellten Bedingung *unverträglich*, dann stehen beide Gleichungen zueinander im *Widerspruch*. Es gibt keine Lösung.

Beispiel 4.12:
$$-x + y = 6$$
$$-3x + 3y = 12$$

Divdiert man die zweite Gleichung durch 3, erhält man $-x + y = 4$, was der ersten Gleichung widerspricht.
$$E = \emptyset$$

3. Fall: In allen anderen Fällen besteht das Gleichungssystem aus zwei linearen und widerspruchsfreien Gleichungen, es gibt genau eine Lösung (s. Beispiele 4.8 bis 4.10).

4.2.3 Drei lineare Gleichungen mit drei Unbekannten

Die Betrachtungen des vorhergehenden Abschnittes lassen sich dahingehend verallgemeinern, daß zur Bestimmung von 3, 4, ..., n Unbekannten ein System von 3, 4, ..., n voneinander unabhängigen, sich nicht widersprechenden Gleichungen gehört.
Bei d r e i Unbekannten x, y, z schreibt man das Gleichungssystem in der *allgemeinen Form*
$$a_{11}x + a_{12}y + a_{13}z = a_1$$
$$a_{21}x + a_{22}y + a_{23}z = a_2$$
$$a_{31}x + a_{32}y + a_{33}z = a_3$$

4.2 Das Lösen von Bestimmungsgleichungen

Die Größen a_{ik} (gesprochen „a-i-k") heißen K o e f f i z i e n t e n, die Größen a_i (gesprochen „a-i") A b s o l u t g l i e d e r. Der Index i heißt Z e i l e n - i n d e x, k heißt S p a l t e n i n d e x, wobei die waagerechte Anordnung der mathematischen Symbole als Zeile, die senkrechte als Spalte bezeichnet wird. - a_{23} (gesprochen „a-zwei-drei") ist somit ein Koeffizient in der 2. Zeile und der 3. Spalte.

Bei der Lösung dieses Gleichungssystems unterscheidet man wieder entsprechend zum linearen System mit zwei Unbekannten (s. Abschnitt 4.2.2) zwischen

(A) dem *Einsetzverfahren*

Eine Gleichung wird nach einer Unbekannten aufgelöst und dann in die beiden anderen eingesetzt. Man erhält dadurch zwei Gleichungen mit zwei Unbekannten, die man entsprechend Abschnitt 4.2.2 löst.

(B) dem *Additionsverfahren*

Eine Gleichung wird jeweils so umgeformt, daß bei Addition dieser umgeformten Gleichung mit einer der beiden anderen jeweils die gleiche Unbekannte herausfällt. Auch dadurch erhält man wieder zwei Gleichungen mit zwei Unbekannten.

Beispiel 4.13:
$$3x - 9y - z = 5$$
$$4x + 10y - 9z = 43$$
$$5x - y - 2z = 36$$

Zur Elimination von z wird die erste Gleichung mit -9 multipliziert und zur zweiten addiert.

$$\begin{aligned} -27x + 81y + 9z &= -45 \quad | \\ 4x + 10y - 9z &= 43 \quad | \; + \\ \hline -23x + 91y &= -2 \quad \text{(I)} \end{aligned}$$

Dann wird die erste Gleichung mit -2 multipliziert und zur dritten addiert.

$$\begin{aligned} -6x + 18y + 2z &= -10 \quad | \\ 5x - y - 2z &= 36 \quad | \; + \\ \hline -x + 17y &= 26 \quad \text{(II)} \end{aligned}$$

Schließlich wird Gleichung (II) mit -23 multipliziert und zu Gleichung (I) addiert.

$$\begin{aligned} -23x + 91y &= -2 \quad | \\ +23x - 391y &= -598 \quad | \; + \\ \hline -300y &= -600 \qquad y = 2 \quad \text{(III)} \end{aligned}$$

Gleichung (III) in Gleichung (II) eingesetzt, ergibt
$$-x + 34 = 26 \qquad\qquad x = 8 \quad \text{(IV)}$$

Gleichung (IV) und (III) werden z. B. in die erste Gleichung eingesetzt.

$$3 \cdot 8 - 9 \cdot 2 - z = 5 \qquad\qquad z = 1$$

Damit lautet die Lösung des Gleichungssystems

$$x = 8; \quad y = 2; \quad z = 1$$

Die Lösung ist ein *Wertetripel*

$$(x, y, z) = (8, 2, 1)$$

als Element der Lösungsmenge, die bei vorliegender eindeutigen Lösung wieder eine Einermenge ist:

$$\underline{\underline{E = \{(8, 2, 1)\}}}.$$

(C) und dem *Berechnungsverfahren mittels Determinanten* (s. Abschnitt 4.3 Determinanten)

4.2.4 n lineare Gleichungen mit n Unbekannten

Für die allgemeine Schreibweise von n Gleichungen mit n Unbekannten werden zweckmäßig die Unbekannten mit $x_1, x_2, \ldots, x_n$ bezeichnet. Das Gleichungssystem lautet dann

$$\begin{aligned} a_{11}x_1 + a_{12}x_2 + \cdots + a_{1n}x_n &= a_1 \\ a_{21}x_1 + a_{22}x_2 + \cdots + a_{2n}x_n &= a_2 \\ &\cdots\cdots\cdots\cdots\cdots\cdots\cdots\cdots \\ a_{n1}x_1 + a_{n2}x_2 + \cdots + a_{nn}x_n &= a_n \end{aligned} \qquad (I)$$

Für die Lösung des Gleichungssystems wird ein Verfahren gegenüber den bisher bekannten bevorzugt, das in dieser Form erstmalig vom C. F. GAUSS (1777 bis 1855, Göttingen) angegeben wurde und das nach ihm G a u ß s c h e r A l g o r i t h m u s genannt wurde. (*Algorithmus:* entstellt aus dem Namen des Algebraikers *Al Chwarismi*, persischer Mathematiker im 9. Jh. ; das Wort bezeichnet ein zur Regel gewordenes Rechenverfahren.)

Das Verfahren ermöglicht ein rationelleres (zweckmäßigeres) Lösen linearer Gleichungssysteme und hat in Form des sog. *mechanisierten Gaußschen Algorithmus* den wesentlichen Vorteil, daß für die anfallenden Rechnungen Computer eingesetzt werden können.

Der Grundgedanke dieses Verfahrens besteht darin, ein Systen von n linearen Gleichungen mit n Unbekannten, das in der *rechteckigen* Form (I) gegeben ist, durch *geeignete Linearkombinationen* in ein gestaffeltes Gleichungssystem von *dreieckiger* Form (II)

$$\begin{aligned} b_{11}x_1 + b_{12}x_2 + \ldots + b_{1n}x_n &= b_1 \\ b_{22}x_2 + \ldots + b_{2n}x_n &= b_2 \\ \cdots\cdots\cdots\cdots \cdots\; \cdots \\ b_{nn}x_n &= b_n \end{aligned} \qquad (II)$$

zu überführen. (b_{ik} sind wieder Koeffizienten b_i Absolutglieder). Die einzelnen x-Werte können nun schrittweise, beginnend mit x_n, aus den Gleichungen berechnet werden, in denen sie jeweils als erste Unbekannte auftreten.

==Bei diesem Verfahren kommt es also darauf an, systematisch eine Spalte nach der anderen gleich Null zu setzen, wobei allerdings nur mit den Zeilen und nicht mit den Spalten operiert werden darf.==

Beispiel 4.14:
$$2x_1 - 3x_2 + 4x_3 = 19$$
$$4x_1 - 4x_2 + 3x_3 = 22$$
$$-6x_1 - x_2 + 5x_3 = 7$$

Die erste Gleichung wird mit -2 multipliziert und zur zweiten Gleichung addiert. Man erhält
$$2x_2 - 5x_3 = -16 \tag{I}$$

Dann wird die erste Gleichung mit 3 multipliziert und zur dritten Gleichung addiert. Man erhält
$$-10x_2 + 17x_3 = 64 \tag{II}$$

Schließlich wird Gleichung (I) mit 5 multipliziert und zu (II) addiert. Man erhält
$$-8x_3 = -16 \tag{III}$$

Aus der ersten Gleichung des ursprünglichen Gleichungssystems und den Gleichungen (I) und (III) läßt sich das gestaffelte Dreieckssystem anschreiben:
$$2x_1 - 3x_2 + 4x_3 = 19$$
$$2x_2 - 5x_3 = -16$$
$$-8x_3 = -16$$

aus dem sich nacheinander, mit der letzten Gleichung beginnend, die gesuchten Größen berechnen lassen:
$$x_3 = 2; x_2 = -3; x_1 = 1. \quad \underline{\underline{E = \{(2; -3; 1)\}}}$$

Zur Probe müssen alle drei Ausgangsgleichungen herangezogen werden.

4.3 Gleichungssysteme und Determinanten

4.3.1 Zweireihige Determinanten, Cramer-Regel

Die Lösung eines Gleichungssystems mit zwei linearen Gleichungen, das im folgenden entsprechend Abschnitt 4.2.3 in der Form
$$a_{11}x + a_{12}y = a_1$$
$$a_{21}x + a_{22}y = a_2$$

geschrieben werden soll, erhält man ganz allgemein durch entsprechende Äquivalenzumformungen zu

$$x = \frac{a_1 a_{22} - a_2 a_{12}}{a_{11} a_{22} - a_{12} a_{21}}; \qquad y = \frac{a_2 a_{11} - a_1 a_{21}}{a_{11} a_{22} - a_{12} a_{21}}$$

Dafür wird auch die Schreibweise

$$x = \frac{\begin{vmatrix} a_1 & a_{12} \\ a_2 & a_{22} \end{vmatrix}}{\begin{vmatrix} a_{11} & a_{12} \\ a_{21} & a_{22} \end{vmatrix}} \qquad \text{(I)} \qquad y = \frac{\begin{vmatrix} a_{11} & a_1 \\ a_{21} & a_2 \end{vmatrix}}{\begin{vmatrix} a_{11} & a_{12} \\ a_{21} & a_{22} \end{vmatrix}} \qquad \text{(II)}$$

verwendet.

Die dabei auftretenden Ausdrücke nennt man D e t e r m i n a n t e n und definiert ganz allgemein:

- Eine Determinante ist ein quadratisches Zahlenschema, das nach Belegung der Variablen a_{11}, a_{12}, a_1, a_{21}, a_{22}, a_2 einen ganz bestimmten Zahlenwert annimmt, den man W e r t der Determinante nennt. In der Determinanten

$$\begin{vmatrix} a_{11} & a_{12} \\ a_{21} & a_{22} \end{vmatrix}$$

heißen die a_{ik} die *Elemente* der Determinante. Sie sind in zwei Zeilen und zwei Spalten angeordnet. Die Elemente a_{11} a_{22} bilden die *Hauptdiagonale*, die Elemente a_{12} a_{21} die *Nebendiagonale*.

Die Doppelindizes sind wieder einzeln zu lesen (z. B. a_{21} wird a-2-1 gesprochen) und so gesetzt, daß der erste Index die Zeilennummer, der zweite die Spaltennummer angibt. Man spricht deshalb auch vom *Zeilen-* und *Spaltenindex*. Zeilen und Spalten heißen gemeinsam *Reihen*.

„Der Wert einer zweireihigen Determinante ist gleich der Differenz aus dem Produkt der Elemente der Hauptdiagonalen und dem Produkt der Elemente der Nebendiagonalen."

$$\begin{vmatrix} a_{11} & a_{12} \\ a_{21} & a_{22} \end{vmatrix} = a_{11} a_{22} - a_{12} a_{21}$$

Beispiel 4.15:
$$x - 2y = 4$$
$$2x + 5y = 35$$

Darin sind
$$a_{11} = 1, \quad a_{12} = -2, \quad a_1 = 4,$$
$$a_{21} = 2, \quad a_{22} = 5, \quad a_2 = 35.$$

Die Gleichungen (I) und (II) lauten dann

4.3 Gleichungssysteme und Determinanten

$$x = \frac{\begin{vmatrix} 4 & -2 \\ 35 & 5 \end{vmatrix}}{\begin{vmatrix} 1 & -2 \\ 2 & 5 \end{vmatrix}} = \frac{4 \cdot 5 - 35 \cdot (-2)}{1 \cdot 5 - 2 \cdot (-2)} = \frac{20 + 70}{5 + 4} = \frac{90}{9} = 10 \quad \text{(I)}$$

$$y = \frac{\begin{vmatrix} 1 & 4 \\ 2 & 35 \end{vmatrix}}{\begin{vmatrix} 1 & -2 \\ 2 & 5 \end{vmatrix}} = \frac{1 \cdot 35 - 2 \cdot 4}{1 \cdot 5 - 2 \cdot (-2)} = \frac{35 - 8}{5 + 4} = \frac{27}{9} = 3 \quad \text{(II)}$$

Die Determinanten im Nenner der beiden Gleichungen (I) und (II) sind gleich. Man bezeichnet diese gemeinsame Determinante als **Nennerdeterminante** oder **Koeffizientendeterminante**, weil sie aus den Koeffizienten der beiden Gleichungen des Gleichungssystems besteht. Die Determinante im Zähler heißt **Zählerdeterminante**. Man erhält sie aus der Koeffizientendeterminante, indem man die zur jeweiligen Unbekannten gehörende Koeffizientenspalte durch die absoluten Glieder ersetzt.

Gleichungen (I) und (II) beschreiben die **Cramer-Regel** (G. Cramer, 1704 bis 1752):

- Ein inhomogenes (inhomogen: $a_1 \neq 0$; $a_2 \neq 0$) Gleichungssystem von zwei linearen Gleichungen mit zwei Unbekannten (x, y), dessen Koeffizientendeterminante $D \neq 0$ ist, hat die Lösungen:

$$x = \frac{D_x}{D} \quad \text{und} \quad y = \frac{D_y}{D}$$

Die Zählerdeterminanten D_x und D_y gehen aus der Koeffizientendeterminante D durch Austausch der ersten bzw. der zweiten Spalte mit der rechten Seite des Gleichungssystems hervor.

Ist die Koeffizientendeterminante Null, so kann man die beiden Unbekannten x und y nach Gleichung (I) und Gleichung (II) **nicht berechnen**, da man durch Null nicht dividieren darf. Nun ist zweierlei möglich:

1. Die Zählerdeterminanten sind ungleich Null.
   Dann sind die Gleichungen nicht miteinander verträglich. Sie widersprechen sich. Es gibt keine Lösung.

Beispiel 4.16:
$$x - 2y = 4$$
$$2x - 4y = 9$$

Dividiert man die zweite Gleichung durch 2, erhält man mit $x - 2y = 4{,}5$ eine Gleichung, die sich mit der ersten nicht verträgt. Mit der Cramer-Regel folgt:

$$x = \frac{\begin{vmatrix} 4 & -2 \\ 9 & -4 \end{vmatrix}}{\begin{vmatrix} 1 & -2 \\ 2 & -4 \end{vmatrix}} = \frac{4 \cdot (-4) - 9 \cdot (-2)}{1 \cdot (-4) - 2 \cdot (-2)} = \frac{-16 + 18}{-4 + 4} = \frac{2}{0}$$

$$y = \frac{\begin{vmatrix} 1 & 4 \\ 2 & 9 \end{vmatrix}}{\begin{vmatrix} 1 & -2 \\ 2 & -4 \end{vmatrix}} = \frac{1 \cdot 9 - 2 \cdot 4}{1 \cdot (-4) - 2 \cdot (-2)} = \frac{9 - 8}{-4 + 4} = \frac{1}{0} \quad \text{keine Lsg}$$

2. Die Zählerdeterminanten sind auch gleich Null. Dann sind die beiden Gleichungen voneinander linear abhängig. Es gibt unendlich viele Lösungen.

Beispiel 4.17:
$$5x + 3y = 6$$
$$15x + 9y = 18$$

Die zweite Gleichung ist das Dreifache der ersten Gleichung. Man hat also für zwei Unbekannte x und y nur eine Gleichung zur Verfügung und kann jetzt x in Abhängigkeit von y angeben oder y in Abhängigkeit von x.
Nach der Cramer-Regel erhält man:

$$x = \frac{\begin{vmatrix} 6 & 3 \\ 18 & 9 \end{vmatrix}}{\begin{vmatrix} 5 & 3 \\ 15 & 9 \end{vmatrix}} = \frac{54 - 54}{45 - 45} = \frac{0}{0}$$

$$y = \frac{\begin{vmatrix} 5 & 6 \\ 15 & 18 \end{vmatrix}}{\begin{vmatrix} 5 & 3 \\ 15 & 9 \end{vmatrix}} = \frac{90 - 90}{45 - 45} = \frac{0}{0}$$

d. h. „unbestimmte Ausdrücke". Entsprechend Beispiel 4.11 ist die Lösungsmenge des Gleichungssystems

$$E = \{(x,y) \mid y = -\frac{5}{3}x + 2, \quad x \text{ beliebig}\}$$

Wie man die Determinantenrechnung in der Praxis anwenden kann, soll folgendes Beispiel zeigen.

Beispiel 4.18:
Gegeben sei ein Spannungsteiler mit den drei Widerständen R_1, R_2, R_3.
Wie groß sind die Ströme i_1 und i_2 bei einer angelegten Spannung U? (Bild 4.1)
Lösung:
Die Aufgabe läßt sich am einfachsten durch Einführung sog. M a s c h e n s t r ö m e lösen. Zu diesem Zweck teilt man die Schaltung in einen linken Teil (Masche 1), der durch den Maschenstrom I_1, und einen rechten Teil (Masche 2), der durch den Maschenstrom I_2 durchflossen wird, auf. Dann schreibt man für die beiden Maschen getrennt das 2. Kirchhoffsche Gesetz („Die Summe aller Spannungen in einem geschlossenen Stromkreis ist gleich Null") an und erhält mit

4.3 Gleichungssysteme und Determinanten

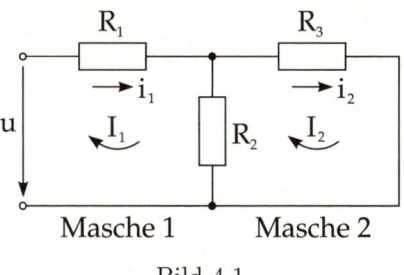

Bild 4.1

Masche 1 $\quad U = (R_1 + R_2)I_1 - R_2 I_2$
Masche 2 $\quad 0 = (R_3 + R_2)I_2 - R_2 I_1$
oder
$$U = (R_1 + R_2)I_1 - R_2 I_2$$
$$0 = -R_2 I_1 + (R_3 + R_2)I_2$$

ein lineares Gleichungssystem mit den beiden Maschenströmen I_1 und I_2 als Unbekannte. Die Cramer-Regel liefert hiermit

$$D_{I1} = \begin{vmatrix} U & -R_2 \\ 0 & R_2 + R_3 \end{vmatrix}; \quad D_{I2} = \begin{vmatrix} R_1 + R_2 & U \\ -R_2 & 0 \end{vmatrix};$$

$$D = \begin{vmatrix} R_1 + R_2 & -R_2 \\ -R_2 & R_2 + R_3 \end{vmatrix}$$

$$I_1 = \frac{D_{I1}}{D} = U \cdot \frac{R_2 + R_3}{R_1(R_2 + R_3) + R_2 R_3} = i_1$$

$$I_2 = \frac{D_{I2}}{D} = U \cdot \frac{R_2}{R_1(R_2 + R_3) + R_2 R_3} = i_2$$

direkt die gesuchten Ströme i_1 und i_2.

4.3.2 Dreireihige Determinanten, Regel von Sarrus

Die Lösung eines linearen Gleichungssystems von drei Gleichungen mit drei Unbekannten (s. Abschnitt 4.2.3) mittels der Cramer-Regel, die auch hier Gültigkeit hat, führt - entsprechend zu Abschnitt 4.3.1 - auf dreireihige Determinanten.

Eine dreireihige Determinante, z. B. die Koeffizientendeterminante des Gleichungssystems von Abschnitt 4.2.3 lautet

$$D = \begin{vmatrix} a_{11} & a_{12} & a_{13} \\ a_{21} & a_{22} & a_{23} \\ a_{31} & a_{32} & a_{33} \end{vmatrix}$$

Eine dreireihige Determinante ist also ein quadratisches Schema von $3^2 = 9$ Zahlen, die in drei Zeilen und drei Spalten angeordnet sind. Die Elemente a_{11}, a_{22}, a_{33} bilden die Hauptdiagonale, die Elemente a_{13}; a_{22}, a_{31} die Nebendiagonale.

Die Berechnung der Determinanten 3. Grades erfolgt entweder nach dem Entwicklungssatz (s. Abschnitt 4.3.3) oder nach der R e g e l v o n S a r r u s (Pierre SARRUS, gesprochen „Sarrü", 1798-1861, franz. Mathematiker):
- Man schreibt hinter das Schema der Glieder der Determinante nochmals die erste und zweite Spalte, nimmt die Summe der Produkte der Glieder der drei nach rechts fallenden Diagonalen (Hauptdiagonale und dazu Parallelen) und zieht davon die Summe der Produkte der Glieder der drei nach rechts ansteigenden Diagonalen (Nebendiagonale und dazu Parallelen) ab.

$$D = a_{11}a_{22}a_{33} + a_{12}a_{23}a_{31} + a_{13}a_{21}a_{32}$$
$$-a_{31}a_{22}a_{13} - a_{32}a_{23}a_{11} - a_{33}a_{21}a_{12}.$$

Merke: Diese Regel ist nur für *dreireihige* Determinanten gültig!

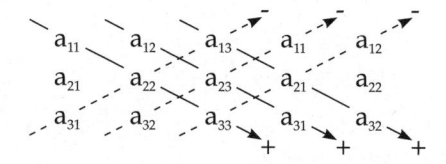

Beispiel 4.19:

Man berechne den Wert der Determinante

$$D = \begin{vmatrix} 3 & -1 & 5 \\ -7 & 4 & -6 \\ 0 & 2 & -8 \end{vmatrix}$$

nach der Regel von Sarrus!

Lösung:

Das Zahlenschema lautet

$$\begin{array}{rrrrr} 3 & -1 & 5 & 3 & -1 \\ -7 & 4 & -6 & -7 & 4 \\ 0 & 2 & -8 & 0 & 2 \end{array}$$

Daraus folgt der Wert der Determinante

$$\begin{aligned} D &= 3 \cdot 4 \cdot (-8) + (-1) \cdot (-6) \cdot 0 + 5 \cdot (-7) \cdot 2 - 0 \cdot 4 \cdot 5 \\ &\quad - 2 \cdot (-6) \cdot 3 - (-8) \cdot (-7) \cdot (-1) \\ &= -96 + 0 - 70 - 0 + 36 + 56 = -74 \end{aligned}$$

Man beachte, daß zwischen Determinante und Berechnungsschema kein Gleichheitszeichen gesetzt werden darf!

Beispiel 4.20:

Man löse das Gleichungssystem

$$\begin{array}{rrrrr} 2x & + & 3y & - & 5z & = & 16 \\ 3x & - & 2y & + & 4z & = & 36 \\ 5x & + & 7y & - & 11z & = & 44 \end{array}$$

mittels der Cramer-Regel.

4.3 Gleichungssysteme und Determinanten

Lösung:

$$x = \frac{Dx}{D}; \quad y = \frac{Dy}{D}; \quad z = \frac{Dz}{D} \quad \text{mit}$$

$$D_x = \begin{vmatrix} 16 & 3 & -5 \\ 36 & -2 & 4 \\ 44 & 7 & -11 \end{vmatrix}; \quad D_y = \begin{vmatrix} 2 & 16 & -5 \\ 3 & 36 & 4 \\ 5 & 44 & -11 \end{vmatrix};$$

$$D_z = \begin{vmatrix} 2 & 3 & 16 \\ 3 & -2 & 36 \\ 5 & 7 & 44 \end{vmatrix} \quad \text{als Zählerdeterminanten und}$$

$$D = \begin{vmatrix} 2 & 3 & -5 \\ 3 & -2 & 4 \\ 5 & 7 & -11 \end{vmatrix} \quad \text{als Koeffizienten- oder Nennerdeterminante}$$

Die einzelnen Determinanten berechnet man wieder nach der Regel von Sarrus. So erhält man z. B. für die Nennerdeterminante

$$\begin{array}{ccccc} 2 & 3 & -5 & 2 & 3 \\ 3 & -2 & 4 & 3 & -2 \\ 5 & 7 & -11 & 5 & 7 \end{array}$$

das ergibt für D
$$D = 44 + 60 - 105 - 50 - 56 + 99 = -8$$

Entsprechend erhält man für $D_x = -80$; $D_y = -56$; $D_z = -40$ und damit die gesuchten Unbekannten:
$$x = 10; \quad y = 7; \quad z = 5.$$

Tritt bei diesem Rechnungsverfahren wieder der Fall ein, daß die Nennerdeterminante Null wird, so lassen sich x, y und z nicht berechnen; man trifft wieder die Fallunterscheidung entsprechend zu Abschnitt 4.3.1:

1. Die Zählerdeterminaten sind ungleich Null.
   Dann sind wieder die Gleichungen nicht miteinander verträglich. Sie widersprechen sich. Das Gleichungssystem hat keine Lösung.
2. Die Zählerdeterminanten sind ebenfalls Null.
   Dann sind zwei oder alle drei Gleichungen voneinander linear abhängig. Es gibt beliebig viele Lösungen.

4.3.3 Determinantengesetze

1. Der Wert einer Determinante bleibt ungeändert, wenn man sie an der Hauptdiagonalen spiegelt (*Stürzen* der Determinante genannt).

Beispiel 4.21:

$$\begin{vmatrix} 1 & 2 & 3 \\ 4 & 5 & 6 \\ 7 & 8 & 9 \end{vmatrix} = \begin{vmatrix} 1 & 4 & 7 \\ 2 & 5 & 8 \\ 3 & 6 & 9 \end{vmatrix}$$

Hauptdiagonale

2. Eine Determinante wird mit einem Faktor multipliziert, indem man die Elemente irgendeiner Zeile oder Spalte mit ihm multipliziert. Umgekehrt kann ein Faktor, der allen Elementen in einer Zeile oder Spalte gemeinsam ist, vor die Determinante gezogen werden.

Beispiel 4.22:

$$\begin{vmatrix} 10 & 36 \\ 20 & 48 \end{vmatrix} = 10 \cdot \begin{vmatrix} 1 & 36 \\ 2 & 48 \end{vmatrix} = 10 \cdot 12 \cdot \begin{vmatrix} 1 & 3 \\ 2 & 4 \end{vmatrix} = 10 \cdot 12 \cdot 2 \cdot \begin{vmatrix} 1 & 3 \\ 1 & 2 \end{vmatrix}$$
$$= 240 \cdot (1 \cdot 2 - 1 \cdot 3)$$
$$= -240$$

Zum Vergleich:

$$\begin{vmatrix} 10 & 36 \\ 20 & 48 \end{vmatrix} = 480 - 720 = -240$$

3. Sind zwei Zeilen oder Spalten einander proportional, so ist der Wert der Determinante gleich Null (man vergleiche in Beispiel 4.17 die zum Gleichungssystem gehörenden Determinanten).
4. Die Summe (Differenz) zweier Determinanten, die sich nur in einer Zeile (Spalte) unterscheiden, ist die Determinante, bei der die Elemente der betreffenden Zeile (Spalte) jeweils die Summe (Differenz) der entsprechenden Elemente der beiden Summanden sind und bei der die übrigen Elemente unverändert bleiben.

Beispiel 4.23:

$$\begin{vmatrix} 1 & 2 & 3 \\ 4 & 5 & 6 \\ 7 & 8 & 9 \end{vmatrix} + \begin{vmatrix} 4 & 2 & 3 \\ 3 & 5 & 6 \\ 1 & 8 & 9 \end{vmatrix} = \begin{vmatrix} 5 & 2 & 3 \\ 7 & 5 & 6 \\ 8 & 8 & 9 \end{vmatrix}$$

(Kontrolle!)

5. Der Wert einer Determinante bleibt unverändert, wenn man zu einer Zeile (Spalte) ein beliebiges Vielfaches einer anderen Zeile (Spalte) addiert oder subtrahiert.

4.3 Gleichungssysteme und Determinanten

Beispiel 4.24:

$$\begin{vmatrix} 1 & 2 \\ 5 & 3 \end{vmatrix} = 1 \cdot 3 - 2 \cdot 5 = -7$$

Subtrahiert man das Fünffache der 1. Zeile von der zweiten, erhält man mit

$$\begin{vmatrix} 1 & 2 \\ 0 & -7 \end{vmatrix} = 1 \cdot (-7) - 0 \cdot 2 = -7$$

das gleiche Ergebnis.

Subtrahiert man in der ersten Determinante das Zweifache der ersten Spalte von der zweiten, so erhält man mit

$$\begin{vmatrix} 1 & 0 \\ 5 & -7 \end{vmatrix} = 1 \cdot (-7) - 0 \cdot 5 = -7$$

6. Vertauscht man in der Determinanten zwei Zeilen (Spalten) miteinander, so ändert der Wert der Determinante nur sein Vorzeichen.
7. Hat eine Determinante oberhalb (unterhalb) der Hauptdiagonalen lauter Nullen, so ist ihr Wert gleich dem Produkt der Elemente der Hauptdiagonalen.

Beispiel 4.25:

$$\begin{vmatrix} 2 & 5 & -6 \\ 0 & 4 & 3 \\ 0 & 0 & -1 \end{vmatrix} = -8 \quad \text{(Kontrolle nach Sarrus-Regel!)}$$

8. Die mit dem Faktor $(-1)^{i+k}$ multiplizierte **Unterdeterminante** D_{ik}, die man durch Streichen der i-ten Zeile und der k-ten Spalte erhält, nennt man **Adjunkte** oder **algebraisches Komplement**.

Beispiel 4.26:

Gegeben sei die Determinante

$$D = \begin{vmatrix} 1 & 2 & 3 \\ 4 & 5 & 6 \\ 7 & 8 & 9 \end{vmatrix}$$

Ihre Unterdeterminante D_{11}, die man durch Streichen der ersten Zeile und ersten Spalte erhält, ist

$$D_{11} = \begin{vmatrix} 5 & 6 \\ 8 & 9 \end{vmatrix}$$

Die zugehörige Adjunkte lautet (mit $i = 1$, $k = 1$)

$$\begin{aligned} A_{11} &= (-1)^{1+1} \cdot D_{11} = (-1)^2 \cdot D_{11} = 1 \cdot D_{11} \\ A_{11} &= \begin{vmatrix} 5 & 6 \\ 8 & 9 \end{vmatrix} \end{aligned}$$

Entsprechend ist zum Beispiel

$$D_{23} = \begin{vmatrix} 1 & 2 \\ 7 & 8 \end{vmatrix} \quad \text{und (mit } i = 2,\, k = 3\text{)}$$

$$A_{23} = (-1)^{2+3} \cdot D_{23} = (-1)^5 \cdot D_{23} = -D_{23}$$

$$A_{23} = -\begin{vmatrix} 1 & 2 \\ 7 & 8 \end{vmatrix}$$

9. Man erhält den Wert der Determinante, wenn man die Elemente einer Zeile oder Spalte mit den dazugehörigen Adjunkten multipliziert und die Produkte addiert. Für die dreireihige Determinante

$$D = \begin{vmatrix} a_{11} & a_{12} & a_{13} \\ a_{21} & a_{22} & a_{23} \\ a_{31} & a_{32} & a_{33} \end{vmatrix}$$

folgt z. B. mit den Elementen der ersten Zeile

$$D = a_{11}A_{11} + a_{12}A_{12} + a_{13}A_{13}$$

$$D = a_{11} \begin{vmatrix} a_{22} & a_{23} \\ a_{32} & a_{33} \end{vmatrix} - a_{12} \begin{vmatrix} a_{21} & a_{23} \\ a_{31} & a_{33} \end{vmatrix} + a_{13} \begin{vmatrix} a_{21} & a_{22} \\ a_{31} & a_{32} \end{vmatrix}.$$

Dieses Gesetzt heißt *Entwicklungssatz*. Man benutzt ihn sowohl zur Berechnung von dreireihigen Determinanten - an Stelle der Sarrus-Regel - als auch zur Berechnung von Determinanten mit mehr als drei Reihen, auf welche die Regel von Sarrus nicht anwendbar ist.

Beispiel 4.27:
Man berechne die Determinante

$$D = \begin{vmatrix} 3 & -1 & 5 \\ -7 & 4 & -6 \\ 0 & 2 & -8 \end{vmatrix} \quad (\text{s. auch Beispiel 5.19})$$

Lösung:
Die Entwicklung der Determinante nach der ersten Spalte ergibt

$$\begin{aligned} D &= 3 \cdot (-1)^{1+1} \cdot \begin{vmatrix} 4 & -6 \\ 2 & -8 \end{vmatrix} + (-7) \cdot (-1)^{2+1} \cdot \begin{vmatrix} -1 & 5 \\ 2 & -8 \end{vmatrix} \\ &\quad + 0 \cdot (-1)^{3+1} \cdot \begin{vmatrix} -1 & 5 \\ 4 & -6 \end{vmatrix} \\ &= 3 \cdot 1 \cdot [4 \cdot (-8) - 2 \cdot (-6)] + (-7) \cdot (-1) \cdot [(-1) \cdot (-8) - 2 \cdot 5] \\ &\quad + 0 \cdot (+1) \cdot [(-1) \cdot (-6) - 4 \cdot 5] \\ &= 3[-32 + 12] + 7 \cdot [8 - 10] + 0 \cdot (6 - 20) \\ &= -60 - 14 = -74 \end{aligned}$$

4.3 Gleichungssysteme und Determinanten

Wendet man vor der Ausrechnung noch einige Determinantengesetze auf die Determinante D an, läßt sich der Rechenaufwand um einiges vereinfachen:

So kann man z. B. - entsprechend dem 5. Determinantengesetz - das Vierfache der ersten Zeile zur zweiten und das Zweifache der ersten Zeile zur dritten addieren und erhält aus

$$D = \begin{vmatrix} 3 & -1 & 5 \\ -7 & 4 & -6 \\ 0 & 2 & -8 \end{vmatrix} = \begin{vmatrix} 3 & -1 & 5 \\ 5 & 0 & 14 \\ 6 & 0 & 2 \end{vmatrix}$$

Zieht man - entsprechend dem 2. Determinantengesetz - aus der dritten Zeile den Faktor 2, so lautet die zu berechnende Determinante

$$D = 2 \cdot \begin{vmatrix} 3 & -1 & 5 \\ 5 & 0 & 14 \\ 3 & 0 & 1 \end{vmatrix}$$

die nach den Elementen der zweiten Spalte entwickelt wird:

$$D = 2 \cdot (-1) \cdot (-1)^{1+2} \cdot \begin{vmatrix} 5 & 14 \\ 3 & 1 \end{vmatrix} = 2 \cdot 1 \cdot (5 - 42) = -74,$$

wobei die Produkte $a_{22}A_{22}$ und $a_{32}A_{32}$ wegen $a_{22} = 0$ und $a_{32} = 0$ nicht berücksichtigt zu werden brauchen.

Beispiel 4.27 zeigt die Vorgehensweise bei der Lösung von Determinanten höherer Ordnung:

- Man versucht, durch Anwendung der Determinantengesetze möglichst viele Elemente einer Zeile oder Spalte gleich Null zu setzen und die Determinante dann nach den Elementen dieser Zeile oder Spalte zu entwickeln.

4.3.4 n-reihige Determinanten

Wie in Beispiel 4.27 gezeigt, verfährt man entsprechend auch bei *n-reihigen Determinanten* - auch als *Determinanten n-ter Ordnung* bezeichnet, die man in allgemeiner Form mit Hilfe des Entwicklungssatzes anschreibt:

$$D = \sum_{k=1}^{n} a_{ik} A_{ik} \quad \text{mit} \quad 1 \leq i \leq n,$$

wenn man sie nach der i-ten Zeile entwickelt oder

$$D = \sum_{i=1}^{n} a_{ik} A_{ik} \quad \text{mit} \quad 1 \leq k \leq n,$$

wenn man sie nach der k-ten Spalte entwickelt.

Für n-reihige Determinanten gelten *außer der Regel von Sarrus* alle übrigen Determinantengesetze. Für größere n ist aber auch bei Anwendung der Determinantengesetze der Rechenaufwand recht hoch, und es gibt wenig Kontrollmöglichkeiten, so daß meist andere Verfahren, z. B. der Gaußsche Algorithmus, zur Berechnung der Determinanten herangezogen werden.

4.4 Ungleichungen

4.4.1 Definitionen

Sind zwei Terme T_1 und T_2 nicht gleich, also
$$T_1 \neq T_2,$$
so kann T_1 größer oder kleiner sein als T_2. Im ersten Fall schreibt man
$$T_1 > T_2 \quad \text{(gelesen: } T_1 \text{ größer } T_2\text{)},$$
im zweiten Fall schreibt man
$$T_1 < T_2 \quad \text{(gelesen: } T_1 \text{ kleiner } T_2\text{)}.$$
Der Winkelhaken ist dabei jeweils nach der größeren Seite hin geöffnet. Diese beiden Ungleichheitszeichen wurden von dem englischen Mathematiker Th. HARRIOT (1560 - 1621) eingeführt.

Will man darstellen, daß ein Term T_1 *mindestens* den Wert eines anderen Terms T_2 hat, schreibt man
$$T_1 \geq T_2 \quad \text{(gelesen: } T_1 \text{ größer-gleich } T_2\text{)}.$$
Soll T_1 *höchstens* so groß sein wie T_2, schreibt man
$$T_1 \leq T_2 \quad \text{(gelesen: } T_1 \text{ kleiner-gleich } T_2\text{)}.$$
Liegt ein Term wertmäßig *zwischen* zwei Termen T_1 und T_2, so kann man dies durch eine f o r t l a u f e n d e U n g l e i c h u n g darstellen:
$$T_1 < T < T_2.$$
Ungleichungen werden bei Fehlerrechnungen, Intervallschachtelungen und in der höheren Mathematik bei Abschätzungen verwendet. Einige der wichtigsten Rechengesetze sind im folgenden zusammengestellt.

4.4.2 Rechengesetze für Ungleichungen

1. Die Seiten einer Ungleichung können miteinander vertauscht werden, wenn zugleich das dazwischenliegende Zeichen gewendet wird:
   aus $T_1 > T_2$ folgt $T_2 < T_1$.
2. Gleichgerichtete Ungleichungen dürfen addiert werden:
   aus $T_1 > T_2$ und $T_3 > T_4$ folgt $T_1 + T_3 > T_2 + T_4$.
3. Auf beiden Seiten der Gleichung darf der gleiche Term addiert werden (Monotoniegesetz der Addition):
   aus $T_1 > T_2$ folgt $T_1 + T > T_2 + T$.
4. Beide Seiten der Ungleichung dürfen mit dem gleichen Term multipliziert werden, wenn dessen Zahlenwert stets größer als Null ist (Monotoniegesetz der Multiplikation):
   aus $T_1 > T_2$ folgt $T_1 \cdot T > T_2 \cdot T$ mit $T > 0$.
5. Wird von beiden Seiten einer Ungleichung der Kehrwert gebildet, so gilt:
   aus $T_1 > T_2$ folgt $\dfrac{1}{T_1} < \dfrac{1}{T_2}$ mit $T_1, T_2 > 0$.
6. Aus $T_1 > T_2$ folgt $-T_1 < -T_2$.

Im folgenden Beispiel bestehen die Terme zur Vereinfachung aus ganzen Zahlen.

Beispiel 4.28:

$$
\begin{array}{ll}
\text{zu 1.} & \text{Aus } 5 > 3 \quad\text{folgt}\quad 3 < 5
\end{array}
$$

$$
\begin{array}{lcc}
\text{zu 2.} &
\begin{array}{rcl} 5 & > & 3 \\ 4 & > & 1 \\ \hline 5+4 & > & 3+1 \\ 9 & > & 4 \end{array}
&
\begin{array}{rcl} -3 & > & -7 \\ 2 & > & -1 \\ \hline -3+2 & > & -7+(-1) \\ -1 & > & -8 \end{array}
\end{array}
$$

$$
\text{zu 3.} \quad \begin{array}{rcl} 10 & > & -2 \\ 10+6 & > & -2+6 \end{array} \Rightarrow \quad 16 > 4
$$

$$
\text{zu 4.} \quad \begin{array}{rcl} 7 & > & 2 \\ 7\cdot 3 & > & 2\cdot 3 \end{array} \Rightarrow \quad 21 > 6
$$

$$
\text{zu 5.} \quad 8 > 5 \quad \Rightarrow \quad \frac{1}{8} < \frac{1}{5}
$$

$$
\text{zu 6.} \quad \begin{array}{rcl} 4 & > & 1 \\ -6 & > & -15 \end{array} \Rightarrow \begin{array}{rcl} -4 & < & -1 \\ -(-6) & < & -(-15) \\ 6 & < & 15 \end{array}
$$

4.4.3 Intervalle

Es seien a und b zwei reelle Zahlen mit $a < b$.
Definition:
- Die Menge aller reellen Zahlen z, die die fortlaufende Ungleichung
$$a < z < b \tag{*}$$
erfüllen, heißt ein **I n t e r v a l l**. a und b sind die *Grenzen* des Intervalls.

Ist I die durch (*) definierte Zahlenmenge, dann kann man auch schreiben
$$I = \{z | a < z < b\}.$$
Nach (*) gehören die Grenzen a, b nicht mit zum Intervall I. Deshalb heißt I *offenes Intervall* (es enthält keine größte und keine kleinste Zahl) und wird unter Verwendung runder Klammern auch kurz in der Form
$$I = (a, b)$$
geschrieben. Gehören die Grenzen mit zum Intervall, das heißt
$$I = \{z | a \leq z \leq b\},$$
dann liegt ein *geschlossenes Intervall* vor. In der Kurzschreibweise werden eckige Klammern verwendet:
$$I = [a, b].$$
Jedem Punkt der Zahlengeraden entspricht genau eine reelle Zahl. Daher entspricht ein Intervall einer Punktmenge, d. h. die Strecke von a bis b auf der Zahlengeraden (Bild 4.2).

Bild 4.2

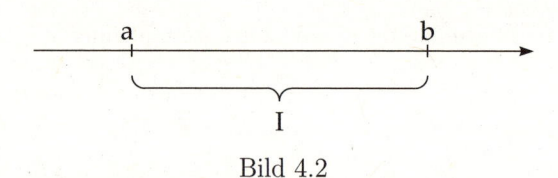

Beim geschlossenen Intervall gehören die zu a und b gehörenden Punkte zur Strecke, beim offenen Intervall nicht.

Mit $z \geq a$ wird die Menge aller reellen Zahlen beschrieben, die größer oder gleich a, d. h. nicht kleiner als a sind:

$$I = \{z \mid z \geq a\} = [a, \infty).\quad \text{(links abgeschlossenes, rechts offenes Intervall)}$$

Da es keine größte Zahl gibt, steht bei dem Symbol ∞ immer die runde Klammer. Das Intervall

$$I = \{z \mid z \leq a\} = (-\infty, a]\quad \text{(links offenes, rechts abgeschlossenes Intervall)}$$

ist die Menge aller Zahlen kleiner oder gleich a, d. h. nicht größer als a.

4.4.4 Lineare Ungleichungen

4.4.4.1 Lineare Ungleichungen mit einer Variablen

In den Termen T_1, T_2 der Ungleichungen $T_1 < T_2$, $T_1 > T_2$ usw. soll nur eine Variable und diese nur in der ersten Potenz vorkommen.

Beispiel 4.29:
Die lineare Ungleichung

$$2x - 2 < x + 1$$

wird mit den Rechengesetzen aus Abschnitt 4.4.2 (Regel 3) gelöst,

$$\begin{array}{rcl} 2x - 2 & < & x + 1 \quad \mid + (2 - x) \\ \underline{x} & \underline{<} & \underline{3}, \end{array}$$

d. h., die Lösung der Ungleichung ist durch das Intervall beschrieben:

$$I = \{x \mid x < 3\} = (-\infty, 3).$$

Beispiel 4.30:

$$\begin{array}{rcl} 5 - 3x & \leq & 13 + x \quad \mid - (5 + x) \\ -4x & \leq & 8 \quad \mid : (-\frac{1}{4}) \\ \underline{x} & \underline{\geq} & \underline{-2}, \end{array}$$

Das ist das Intervall $I = [-2, \infty)$.

4.4.4.2 Lineare Ungleichungen mit zwei Variablen

Setzt man für T_1 z. B. den linearen Term y und für T_2 den linearen Term $mx + b$, so lassen sich die neuen Ungleichungen $y > mx + b$, $y \geq mx + b$ usw. in einem (x, y)-Koordinatensystem darstellen.

Um zu den graphischen Darstellungen dieser Ungleichungen zu gelangen, vergleicht man sie mit dem Graphen der linearen Gleichung $y = mx + b$.

Beispiel 4.31:
  Gesucht ist die graphische Darstellung der Ungleichung $y > x + 1$.

Lösung:
  Zeichnet man zunächst den Graphen $y = x + 1$, so erhält man in bekannter Weise eine Gerade. Dabei ist jedem x-Wert eindeutig ein einziger y-Wert zugeordnet. Zu $x = 1$ gehört z. B. $y = 2$; zu $x = -2$, $y = -1$ usw.

Anders dagegen bei der Ungleichung $y > x + 1$: Hier gehört zu $x = 1$ ein Wert $y > 1 + 1 = 2$, ein y-Wert also, der größer sein muß als 2, d. h. y ist eine beliebige reelle Zahl mit $y > 2$. Für $x = -2$ erhält man mit $y > -2 + 1 = -1$ ebenfalls beliebig viele y-Werte, die alle größer als -1 sein müssen. Die Ungleichung $y > x + 1$ ordnet demnach jedem Abszissenwert x unendlich viele Ordinatenwerte y zu. Man erhält eine unendliche Menge von Zahlenpaaren mit gleicher Abszisse, deren graphische Darstellung eine unendliche Menge von Punkten entspricht, die in Bild 4.3 als schraffiertes Gebiet dargestellt ist.

Diese unendliche Punktmenge, in der die Punkte dicht bei dicht liegen, ergibt sich, wenn man als Abszissenwerte x beliebige reelle Zahlen einsetzt. Alle Punkte des Gebietes liegen oberhalb der *Begrenzungsgeraden* oder *Grenzgeraden* $y = x + 1$.

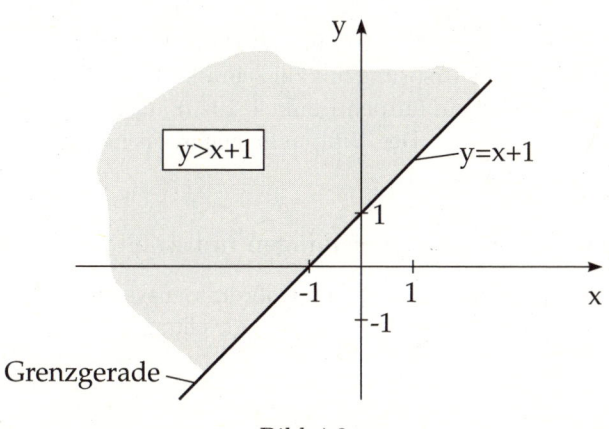

Bild 4.3

Wenn, wie in vorliegendem Fall, die Punkte der Grenzgeraden nicht zur Lösungsmenge der Ungleichung gehören, spricht man von einer *offenen* Punktmenge. Gehört die Grenzgerade mit zum schraffierten Gebiet, spricht man von einer *geschlossenen* Punktmenge. Zur Unterscheidung wird die Grenzgerade dann gestrichelt gezeichnet.

Beispiel 4.32:
Man zeichne den Graphen der Ungleichung $2x + 4y + 4 \leq 0$.

Lösung:
Unter Verwendung der Rechenregeln aus 4.4.2 bringt man die Ungleichung auf die Normalform
$$y \leq -\frac{1}{2}x - 1.$$
Der zugehörige Graph ist in Bild 4.4 dargestellt. Da eine geschlossene Punktmenge vorliegt, ist die Grenzgerade gestrichelt gezeichnet.

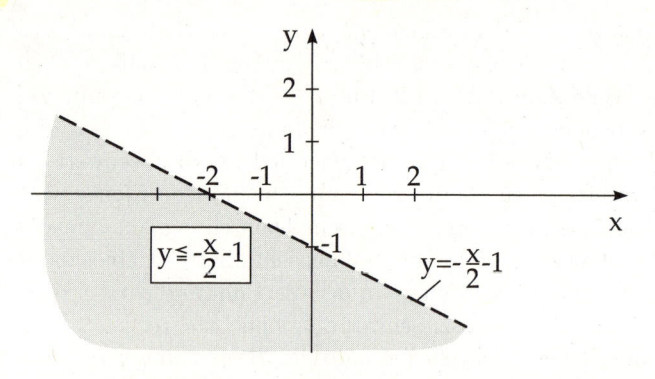

Bild 4.4

Zur Prüfung, ob die richtige Fläche schraffiert ist, setzt man in die Ausgangsgleichung die Koordinaten des Ursprungs (0/0) ein. Wird die Ungleichung dadurch zu einer wahren Aussage, gehört der Ursprung mit zur schraffierten Fläche, anderenfalls nicht.

In Beispiel 4.32 erhält man für den Punkt P (0/0) aus $2x + 4y + 2 \leq 0$ die falsche Aussage $2 \cdot 0 + 4 \cdot 0 + 2 \leq 0$. Der Nullpunkt gehört nicht zur Lösungsmenge, der Graph ist richtig gezeichnet!

4.4.4.3 Systeme linearer Ungleichungen mit zwei Variablen

Sollen mehrere Ungleichungen in einem Koordinatensystem graphisch dargestellt werden, verfährt man für jede einzelne Ungleichung wie in Abschnitt 4.4.4.2 angegeben.

Beispiel 4.33:
Man stelle das System folgender Ungleichungen graphisch dar:
$$y - x - 1 < 0$$
$$x - 2 < 0$$
$$2y + x + 4 \leq 0$$

Lösung:
Jede Ungleichung wird in ihre Normalform gebracht, die zugehörige Punktmenge wird als unterschiedlich schraffiertes Gebiet in das Koordinatensystem eingezeichnet (Bild 4.5). Die Lösungsmenge, die allen drei Bedingungen genügt (die alle drei Ungleichungen erfüllt), ist dreifach schraffiert. Sie wird durch das Dreieck S_1, S_2, S_3 ohne die rechte und die obere Seite dargestellt.

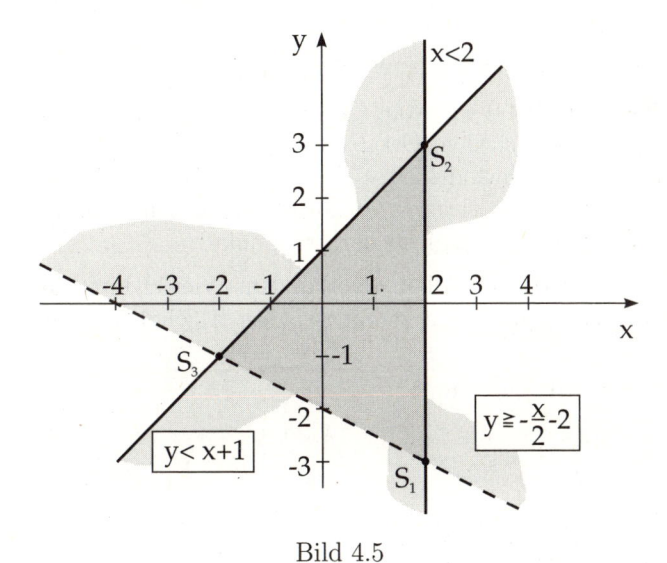

Bild 4.5

4.5 Aufgaben

Man löse die folgenden linearen Gleichungen mit einer Unbekannten.

4.1 $2x + 6 = 5x - 9$

4.2 $\dfrac{3}{4}x + \dfrac{3}{2} = 16 - \dfrac{1}{2}x + \dfrac{1}{2}$

4.3 $\dfrac{5}{6}x - \dfrac{2}{3} = \dfrac{1}{4}x - \dfrac{5}{12}$

4.4 $5ax - 4ab = 3ax + 2ab$

4.5 $ax - b = cx + d$

4.6 Der Umfang (Summe der Seiten) eines Dreiecks beträgt 169 cm. Die erste Seite ist um 28 cm größer als die zweite und diese um 12 cm kleiner als die dritte Seite. Wie lang sind die Seiten?

4.7 $(5-x)+(8x-11)=5+(3x+9)$

4.8 $20+[14-(8-3x)]=x+[13+(15+x)]$

4.9 $3(x+4)+5(x+2)=18-2(6-2x)$

4.10 $12(7x-4)-5(10x+4)=0$

4.11 $(x+20)(x-7)=(x+5)(x-4)$

4.12 $(x-5)^2+12=(x+1)^2-3(2x+4)$

4.13 $mx+p=q-2nx$

4.14 $(x-a)^2+2(x+a)+1=x^2+2x(a+1)$

4.15 Ein Pkw fährt 10.00 Uhr vom Ort A mit der Durchschnittsgeschwindigkeit $v_1=80$ km/h nach dem Ort B. Von B fährt 11.00 Uhr ein Lkw mit der Durchschnittsgeschwindigkeit $v_2=50$ km/h nach A. Beide Orte liegen $e=275$ km voneinander entfernt. Wann begegnen sich beide Fahrzeuge und in welchem Abstand von A liegt der Treffpunkt?

4.16 Es sind 50 l 50 %iger Alkohol vorhanden. Wieviel Liter 95 %igen Alkohol müssen zugegeben werden, damit 80 %iger Alkohol entsteht?

4.17 $\dfrac{2x+1}{15}-\dfrac{11-3x}{10}=\dfrac{x+5}{6}$

4.18 $\dfrac{5x+3}{8}-\dfrac{4x+7}{15}-\dfrac{x+7}{24}=9-\dfrac{7x+1}{30}$

4.19 $\dfrac{3x-1}{2x-3}=1+\dfrac{x+9}{4x-6}$

4.20 $\dfrac{3x-6}{3x-5}+\dfrac{10x+1}{5x-3}=3$

4.21 $\dfrac{3}{5x+1}+\dfrac{3}{5x-1}=\dfrac{30}{25x^2-1}$

4.22 $\dfrac{1}{x}+\dfrac{1}{a}=\dfrac{1}{b}$

4.23 $\dfrac{x+1}{x-1}=\dfrac{p}{q}$

4.24 $\dfrac{x+a}{a+b}-\dfrac{x-a}{a-b}=2$

4.25 $\dfrac{3n+x}{m+n}-1=\dfrac{nx}{m^2-n^2}$

4.5 Aufgaben

4.26 Die folgenden linearen Gleichungssysteme mit zwei Unbekannten sind zu lösen (4.26 bis 4.39).
$$\left| \begin{array}{rcr} 4x + y &=& 3 \\ 3x - 4y &=& 26 \end{array} \right|$$

4.27 $\left| \begin{array}{rcr} 4,1x + 3,0y &=& 4,05 \\ -1,8x + 0,6y &=& 4,74 \end{array} \right|$

4.28 $\left| \begin{array}{l} \frac{4}{3}x - \frac{10}{3}y - 2 = 0 \\ x = \frac{5}{2}y + \frac{3}{2} \end{array} \right|$

4.29 $\left| \begin{array}{rcr} y &=& 6,1x - 114,55 \\ x &=& 0,2y + 20,16 \end{array} \right|$

4.30 $\left| \begin{array}{rcr} 1,2x + 2,8y &=& 0,8 \\ 7,8x + 18,y &=& 6,4 \end{array} \right|$

4.31 $\left| \begin{array}{l} \dfrac{x}{7} + \dfrac{y}{5} = 24 \\ \\ \dfrac{x}{6} - \dfrac{y}{12} = 9 \end{array} \right|$

4.32 $\left| \begin{array}{l} \dfrac{2}{3}x + \dfrac{3}{5}y = 17 \\ \\ \dfrac{3}{4}x + \dfrac{2}{3}y = 19 \end{array} \right|$

4.33 $\left| \begin{array}{l} \dfrac{1}{x} + \dfrac{1}{y} = 6 \\ \\ \dfrac{1}{x} - \dfrac{1}{y} = 4 \end{array} \right|$

4.34 $\left| \begin{array}{l} \dfrac{2}{x} + 6y = -1 \\ \\ \dfrac{5}{x}6 - \dfrac{9}{2}y = 4 \end{array} \right|$

4.35 $\left| \begin{array}{l} \dfrac{15x+1}{45-y} = 8 \\ \\ \dfrac{12y+19}{x-10} = 25 \end{array} \right|$

4.36 $\left| \begin{array}{rcr} ax + by &=& a^2 + b^2 \\ -bx + ay &=& a^2 + b^2 \end{array} \right|$

4.37 $\left| \begin{array}{l} \dfrac{x}{a+b} + \dfrac{y}{a-b} = 1 \\ \\ \dfrac{x}{a+b} - \dfrac{y}{a} = \dfrac{b}{2a} \end{array} \right|$

4.38 $$\left|\begin{array}{l}\dfrac{a}{bx}+\dfrac{b}{ay}=a+b\\[2mm]\dfrac{b}{x}+\dfrac{a}{y}=a^2+b^2\end{array}\right|$$

4.39 $$\left|\begin{array}{l}\dfrac{m+n}{x}+\dfrac{m-n}{y}=\dfrac{m+n}{x\cdot y}\\[2mm]\dfrac{x}{m+n}-\dfrac{y}{m-n}=\dfrac{1}{m+n}\end{array}\right|$$

4.40 In einem Rechteck wird die kleine Seite um 3 cm verlängert und die große Seite um 5 cm verkürzt. Es entsteht ein Quadrat, dessen Flächeninhalt um 1 cm² kleiner ist als der Flächeninhalt des Rechtecks. Wie groß sind die Rechteckseiten a und b?

4.41 Wird in einer Leitung bei konstanter Spannung der Widerstand um 6 Ω vergrößert, verringert sich die Stromstärke um 6 A. Wird der Widerstand um 4 Ω verkleinert, vergrößert sich die Stromstärke um 9 A. Wie groß ist die Spannung?

4.42 Ein Gefäß kann über zwei Leitungen gefüllt werden. Sind die erste Leitung 4 min und die zweite Leitung 2 min geöffnet, dann fließen 64 l in das Gefäß. Sind die erste Leitung 2 min und die zweite Leitung 6 min geöffnet, dann fließen 72 l in das Gefäß. Wieviel Liter pro Minute fließen aus jeder Leitung?

4.43 Zwei Stromquellen arbeiten entsprechend nebenstehender Schaltung (Bild 4.6) auf die drei Widerstände R_1, R_2, R_3.

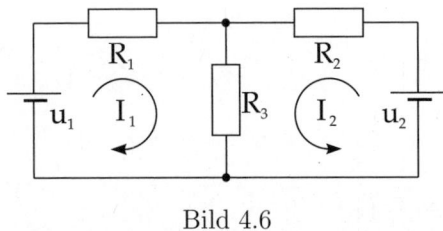

Bild 4.6

Wie groß sind die Ströme in den drei Widerständen und die Spannung U_3 am Widerstand R_3, wenn gegeben ist:
$U_1 = 110$ V; $U_2 = 220$ V; $R_1 = 20\Omega$; $R_2 = R_3 = 10\Omega$?

4.44 Zwei Lkw eines Bauunternehmens sollen Steine zur Ausbesserung einer Straße in 12 Tagen gemeinsam anfahren. Nach 8 Tagen wurde der eine Wagen anderweitig eingesetzt; der andere Wagen fuhr noch 7 Tage allein. In wieviel Tagen hätte jeder Lkw die Steine allein angefahren?

4.45 Man löse die folgenden linearen Gleichungssysteme mit drei und mehr Unbekannten (4.45 bis 4.52).

4.5 Aufgaben

$$\begin{vmatrix} 2x & + & y & + & 3z & = & 24 \\ 3x & + & y & + & 5z & = & 31 \\ 4x & + & y & + & 7z & = & 38 \end{vmatrix}$$

4. 46
$$\begin{vmatrix} x & + & y & + & 2z & = & 3 \\ 2x & - & y & + & 4z & = & 0 \\ x & + & 3y & - & 2z & = & 3 \end{vmatrix}$$

4. 47
$$\begin{vmatrix} 25x & - & 19y & - & 8z & = & 586 \\ -46x & + & 21y & + & 14z & = & -1458 \\ 81x & - & 54y & - & 19z & = & 1497 \end{vmatrix}$$

4. 48
$$\begin{vmatrix} 3,5x & + & 6,1y & - & 4,9z & = & -16,79 \\ 7,4x & - & 5,2y & + & 8,3z & = & 86,25 \\ -2,1x & + & 6,5y & - & 0,9z & = & -31,07 \end{vmatrix}$$

4. 49
$$\begin{vmatrix} 1,9x & - & 2,3y & & & = & -12,69 \\ -5,7x & & & + & 0,7z & = & 23,83 \\ & & 4,0y & - & 1,3z & = & 10,58 \end{vmatrix}$$

4. 50
$$\begin{vmatrix} 2x & + & 6y & - & 2z & + & 5t & = & 4 \\ -5x & - & 7y & + & 6z & - & 4t & = & 1 \\ x & + & 3y & + & 3z & + & t & = & 0 \\ 2x & - & 8y & - & 10z & - & 5t & = & -2 \end{vmatrix}$$

4. 51
$$\begin{vmatrix} -5,1x & + & 0,8y & - & 7,4z & - & 3,2t & = & -18,71 \\ 4,3x & - & 2,5y & + & 1,1z & + & -5,0t & = & 11,79 \\ -0,9x & - & 11,0y & + & 1,9z & + & 2,1t & = & 15,63 \\ 3,5x & + & 1,6y & - & 0,4z & + & 6,7t & = & -6,49 \end{vmatrix}$$

4. 52
$$\begin{vmatrix} -x & + & y & + & z & + & u & + & v & = & -3 \\ x & - & y & + & z & + & u & + & v & = & 11 \\ x & + & y & - & z & + & u & + & v & = & 3 \\ x & + & y & + & z & - & u & + & v & = & 9 \\ x & + & y & + & z & + & u & - & v & = & -5 \end{vmatrix}$$

4. 53 Man berechne die Determinanten:

a) $\begin{vmatrix} 1 & -1 & 2 \\ 2 & -3 & 5 \\ 3 & -2 & -1 \end{vmatrix}$ b) $\begin{vmatrix} 2 & 4 & -6 \\ 4 & -8 & 12 \\ 2 & 4 & 3 \end{vmatrix}$

c) $\begin{vmatrix} 6 & 7 & 8 \\ 9 & 10 & 11 \\ 12 & 13 & 14 \end{vmatrix}$
d) $\begin{vmatrix} n & n+1 & n-1 \\ n+1 & n-1 & n \\ n-1 & n & n+1 \end{vmatrix}$

e) $\begin{vmatrix} 2 & 3 & -1 & 4 \\ 5 & 7 & -6 & 4 \\ 2 & 1 & 0 & 3 \\ 0 & -4 & 8 & -2 \end{vmatrix}$
f) $\begin{vmatrix} 2 & -5 & 20 & 6 \\ 7 & 4 & -15 & -14 \\ 0 & -2 & 5 & 3 \\ 8 & 8 & -25 & -10 \end{vmatrix}$

g) $\begin{vmatrix} 1 & 1 & 1 & 1 \\ 1 & 1+a & 1 & 1 \\ 1 & 1 & 1+b & 1 \\ 1 & 1 & 1 & 1+c \end{vmatrix}$
h) $\begin{vmatrix} 1 & a & a+b & a-b \\ 1 & a+1 & 2a & 2a \\ 1 & a+1 & 3a+b & 2a \\ 1 & a+1 & 2a & 3a-b \end{vmatrix}$

4.54 Man löse die folgenden Ungleichungen:

a) $x + 2 > 1 - 5x$ b) $4x - 2(x-1) \leq 3 - (x+1)$

c) $\dfrac{4x+1}{3} > \dfrac{x-1}{2}$ d) $5 + \dfrac{1}{x} \geq 12$

e) $\dfrac{2}{x-1} < 5$

4.55 Das System der folgenden Ungleichungen mit 2 Variablen ist in einem kartesischen Koordinatensystem graphisch darzustellen:

a) $\begin{vmatrix} x & - & 2y & + & 2 & \leq & 0 \\ 2x & - & y & + & 2 & \geq & 0 \\ 4x & + & 5y & - & 20 & \leq & 0 \end{vmatrix}$
b) $\begin{vmatrix} x & - & y & + & 20 & > & 0 \\ 2x & + & 3y & - & 30 & < & 0 \\ & & y & + & 15 & \geq & 0 \end{vmatrix}$

Kapitel 5

Funktionen

5.1 Definition und Darstellung von Funktionen

5.1.1 Der Funktionsbegriff

Wird jedem Wert einer Veränderlichen x mittels einer bestimmten Rechenvorschrift f der Wert einer anderen Veränderlichen y eindeutig zugeordnet, so heißt y eine *Funktion* von x, und man schreibt

$$y = f(x) \qquad (5.1)$$

und liest „y gleich f von x".
Dabei sind zu unterscheiden:

$\quad\quad x\quad$ Argument,
$\quad\quad f\quad$ Funktionsvorschrift,
$y = f(x)\quad$ Funktionswert an der Stelle x
$\quad\quad\quad\quad$ oder auch
$\quad\quad\quad\quad$ Funktionsgleichung, durch die jedem Wert x genau ein
$\quad\quad\quad\quad$ Wert $f(x) = y$ zugeordnet wird.

Beispiel 5.1: $\quad y = 3x$
Die Funktionsvorschrift f ist in diesem Fall „3 mal" und besagt, daß jeder x-Wert mit 3 multipliziert werden muß, um den zugehörigen Funktionswert y zu erhalten.
Für $x = 4$ erhält man z. B.
$\quad\quad y = f(4) = 3 \cdot 4 = 12$

Beispiel 5.2: $\quad y = 4(x+2) - 6$
Die Funktionsvorschrift f besagt in diesem Fall, daß zu x die Zahl 2 addiert, die Summe mit vier multipliziert und von dem Produkt 6 abgezogen werden muß.
Für $x = 5$ würde man als Funktionswert
$\quad\quad y = f(5) = 4 \cdot (5+2) - 6 = 22$
erhalten.

Die Menge aller x-Werte, für welche eine Funktion erklärt ist, heißt ihr D e f i n i t i o n s b e r e i c h, die Menge aller möglichen Funktionswerte y wird W e r t e b e r e i c h genannt.

Da die Größe x innerhalb des Definitionsbereiches frei wählbar ist, bezeichnet man sie als u n a b h ä n g i g e Variable, wohingegen die ihr zugeordnete Größe y a b h ä n g i g e Variable genannt wird. Beide Variablen zusammen (x, y) stellen ein W e r t e p a a r dar.

Unter Verwendung der Begriffe der Mengenlehre definiert man die Funktion f als eine „Menge geordneter Paare" (x, y), wobei jedem Element x der Definitionsmenge X genau ein Element y der Wertemenge Y eindeutig zugeordnet ist:

$$\boxed{f = \{(x, y) | y = f(x) \land x \in X\}}$$

Die Elemente $x \in X$ heißen Argumente oder Urelemente,
die Elemente $y \in Y$ heißen Funktionswerte oder Bildelemente.
„$\land$" ist das logische Symbol für „und".

5.1.2 Darstellung von Funktionen

Um eine Funktion zu beschreiben, muß man ihren Definitionsbereich, ihren Wertebereich und ihre Zuordnungsvorschrift angeben. Dazu gibt es folgende Möglichkeiten:
- die *Funktionstafel;* Zuordnung durch Angabe von Wertepaaren.
- die *Funktionsgleichung;* Zuordnung durch eine Rechenvorschrift.
- die *Funktionskurve;* Zuordnung durch graphische Darstellung.

5.1.2.1 Die Funktionstafel

Die Funktionstafel ist eine *Tabelle*, in der die Wertepaare (x, y) eingetragen sind, die entweder durch Berechnungen oder aus Messungen ermittelt wurden.

Falls es sich dabei um physikalische Größen handelt, müssen im Tabellenkopf neben den Formelzeichen noch die Einheiten der betreffenden Größen angegeben werden. Haben die Funktionswerte andere Größenordnungen als die Argumentwerte, müssen diese ebenfalls berücksichtigt werden, wie nachfolgendes Beispiel zeigt. Oberster Grundsatz bei der Anfertigung von Tabellen sollte sein, daß sie eine vollständige Aussage über die aufgeführten Größen machen. Das gleiche gilt übrigens auch für die später behandelten Funktionsgraphen.

Beispiel 5.3:
Die elektrische Leistung P in Watt (W) ändert sich bekanntlich mit der Stromstärke I in Ampere (A) und der Betriebsspannung U in Volt (V) nach der Gleichung $P = U \cdot I$. Für eine gleichbleibende Stromstärke von z. B. $I = 2$ mA („Milliampere", 10^{-3} A) lassen sich nach dieser Gleichung für verschiedene Betriebsspannungen die zugehörigen Leistungen ausrechnen und in einer Tabelle anordnen, wobei es zwei Möglichkeiten gibt.

5.1 Definition und Darstellung von Funktionen

a)

U in V	$10^3 P$ in W
1,2	2,4
4,0	8,0
9,0	18,0

Hier ist der 10^3fache Wert von P angegeben. Er ist mit der Einheit W zu multiplizieren. Man entnimmt z. B. für $U = 4,0$ Volt den Wert $10^3 P = 8,0$ W; also $P = 8,0 \cdot 10^{-3}$ W $= 0,008$ W.

b)

U in V	P in 10^{-3}W
1,2	2,4
4,0	8,0
9,0	18,0

Hier sind die P-Werte mit der Einheit 10^{-3}W zu multiplizieren. Für $U = 4,0$ V entnimmt man $P = 8,0 \cdot 10^{-3}$ W $= 0,008$ W.

Ein Nachteil der Funktionsdarstellung mittels Wertetabelle ist die begrenzte Anzahl von Wertepaaren, die nicht jedem Wert der Argumente einen Funktionswert zuordnet. Fehlende Zwischenwerte lassen sich näherungsweise durch *Interpolation* bestimmen, wie man es z. B. bei der Benutzung von Winkelfunktions- und Logarithmentafeln macht. Die in den Tafeln angegebenen Werte bilden die Stützwerte, der gesuchte Wert wird meist durch lineare Interpolation (lat. *interpolare*, dazwischenschalten) ermittelt. Dazu braucht man zwei *Stützstellen* x_0 und x_1 (Bild 5.1) mit den *Stützwerten* $y_0 = f(x_0)$ und $y_1 = f(x_1)$. Durch lineare Interpolation über die Verhältnisgleichung mit Hilfe des ähnlicher Dreiecke[1)] ergibt sich

$$\frac{y - y_0}{x - x_0} = \frac{y_1 - y_0}{x_1 - x_0}; \quad y = y_0 + (x - x_0) \cdot \frac{y_1 - y_0}{x_1 - x_0}$$

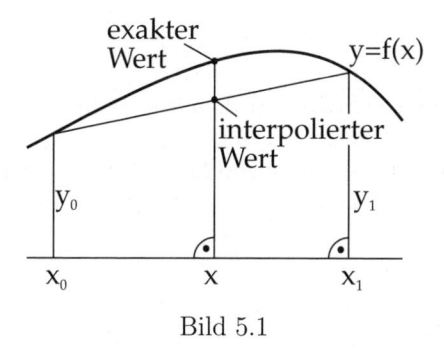

Bild 5.1

Man ersetzt also die Funktion $y = f(x)$ im Abschnitt von x_0 bis x_1 näherungsweise durch eine Gerade, die durch die Punkte (x_0, y_0) und (x_1, y_1) verläuft.

[1)] siehe Abschnitt 12.3

Nach diesem Verfahren würde man in *Beispiel 5.3* für eine Betriebsspannung von 6,5 Volt folgende Leistung erhalten:

$$P = \left[8 + (6,5 - 4) \cdot \frac{18 - 8}{9 - 4}\right] \cdot 10^{-3} = 13 \cdot 10^{-3} \text{ W}.$$

Werte, die *außerhalb* der Tabelle liegen, lassen sich nur durch das sehr stark fehlerbehaftete Verfahren der *Extrapolation* abschätzen.

5.1.2.2 Die Funktionsgleichung

Die Funktionsgleichung ordnet mittels einer mathematischen Rechenvorschrift - allgemein mit f bezeichnet - jedem Argumentwert x einen Funktionswert y zu.

Man drückt diesen *funktionalen Zusammenhang* allgemein durch die Gleichung $y = f(x)$ aus und bezeichnet sie als *explizite* (lat. *explicare*, entwickeln) Form einer Funktions- oder Kurvengleichung.

Einen bestimmten Funktionswert y_0 an einer Stelle x_0 gibt man durch

$$\boxed{y_0 = f(x_0)} \qquad (5.2)$$

an (siehe Beispiele 5.1 und 5.2).

Bei der Herleitung mancher Kurvengleichungen ist es zweckmäßig, beide Variable (und etwaige Konstanten) auf e i n e Seite der Gleichung zu schreiben. Diese Beziehung bezeichnet man als *implizite* (lat. *implicare*, einwickeln) Form einer einer Funktions- oder Kurvengleichung und schreibt

$$\boxed{F(x, y) = 0} \qquad (5.3)$$

Beispiel 5.4:
$$y - 3x = 0$$

Beispiel 5.5:
$$x^2 + y^2 - r^2 = 0$$

(Dies ist die Gleichung eines Kreises mit dem Mittelpunkt in Ursprung und mit dem Radius r.)

Ob man die explizite oder die implizite Form der Funktionsgleichung verwendet, hängt von der gestellten Aufgabe ab. Es muß an dieser Stelle darauf hingewiesen werden, daß sich die implizite Form nicht immer in die explizite Form überführen läßt.

Treten bei ein und derselben Aufgabe verschiedene Funktionen auf, so unterscheidet man diese entweder durch Verwendung unterschiedlicher Buchstaben oder dadurch, daß man an das Zeichen für die Funktionsvorschrift einen Index (eine tiefgesetzte Ziffer; Mehrzahl von Index: I n d i z e s) setzt.

5.1 Definition und Darstellung von Funktionen

Beispiel 5.6:
$$f_1(x) = 4x+3 \qquad f(x) = 4x+3$$
$$f_2(x) = 2x \qquad g(x) = 2x$$
$$f_3(x) = x^3 \qquad h(x) = x^3$$

Es ist oft Aufgabe eines Ingenieurs, funktionale Zusammenhänge zwischen physikalischen Größen zu untersuchen. Eine *physikalische Größe* ist - nach DIN 1313[1)] (Schreibweise physikalischer Gleichungen in Naturwissenschaft und Technik) - das Produkt aus Zahlenwert und Einheit:

Physikalische Größe = Zahlenwert · Einheit

Beispiel 5.7: Eine Spannung von 4 Volt ist eine physikalische Größe.

$$U \quad = \quad 4 \quad V$$
$$\downarrow \qquad \downarrow \qquad \downarrow$$
Physikalische Größe $\qquad$ Zahlenwert $\quad$ Einheit

Demnach nennt man Funktionsgleichungen zwischen solchen Größen auch *Größengleichungen*, wobei es üblich ist, für die abhängige Variable und die Funktionsvorschrift den gleichen Buchstaben zu verwenden.

Beispiel 5.8:

Ohmsches Gesetz $\quad U = U(I) = R \cdot I \quad$ R konstanter (gleichbleibender) Widerstand.

Weg-Zeit-Gesetz $\quad s = s(t) = \dfrac{g}{2} \cdot t^2 \quad$ g konstante Fallbeschleunigung.

In Größengleichungen lassen sich physikalische Größen mit beliebigen Einheiten einsetzen. Die Einheit des Ergebnisses ergibt sich zwangsläufig von selbst.

Beispiel 5.9:
$$s = 100 \text{ m}, \qquad t = 50 \text{ s}$$

Man berechne die Geschwindigkeit

a) in m/s; $\qquad$ b) in km/h.

Lösungen:

$$\text{a)} \quad v = \frac{s}{t} = \frac{100 \text{ m}}{50 \text{ s}} = 2 \frac{\text{m}}{\text{s}}$$

$$\text{b)} \quad v = \frac{s}{t} = \frac{0,1 \text{ km}}{\dfrac{50}{60 \cdot 60} \text{ h}} = \frac{0,1 \text{ km}}{1,39 \cdot 10^{-2} \text{ h}} = 7,2 \frac{\text{km}}{\text{h}}$$

Es können also beliebige Einheiten gewählt werden, ohne daß dadurch das Ergebnis verfälscht würde.

[1)] Mit DIN (von „Deutsches Institut für Normung") und einer folgenden Zahl ist das unter der betreffenden Nummer herausgegebene Normenblatt gemeint.

Merke:
- Bei der rechnerischen Auswertung von *Größengleichungen* ist stets das *Produkt Zahlenwert mal Maßeinheit* einzusetzen und die *Rechnung für beide Faktoren* durchzuführen.

Werden die Größen einer Größengleichung durch ihre Einheiten dividiert, so erhält man eine *zugeschnittene Größengleichung*.

Beispiel 5.10:
Zur Berechnung der mechanischen Leistung gilt die Gleichung
$$P = F \cdot v \quad (\text{Leistung} = \text{Kraft} \cdot \text{Geschwindigkeit})$$
Dividiert man die Größen durch ihre Einheiten, entsteht die zugeschnittene Größengleichung
$$\frac{P}{(\text{Nm/s})} = \frac{F}{(\text{N})} \cdot \frac{v}{(\text{m/s})}$$

Sie besagt:
Wird die Kraft F in Newton (N) und die Geschwindigkeit v in m/s in die Gleichung eingeführt, erhält man die Leistung P in Newtonmeter pro Sekunde (Nm/s).

Der Vorteil der zugeschnittenen Größengleichung liegt darin, daß einerseits nur mit den Zahlenwerten gerechnet zu werden braucht, andererseits aber sofort ersichtlich ist, welche Einheiten den Zahlenwerten zugeordnet sind, so daß die Einheiten leicht durch andere ersetzt werden können.

Beispiel 5.11:
In Beispiel 5.10 soll die Leistung in Nm/s berechnet werden, wenn die Kraft in N und die Geschwindigkeit in km/h eingesetzt werden.
$$1\,\text{m} = 0,001\,\text{km} = 10^{-3}\,\text{km}; \quad 1\,\text{s} = \frac{1\,\text{h}}{3600}$$
$$\frac{P}{(\text{Nm/s})} = \frac{F}{(\text{N})} \frac{v}{(10^{-3}\,\text{km})/(1h/3600)} = \frac{1}{3,6} \frac{F}{(\text{N})} \frac{v}{(\text{km/h})}$$
$$= 0,28 \frac{F}{(\text{N})} \frac{v}{(\text{km/h})}$$

Durch Weglassen der Einheiten wird aus der zugeschnittenen Größengleichung eine *Zahlenwertgleichung*. Sie führt leicht zu falschen Ergebnissen und wird daher nur selten verwendet.

Beispiel 5.12:
Die Gleichung in Beispiel 5.11 lautet als Zahlenwertgleichung $P = 0,28 \cdot F \cdot v$
Mit ihr kann die Leistung nur richtig berechnet werden, wenn die Einheiten aller Größen angegeben werden. Allein für sich macht sie keine Aussage.

5.1 Definition und Darstellung von Funktionen

Führt man eine - meistens mit t bezeichnete - Hilfsvariable *(Parameter*, gesprochen „Paràmeter ", Betonung auf der zweiten Silbe) ein, von der x über $x = f_1(t)$ und y über $y = f_2(t)$ abhängen, so läßt sich die Funktion $y = f(x)$ auch durch die sog. *Parameterdarstellung*

$$\boxed{x = f_1(t) \quad y = f_2(t)} \tag{5.4}$$

angeben.

Beispiel 5.13:
Eine Parameterdarstellung der Funktion $y = 4x + 3$ wäre z. B.

$$x = \frac{1}{4}t \qquad \text{(I)}$$
$$y = t + 3 \qquad \text{(II)},$$

wie man sofort sieht, wenn man t aus den beiden letzten Gleichungen *eliminiert* (eliminare, lat. ausscheiden):
Gleichung (I) nach t aufgelöst: $t = 4x$
wird in Gleichung (II) eingesetzt und ergibt die Ausgangsgleichung.

Allgemein sind für eine Funktion $y = f(x)$ beliebig viele Parameterdarstellungen möglich.

5.1.2.3 Die Funktionskurve

Ordnet man den Wertepaaren (x, y) der Funktionsgleichung Punkte in einem *Koordinatensystem* zu, wird der Zusammenhang zwischen den Variablen x und y anschaulicher. Dazu benutzt man meistens ein e b e n e s, r e c h t w i n k l i g e s K o o r d i n a t e n s y s t e m oder k a r t e s i s c h e s K o o r d i n a t e n s y s t e m mit gleichen Einheitslängen (nach Renè DESCARTES (1596 - 1650), franz. Philosoph), das aus folgenden Elementen besteht:

x-Achse... *Abszissenachse*, auf der die x-Werte (*die Abszissen*) als Strecken dargestellt werden. Sie verläuft stets waagerecht.

y-Achse... *Ordinatenachse*, auf der die y-Werte (*die Ordinaten*) als Strecken dargestellt werden. Sie verläuft stets senkrecht zur x-Achse.

0-Punkt... *Koordinatenursprung* (der Nullpunkt). Er ist der Schnittpunkt beider Achsen.

Beide Achsen zusammen heißen Koordinatenachsen. Sie sind orientierte, das heißt mit einer positiven Richtung versehene Zahlengeraden für die Werte $x \in X$ (Definitionsbereich) und $y \in Y$ (Wertebereich). Die x-Achse und die y-Achse liegen in der (x, y)-Ebene. (Mathematisch ausgedrückt: „... und spannen die (x, y)-Ebene auf").

Im allgemeinen werden auf der x- und y-Achse die Strecken vom Nullpunkt bis zum Punkt, der zur Zahl Eins gehört, gleich lang gewählt, d. h. die x- und y-Achse haben gleiche Maßstäbe (vgl. 5.2.2). Die zu den Wertepaaren (x, y) gehörende Punkte $P(x, y)$ werden hierbei durch die Funktionskurve C (Graph der Funktion) verbunden (Bild 5.2).

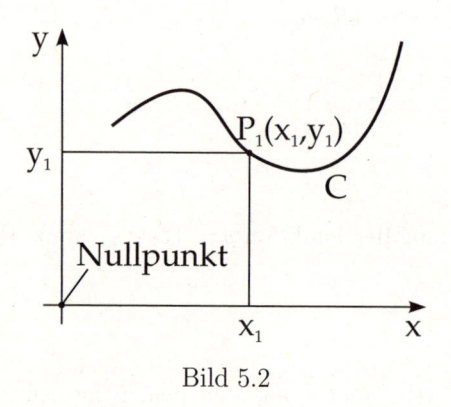

Bild 5.2

Dabei gilt:
Jeder Punkt $P_1(x_1, y_1)$, der in dem kartesischen Koordinatensystem auf dem Graphen (auf der Funktionskurve) der Funktion $y = f(x)$ liegt, erfüllt mit seinen Koordinaten (x_1, y_1) die Funktionsgleichung $y_1 = f(x_1)$. Umgekehrt liegen alle Punkte $P_1(x_1, y_1)$, deren Koordinaten die Funktionsgleichung $y = f(x)$ erfüllen, in einem kartesischen Koordinatensystem auf dem Graphen C der Funktion.

In der Schreibweise der Mengenlehre drückt man diesen Sachverhalt wie folgt aus:

$$\boxed{P_1(x_1, y_1) \in C <=> y_1 = f(x_1)}$$

(Gesprochen: „Wenn $P_1(x_1, y_1)$ ein Punkt der Punktmenge C ist, folgt daraus, daß seine Koordinaten (x_1, y_1) die Funktionsgleichung $y = f(x)$, deren Graph C ist, erfüllen. Umgekehrt folgt aus der Tatsache, daß die Koordinaten des Punktes P_1 die Funktionsgleichung $y = f(x)$ erfüllen, daß der Punkt P_1 Element der Punktmenge C ist, d. h. auf dem Graphen C der Funktion $y = f(x)$ liegt".)

Das kartesische Koordinatensystem unterteilt die Ebene in vier Quadranten, die entsprechend Bild 5.3 mit römischen Zahlen gekennzeichnet sind. Jeder der vier Quadranten kann definiert werden als eine Menge von Punkten, deren Koordinaten bestimmte Vorzeichenbedingungen erfüllen:

    I. Quadrant: $\{P(x, y): x > 0, y > 0\}$
    II. Quadrant: $\{P(x, y): x < 0, y > 0\}$
    III. Quadrant: $\{P(x, y): x < 0, y < 0\}$
    IV. Quadrant: $\{P(x, y): x > 0, y < 0\}$

Die x-Achse ist demnach die Menge aller Punkte P, deren Ordinate y gleich Null ist. Ihre mathematische Darstellung: $y = 0$.

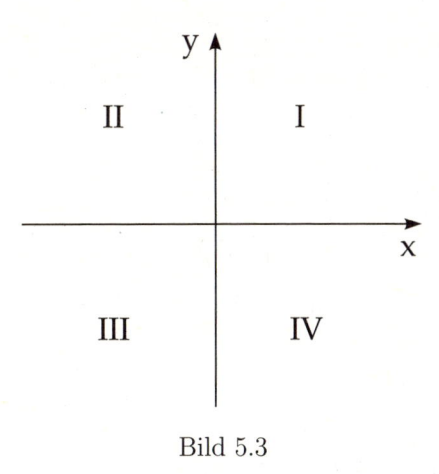

5.1 Definition und Darstellung von Funktionen

Bild 5.3

Entsprechend kann man die y-Achse als Menge aller Punkte, deren Abszisse x gleich Null ist, definieren. Ihre mathematische Darstellung: $x = 0$.

Zur Darstellung von Funktionskurven benutzt man neben dem kartesischen zuweilen auch das P o l a r k o o r d i n a t e n s y s t e m, dem folgender Gedanke zugrunde liegt:

Statt durch zwei bestimmte Strecken x_1 und y_1 (s. Bild 5.2) kann man einen Punkt der Ebene auch durch eine Strecke r_1, die um einen Winkel φ_1 (griech. Buchstabe „phi") gegenüber einer festen Achse, der Polachse, gedreht ist, in bezug auf diesen festen Punkt 0, den Pol, angeben (Bild 5.4).

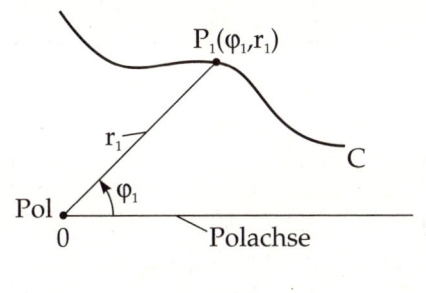

Bild 5.4

Allgemein ist $\varphi \in \Phi$ dabei die unabhängige Variable (Urelement), $r \in R$ ist die abhängige Variable (Bildelement). r heißt *Abstand, Radiusvektor* oder *Radius*, φ heißt *Richtungswinkel* oder *Argument*.

Da zu jedem $r > 0$ und $0 \leq \varphi < 2\pi$ eindeutig ein Punkt $P(\varphi, r)$ konstruiert werden kann, liegt eine eindeutige Zuordnung der Punkte der von der Polachse und dem Radiusvektor aufgespannten Ebene - mit Ausnahme des Pols - zu der Menge der geordneten Paare (φ, r) vor. Wie bei Kurvengleichungen in rechtwinkligen Koordinaten gibt es für Kurvengleichungen in Polarkoordination die:

explizite Form: $\boxed{r = f(\varphi)}$ (4.1a)

implizite Form: $\boxed{F(\varphi, r) = 0}$ (4.3a)

Parameterdarstellung: $\boxed{\varphi = f_1(t)}$ (4.4a)
$\boxed{r = f_2(t)}$

Die entsprechende Abbildungsgleichung lautet:

$\boxed{P_1(\varphi_1, r_1) \in C <=> r_1 = f(\varphi_1)}$

5.2 Die lineare Funktion

5.2.1 Definition und graphische Darstellung

Neben den beiden konstanten Funktionen $y = b$ (Parallele im Abstand b zur x-Achse) und $x = a$ (Parallele im Abstand a zur y-Achse, s. Bild 5.5), ist

$\boxed{y = m \cdot x}$ (5.5)

die einfachste Funktion. m ist dabei eine konstante Größe und heißt *Proportionalitätfaktor* (lat. *proportio*, Verhältnis).

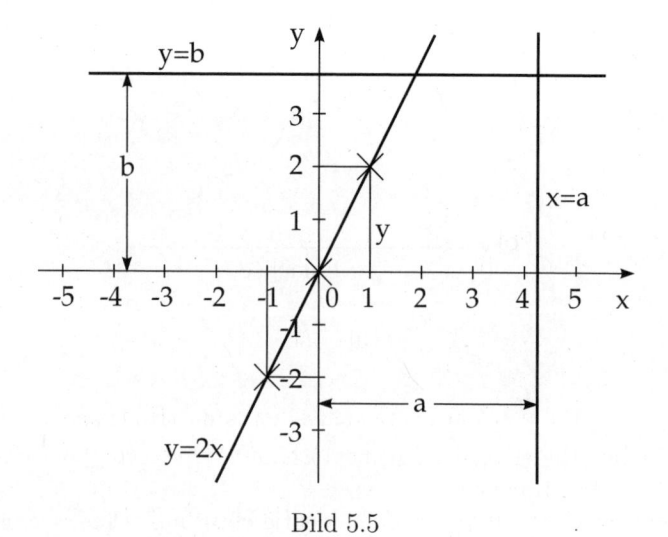

Bild 5.5

Setzt man in Gleichung (5.5) z. B. $m = 2$, erhält man $y = 2x$. Man schreibt die dazugehörige Funktionstafel auf:

5.2 Die lineare Funktion

x	y
0	0
+1	+2
−1	−2
	usw.

Die Wertepaare (x, y) werden in ein kartesisches Koordinatensystem eingetragen. Verbindet man die so gewonnenen Punkte miteinander, erhält man eine Gerade, die durch den Nullpunkt (auch Koordinatenursprung genannt) verläuft (Bild 5.5). Sie heißt deshalb auch *Ursprungsgerade*.

Allgemein gilt:
- Der Graph einer l i n e a r e n (lat. *linea recta*, Gerade) Funktion $y = m \cdot x$ ist eine Gerade durch den Koordinatenursprung.

Die Größe

$$m = \frac{y}{x} \qquad (5.6)$$

heißt S t e i g u n g oder R i c h t u n g s f a k t o r der Geraden.

Fügt man in der Funktion $y = m \cdot x$ noch ein konstantes Glied $b \neq 0$ hinzu, also $y = m \cdot x + b$, so bedeutet das geometrisch: Alle Punkte der Geraden $y = m \cdot x$ werden *parallel zur y-Achse* um den Betrag b nach oben (falls $b > 0$) oder nach unten (falls $b < 0$) *verschoben* (Bild 5.6).

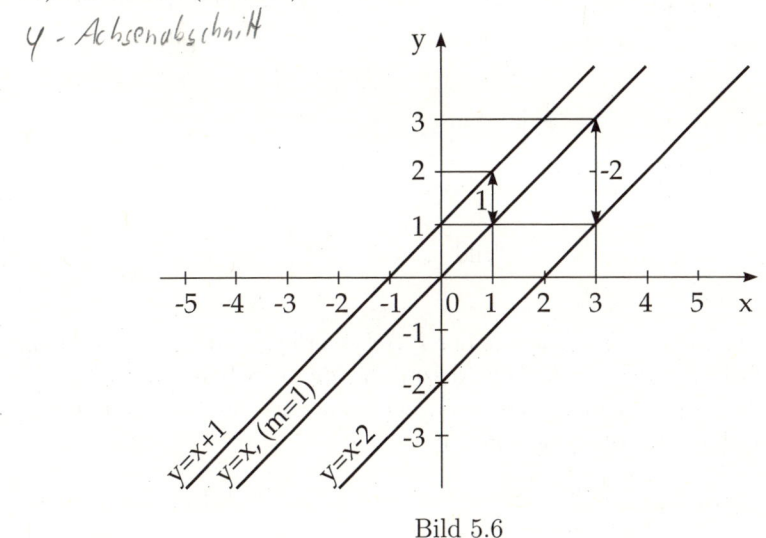

y - Achsenabschnitt

Bild 5.6

Beispiel 5.14:
Addiert man zu $y = x$ noch $b = 1$, so erhält man mit $y = x + 1$ die Gleichung einer Geraden, die entsprechend Bild 5.6 parallel zur Ursprungsgeraden $y = x$ verläuft und die y-Achse im Punkt $(0; 1)$ schneidet.

Subtrahiert man andererseits von $y = x$ noch 2, addiert also $b = -2$, so ergibt sich mit $y = x - 2$ die Gleichung einer Geraden, die entsprechend Bild 5.6 parallel zur Ursprungsgeraden $y = x$ verläuft und die y-Achse im Punkt $(0; -2)$ schneidet.

Allgemein ist festzuhalten:

- Der Graph der l i n e a r e n   F u n k t i o n

$$y = m \cdot x + b \qquad (5.7)$$

ist eine Gerade, die aus der Ursprungsgeraden $y = m \cdot x$ durch Parallelverschiebung hervorgeht. Sie schneidet die y-Achse im Punkt $(0; b)$. Das Glied b heißt *Absolutglied* und gibt den Abschnitt auf der y-Achse an.

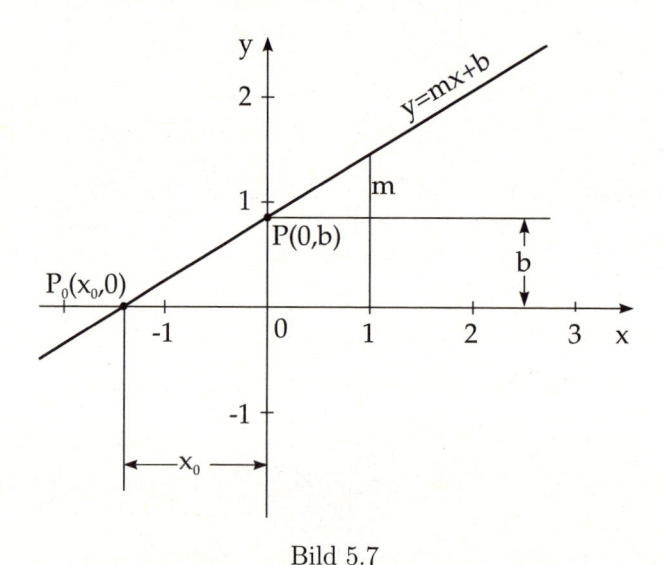

Bild 5.7

Den Schnittpunkt der Geraden mit der x-Achse erhält man, wenn der Funktionswert Null wird: $y = f(x) = 0$. Die Abszisse x_0 dieses Schnittpunktes $P_0(x_0; 0)$ wird N u l l s t e l l e genannt (Bild 5.7). Setzt man $y = 0$, so erhält man eine Bestimmungsgleichung für die Nullstelle x_0:

$$0 = m \cdot x_0 + b \rightarrow x_0 = -\frac{b}{m}$$

Für alle Funktionen gilt:

- Nullstellen einer Funktion $y = f(x)$ sind alle x-Werte, für welche y Null wird. Man berechnet sie aus der Bestimmungsgleichung

$$y = f(x) = 0 \qquad (5.8)$$

5.2 Die lineare Funktion

Gleichung (5.7) ist die explizite Form der Funktionsgleichung (s. auch Gleichung (5.1) im Abschnitt 5.1.1). Man nennt sie auch Normalform der Geradengleichung im Gegensatz zu der impliziten Form

$$m \cdot x - y + n = 0,$$

die in ihrer allgemeinsten Form

$$\boxed{Ax + By + C = 0} \tag{5.9}$$

die a l l g e m e i n e G e r a d e n g l e i c h u n g darstellt.

Löst man Gleichung (5.9) nach y auf: $y = -\dfrac{A}{B} \cdot x - \dfrac{C}{B}$ und setzt für $-\dfrac{A}{B} = m$ und für $-\dfrac{C}{B} = b$, erhält man wieder Gleichung (5.7).

Beispiel 5.15:
Gegeben sei $F(x,y) = 4x - 2y - 6 = 0$.
Gesucht sind die Steigung m und der Achsenabschnitt b auf der y-Achse.

Lösung:
Die Gleichung wird durch die Äquivalenzumformungen in die Normalform gebracht, d.h. nach y aufgelöst: $y = f(x) = 2x - 3$.
Damit läßt sich die Steigung $m = 2$ und die Verschiebung $b = -3$ ablesen.

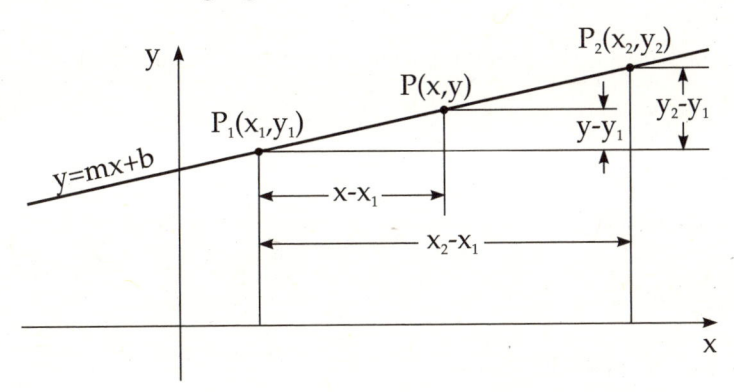

Bild 5.8

Durch zwei vorgegebene Punkte läßt sich nur eine einzige Gerade zeichnen. Damit ist andererseits die Lage einer Geraden eindeutig bestimmt durch die Angabe zweier Punkte, die auf der Geraden liegen sollen. Diese Überlegung führt auf die Z w e i - P u n k t e - F o r m der Geradengleichung.

Gegeben sind zwei Punkte $P_1(x_1, y_1)$ und $P_2(x_2, y_2)$ in einem kartesischen Koordinatensystem (Bild 5.8). Gesucht ist die Gleichung der Geraden $y = m \cdot x + b$, auf der beide Punkte liegen.

Man wählt zwischen P_1 und P_2 einen Punkt P auf der Geraden mit den veränderlichen Koordinaten x und y. Der Punkt $P(x,y)$ ist beliebig angenommen und heißt auch *variabler Punkt*. Je nachdem, welche Werte man für x und y einsetzt, erhält man bestimmte Punkte auf der Geraden. Die Menge aller möglichen Punkte ist die Gerade selbst.

Mit anderen Worten: Die Koordinaten des allgemeinen oder variablen Punktes $P(x,y)$ sind nichts anderes als das Argument x und der Funktionswert y in der Funktionsgleichung $y = f(x) = m \cdot x + b$.

Betrachtet man Bild 5.8, so sieht man, daß sich in ähnlichen Dreiecken $(y_2 - y_1)$ zu $(x_2 - x_1)$ verhält wie $(y - y_1)$ zu $(x - x_1)$. Diese Proportion wird in Gleichungsform durch die Z w e i - P u n k t e - F o r m der Geradengleichung angegeben:

$$\boxed{\frac{y - y_1}{x - x_1} = \frac{y_2 - y_1}{x_2 - x_1}} \tag{5.10}$$

Die Zwei-Punkte-Form läßt sich durch entsprechende Äquivalenzumformungen wieder in die Normalform der Geradengleichung $y = m \cdot x + b$ umformen, wie das folgende Beispiel zeigt.

Beispiel 5.16:
Gesucht ist die Gleichung der Geraden, die durch die Punkte $P_1(2,3)$ und $P_2(4,8)$ verläuft.

Lösung:
Aus Gleichung (5.10) erhält man mit den gegebenen Koordinaten

$$\frac{y - 3}{x - 2} = \frac{8 - 3}{4 - 2}$$

oder $\quad y - 3 = \frac{5}{2}(x - 2)$

und schließlich $\quad y = \frac{5}{2}x - \frac{5}{2} \cdot 2 + 3$,

d. h., $\quad \underline{\underline{y = \frac{5}{2}x - 2}}$.

Bei der *Kontrolle* dieses Ergebnisses geht man von der Überlegung aus, daß, wenn beide Punkte auf der Geraden liegen, ihre Koordinaten die Geradengleichung erfüllen müssen, d. h., es muß gelten für

$P_1: \quad y_1 = \frac{5}{2}x_1 - 2 \qquad 3 = \frac{5}{2} \cdot 2 - 2 \ = 5 - 2 = 3$

$P_2: \quad y_2 = \frac{5}{2}x_2 - 2 \qquad 8 = \frac{5}{2} \cdot 4 - 2 \ = 10 - 2 = 8$

Eine weitere Darstellungsmöglichkeit einer Geradengleichung ist die Punkt-Steigungsform. Der Name beruht auf der Überlegung, daß sich durch einen gegebenen Punkt P_1 nur eine einzige Gerade mit einer vorgegebenen Steigung m legen läßt,

5.2 Die lineare Funktion

d. h., daß eine Gerade durch einen gegebenen Punkt und eine gegebene Richtung eindeutig festlegt.

Gegeben sei ein Punkt $P_1(x_1, y_1)$ in einem kartesischen Koordinatensystem. Gesucht ist die Gleichung derjenigen Geraden $y = m \cdot x + b$, welche die bekannte Steigung m besitzt und durch den vorgegebenen Punkt P_1 geht.

Wählt man auf der Geraden $y = m \cdot x + b$ (Bild 5.9) wieder einen variablen Punkt P mit den veränderlichen Koordinaten x und y und zeichnet die gegeben Steigung m entsprechend Bild 5.9 ein, so gilt in ähnlichen Dreiecken:

$$\frac{y - y_1}{x - x_1} = \frac{m}{1} = m$$

oder

$$y - y_1 = m(x - x_1) \tag{5.11}$$

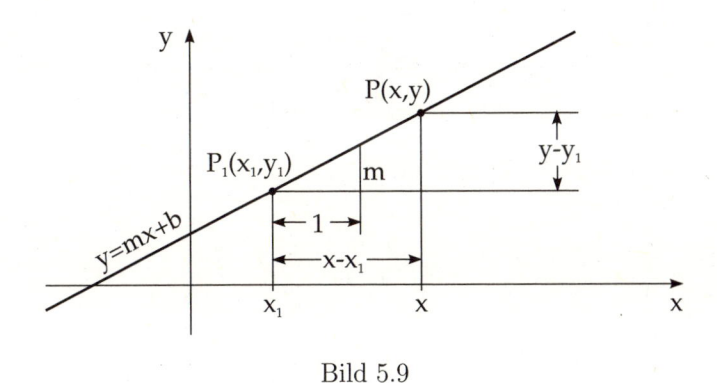

Bild 5.9

Diese Gleichung heißt P u n k t - S t e i g u n g s - F o r m der Geradengleichung, sie läßt sich wieder in die Normalform $y = f(x)$ umformen.

Beispiel 5.17:

Gesucht ist die Gleichung der Geraden mit der Steigung $m = -\frac{1}{2}$, die durch den Punkt $P_1(4, -2)$ geht.

Lösung:

Mit Gleichung (5.11) erhält man $y - (-2) = -\frac{1}{2}(x - 4)$

und daraus $\quad y + 2 = -\frac{1}{2}x + 2$

und schließlich $\quad y = -\frac{1}{2}x.$

Die Gerade ist wegen $b = 0$ eine Ursprungsgerade. Zeichnet man sie, (Bild 5.10), so sieht man, daß die Gerade *fallend* ist, d. h., mit zunehmendem x werden die Funktionswerte y kleiner. Das liegt an ihrer negativen Steigung

$$m = -\frac{1}{2}.$$

Allgemein gilt:

- Eine Gerade heißt *fallend* (mit zunehmenden x-Werten werden die y-Werten kleiner), wenn ihre Steigung negativ ($m < 0$) ist; sie heißt *steigend* (mit zunehmenden x-Werten werden die y-Werte größer), wenn ihre Steigung positiv ($m > 0$) ist.

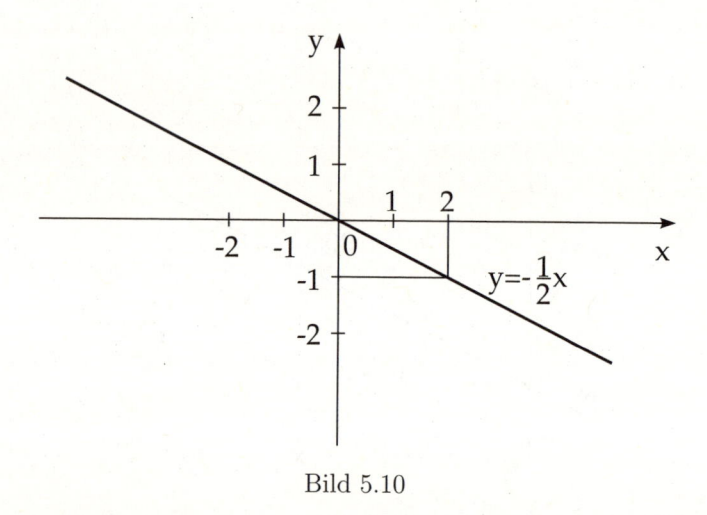

Bild 5.10

Schließlich wird noch die Achsenabschnitts-Form der Geradengleichung erwähnt: Eine Gerade schneide entsprechend Bild 5.11 auf den Koordinatenachsen die Abschnitte a und b ab. Aus ähnlichen Dreiecken folgt unter Verwendung des variablen Geradenpunktes $P(x, y)$:

$$\frac{b}{a} = \frac{y}{a - x}.$$

Daraus folgt:

$$\frac{a - x}{a} = \frac{y}{b}.$$

Entsprechende Umformungen führen auf die **Achsenabschnitts-Form** der Geradengleichung

$$\boxed{\frac{x}{a} + \frac{y}{b} = 1} \tag{5.12}$$

5.2 Die lineare Funktion

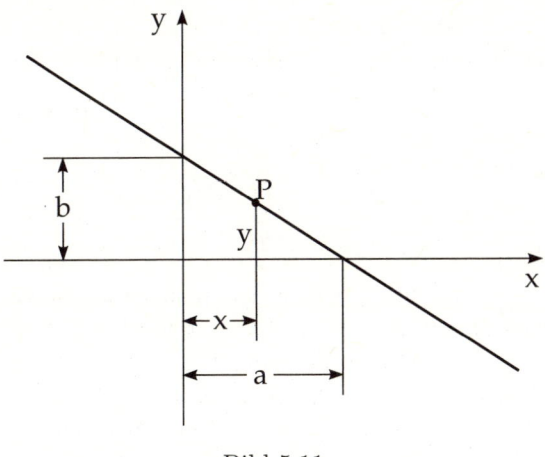

Bild 5.11

Oft ist es zweckmäßig, eine Gerade durch die Länge und die Richtung des Lotes, das man vom Ursprung auf sie fällt, festzulegen (Bild 5.12). Bezeichnet man die Länge des Lotes mit p ($p \leq 0$) und seinen Winkel mit der positiven Halbachse mit φ ($0 \leq \varphi \leq 2\pi$), läßt sich die Gerade durch die Gleichung

$$x \cos \varphi + y \sin \varphi - p = 0$$

angeben, die man als H E S S E s c h e N o r m a l f o r m bezeichnet (Hesse, L. O., 1811–1874, Mathematiker).

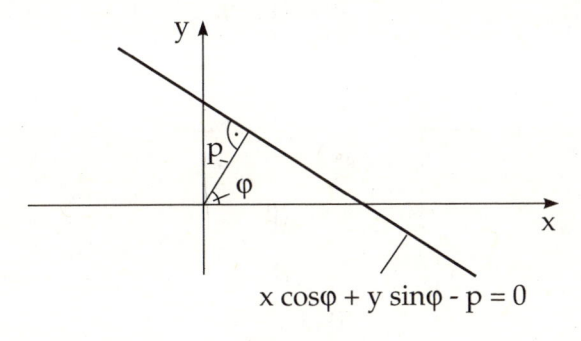

Bild 5.12

5.2.2 Graphische Lösung einer linearen Gleichung

Wie in Abschnitt 5.2.1 gezeigt, erhält man aus der Funktionsgleichung der Geraden $y = m \cdot x + b$ für $y = 0$ die Bestimmungsgleichung für x

$$0 = m \cdot x + b \qquad x = -\frac{b}{m}$$

die sich graphisch als Nullstelle der Geraden $y = m \cdot x + b$ deuten ließ. - Die Umkehrung dieser Überlegung führt zu einem Verfahren, mit dem sich lineare Bestimmungsgleichungen graphisch lösen lassen, wie folgendes Beispiel zeigt:

Beispiel 5.18:
Man bestimme zeichnerisch x in der Gleichung $2x + 4 = 0$.

Lösung:
Man ordnet dieser Bestimmungsgleichung die Funktionsgleichung $y = 2x + 4$ zu, indem man vorübergehend Null durch y ersetzt. Der zugehörige Graph ist eine Gerade.

Zeichnet man diese Gerade in ein Koordinatensystem durch die beliebig wählbaren Punkte $P_1(0, 4)$ und $P_2(-3, -2)$, so erhält man mit der Nullstelle dieser linearen Funktion $y = 2x + 4 = 0$ die Lösung der Bestimmungsgleichung: $x_0 = -2$ (Bild 5.13).

Bisher war die Zahlenmarkierung auf beiden Achsen immer gleich, d. h., die Zahl 1 wurde auf der x-Achse und der y-Achse immer durch die gleiche Länge dargestellt. Die Länge, welche die Zahl 1 darstellt, heißt *Maßstab*, z. B. $E = 1$ cm. Es kann sich nun zuweilen als notwendig erweisen, auf beiden Achsen v e r s c h i e d e n e Maßstäbe zu wählen.

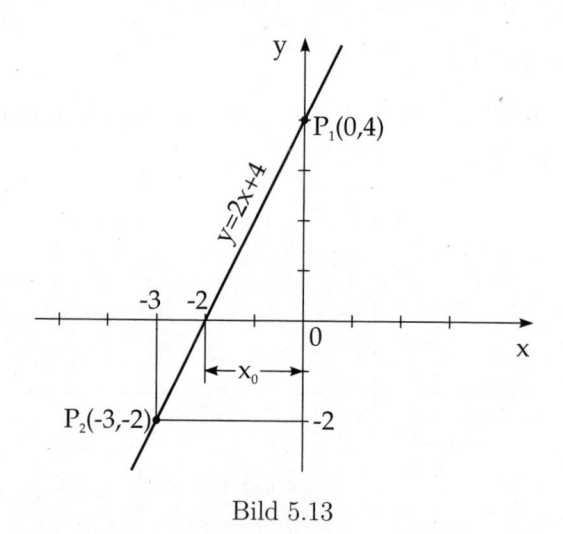

Bild 5.13

Beispiel 5.19:
Die Lösung der Gleichung $4x + 20 = 0$ soll graphisch ermittelt werden.

Lösung:
Die zugehörige Funktionsgleichung lautet $y = 4x + 20$.

Als Konstruktionspunkte werden $P_1(0, 20)$ und $P_2(-4, 4)$ gewählt, wobei die Koordinaten beider Punkte wieder die Funktionsgleichung erfüllen müssen.

5.2 Die lineare Funktion

Wegen $y_1 = 20$ erhielte man bei gleichen Maßstäben auf beiden Achsen $E_x = E_y = 1$ cm eine sehr lang gezogene Zeichnung. täbe jedoch $E_x = 1$ cm und $E_y = 0,2$ cm, so stellt sich der Graph der Geraden entsprechend Bild 5.14 dar; man liest als gesuchte Lösung ab: $x_0 = -5$.

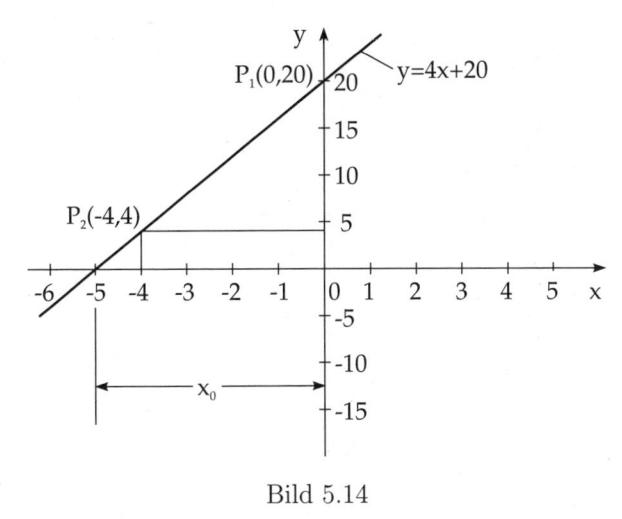

Bild 5.14

5.2.3 Graphische Lösung von linearen Gleichungssystemen mit zwei Unbekannten

Aufgabe:
Das Gleichungssystem

$$-x + y = 6 \quad \text{(I)}$$
$$1,5x + y = -4 \quad \text{(II)}$$

soll graphisch gelöst werden.

Lösung:
Beide Gleichungen lassen sich als implizite Funktionsgleichungen von zwei Geraden deuten, die man entsprechend Gleichung (5.7) nach y auflösen kann.

$$g_I: \quad y = x + 6$$
$$g_{II}: \quad y = -1,5x - 4$$

Die zugehörigen Graphen sind Geraden (Bild 5.15). Die Lösung der gestellten Aufgabe erfordert, Zahlenpaare zu finden, die beide Gleichungen erfüllen; sie ist damit gleichwertig der Aufgabe, Punkte in der (x, y)-Ebene zu finden, die auf beiden Geraden liegen, also *ihren gemeinsamen Schnittpunkt* zu bestimmen.

In Bild 5.15 findet man den Schnittpunkt $S(-4, 2)$. Damit lautet die Lösung des Gleichungssystems:

$$\underline{\underline{x = x_S = -4; \quad y = y_S = 2.}}$$

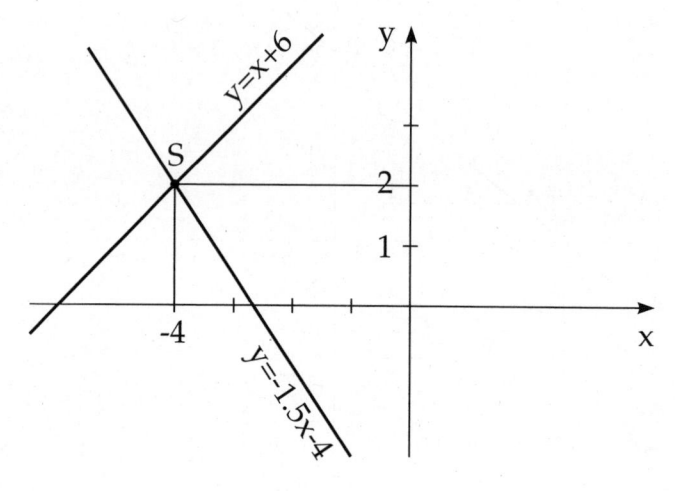

Bild 5.15

Beispiel 5.20:
Man löse das Gleichungssystem
$$\begin{aligned} -x + y &= 6 \quad &\text{(I)} \\ -3x + 3y &= 12 \quad &\text{(II)} \end{aligned}$$

Lösung:
Die expliziten (nach y aufgelösten) Funktionsgleichungen lauten
$$\begin{aligned} g_I: \quad y &= x + 6 \\ g_{II}: \quad y &= x + 4 \end{aligned}$$

Beide Geraden haben die gleiche Steigung $m_1 = m_2 = 1$. Sie unterscheiden sich nur in ihren Absolutgliedern b_1 und b_2. Es sind nach Bild 5.16 zwei parallele Geraden, die keinen Schnittpunkt besitzen.

Diese Tatsache bedeutet für das Gleichungssystem, daß es nicht lösbar ist; beide Gleichungen stehen zueinander im Widerspruch: Die durch eine Gleichung gestellte Bedingung ist mit der durch die zweite Gleichung gestellten Bedingungen unverträglich.

Merke:

- Zwei Geraden sind parallel zueinander, wenn ihre Steigungen gleich sind

  $\boxed{g_1 \| g_2 <=> m_1 = m_2}$

5.2 Die lineare Funktion

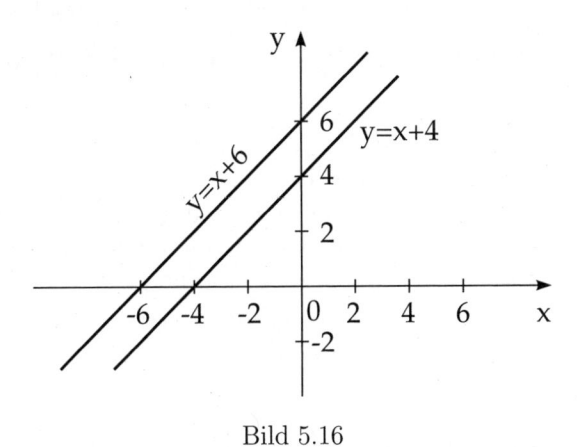

Bild 5.16

Beispiel 5.21:
Gesucht ist die graphische Lösung des Gleichungssystems

$$-x + 3y = 6 \quad \text{(I)}$$
$$3x + y = 4 \quad \text{(II)}$$

Lösung:
Die entsprechenden expliziten Funktionsgleichungen lauten wieder

$$g_I: \quad y = \frac{1}{3}x + 2$$
$$g_{II}: \quad y = -3x + 4$$

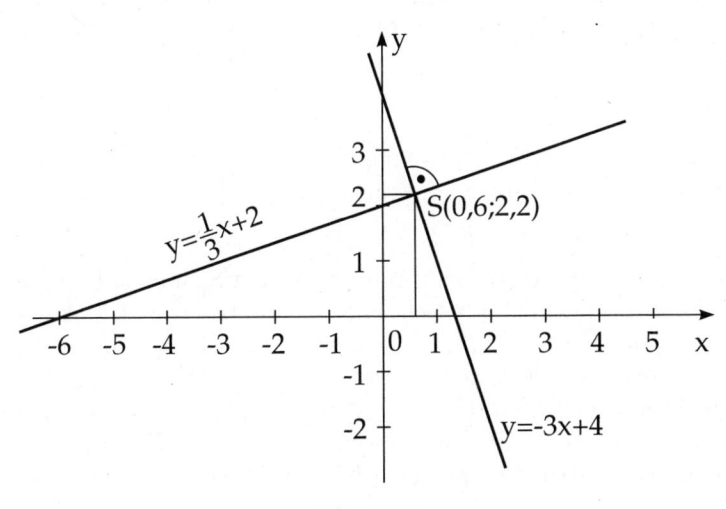

Bild 5.17

Die graphische Darstellung (Bild 5.17) zeigt nicht nur die Lösung des Gleichungssystems mit $x_s = 0,6$ und $y_s = 2,2$, sondern auch, daß beide Geraden aufeinander senkrecht stehen.

Betrachtet man ihre Steigungen $m_1 = \frac{1}{3}$ und $m_2 = -3$, so sieht man, daß $m_1 \cdot m_2 = -1$ ist, woraus $m_1 = -\frac{1}{m_2}$ folgt.

Merke:
- Zwei Geraden stehen *senkrecht aufeinander*, d. h., sie sind zueinander orthogonal (griech. *orthos gon*, rechter Winkel), wenn ihre Steigungen *negativ reziprok* (lat. *reciprocus*, zurückkehrend) zueinander sind.

$$g_1 \perp g_2 <=> m_1 = -\frac{1}{m_2}$$

Die in Abschnitt 5.2.1 behandelte Nullstellenberechnung erweist sich als Sonderfall des graphischen Lösungsverfahrens; denn der Schnitt einer Geraden mit der x-Achse ist rechnerisch nichts anderes als die Zuordnung der linearen Beziehung $y = 0$ (Gleichung der x-Achse) zur Geradengleichung. Diese bildet zusammen mit der Gleichung der x-Achse das besonders einfache Gleichungssystem:

$$A \cdot x + B \cdot y = -C$$
$$y = 0$$

5.2.4 Anwendungsbezogene Beispiele

Beispiel 5.22:
Gegeben sind vier Gleichstromkreise mit den ohmschen Widerständen $R_1 = 10$ Ohm, $R_2 = 15$ Ohm, $R_3 = 20$ Ohm, $R_4 = 25$ Ohm.
Gesucht:
1. Die vier zugehörigen Strom-Spannungs-Diagramme [Graphen der Funktion $U = U(I)$].
2. Die Stromstärke bei einer Spannung von 20 Volt.
3. Die Spannungen bei einer Stromstärke von 0,6 Ampere.

Lösung:
Zu 1. Zwischen der Stromstärke I (in Ampere, A), der Spannung U (in Volt, V) und dem Widerstand R (in Ohm, Ω) besteht in einem elektrischen Stromkreis für Gleichstrom das *Ohmsche Gesetz* $U = I \cdot R$. - Da in jedem der vier Stromkreise der ohmsche Widerstand R konstant (gleichbleibend) ist, stellt das Ohmsche Gesetz eine lineare Funktion zwischen U und I dar; $U = R \cdot I$, deren Graph (entsprechend der Gleichung $y = m \cdot x$) eine Gerade ist. Trägt man in einem rechtwinkligen Koordinatensystem auf der Ordinatenachse statt y die Spannung U und auf der Abszissenachse statt x die Stromstärke I auf (Bild 5.18), so lassen sich die Strom-Spannungs-Verläufe der vier Stromkreise als Ursprungsgeraden (das Absolutglied ist Null) mit den Steigungen $m_1 = R_1$, $m_2 = R_2$ usw. darstellen. Zu ihrer Konstruktion braucht man jeweils nur noch einen Punkt zu berechnen. Z. B. erhält man für $I = 1$ A; $U_1 = 10$ V; $U_2 = 15$ V; $U_3 = 20$ V; $U_4 = 25$ V.

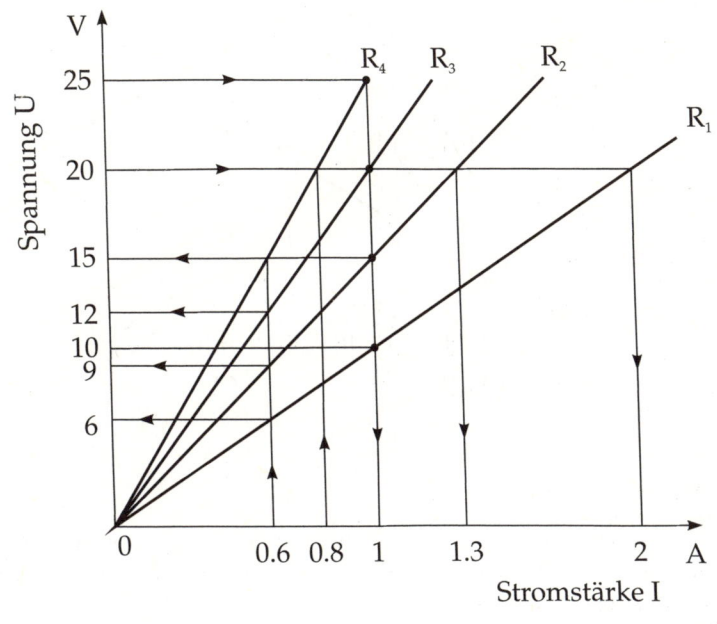

5.2 Die lineare Funktion

Bild 5.18

Die Antworten zu 2. und 3. liest man dann aus Bild 5.18 ab:

		R_1	R_2	R_3	R_4
2.	I_{20V} (A)	2	1,3	1	0,8
3.	$U_{0,6A}$ (V)	6	9	12	15

Beispiel 5.23:
Ein Wasserbehälter mit dem Inhalt V (Volumen) kann durch eine Pumpe A in 50 Minuten geleert werden, durch eine Pumpe B in 30 Minuten. In welcher Zeit wird er geleert, wenn beide Pumpen gleichzeitig arbeiten?

Lösung:
Trägt man in einem rechtwinkligen Koordinatensystem auf der ~~dinatenachse~~ das Volumen V und auf der Abszissenachse die Zeit t in Minuten ~~...~~ sich das Volumen des Behälters durch eine Parallele $V - V$ zur Zei~~...~~ (Bild 5.19). Die Leistungskennlinien der beiden Pumpen sind d~~...~~ OB. Damit lassen sich die Einzelleistungen beider Pumpen n~~...~~ durch die Strecken $\overline{DC}$ und $\overline{DB}$ angeben. Die Gesamtleistung~~...~~ Ordinaten:

$$\overline{DB} + \overline{DC} = \overline{DE}$$

OE ist dann der Leistungsgraph beider Pumpen, die der ~~...~~ leeren.

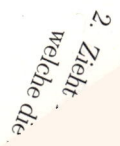

Bild 5.19

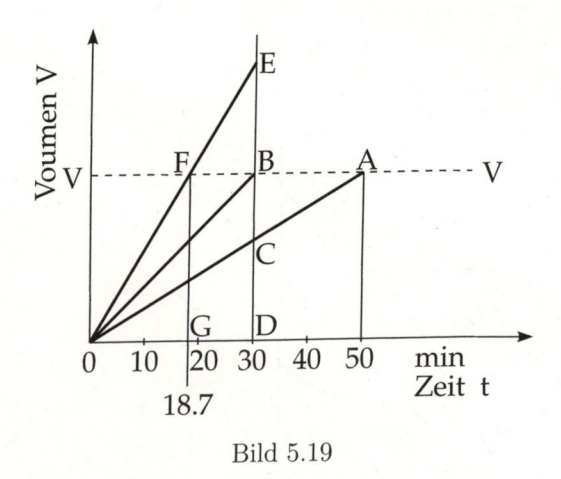

Auch bei der Lösung von Bewegungsaufgaben findet die graphische Darstellung häufig Anwendung. Hierbei handelt es sich darum, Ort und Zeit von Bewegungsabläufen zu bestimmen.

Beispiel 5.24:
Von zwei Orten A und B, die 30 km auseinanderliegen, gehen sich zwei Freunde entgegen. Der erste legt in jeder Stunde 5 km, der zweite 2,5 km zurück.
  1. Wann und wo begegnen sie sich, wenn der erste um 8.00 Uhr, der zweite $1\frac{1}{2}$ Stunden später aufbricht?
  2. Wieviel km sind sie um 10.00 Uhr noch voneinander entfernt?

Lösung:
Man trägt auf der Abszissenachse die Zeit t in Stunden (am günstigsten in Uhrzeitangabe) und auf der Ordinatenachse die Entfernung s in Kilometern ab (Bild 5.20). Der zurückgelegte Weg des ersten (I) - beginnend in A - ist die Weg-Zeit-Gerade $s_1 = v_1 \cdot t$ dargestellt, durch eine Ursprungsgerade also mit der Geschwindigkeit $v_1 = 5$ km/h als Steigung.

Der zweite (II) marschiert 1,5 h später von B aus los. Sein Weg wird durch die Gerade $s_{II} = f(t)$ dargestellt, deren Steigung die Geschwindigkeit $v_{II} = -2,5$ km/h ist. Da der zweite Freund dem ersten entgegenläuft, ist seine Geschwindigkeit der des ersten entgegengesetzt, was durch die negative Geradensteigung von s_{II} ausgedrückt wird.

Mit diesem Diagramm lassen sich die beiden Fragen beantworten:
  1. Die Abszisse des Schnittpunktes der beiden Geraden P gibt den Zeitpunkt an, zu dem sie sich treffen, nämlich 12.30 Uhr, die Ordinate die Entfernung von A, nämlich 22,5 km.

  Zieht man eine Parallele zur Ordinatenachse durch den Abszissenpunkt 10^h, die beiden Weg-Zeit-Geraden in D_I und D_{II} schneidet, so ist die Strecke

5.2 Die lineare Funktion

$\overline{D_I D_{II}}$ ein Maß für die augenblickliche Entfernung der beiden Freunde voneinander (18,75 km).

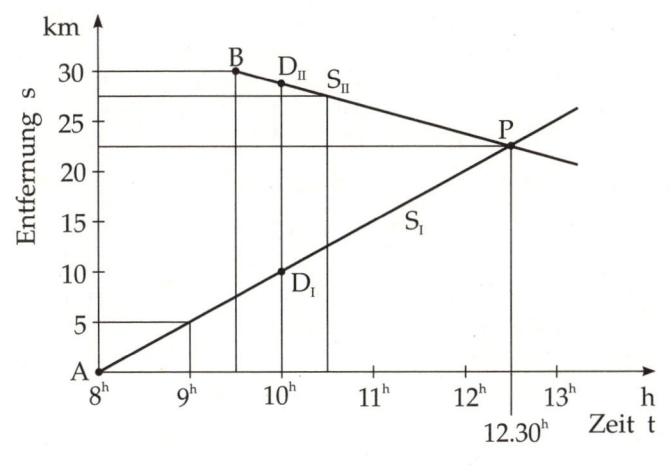

Bild 5.20

Für die zu Bild 5.20 gehörende rechnerische Lösung müssen zunächst die Gleichungen der beiden Weg-Zeit-Geraden aufgestellt werden.

$$s_I = v_I \cdot t = 5t \qquad \qquad v_I, \ v_{II} \ \text{in} \ \frac{\text{km}}{\text{h}}$$
$$s_{II} = -v_{II} \cdot t + b = -2,5t + b \ \Big| \ s_I, \ s_{II}, \ b \ \text{in km}, \ t \ \text{in h}$$

Die Zeitachse in A beginnt jetzt mit $t = 0$. Der Abszissenpunkt 9^h entspräche dann $t = 1$ h; 9.30^h entspräche $t = 1.5$ h usw.

Zur Berechnung von b lassen sich die Koordinaten des Punktes B (1,5 h/30 km) verwenden.
Aus $s_{II} = 30 = -2,5 \cdot 1,5 + b$ folgt $b = 33,75$ km.
Damit lauten die Weg-Zeit-Gleichungen

$$s_{II} = -2,5t + 33,75$$
$$s_I = 5t$$

Aus diesem linearen Gleichungssystem berechnen sich die Koordin_____ Schnittpunktes P der beiden Geraden zu

$$\left. \begin{array}{rl} t &= 4,5 \text{ h} \\ s = s_I &= s_{II} = 22,5 \text{ km} \end{array} \right\} \quad P \ (4,5 \text{ h}/22,5 \text{ km})$$

Addiert man die 4,5h zu 8^h (s. Bild 5.20), erhält man wiede_____
Zur Beantwortung der zweiten Frage zieht man s_I von s
Stunden [$t = (10 - 8)$ h $= 2$ h] ein:

$$s_{II} - s_I = (-2,5 \cdot 2 + 33,75 - 5 \cdot 2) \text{ km} = 18,25 \text{ kr}$$

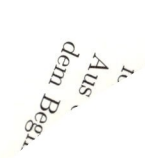

Wesentlich *kürzer* ist allerdings die *rechnerische Lösung* der ersten beiden Fragen auf Grund folgender Überlegung: Wenn sich die Fußgänger x Stunden nach Abmarsch des Freundes I von A treffen, so legt dieser bis zum Treffpunkt $5 \cdot x$ km zurück; der zweite, der 1,5 h später losgeht, legt $(x - 1,5) \cdot 2,5$ km zurück. Diese beiden Wege zusammen sind gleich der gesamten Entfernung von A nach B:
Aus $[5x + (x - 1,5) \cdot 2,5]$ km $= 30$ km folgt $x = 4,5$ h.
Sie treffen sich also 4,5 Stunden nach 8 Uhr, also um 12.30 Uhr. Freund I hat bis dahin $4,5 \cdot 5$ km $= 22,5$ km zurückgelegt.

Beispiel 5.25:
Ein Motorrad fährt um 7 Uhr vom Ort A mit einer Durchschnittsgeschwindigkeit von $v_m = 50$ km/h ab. Zwei Stunden später folgt ein Personenkraftwagen (Pkw) mit einer Durchschnittsgeschwindigkeit von $v_P = 100$ km/h. Wann und in welcher Entfernung von A wird das Motorrad eingeholt?

Lösung:
In einem s-t-Diagramm werden die beiden Weg-Zeit-Geraden für das Motorrad $s_m = f(t)$ und für den Pkw $s_P = f(t)$ aufgetragen (Bild 5.21), wobei die Steigungen der Geraden wieder die gegebenen Geschwindigkeiten sind.

Die Koordinaten des Punktes, in dem sich die beiden Geraden s_m und s_P schneiden, geben an, daß sich Motorrad und Pkw um 11 Uhr 200 km von A entfernt treffen (oder daß der Pkw das Motorrad eingeholt hat).

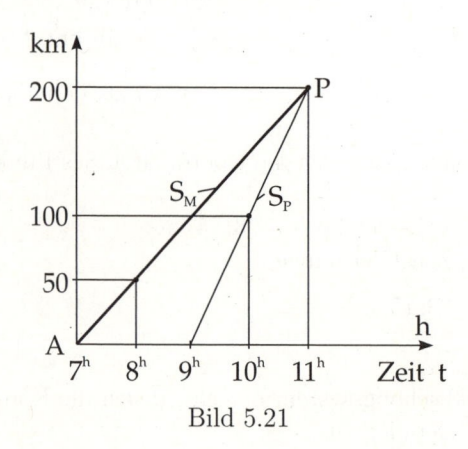

Bild 5.21

Bei der rechnerischen Lösung würde man folgende Überlegung anstellen:

Wenn der Pkw das Motorrad eingeholt hat, haben beide Fahrzeuge den gleichen Weg zurückgelegt: $s_m = s_P$.
Das Motorrad hat dafür die Zeit t, der Pkw die Zeit $(t - 2\text{h})$ gebraucht, daraus ist $s_m = 50 \cdot t = s_P = 100 \cdot (t - 2 \text{ h})$.
 Gleichung erhält man $t = 4$ h. Addiert man diese Zeit zu 7 Uhr - des Bewegungsvorganges - erhält man wieder die Lösung 11 Uhr.

5.3 Die Umkehrfunktion 113

Eine *wichtige Anwendung* der zeichnerischen Lösung von Bewegungsaufgaben stellten *Bildfahrpläne der Eisenbahn* dar. Bei der von den Deutschen Bahnen verwendeten Darstellung werden die durchfahrenen Strecken als Abszissen (1:300000), die Zeiten als Ordinaten (10 min= 1 cm) aufgetragen. Die Zeitachse geht von 0 bis 12 Uhr und von 12 bis 24 Uhr, die Teilung verläuft von oben nach unten. In Bildfahrpläne werden sämtliche die Strecke befahrenden Züge eingezeichnet, nicht nur alle Personenzüge, sondern auch alle regelmäßig verkehrenden Güterzüge, Bedarfsgüterzüge, Lokomotivleerfahrten usw. Darüber hinaus lassen sich aus den Plänen beigefügten Nebenzeichnungen die Steigungen der Strecken, die Halbmesser der Kurven, die Höhe über NN sowie alle sonst die Strecke betreffenden Einzelheiten entnehmen. Ein Ausschnitt aus einem solchen graphischen Fahrplan zeigt Bild 5.22.

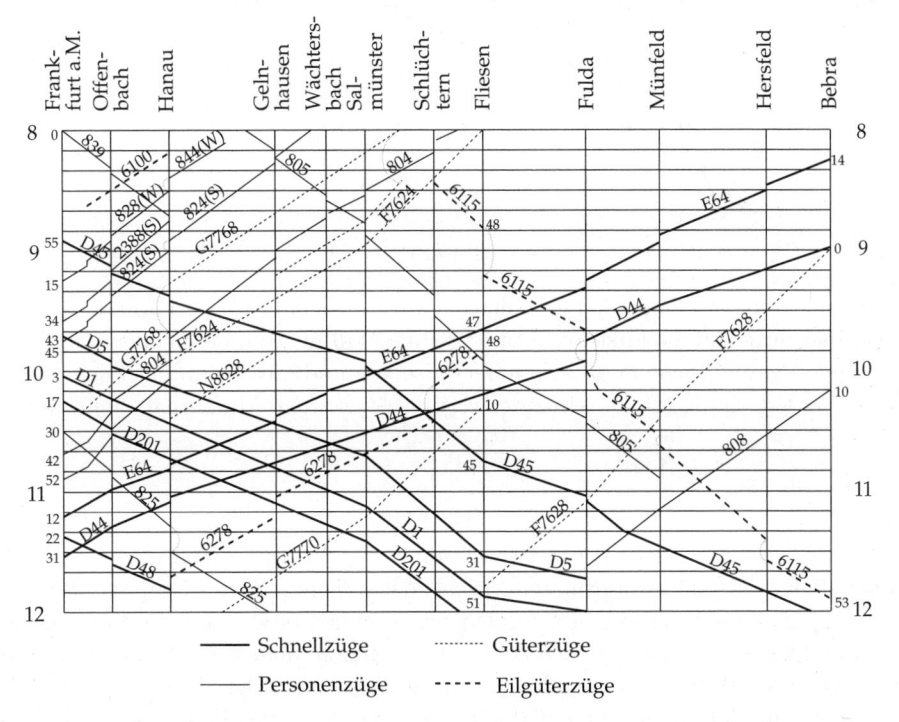

Bild 5.22: Graphischer Fahrplan der Eisenbahn
(aus Reinhardt-Zeisberg: Arithmetik und Algebra)

5.3 Die Umkehrfunktion

Gegeben sei die Funktion $y = f(x) = 2x + 3$, (I)
deren Graph in Bild 5.23 dargestellt ist.
Löst man Gleichung (I) nach x auf, so erhält man mit

$$x = g(y) = \frac{y}{2} - \frac{3}{2}$$ (II)

die sog. *aufgelöste Funktion*, bei der x die abhängige und y die unabhängige Variable ist. Ihr Graph entspricht demjenigen von $y = f(x)$. (Bitte im Bild 5.23 kontrollieren!).

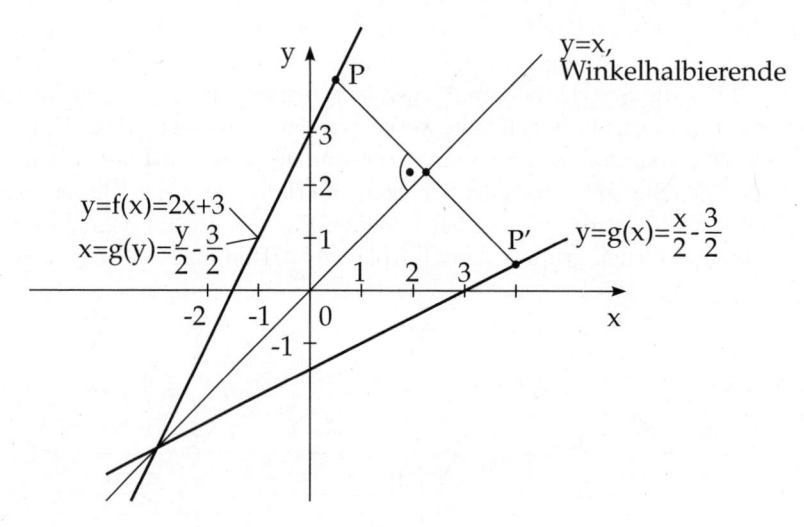

Bild 5.23

Da man aber vereinbart hat, in einer Funktionsgleichung dieser Form die abhängige Veränderliche auf die linke Seite zu schreiben und mit y zu bezeichnen und die unabhängige Veränderliche in die Klammer zu setzen und mit x zu bezeichnen, müssen x und y in Gleichung (II) miteinander vertauscht werden. Man erhält dann mit

$$y = g(x) = \frac{x}{2} - \frac{3}{2} \qquad \text{(III)}$$

die U m k e h r f u n k t i o n der Funktion $y = f(x)$. Ihr Graph ist - bei gleichen Einheitslängen auf den Koordinatenachsen - das *„Spiegelbild* des Graphen der Funktion $y = f(x)$ an der Winkelhalbierenden zwischen den positiven Koordinatenachsen $(y = x)$". Das Spiegelbild läßt sich konstruieren, indem man jeden Punkt $P(x,y)$ des Graphen an der Winkelhalbierenden („*Spiegelachse*") wie folgt *spiegelt* (s. Bild 5.23):

Von P aus fällt man das *Lot* (Senkrechte auf $x = y$, durch $\overline{PQ}$ in Bild 5.23 dargestellt) auf die Spiegelachse, erhält mit Q den *Lotfußpunkt* und verlängert das Lot $\overline{PQ}$ um sich selbst. Der Endpunkt P' dieser Verlängerung ist ein Punkt des gesuchten Spiegelbildes des ursprünglichen Funktionsgraphen.

Merke:
- Zur Bildung der Umkehrfunktion einer Ausgangsfunktion $y = f(x)$ sind folgende Umformungen nötig:
  1. Auflösen von $y = f(x)$ nach $x = g(y)$ (aufgelöste Funktion)
  2. Vertauschen von x und y in der neuen Funktionsgleichung $y = g(x)$ (Umkehrfunktion).

5.4 Aufgaben

5.1 Man zeichne in einem kartesischen Koordinatensystem die Geraden mit den Gleichungen

a) $g_1: \quad x = 2x - 3$ b) $g_2: \quad y = -\frac{1}{2}x + 1$
c) $g_3: \quad y = 0,75x$ d) $g_4: \quad y = -x - 2$

5.2 Man zeichne den Graphen der Funktion, die durch folgende Wertetabelle gegeben ist:

x	-4	-3	-2	-1	$-\frac{1}{2}$	0	$\frac{1}{2}$	1	2	3	4
y	$0,12$	$0,2$	$0,4$	1	$1,6$	2	$1,6$	1	$0,4$	$0,2$	$0,12$

5.3 Eine Funktion hat die Parameterdarstellung
$x = 4t, \quad y = t - 1$
Wie heißt die parameterfreie Darstellung $y = f(x)$?

5.4 Wie lauten die Gleichungen der Geraden in Bild 5.24?

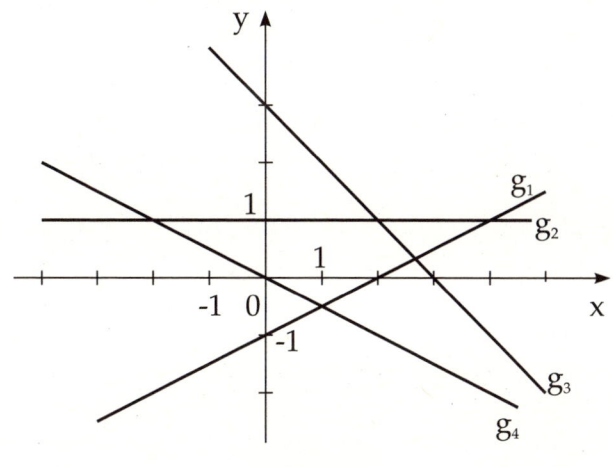

Bild 5.24

5.5 Welche Gerade geht durch die zwei Punkte
a) $P_1(6;5), \quad P_2(2;1)$ b) $A(-10;6), \quad B(8;-2)$
c) $P(12;4), \quad Q(-3;-1)$?

5.6 Liegen die Punkte $P_1(-2;-5), \quad P_2(1;4), \quad P_3(5;16)$ auf einer Geraden?

5.7 Welche Gerade geht durch den Punkt P und hat den Anstieg m?
a) $P(-2;5), \quad m = 0,8$ b) $P(3,0;1,8), \quad m = -1,5$

5.8 Wie heißt die Gleichung der Geraden, die durch den Punkt $P(5;-3)$ geht und a) parallel, b) senkrecht zu der Geraden mit der Gleichung $y = -\frac{3}{4}x + 2$ ist?

5.9 Eine Gerade hat die Gleichung $5x - 3y - 15 = 0$. In welchen Punkten schneidet sie die Koordinatenachsen?

5.10 Man berechne den Schnittpunkt der zwei Geraden
 a) $y = 2x + 7$, $y = -2x - 1$
 b) $4,5x - 1,2y + 3,0 = 0$, $1,5x - 0,4y - 1,8 = 0$
 c) $y = x + 4,6$, $y = 5x + 9,4$
 d) $2,4x + 1,8y = 2,7$, $1,6x + 1,2y = 1,8$

5.11 Man bilde a) rechnerisch, b) zeichnerisch die zu $y = f(x) = \dfrac{1}{2}x + 3$ gehörende Umkehrfunktion.

Kapitel 6

Potenzrechnung, die Potenzfunktion

6.1 Einführung

6.1.1 Begriff der Potenz, Definitionen

Im Abschnitt 1.3.4 wurde erstmals auf den Potenzbegriff hingewiesen.
Tritt eine Zahl n-mal als Faktor auf, so spricht man von der n-ten Potenz von a:

$$\boxed{w = a^n = a \cdot a \ldots \cdot a} \tag{6.1}$$

Dabei sind

a^n (gesprochen „a hoch n")	die Potenz (lat. *potens*, mächtig)
a	die Grundzahl oder Basis
n	die Hochzahl oder der Exponent
	(lat. *exponere*, herausragen)
w	der Potenzwert

n muß definitionsgemäß zunächst als ganze positive Zahl, d. h. als natürliche Zahl angenommen werden. Basis und Exponent sind nicht austauschbar.

Beispiel 6.1:
$$2 \cdot 2 \cdot 2 \cdot 2 \cdot 2 = 2^5 = 32$$

Außerdem wird definiert:

$$\boxed{a^1 = a} \quad (6.2a)$$

Für $a = 1$ bzw. $a = 0$ folgt

$$\boxed{1^n = 1} \quad (6.2b) \qquad \boxed{0^n = 0} \quad (6.2c)$$

Ist die Basis positiv, so ist auch der Potenzwert $w = a^n$ positiv.

Bei negativer Basis a erhält man

a) einen positiven Potenzwert, falls n eine gerade Zahl ist:
$$w = a^{2m} > 0, \text{ mit } m \in N\,^{1)}$$

Beispiel 6.2:
$$(-4)^2 = (-4) \cdot (-4) = 16 > 0$$

Beispiel 6.3:
$$(-3)^4 = (-3) \cdot (-3) \cdot (-3) \cdot (-3) = 81 > 0$$

b) einen negativen Potenzwert, falls der Exponent n *eine ungerade Zahl* ist:
$$w = a^{2m+1} < 0, \quad \text{mit } m \in N$$

Beispiel 6.4:
$$(-4)^1 = -4 < 0$$

Beispiel 6.5:
$$(-3)^3 = (-3) \cdot (-3) \cdot (-3) = -27 < 0$$

6.1.2 Geschichtliches

Der Potenzbegriff in der einfachsten Form des Quadrates findet sich schon bei den Pythagoräern (um 550 v. Chr.). Erst als man die Potenz losgelöst von der geometrischen Anschauung betrachtete, kam man zu Potenzen höheren Grades. So rechnete der griechische Mathematiker DIOPHANTES um 250 n. Chr. in Alexandrien mit Potenzen bis zu 6 Faktoren. Eine eigentliche Potenzrechnung wurde aber erst durch die Einführung der allgemeinen Zahlen durch VIËTA (um 1600 n. Chr.) möglich. Die heute gebräuchliche, außerordentlich übersichtliche Schreibweise der Potenzen stammt von dem französischen Philosophen und Mathematiker René DESCARTES (1596-1650).

6.2 Potenzgesetze (Rechengesetze der Potenzen)

6.2.1 Addition/Subtraktion von Potenzen

Es lassen sich nur Potenzen mit gleicher Basis und gleichem Exponenten addieren (subtrahieren), wobei gilt:
- Potenzen mit gleicher Basis und gleichem Exponenten werden addiert (subtrahiert), indem man ihre Koeffizienten addiert (subtrahiert) und das Ergebnis mit der gemeinsamen Potenz multipliziert:

$$\boxed{p \cdot a^n + q \cdot a^n = (p+q)a^n} \qquad (6.3)$$

Beispiel 6.6:
$$2a^4 + b^3 - 3a^4 + 2a^3 - 2b^3 + 6a^3 - b = -a^4 + 8a^3 - b^3 - b$$

Der Übersichtlichkeit halber wurden die Summanden sowohl nach Variablen (a, b) als auch nach fallenden Potenzen der einzelnen Variablen (a^4, a^3, b^3, b) geordnet.

---

[1] Ist $m \in N$, also eine natürliche Zahl, $(m = 1, 2, 3, \ldots)$, dann ist $2m$ $(2 \cdot 1, 2 \cdot 2, 2 \cdot 3, \ldots)$ stets eine gerade Zahl und $2m + 1$ $(2 \cdot 1 + 1, 2 \cdot 2 + 1, \ldots)$ stets eine ungerade Zahl

6.2.2 Multiplikation von Potenzen

6.2.2.1 Potenzen mit gleichen Exponenten

Beispiel 6.7:
$$4^2 \cdot 3^2 = 16 \cdot 9 = 144 = (4 \cdot 3)^2 = 12^2 = 144$$

allgemein:
$$a^n \cdot b^n = (a \cdot b)^n \tag{6.4}$$

Man kann also entweder jede Potenz für sich berechnen und dann die Potenzwerte miteinander multiplizieren oder das Produkt beider Basen $(a \cdot b)$ potenzieren.

6.2.2.2 Potenzen mit gleichen Basen

Beispiel 6.8:
$$2^3 \cdot 2^2 = 2 \cdot 2 \cdot 2 \cdot 2 \cdot 2 = 2^5 = 2^{3+2} = 32$$

Es gilt:

- Potenzen mit gleicher Basis werden multipliziert, indem man die Exponenten addiert.

$$a^m \cdot a^n = a^{m+n} \tag{6.5}$$

6.2.3 Division von Potenzen

Da die Division die zur Multiplikation inverse (umgekehrte) Rechenoperation ist, gelten die entsprechenden Gesetzmäßigkeiten wie in Abschnitt 6.2.2. Es gilt für

6.2.3.1 Potenzen mit gleichen Exponenten

$$\frac{a^n}{b^n} = \left(\frac{a}{b}\right)^n \tag{6.6}$$

6.2.3.2 Potenzen mit gleichen Basen

- Potenzen mit gleichen Basen werden dividiert, indem man die Exponenten subtrahiert:

$$\frac{a^n}{a^m} = a^{n-m} \tag{6.7}$$

Beispiel 6.9:
$$\frac{4^3}{4^2} = \frac{4 \cdot 4 \cdot 4}{4 \cdot 4} = 4 = 4^{3-2} = 4^1 = 4$$

Beispiel 6.10:
$$\frac{5^4}{5^4} = \frac{5 \cdot 5 \cdot 5 \cdot 5}{5 \cdot 5 \cdot 5 \cdot 5} = 1 = 5^{4-4} = 5^0 = 1$$

Um eine durchgehende Anwendung der Potenzgesetze zu sichern, definiert man allgemein:

$$\boxed{a^0 = 1} \qquad a \neq 0 \tag{6.8}$$

Der Ausdruck 0^0 ist ein unbestimmter Ausdruck. Er ist nicht definiert.

Beispiel 6.11:
$$\frac{2^3}{2^4} = \frac{2 \cdot 2 \cdot 2}{2 \cdot 2 \cdot 2 \cdot 2} = \frac{1}{2} = \frac{1}{2^1} = 2^{3-4} = 2^{-1}$$
d. h. : $2^{-1} = \dfrac{1}{2^1} = \dfrac{1}{2}$

Beispiel 6.12:
$$\frac{5^2}{5^5} = 5^{2-5} = 5^{-3} = \frac{1}{5^3}$$

Hier muß eine erste Erweiterung des Potenzbegriffes vorgenommen werden. Wie die Beispiele 6.11 bis 6.12 zeigen, kann der *Exponent n* auch *negativ* (< 0) werden.

Für negative ganzzahlige Exponenten behalten die Potenzgesetze ihre Gültigkeit, wenn man festsetzt, daß allgemein

$$\boxed{a^{-n} = \frac{1}{a^n}} \qquad n > 0 \tag{6.9}$$

ist. Damit gilt für Brüche

$$\boxed{\left(\frac{a}{b}\right)^{-n} = \left(\frac{b}{a}\right)^n} \qquad n > 0 \tag{6.9a}$$

d. h. : Ein Bruch wird mit einer negativen Zahl $-n$ potenziert, indem man den reziproken Wert (Kehrwert) des Bruches mit dem Betrag n der negativen Zahl potenziert ($n > 0$).

Beispiel 6.13:
$$\frac{a^3 \cdot b^4}{a^5 \cdot b^2} = a^{3-5} \cdot b^{4-2} = a^{-2} b^2 = \frac{b^2}{a^2} = \underline{\underline{\left(\frac{b}{a}\right)^2}}$$

Beispiel 6.14:
$$\frac{a^{n-3}}{a^{-4}} = a^{n-3-(-4)} = \underline{\underline{a^{n+1}}}$$

6.2.4 Potenzieren einer Potenz

Beispiel 6.15:
$$(2^3)^2 = (2 \cdot 2 \cdot 2)^2 = (2 \cdot 2 \cdot 2) \cdot (2 \cdot 2 \cdot 2) = 8 \cdot 8 = 64$$
$$= 2 \cdot 2 \cdot 2 \cdot 2 \cdot 2 \cdot 2 = 2^6$$

Es gilt:
- Potenzen werden potenziert, indem man die Exponenten miteinander multipliziert

$$\boxed{(a^n)^m = a^{n \cdot m} = (a^m)^n} \qquad (6.10)$$

Merke: Beim Potenzieren einer Potenz kann man die Exponenten vertauschen.

Beispiel 6.16:
$$(3^{-2})^3 = \left(\frac{1}{3 \cdot 3}\right)^3 = \frac{1^3}{(3 \cdot 3)^3} = \frac{1}{3 \cdot 3 \cdot 3 \cdot 3 \cdot 3 \cdot 3}$$
$$= \frac{1}{3^6} = 3^{-6}$$

Beispiel 6.17:
$$\left(\frac{p^2 \cdot q^4}{r^3}\right)^{-2} = \left(\frac{r^3}{p^2 \cdot q^4}\right)^2 = \underline{\underline{\frac{r^6}{p^4 \cdot q^8}}}$$

Beispiel 6.18:
$$\left(\frac{x}{y}\right)^3 \cdot \left(\frac{y}{x}\right)^2 = \left(\frac{x}{y}\right)^3 \cdot \left(\frac{x}{y}\right)^{-2} = \left(\frac{x}{y}\right)^{3+(-2)} = \underline{\underline{\frac{x}{y}}}$$

Die Potenzrechnung - auf der Multiplikation aufbauend - ist *eine höhere Rechenart als die Multiplikation.* Kommen in einer Aufgabe beide Rechenarten vor, muß zuerst potenziert werden.

Beispiel 6.19:
$$5 \cdot 8^2 = 5 \cdot 64 = 320$$
$$7a^3 = 7 \cdot (a \cdot a \cdot a)$$

Die Berechnung der Potenz einer Summe $(a+b)^n$ wird mit Hilfe des binomischen Satzes (vgl. Abschnitt 2.2.6) vorgenommen.

6.3 Anwendungen

Wie im Abschnitt 1.1.3 bereits angedeutet, beruht das heute verwendete Zahlensystem auf der Potenzrechnung. Seine Ordnungszahlen sind Potenzen von 10, weshalb es den Namen Zehnersystem, D e z i m a l s y s t e m (lat *dezimus* der Zehnte) oder

d e k a d i s c h e s S y s t e m (griech. *deka* zehn) hat. Die Jahreszahl 1993 schreibt sich danach ausführlich zu:
$$1993 = 1 \cdot 1000 + 9 \cdot 100 + 9 \cdot 10 + 3 \cdot 1$$
$$= 1 \cdot 10^3 + 9 \cdot 10^2 + 9 \cdot 10^1 + 3 \cdot 10^0$$

Der Stellung der einzelnen Ziffern in dieser Zahl ist jeweils eine bestimmte Zehnerpotenz zugeordnet, wobei die niedrigste Zehnerpotenz, nämlich $10^0 = 1$, ganz rechts steht.

Die Zahlen des dekadischen Systems werden also durch Summen von fallenden Zehnerpotenzen dargestellt.

Beispiel 6.20:
    Wie lautet die allgemeine Form einer vierstelligen Zahl?

Lösung:
$$w \cdot 10^3 + x \cdot 10^2 + y \cdot 10^1 + z \cdot 10^0$$
$$= 1000w + 100x + 10y + z = wxyz$$

w, x, y, z sind natürliche Zahlen der Menge $\{0, 1, 2, \ldots, 9\}$.

Beispiel 6.21:
    Stellt man in einer dreistelligen Zahl mit der Quersumme 9 die dritte Ziffer an den Anfang, so nimmt die Zahl um 135 zu. Addiert man dagegen zur dritten Ziffer 3, so erhält man den fünften Teil der aus den ersten beiden Ziffern bestehenden Zahl. Wie heißt die dreistellige Zahl?

Lösung:
    Eine dreistellige Zahl lautet allgemein $100x + 10y + z$ mit $x, y, z \in \{0, 1, 2, \ldots, 9\}$.
    Ihre Quersumme ist die Summe ihrer Ziffern $x + y + z$.
    Mit den drei Bedingungen der Aufgabenstellung erhält man für die drei Unbekannten x, y, z folgende Gleichungen:
    1. Quersumme gleich 9: $x + y + z = 9$ (I)
    2. Stellt man die dritte Ziffer (z) an den Anfang, so nimmt die Zahl um 135 zu:
        $$100z + 10x + y = 100x + 10y + z + 135 \quad \text{(II)}$$
    3. Addiert man zur dritten Ziffer 3, erhält man den fünften Teil der aus den ersten beiden Ziffern (x, y) bestehenden Zahl:
        $$\frac{10x + y}{5} = z + 3 \quad \text{(III)}$$

Die Gleichungen (I) bis (III) werden umgeformt und stellen ein Gleichungssystem zur Berechnung der drei Unbekannten x, y und z dar:

$$\begin{array}{rcrcrcrl} x & + & y & + & z & = & 9 & \quad\text{(I)} \\ 90x & + & 9y & - & 99z & = & -135 & \quad\text{(II)} \\ 10x & + & y & - & 5z & = & 15 & \quad\text{(III)} \end{array}$$

dessen Lösung z. B. mittels Determinanten (vgl. Abschnitt 5.3) auf das Ergebnis 405 führt (Kontrolle!).

Auch bei der Darstellung sehr großer und sehr kleiner Zahlen verwendet man häufig Zehnerpotenzen.

So beträgt die Lichtgeschwindigkeit $3 \cdot 10^8$ m/s; ein Lichtjahr (keine Zeiteinheit!) hat eine Länge von $9,5 \cdot 10^{15}$ m; die Anzahl der Moleküle, die bei 0°C und normalem Druck in 1 cm^3 Gas enthalten sind, beträgt $N = 27,0 \cdot 10^{18}$; der Durchmesser des negativ geladenen Elektrons beträgt rund 10^{-12} m; jedes Elektron hat die Ladung $e = 1,6 \cdot 10^{-19}$ As (Amperesekunden), auch als „Elementarladung" bezeichnet.

Für einige Zehnerpotenzen gibt es bestimmte Vorsätze und Zeichen:

Zehnerpotenz	Vorsilbe	Vorsatzzeichen
10^{12}	Tera	T
10^{9}	Giga	G
10^{6}	Mega	M
10^{3}	Kilo	k
10^{-3}	Milli	m
10^{-6}	Mikro	μ
10^{-9}	Nano	n
10^{-12}	Piko	p
10^{-15}	Femto	f
10^{-18}	Atto	a

Ein Mikrometer (μ m) sind demnach 10^{-6} m, d. h. ein millionstel Meter $= 0,000001$ m.

Beispiel 6.22:
  Welche Stromstärke I ist bei $N = 2300$ Windungen erforderlich, um bei einem magnetischen Widerstand $R_m = 0,12 \cdot 10^8$ Ampere/Voltsekunde einen magnetischen Fluß Φ von $1,5 \cdot 10^{-5}$ Vs zu erzeugen?

Lösung:

$$\text{Mit } I = \frac{\Phi \cdot R_m}{N} \text{ erhält man}$$

$$I = \frac{1,5 \cdot 10^{-5} \cdot 0,12 \cdot 10^8}{2300} \text{Vs} \frac{\text{A}}{\text{Vs}}$$

$$= \frac{1,5 \cdot 10^{-5} \cdot 12 \cdot 10^6}{2,3 \cdot 10^3} \text{A} = \frac{1,5 \cdot 12}{2,3} \cdot 10^{6-5-3} \text{A} = 7,8 \cdot 10^{-2} \text{A}$$

$$= 78 \cdot 10^{-3} \text{A} = \underline{78 \text{ mA}}$$

6.4 Die Potenzfunktion

6.4.1 Definition

Setzt man in Gleichung (6.1) für die konstante Basis a eine variable Größe, die wieder mit x bezeichnet werden soll, dann wird bei konstantem Exponenten n der Potenzwert w ebenfalls eine Variable, die von x abhängt und mit y bezeichnet werden soll. Gleichung (6.1) ergibt sich jetzt zu

$$y = x^n \qquad (6.11)$$

und stellt in dieser Form die Funktionsgleichung $y = f(x)$ einer P o t e n z f u n k - t i o n dar, mit der Funktionsvorschrift f, die besagt, daß man jede unabhängige Variable x „in die n-te Potenz erheben soll, um den Funktionswert $y = f(x)$ zu erhalten ".

x kann dabei jeden beliebigen Wert annehmen, ($x = 0$ sei ausgeschlossen); n soll *zunächst eine ganze Zahl sein.* Ist n eine natürliche Zahl, dann spricht man von einer P o t e n z f u n k t i o n n - t e n G r a d e s. Sie stellt in dieser Form einen Sonderfall der algebraischen rationalen Funktion (siehe Kapitel 9) dar.

Multipliziert man den Funktionswert x^n mit einer konstanten Größe k, so beschreibt die neue Gleichung

$$y = kx^n \qquad (6.12)$$

ebenso eine Potenzfunktion wie die Gleichung, die man erhält, wenn man zu kx^n noch eine konstante Größe b addiert.

$$y = kx^n + b \qquad (6.13)$$

Gleichung (6.13) beschreibt die allgemeine Potenzfunktion.

Beispiel 6.23: $\qquad y = x^2$
Beispiel 6.24: $\qquad y = 2x^3$
Beispiel 6.25: $\qquad y = 3x^{-1} + 1$

Wie die Graphen der Potenzfunktionen (6.11) (6.12) (6.13) aussehen und wie sich k und b dabei auswirken, soll als nächstes untersucht werden.

6.4.2 Graphen der Potenzfunktionen

Grundsätzlich heißen die Graphen der Potenzfunktionen P a r a b e l n, wenn der Exponent n größer als Null, und H y p e r b e l n, wenn der Exponent n kleiner als Null ist. Hyperbeln, Parabeln und auch Kreise gehören geometrisch zu den K e g e l - s c h n i t t e n. Das sind ebene Kurven, die sich beim Schneiden eines doppelten Kreiskegels mit einer Ebene als Schnittfläche ergeben.

6.4.2.1 Parabeln

Quadratische Parabeln der Form

$$y = kx^2 + b \qquad (6.14)$$

Setzt man zunächst $k = 1$ und $b = 0$, erhält man mit

$$y = f(x) = x^2 \qquad (6.15)$$

eine Funktionsgleichung, deren Graph als N o r m a l p a r a b e l bezeichnet wird.
Wertetabelle:

x	0	±1	±2	±3
$y = x^2$	0	1	4	9

(Bild 6.1)

Bild 6.1

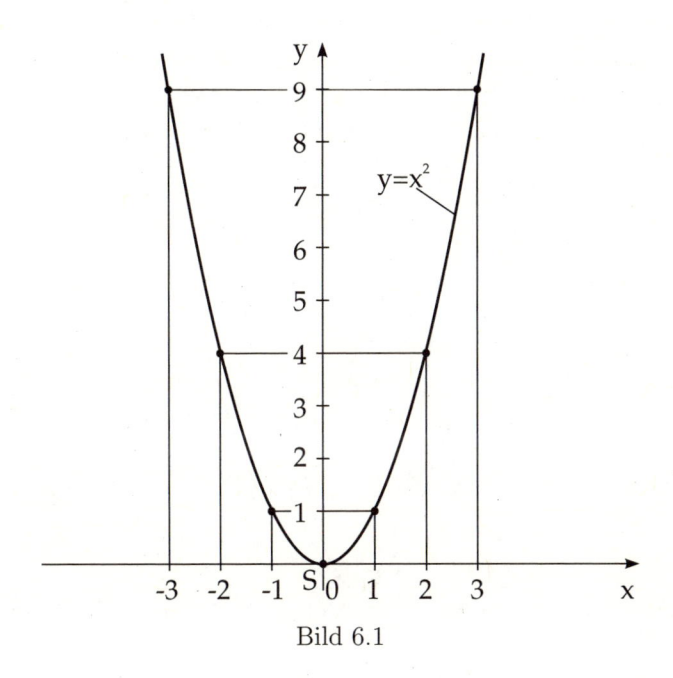

Der Punkt, in dem der Graph am stärksten gekrümmt ist, heißt S c h e i t e l p u n k t S. Er fällt hier mit dem Koordinatenursprung zusammen: $S(0,0)$.

Da x in der Funktionsgleichung nur in der geraden Potenz vorkommt, spricht man von einer g e r a d e n F u n k t i o n. Ein Blick auf die Wertetabelle zeigt, daß die Funktionswerte $y = f(x)$ für Argumente x, die den gleichen Betrag ($|x|$) haben, gleich sind, was mathematisch durch die Gleichung

$$\boxed{f(x) = f(-x)} \tag{6.16}$$

ausgedrückt wird.

Beispiel 6.26:
$$f(3) = 3^2 = 9 = f(-3) = (-3)^2$$

Die Normalparabel ist s y m m e t r i s c h (griech. *symmetros*, ebenmäßig) oder s p i e g e l b i l d l i c h zur y-Achse.

(Stellt man einen Taschenspiegel senkrecht zur Zeichenebene mit einer Kante auf die y-Achse, so entspricht das im Spiegel erscheinende Bild dem durch den Spiegel verdeckten Zweig der Funktionskurve.)

Die y-Achse ist in diesem Fall S y m m e t r i e a c h s e oder auch S p i e g e l - a c h s e.
Allgemein gilt:

- Eine Funktion, für die $f(x) = f(-x)$ gilt, heißt g e r a d e F u n k t i o n. Ihr Graph ist symmetrisch zur y-Achse (achsensymmetrisch).

Als nächstes setzt man der Reihe nach $k = 2, \frac{1}{2}, -1$ und behält $b = 0$ bei. Über die entsprechenden Wertetabellen lassen sich für die Funktionen mit den Gleichungen $y = 2x^2$, $y = \frac{1}{2}x^2$, $y = -x^2$ die zugehörigen Graphen aufzeichnen (Bild 6.2).

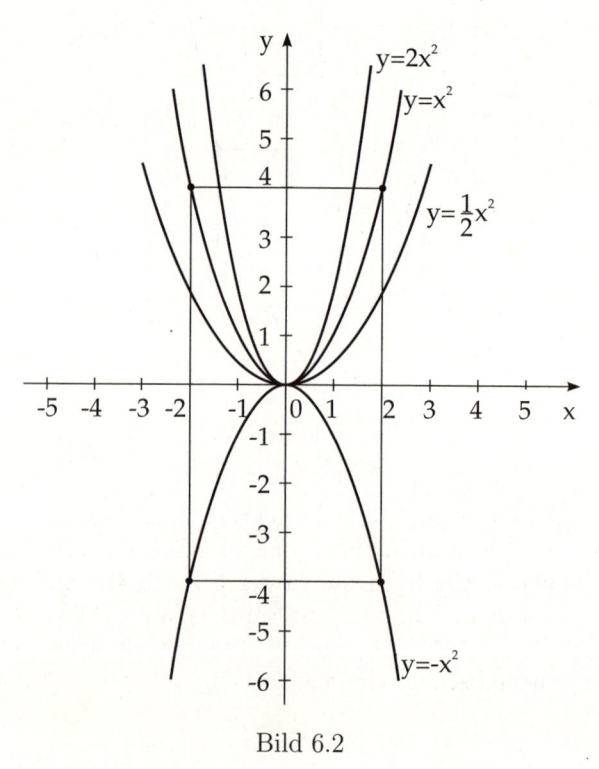

Bild 6.2

Es zeigt sich, daß für $k > 1$ die Graphen steiler und für $0 < k < 1$ die Graphen flacher verlaufen als der Graph der Normalparabel ($k = 1$). Im ersten Fall spricht man von einer Streckung, im zweiten von einer Stauchung der Normalparabel. $k < 0$ bewirkt eine Spiegelung der Parabel an der x-Achse.

Setzt man in Gleichung (6.14) bei einem bestimmten k für b verschiedene Werte ein, so findet eine Verschiebung der Parabel $y = kx^2$ in die positive ($b > 0$) oder

6.4 Die Potenzfunktion

negative ($b < 0$) Richtung der y-Achse statt. b heißt wieder Absolutglied und gibt den Abschnitt auf der y-Achse an, das ist der Abstand des Scheitelpunktes vom Ursprung. Der Scheitelpunkt S hat jetzt die Koordinaten $S(0,b)$.

Beipiel 6.27:
$$y = f(x) = x^2$$
$$y = f_1(x) = x^2 + 1$$
$$y = f_2(x) = x^2 - 2 \text{ (Bild 6.3)}$$

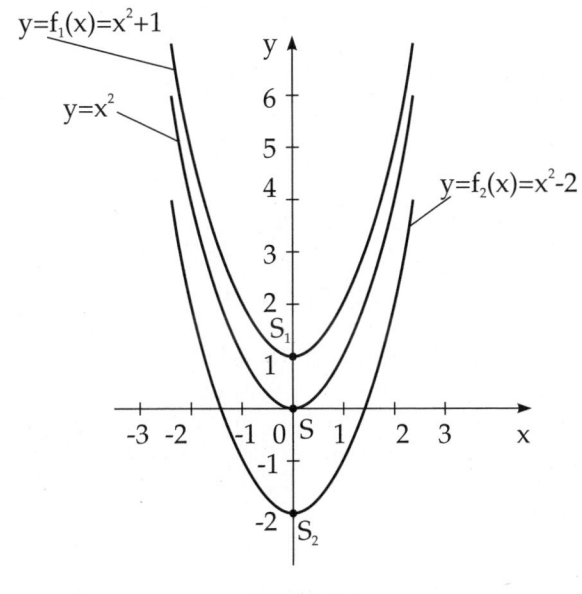

Bild 6.3

Jeder Funktionswert von $y = x^2$ wird bei $f_1(x)$ um eine Einheit in positiver y-Richtung, bei $f_2(x)$ um 2 Einheiten in negativer y-Richtung verschoben. An der Form der Parabeln hat sich gegenüber der Normalparabel nichts geändert. Auch die Symmetrie zur y-Achse bleibt erhalten, was bedeutet, daß $y = kx^2 + b$ eine gerade Funktion ist. Demnach ist das Absolutglied eine gerade Potenz von x. Mit $x^0 = 1$ läßt es sich zu $b = b \cdot x^0$ anschreiben.

Quadratische Parabeln der Form

$$\boxed{y = k(x - x_0)^2 + b} \tag{6.17}$$

Mit $k = 1$, $b = 0$ und $x_0 = 2$ oder $x_0 = -1$ erhält man aus Gleichung (6.17) die beiden Parabeln mit den Gleichungen $y = f_1(x) = (x-2)^2$ und $y = f_2(x) = (x+1)^2$, deren Graphen in Bild 6.4 dargestellt sind.

Bild 6.4

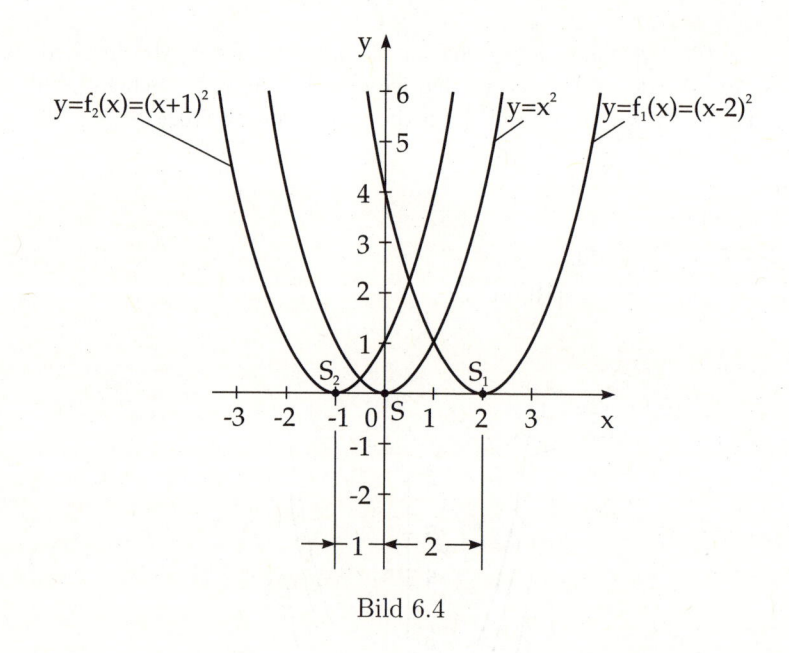

Sie unterscheiden sich von der Normalparabel $y = x^2$ nur durch eine Verschiebung in die positive ($x_0 > 0$) oder negative ($x_0 < 0$) Richtung der x-Achse. Die Scheitelpunkte beider Parabeln haben die Koordinaten $S_1(2,0)$ und $S_2(-1,0)$: allgemein $S(x_0,0)$.

Mit $k = 1$, $x_0 \neq 0$ und $b \neq 0$ lautet Gleichung (6.17)

$$y = (x - x_0)^2 + b \qquad (6.17a)$$

wobei x_0 die Verschiebung des Parabelscheitels in x-Richtung und b - entsprechend Beispiel 6.27 (Bild 6.3) - die Verschiebung in y-Richtung angibt.

Beispiel 6.28:
$$y = (x - 1)^2 - 2$$

Die dazugehörige Parabel ist in Bild 6.5 dargestellt. Sie hat den Scheitel $S(1, -2)$. (Man kontrolliere das Ergebnis durch Aufstellen einer Wertetabelle!)

Schließlich wird noch der Einfluß des Faktors k vor dem Quadrat in Gleichung (6.17) auf den Verlauf der zugehörigen Parabel untersucht. Wie in Bild 6.2 gezeigt, bewirkt k zusätzlich eine Streckung ($k > 1$) oder eine Stauchung ($0 < k < 1$). Für $k < 0$ öffnet sich die Parabel nach unten.

Da aus Gleichung (6.17) die Koordinaten des Scheitelpunktes der Parabel direkt abzulesen sind, nennt man sie auch *Scheitelgleichung* der Parabel und schreibt sie - indem man $b = y_0$ setzt und auf die linke Seite bringt - in der Form

$$y - y_0 = k(x - x_0)^2 \qquad (6.17b)$$

6.4 Die Potenzfunktion

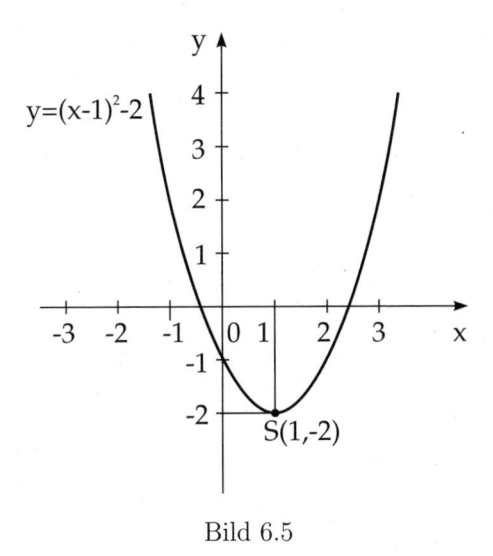

Bild 6.5

Allgemein hat der Scheitelpunkt die Koordinaten $S(x_0, y_0)$.
Multipliziert man Gleichung (6.17) aus,

$$y = k(x^2 - 2x_0 x + x_0^2) + b = kx^2 - 2x_0 x k + k x_0^2 + b,$$

und setzt $k = a_2$, $-2x_0 k = a_1$, $k x_0^2 + b = a_0$, so erhält man mit

$$\boxed{y = a_2 x^2 + a_1 x + a_0} \tag{6.18}$$

eine andere Darstellung der Parabelgleichung, die man - weil die höchste auftretende Potenz von x zwei ist - als F u n k t i o n s g l e i c h u n g 2. G r a d e s bezeichnet, und die Funktion, die durch diese Gleichung dargestellt wird, heißt F u n k t i o n 2. G r a d e s oder auch q u a d r a t i s c h e F u n k t i o n. Ihr zugehöriger Graph heißt entsprechend P a r a b e l 2. O r d n u n g.

Beispiel 6.29:

Man zeichne die durch $y = \dfrac{1}{2}x^2 + x + 1$ gegebene Parabel.

Lösungsmöglichkeiten:

1. Aufstellen einer Wertetabelle

x	0	1	2	-1	-2	-3
y	1	2,5	5	0,5	1	2,5

und danach zeichnen der Parabel (Bild 6.6).

$$y = \frac{1}{2}x^2 + x + 1$$

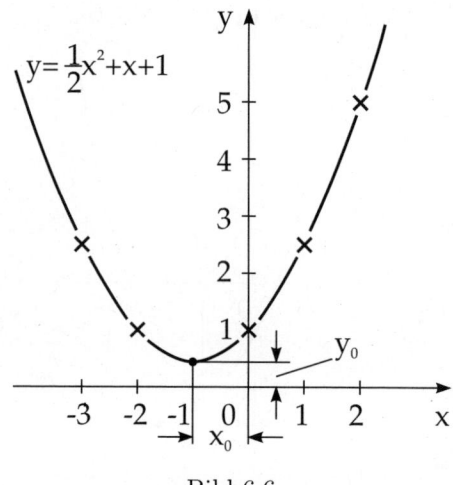

Bild 6.6

2. Umformen der Funktionsgleichung in die Scheitelgleichung unter Anwendung der q u a d r a t i s c h e n E r g ä n z u n g. Dieses Verfahren beruht darauf, aus den Gliedern $\frac{1}{2}x^2 + x$ obiger Gleichung ein *vollständiges Quadrat* der Form $k(x - x_0)^2$ herzustellen. Zu diesem Zweck wird in der Funktionsgleichung

$$y = \frac{1}{2}x^2 + x + 1$$

$\frac{1}{2}$ aus den ersten beiden Gliedern ausgeklammert:

$$y = \frac{1}{2}(x^2 + 2x) + 1$$

Um den Klammerausdruck nach der ersten binomischen Formel zu einem vollständigen Quadrat zu ergänzen, muß in der Klammer 1 addiert werden. Da vor der Klammer der Faktor $\frac{1}{2} = k$ steht, wird insgesamt nur $\frac{1}{2}$ addiert. Dieser Wert muß gleichzeitig wieder abgezogen werden, weil andernfalls die Funktionsgleichung einseitig verändert würde:

$$y = \frac{1}{2}x^2 + \frac{2}{2}x + \frac{1}{2} - \frac{1}{2} + 1 = \frac{1}{2}\underbrace{(x^2 + 2x + 1)}_{(x+1)^2} \underbrace{- \frac{1}{2} + 1}_{+\frac{1}{2}}$$

$$y = \frac{1}{2}(x + 1)^2 + \frac{1}{2}$$

Wird $\frac{1}{2}$ auf beiden Seiten subtrahiert, so erhält man mit

$$y - \frac{1}{2} = \frac{1}{2}(x + 1)^2$$

entsprechend zu Gleichung (6.17b) die Scheitelgleichung der gegebenen Parabel 2. Ordnung, deren Graph in Bild 6.6 dargestellt ist. Die Koordinaten des Scheitelpunktes lassen sich sofort aus der Gleichung ablesen. Sie lauten

$$x_0 = -1; \qquad y_0 = \frac{1}{2}.$$

Die Parabel ist gegenüber der verschobenen Normalparabel $y = (x+1)^2 + \frac{1}{2}$ mit dem Faktor $k = 1/2$ gestaucht.

Ist der Scheitelpunkt S der höchste Punkt einer Parabel, d. h. ist y_0 größer als die Ordinate y jedes anderen Parabelpunktes, dann heißt S M a x i m u m p u n k t und y_0 das M a x i m u m der Funktion an der Stelle x_0. Ist S der niedrigste Punkt der Parabel, also $y_0 < y$ für alle Parabelpunkte, dann heißt S M i n i m u m p u n k t und y_0 das M i n i m u m der Funktion an der Stelle x_0.

Kubische Parabeln der Form

$$\boxed{y = kx^3 + b} \tag{6.19}$$

Auch hier bewirken die Konstante b eine Verschiebung in die positive ($b > 0$) oder negative ($b < 0$) y-Richtung und der Faktor k eine Streckung ($k > 1$), eine Stauchung ($0 < k < 1$) oder eine Spiegelung an der x-Achse ($k < 0$) der durch

$$\boxed{y = x^3} \tag{6.19a}$$

gegebenen Parabel 3. Ordnung (Bild 6.7), die man am einfachsten durch punktweise Konstruktion mittels einer Wertetabelle erhält:

x	0	1	2	-1	-2
y	0	1	8	-1	-8

Die Parabel $y = kx^3$ ist *symmetrisch zum Koordinatenursprung*. Der Nullpunkt $(0,0)$ ist W e n d e p u n k t der Parabel, da der Graph hier von einer R e c h t s k r ü m - m u n g in eine L i n k s k r ü m m u n g - bezogen auf wachsende x-Werte - übergeht. Man nennt die Kurve auch *Wendeparabel, kubische*[1] Parabel oder Parabel 3. Ordnung.

In Gleichung (6.19a) tritt x nur in ungerader Potenz auf, weshalb man diese Funktion auch als u n g e r a d e F u n k t i o n bezeichnet. Aus der Wertetabelle läßt sich die mathematische Bedingung hierfür angeben:

$$\boxed{f(-x) = -f(x)} \tag{6.20}$$

Beispiel 6.30:
$$f(-2) = (-2)^3 = -8 = -f(2) = -2^3$$

Allgemein gilt:
- Eine Funktion, für die $f(-x) = -f(x)$ gilt, heißt u n g e r a d e F u n k t i o n. Ihr Graph ist symmetrisch zum Koordinantenursprung (punktsymmetrisch).

---

[1] Die Bezeichnung „kubisch" stammt aus dem Lateinischen (cubus, der Würfel). Betrachtet man x als Kantenlänge eines Würfels, dann gibt $y = x^3$ sein Volumen (seinen Rauminhalt) an.

Parabeln der Form

$$\boxed{y = kx^n + b} \tag{6.21}$$

Die Graphen, die durch die Gleichung (6.21) - einer Funktionsgleichung n-ten Grades - beschrieben werden, nennt man P a r a b e l n n - t e r   O r d n u n g. Ist der Exponent gerade: $n = 2m$, $\quad m \in N$, verlaufen ihre Graphen annähernd Bild 6.2, falls $b = 0$; ist der Exponent ungerade: $n = 2m + 1$, $\quad m \in N$, entspricht der Graph annäherd dem der Parabeln 3. Ordnung in Bild 6.7, falls $b = 0$. Die Konstante b bewirkt lediglich eine Verschiebung des jeweiligen Graphen parallel zur y-Achse.

Die Verschiebung der Parabeln n-ter Ordnung in x-Richtung und in y-Richtung ist auch möglich, soll hier jedoch nicht behandelt werden.

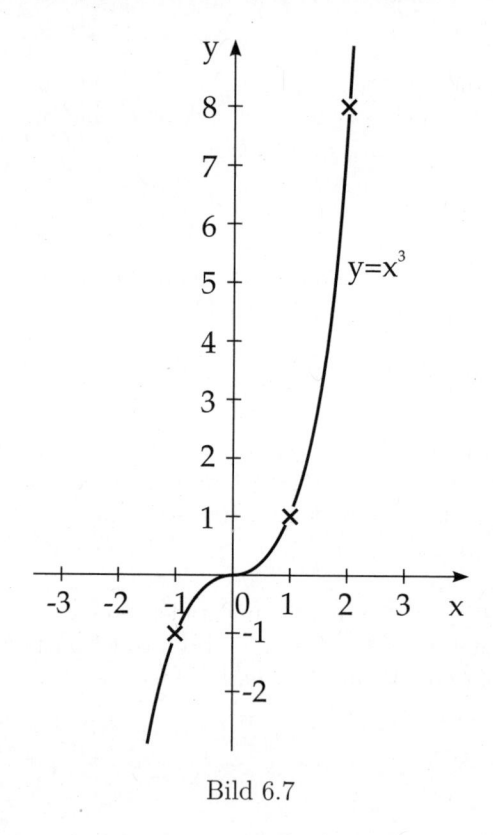

Bild 6.7

6.4.2.2 Hyperbeln

Ausgehend von Gleichung (6.13) der allgemeinen Potenzfunktion, in der das Absolutglied $b = 0$ und der Faktor $k = 1$ gesetzt werden - ihr Einfluß auf die Graphen der Potenzfunktionen wurde bereits hinreichend untersucht - werden jetzt für n negative

6.4 Die Potenzfunktion

ganze Zahlen eingesetzt, also

$$y = x^{-n} = \frac{1}{x^n}, \quad n \in \mathbb{N} \tag{6.22}$$

Der Graph einer Funktion mit der Gleichung (6.23) heißt H y p e r b e l. Wenn die Beträge von x immer größer werden, dann werden die zugehörigen Funktionswerte $y = \frac{1}{x^n}$ immer kleiner. Man sagt: Wenn x gegen Unendlich geht, dann geht y gegen Null:

Für $x \to \infty$ folgt $y \to 0$.

∞ ist das Zeichen für Unendlich. Man beachte: Welche großen Werte x auch annimmt, y wird niemals gleich Null, sondern kommt nur beliebig nahe an Null heran. Mathematisch wird dieses Verhalten durch die sogenannte G r e n z w e r t s c h r e i b w e i s e ausgedrückt:

$$\lim_{x \to \pm\infty} y = \lim_{x \to \pm\infty} \frac{1}{x} = 0$$

in Worten „limes y mit x gegen plus/minus unendlich gleich Null".

Beispiel 6.31:

$$y = f(x) = \frac{1}{x}, \quad n = 1$$

Wertetabelle:

x	1	2	10	10^2	10^6	...	-1	-2	-10^2	-10^6	...
y	1	$\frac{1}{2}$	$\frac{1}{10}$	$\frac{1}{100}$	10^{-6}	...	-1	$-0,5$	$-0,01$	-10^{-6}	...

Da sich die Kurven von $y = \frac{1}{x}$ (Bild 6.8) mit unbegrenzt wachsendem $|x|$ ebenfalls unbegrenzt der x-Achse nähern, heißt die x-Achse auch A s y m p t o t e (griech. asymptos, nicht zusammenfallend) der Hyperbel.

Wird x in Gleichung (6.22) und Beispiel 6.31. immer kleiner, so wird der Funktionswert y immer größer, wie nachfolgende Tabelle für

$$y = f(x) = \frac{1}{x} \quad \text{(Bild 6.8, Beispiel 6.31) zeigt.}$$

Wertetabelle: $y = \frac{1}{x}$

x	1	0,5	0,1	0,01	...	-1	$-0,5$	$-0,1$	$-0,01$	...
y	1	2	10	100	...	-1	-2	-10	-100	...

Geht x gegen Null, geht der Funktionswert $y = \frac{1}{x^n}$ betragsmäßig gegen Unendlich, wobei n eine natürliche Zahl ist.

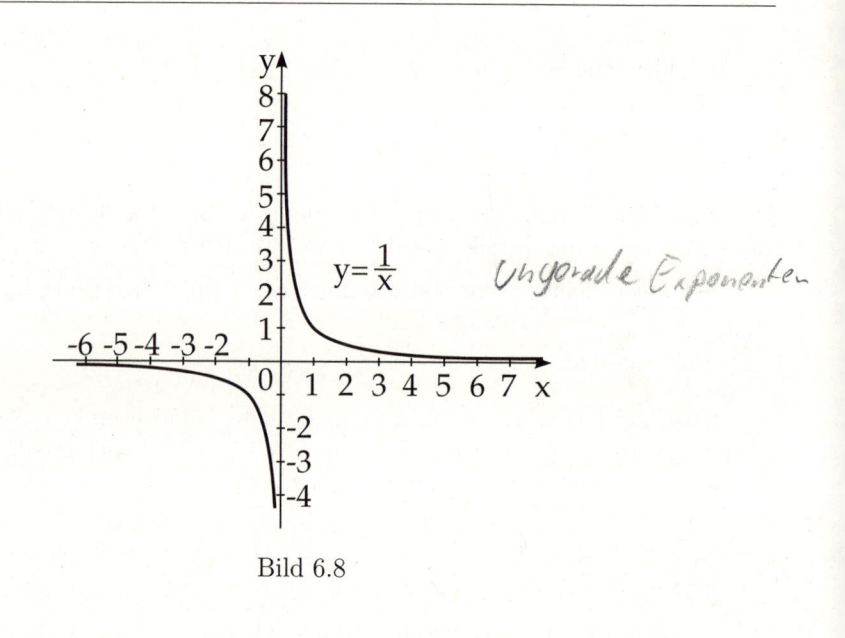

[Bild 6.8: Graph von $y = \frac{1}{x}$ mit handschriftlicher Notiz „ungerade Exponenten"]

Bild 6.8

Man sagt:

„An der Stelle $x = 0$ ist die Funktion $y = \frac{1}{x^n}$, $n \in N$, nicht definiert"
(weil man bekanntlich durch Null nicht dividieren darf). Die y-Achse ist ebenfalls Asymptote der Hyperbel $y = \frac{1}{x^n}$, weil sich der Kurvenzug für immer kleiner werdendes $|x|$ unbegrenzt der y-Achse nähert.

Stehen - wie im vorliegenden Fall - die Asymptoten senkrecht aufeinander, spricht man von einer *rechtwinkligen* (Gegensatz: schiefwinklige) Hyperbel. Ihre beiden Kurvenzüge heißen *Zweige* der Hyperbel. Den linken Zweig erhält man für negative, den rechten für positive x-Werte.

Hyperbeln, deren Gleichungen

$$\boxed{y = \frac{k}{x^{2m+1}}, \quad k = \text{konst.}, \quad m \in N} \tag{6.23}$$

lauten, wie z. B.

$$y = \frac{1}{x}; \quad y = \frac{4}{x^3}; \quad y = \frac{3}{x^5} \quad \text{usw.}$$

haben Graphen entsprechend Bild 6.8 Ihr Exponent n ist ungerade ($n = 2m + 1$, $m \in N$).

Ist der Exponent gerade ($n = 2m$, $m \in N$), wie bei

$$y = \frac{1}{x^2}; \quad y = \frac{5}{x^4} \quad \text{usw.,}$$

allgemein

$$\boxed{y = \frac{k}{x^{2m}}, \quad k = \text{konst.}, \quad m \in N} \tag{6.24}$$

sehen die Graphen der zugehörigen Hyperbeln entsprechend Bild 6.9 aus.

6.4 Die Potenzfunktion

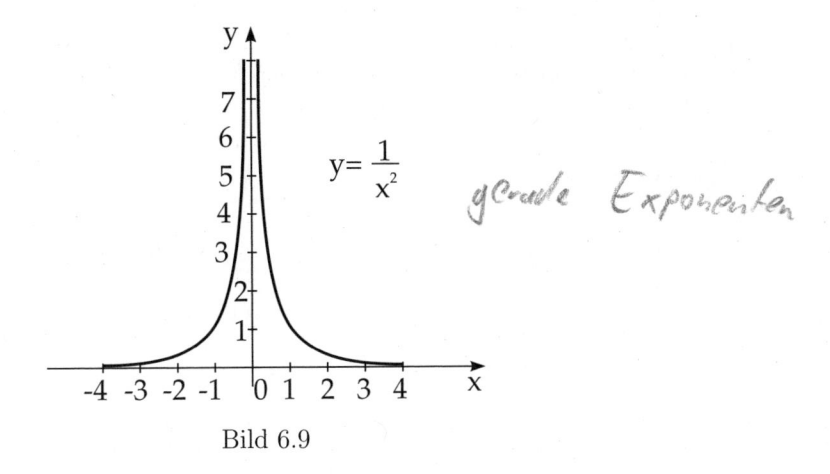

$y = \dfrac{1}{x^2}$ — gerade Exponenten

Bild 6.9

Beispiel 6.32:

$$y = \frac{1}{x^2}, \quad n = 2$$

Wertetabelle:

x	$\pm 10^6$	$\pm 10^3$	± 10	± 1	$\pm 10^{-1}$	$\pm 10^{-3}$
y	$+10^{-12}$	$+10^{-6}$	$+0,01$	$+1$	$+10^2$	$+10^6$

Der Graph ist wieder symmetrisch zur y-Achse (Bild 6.9).

6.4.3 Anwendungen

In der Technik finden die hier behandelten Potenzfunktionen verschiedene Anwendungen.

So ist z. B. bei einem Bewegungsvorgang der zurückgelegte Weg s eine quadratische Funktion der benötigten Zeit:

$$\boxed{s = a\frac{t^2}{2} + v_0 t + s_0} \qquad (6.25)$$

Diese Gleichung heißt *Weg-Zeit-Gesetz* der gleichförmig beschleunigten Bewegung. a ist die konstante Beschleunigung, s_0 ist der zur Zeit $t = 0$ bereits zurückgelegte Weg, v_0 ist die Anfangsgeschwindigkeit zur Zeit $t = 0$.

Im Bereich mittlerer Strömungsgeschwindigkeiten besteht ein quadratischer Zusammenhang zwischen der in einer Strömung auf einem Körper ausgeübten Widerstandskraft F_w und der Strömungsgeschwindigkeit v:

$$\boxed{F_w = c_w A \frac{1}{2} \varrho v^2} \qquad (6.26)$$

In diesem *Widerstandsgesetz* bedeuten c_w Widerstandsbeiwert, A Spannfläche (das ist die Querschnittsfläche des angeströmten Körpers, senkrecht zur Anströmrichtung), ϱ Dichte des strömenden Mediums.

Die Leistung P, die zur Überwindung der Widerstandskraft F_w aufgebracht werden muß, ist

$$\boxed{P = F_w v} \tag{6.27}$$

Gleichung (6.27) in Gleichung (6.26) eingesetzt, ergibt mit

$$\boxed{P = c_w A \frac{1}{2} \varrho v^3} \tag{6.27a}$$

die Gleichung eine Potenzfunktion 3. Grades. In Worten ausgedrückt, bedeutet Formel (6.27a) für den Kraftfahrer: Will man mit *doppelter* Geschwindigkeit fahren, müßte die *achtfache* Leistung angewendet werden!

Hyperbeln der Form

$$\boxed{y = \frac{k}{x}} \tag{6.28}$$

die man auch nach

$$\boxed{y \cdot x = k = \text{konst.}} \tag{6.28a}$$

umstellen kann, beschreiben in der Wärmelehre das Verhalten idealer Gase in Form des *BOYLE-MARIOTTEschen Gesetzes*:

$$\boxed{p \cdot V = \text{konst.}} \tag{6.29}$$

In Worten: „Das Produkt aus dem Druck p und dem Volumen V einer abgeschlossenen Gasmenge ist bei unveränderlicher Temperatur stets dasselbe."

Beispiel 6.33:
Es ist eine Netztafel für das Ohmsche Gesetz $U = I \cdot R$ anzufertigen. Der Widerstand R soll von 1 bis 10 Ω verändert werden. Für die Spannungen U mit den Werten 10, 20, 30 und 40 V sind die Stromstärken I zu ermitteln und graphisch darzustellen.

Lösung:
Mit $I = I(R) = \dfrac{U}{R}$ erhält man in einem I-R-Koordinatensystem Hyperbeln entsprechend Bild 6.10.

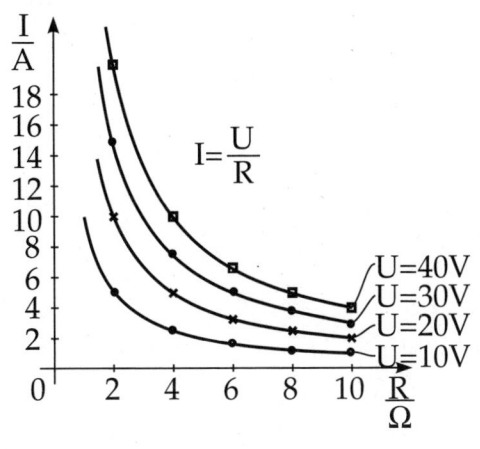

Bild 6.10

6.5 Aufgaben

6.1 Man addiere bzw. subtrahiere die folgenden Potenzen.

a) $4 \cdot 3^5 - 8 \cdot 3^5 + 5 \cdot 3^5$

b) $5 \cdot 2^4 - 2 \cdot 2^3 + 3 \cdot 2^4 + 18 \cdot 2^3$

c) $4^3 - 3^4 + (-5)^4$

d) $3a^2b - 5ab^2 + 4a^2b + 8ab^2 - 4a^2b$

e) $\frac{3}{2}u^3v + \frac{4}{3}uv^2 - \frac{1}{4}u^3v - \frac{7}{9}uv^2$

f) $(x+2y)m^3 - (x+y)m^3 + (x-y)m^3$

6.2 Man multipliziere bzw. dividiere die folgenden Potenzen mit gleicher Basis.

a) $3^2 \cdot 3^4 \cdot 3^3$ b) $(-0,5)^2 \cdot (-0,5)^{-3} \cdot (-0,5)^4$

c) $x^{2a} \cdot x^{3a}$ d) $6a^2b^2 \cdot 3a^3b^3$

e) $4x^3 : 2x$ f) $a^{x+4} \cdot a^{x-3}$

g) $(-a)^{3n} \cdot (-a)^2 \cdot (-a)^{4-n}$ h) $(a+b)^3 \cdot (a+b)^7$

i) $3^{3n+2} \cdot 3x^{4n-3} \cdot 8x^{1-6n}$ k) $a^{-2}x^4 \cdot ax^{-3}$

l) $u^{3x+1} : u^{2x-1}$ m) $\dfrac{a^{n-3}}{a^{-2}}$

n) $\dfrac{5}{16}a^2b^3c^2 : 1\dfrac{1}{4}a^6b^5c^5$ o) $\dfrac{a^3b}{cd^4} \cdot \dfrac{c^3d}{a^2b^2} \cdot \dfrac{b^3d^3}{c^3}$

p) $\dfrac{2b^2}{a^4} - \dfrac{4b^3}{a^5} + \dfrac{2b^4}{a^6}$

6.3 Man berechne

a) $\dfrac{1+x^2}{x^5} - \dfrac{1}{x^3}$

b) $(a^{n-1} - a^{n-3}) \cdot (a^{3-n} - a^{1-n})$

c) $\dfrac{1}{a^{n-3}} - \dfrac{a^2-1}{a^{n+1}} - \dfrac{a^2-1}{a^{n-1}}$

d) $(3x^2y^5 + 9x^3y^4 - 17x^5y^3) : x^2y^2$

e) $\dfrac{1}{a^4} + \dfrac{2}{a^2b^2} + \dfrac{1}{b^4}$

f) $(a^{4x} - a^4) : (a^{x-1} + 1)$

6.4 Man berechne unter Verwendung geeigneter Zehnerpotenzen

a) $2500000 \cdot 40000$

b) $0,004 \cdot 10000$

c) $20000 : 0,05$

6.5 Man fasse die folgenden Potenzen mit gleichem Exponenten zusammen und berechne bzw. vereinfache

a) $4^4 \cdot 25^4$

b) $\left(\dfrac{5}{7}\right)^2 \cdot \left(\dfrac{21}{10}\right)^2$

c) $0,125^3 \cdot 0,8^3$

d) $\dfrac{24^4 \cdot 6^4 \cdot 5^4}{30^4 \cdot 8^4}$

e) $\left(\dfrac{9}{4}\right)^5 \cdot \left(\dfrac{3}{5}\right)^2 \cdot \left(\dfrac{4}{3}\right)^5 \cdot \left(\dfrac{10}{3}\right)^2$

f) $x^3 y^3$

g) $(x-y)^2 \cdot (x+y)^2$

h) $\left(\dfrac{2x}{3y}\right)^4 \cdot \left(\dfrac{6y}{z}\right)^4 \cdot \left(\dfrac{5z}{2y}\right)^4$

i) $\left(\dfrac{a+b}{2c-d}\right)^2 \cdot \left(\dfrac{2c+d}{a^2-b^2}\right)^2 \cdot \left(\dfrac{4c^2-d^2}{a-b}\right)^2$

6.6 Man berechne

a) $(4^3)^2$

b) $[(-2)^3]^3$

c) $(x^n)^3$

d) $[(-x)^{-3}]^{-4}$

e) $(-a^3)^{2n-2}$

f) $\dfrac{a^{3n}b^m}{a^n b^{3m}}$

g) $\dfrac{(a^{2n+1} \cdot b^{1-4m})^3}{(a^{1+3n} \cdot b^{1-6m})^2}$

h) $\left(\dfrac{a^{-4}b^{-5}}{x^{-1}y^3}\right)^2 \cdot \left(\dfrac{a^{-2}x}{b^3y^2}\right)^{-3}$

i) $\left(\dfrac{u^3v^{-2}}{w^{-5}}\right)^{-4} \cdot \left(\dfrac{u^2v^{-3}}{w^{-4}}\right)^4$

k) $\left(a^2 + \dfrac{1}{a^2}\right)^2$

l) $\left(2x^3 - \dfrac{1}{x}\right)^3$

m) $(x^2 - x^{-2})^{-2}$

6.7 Gegeben ist eine Parabel 2. Ordnung durch die Gleichung
$$y = f(x) = 3x^2 - 6x + 5.$$
Wie lautet die Scheitelgleichung? Man zeichne die Parabel im Koordinatensystem.

6.5 Aufgaben

6. 8 Desgl. für $y = \frac{1}{2}x^2 - 2x + 1$.

6. 9 Für welchen Wert von y schneidet die Parabel 3. Ordnung $y(t) = 4t^3 - 6t + 9$ die y-Achse?

6. 10 Wo hat die Hyperbel $y = \dfrac{1}{x+2}$ ihre zur x-Achse senkrechte Asymptote? Wo schneidet sie die y-Achse?

6. 11 Durch die Determinante

$$D = \begin{vmatrix} 1 & 2 & 1 & 1 \\ x & 0 & 1 & 3 \\ x^2 & 0 & 1 & 9 \\ f(x) & 2 & 2 & 0 \end{vmatrix} = 0$$

ist eine reelle Funktion $f(x)$ gegeben.

a) Man kann aus der gegebenen Darstellung direkt 3 Punkte $P(x,y)$ ablesen. Wie lauten sie?

b) Wie lautet die Funktionsgleichung $y = f(x)$?

Kapitel 7

Wurzelrechnung, Wurzelfunktionen

7.1 Einführung

7.1.1 Grundbegriffe und Definitionen

Ist aus der Potenzgleichung

$$\boxed{w = a^n} \qquad (7.1)$$

bei bekanntem Exponenten $n \in N$ und bekanntem Potenzwert $w \geq 0$ die Basis a auszurechnen, so nennt man die zugehörige Rechenart W u r z e l r e c h n u n g oder R a d i z i e r e n (lat. *radix,* Wurzel) und schreibt

$$\boxed{a = \sqrt[n]{w}} \qquad \text{mit } a \text{ und } w > 0 \text{ und } n \in N \qquad (7.2)$$

(gesprochen: „a gleich n-te Wurzel aus w")
a heißt W u r z e l w e r t,
w ist der R a d i k a n d,
n ist der W u r z e l e x p o n e n t.
Wurzelziehen und Potenzieren sind gegensätzliche (inverse) Rechenoperationen.

Definition:
- Die n-te Wurzel $\sqrt[n]{w} = a$ aus der nicht negativen Zahl w ist die nicht negative reelle Zahl a, deren n-te Potenz a^n den Wert w hat:

$$\boxed{a = \sqrt[n]{w} \quad \Longleftrightarrow \quad a^n = w} \qquad (7.3)$$

Der Doppelpfeil besagt, daß aus der linken Seite die rechte folgt und umgekehrt und daß beide Gleichungen gleichwertig (äquivalent) sind. Löst man also die linke Gleichung nach w auf, erhält man die rechte und umgekehrt.
(Anmerkung: Die Auflösung nach n ist mit Hilfe der Logarithmenrechnung möglich.)

7.1 Einführung

Die Beschränkung auf positive Wurzelwerte wurde eingeführt, um das *Wurzelsymbol* zu einem *eindeutigen Rechenzeichen* zu machen.

Ohne die Beschränkung könnte man z. B. folgende, zu falschen Ergebnissen führende Rechnung machen:

Es ist $\quad 2^2 = 2 \cdot 2 = 4 \quad$ und $\quad (-2)^2 = (-2)(-2) = 4$

Wegen $\quad\quad\quad\quad\quad 4 \;=\; 4$

gilt $\quad\quad\quad\quad\quad\; 2^2 \;=\; (-2)^2$

Zieht man jetzt auf beiden Seiten die Wurzel
$$\sqrt[2]{2^2} = \sqrt[2]{(-2)^2}, \text{ ergibt sich } 2 = -2,$$
was offensichtlich falsch ist; wohingegen die Beschränkung, daß der Wurzelwert nur die nicht negative Zahl sein darf, auf der rechten Seite ebenfalls 2 ergibt, weil gilt:
$$\sqrt[2]{(-2)^2} = \sqrt[2]{4} = 2$$

Beispiel 7.1:
$$7 = \sqrt[2]{49} \quad \Longleftrightarrow \quad 7^2 = 49$$

Beispiel 7.2:
$$2 = \sqrt[3]{8} \quad \Longleftrightarrow \quad 2^3 = 8$$

Beispiel 7.3:
$$3 = \sqrt[4]{81} \quad \Longleftrightarrow \quad 3^4 = 81$$

Anmerkungen:

1. Bei $n = 2$ läßt man den Wurzelexponenten gewöhnlich weg, man schreibt also $\sqrt[2]{w} = \sqrt{w}$.

   Diese Wurzel heißt Q u a d r a t w u r z e l, weil sie aus dem Flächeninhalt eines Quadrates A die zugehörige Seitenlänge liefert (Bild 7.1).

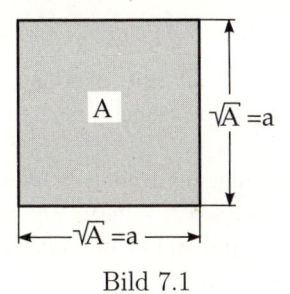

Bild 7.1

Entsprechend nennt man die dritte Wurzel ($n = 3$) einer Zahl, d. h. $\sqrt[3]{w}$, auch K u b i k w u r z e l, weil sie aus dem Rauminhalt eines Würfels V (lat. *cubus*, der Würfel) die Kantenlänge desselben liefert (Bild 7.2).

2. Wurzelziehen und anschließendes Potenzieren mit dem gleichen Exponenten heben einander auf

$$\boxed{\left(\sqrt[n]{w}\right)^n = w} \tag{7.4}$$

Bild 7.2

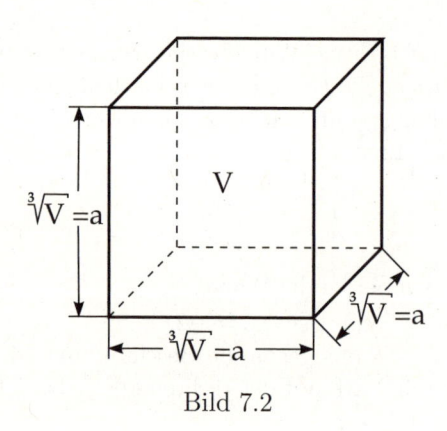

Beispiel 7.4:

$$\left(\sqrt[3]{27}\right)^3 = (3)^3 = 27$$

Sonderfälle:

1. $\sqrt[n]{0} = 0$, denn $0^n = 0$ (für $n \neq 0$)
2. $\sqrt[n]{1} = 1$, denn $1^n = 1$ (für beliebiges $n \in N$)
3. $\sqrt[1]{w} = w$, denn $w^1 = w$

7.1.2 Quadratwurzel

Zunächst ist festzustellen, daß sich aus einer negativen Zahl keine Quadratwurzel ziehen läßt, weil es keine negative Zahl gibt, die das Quadrat einer reellen Zahl ist - oder anders ausgedrückt: Es gibt keine reelle Zahl a, für welche die Gleichung $a^2 = w$ erfüllt ist, falls $w < 0$ ist.

Diese Feststellung gilt ganz allgemein für jede Wurzel mit geradem Exponenten und negativem Radikanden, also für $a^{2k} = w$, mit $w < 0$ und $k \in N$.

Des weiteren ist zu bemerken, daß auf Grund der Festsetzung des Wurzelsymbols folgende Gleichungen unzulässig sind:
$$\sqrt{9} = \pm 3; \qquad \sqrt{(-3)^2} = -3$$
Richtig ist dagegen:
$$\sqrt{9} = 3; \qquad \sqrt{(-3)^2} = \sqrt{9} = 3$$
Anders verhält es sich, wenn eine Bestimmungsgleichung vorliegt, wie z. B.
$$x^2 = 9$$
Hier sollen, wenn die Aufgabe keine besonderen Einschränkungen enthält, alle Lösungen ermittelt werden, die der Bestimmungsgleichung genügen. Zu diesem Zweck wird der Grundbereich unterteilt.

a) $x \geq 0$: Dann gibt es nach obigen Ausführungen genau ein (nicht negatives) x, das der Gleichung genügt, nämlich $x_1 = \sqrt{9} = 3$.

b) $x < 0$: Jetzt ist $-x$ positiv. Schreibt man die Ausgangsgleichung in der Form $(-x)^2 = 9$, so gibt es wieder ein positives $-x$, das dieser Gleichung genügt,
$$-x_2 = \sqrt{9} = 3, \quad \text{somit } x_2 = -3.$$

Als *Gesamtergebnis* erhält man die beiden Lösungen $x_{1,2} = \pm\sqrt{9} = \pm 3$. Allgemein gilt für die Bestimmungsgleichung:
$$x^2 = w, \quad w \geq 0, \quad x_{1,2} = \pm\sqrt{w}.$$

Damit ist man nicht zu der verbotenen Doppeldeutigkeit der Quadratwurzel zurückgekehrt, sondern die Tatsache, daß die Bestimmungsgleichung zwei Lösungen hat, eine positive und eine negative, macht die verschiedenen Vorzeichen notwendig.

7.1.3 Kubikwurzel

Entsprechend der Definition der Wurzel ist das Symbol $\sqrt[3]{w}$ nur für positive Radikanden erklärt, obwohl die dritten Potenzen positive und negative Potenzwerte liefern, je nachdem, ob die Basis $w \gtrless 0$ ist.

Beispiel 7.5:
$$2^3 = 2 \cdot 2 \cdot 2 = 8 \quad \Longleftrightarrow \quad \sqrt[3]{2^3} = \sqrt[3]{8} = 2$$

Beispiel 7.6:
$$(-2)^3 = (-2) \cdot (-2) \cdot (-2) = -8 \quad \Longleftrightarrow \quad \sqrt[3]{(-2)^3} = \sqrt[3]{-8} = -2$$

Dieser Fall ist aber laut Definition des Wurzelsymbols nicht möglich. Deshalb führt man ihn auf das Lösen einer Bestimmungsgleichung zurück und schreibt $x^3 = -8$. Ihre Lösung ist offensichtlich $x = -2$ und läßt sich wie folgt begründen:
    Da für $x \geq 0$ auch $x^3 \geq 0$ sein muß, kann der Lösungswert für $x^3 = -8$ nur im Bereich $x < 0$ liegen, dann ist aber $-x^3$ positiv, folglich $-x^3 = 8$ oder $(-x)^3 = 8$.
    Auf beiden Seiten der Gleichung stehen jetzt positive Zahlen. Somit ist das Radizieren erlaubt:
$$-x = \sqrt[3]{8} = 2, \quad \text{d. h. } x = -2$$

Verallgemeinerung: $x^3 = w (w < 0) \quad x = -\sqrt[3]{-w}$
Zusammenstellung:
Die Lösung der Gleichung $x^3 = w$ lautet:
$$x = \begin{cases} \sqrt[3]{w} & \text{für } w \geq 0 \\ -\sqrt[3]{-w} & \text{für } w < 0 \end{cases} \tag{7.5}$$

Hinweis: Das für die Quadrat- und Kubikwurzeln Gesagte kann verallgemeinert werden. Es gilt in entsprechender Weise für Wurzeln mit geraden oder mit ungeraden Exponenten $2k$ oder $2k+1$ ($w > 0$; $k = 1, 2, 3 \ldots$).
    Eine Beseitigung der eingangs geforderten Einschränkungen für die Verwendung des Wurzelzeichens ist erst nach Erweiterung des Zahlenbereiches durch die *komplexen Zahlen* sinnvoll.

Beispiel 7.7:

$$x^4 - 625 = 0$$

Lösung:

$$x^4 = 625 \implies \begin{array}{rcl} x_1 &=& \sqrt[4]{625} \quad \text{für } x \geq 0 \\ x_2 &=& -\sqrt[4]{625} \quad \text{für } x < 0 \end{array}$$

d. h. $x = \pm\sqrt[4]{625} \implies \underline{\underline{x_1 = 5;\quad x_2 = -5}}$

Beispiel 7.8:

$$x^5 + 32 = 0$$

Lösung:

$$x^5 = -32 \implies \begin{array}{rcl} -x^5 &=& (-x)^5 = 32 \\ -x &=& \sqrt[5]{32} = 2, \end{array} \text{d. h. } \underline{\underline{x = -2}}$$

oder kürzer $\sqrt[5]{-32} = -\sqrt[5]{32} = -2$.

7.1.4 Rationale und irrationale Zahlen

Im Abschnitt 1.4.2 wurden bereits kurz die Zahlenbereiche bis zu den reellen Zahlen genannt. Hier wird noch einmal daran erinnert und etwas ausführlicher auf diese Zahlenbereiche eingegangen.

Für die Berechnung von Wurzeln reichen die rationalen Zahlen (ganze positive und negative Zahlen und Brüche) nicht mehr aus.

Rationale Zahlen lassen sich bekanntlich durch das Verhältnis zweier ganzer Zahlen, d. h. als Bruch, darstellen. Diese Bedingung erfüllt z. B. die Quadratwurzel aus 2, also $\sqrt{2} = 1,414213562\ldots$, nicht, wie sich nachweisen läßt. Man nennt $\sqrt{2}$ daher eine I r r a t i o n a l - Z a h l (irrational, also nicht rational, von lat. *ratio*, Verhältnis) und definiert ganz allgemein:

- Alle Zahlen, die sich nicht als Quotient zweier ganzer Zahlen schreiben lassen, werden irrationale Zahlen genannt.

Irrationale Zahlen sind unendliche, nicht periodische Dezimalbrüche. Dazu gehören einmal alle „nicht aufgehenden Wurzeln", wie z. B. $\sqrt{3}, \sqrt{5}, \sqrt{6}, \sqrt[3]{3}, \sqrt[4]{3}, \sqrt[7]{21}$, also n-te Wurzeln aus nicht negativen Zahlen, die nicht n-te Potenzen darstellen, und zum anderen solche Zahlen wie $\pi = 3,14159265\ldots$, die bekanntlich das Verhältnis von Umfang zu Durchmesser eines Kreises wiedergibt, die Zahl $e = 2,718281828\ldots$, die Basis der natürlichen Logarithmen ist, und andere mehr.

Die Einführung der Irrational-Zahl bedeute eine *neuerliche Erweiterung des Zahlenbereiches* (die dritte nach der Einführung der negativen Zahlen und der Brüche).

7.1 Einführung

Die Gesamtheit aller rationalen und irrationalen Zahlen bildet die Menge R der r e e l l e n Z a h l e n (frz. *reell* wirklich vorhanden, von lat. *res*, die Sache). Sie stimmt überein mit der Menge aller Dezimalbrüche (Tabelle).

± 3	$\pm \dfrac{2}{3}$	$\pm\sqrt{2}, \pm\pi, \pm e$
ganze Zahlen	Bruchzahlen	
rationale Zahlen		irrationale Zahlen
reelle Zahlen		

Tabelle: Reelle Zahlen

Irrationale Zahlen füllen auf dem Zahlenstrahl die Lücken zwischen rationalen Zahlen aus.

Obwohl es unmöglich ist, irrationale Zahlen genau zu berechnen, sind die aus Quadratwurzeln entstandenen irrationalen Zahlen mit Hilfe des Lehrsatzes von PYTHAGORAS (griechischer Philosoph, 580 - 500 v. Chr.) geometrisch genau zu konstruieren. - Der pythagoräische Lehrsatz besagt (vgl. Abschnitt 12.6), daß in einem rechtwinkligen Dreieck die Summe der Quadrate der beiden kleineren Seiten (Katheten) gleich dem Quadrat der größten Seite (Hypotenuse) ist (Bild 7.3). In Gleichungsform:

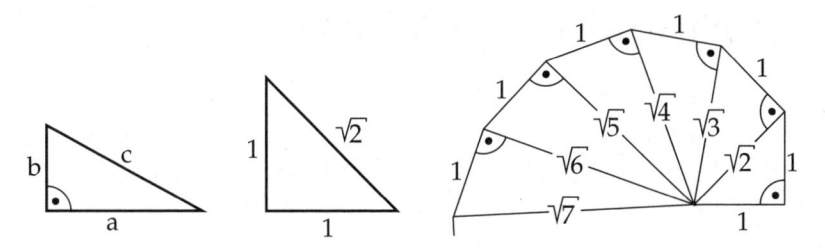

$$\boxed{a^2 + b^2 = c^2} \qquad (7.6)$$

Bilder 7.3, 7.4 und 7.5

Mit diesen Kenntnissen läßt sich z. B. $\sqrt{2}$ als Hypotenuse eines gleichschenkligen, rechtwinkligen Dreieckes konstruieren, dessen Katheten gleich 1 sind (Bild 7.4). Dann ist nämlich nach dem Satz von Pythagoras

$$1^2 + 1^2 = 1 + 1 = 2 = c^2 \quad \rightarrow \quad c = \sqrt{2}$$

In ähnlicher Weise lassen sich sämtliche Quadratwurzeln ganzer Zahlen zeichnerisch bestimmen (Bild 7.5).

Eine Methode, Kubikwurzeln mit Zirkel und Lineal zu konstruieren, gibt es nicht.

7.1.5 Geschichtliches

Der Begriff der Quadratwurzel ist sehr alt. Schon die Ägypter haben im zweiten Jahrtausend v. Chr. mit Quadratwurzeln gerechnet. Irrationale Quadratwurzeln finden sich allerdings erst bei den Pythagoräern (um 550 v. Chr.). EUKLID (um 300 v. Chr.) machte die „Lehre von den quadratischen Irrationalitäten" zu einem Kernstück der griechischen Mathematik.

Die Betrachtungen der Griechen sind freilich rein geometrisch; der Begriff der Irrationalzahl blieb ihnen deshalb auch verschlossen. Die Griechen machten allerdings die Entdeckung, daß sich beim Quadrat das Verhältnis der Diagonalen zur Quadratseite weder in ganzen noch in gebrochenen Zahlen ausdrücken läßt (deshalb die Bezeichnung irrational, d. h., in keinem Verhältnis stehend). Dementsprechend faßte EUKLID die irrationalen Größen auch nicht als Zahlen auf.

EUKLIDS Auffassung hat sich sehr lange erhalten. DIOPHANT (250 n. Chr.) läßt Irrationalzahlen als Lösungen von Gleichungen nicht zu, so daß z. B. die Gleichung $x^2 = 2$ nach DIOPHANT keine Lösung hat. Diese Auffassung bleibt beherrschend bis ins 17.Jahrhundert. Erst DESCARTES, der als erster Zahlen auf einer Geraden veranschaulichte, verlangte, daß jeder Zahl eine bestimmte Strecke, aber auch jeder Strecke eine Zahl entsprechen müsse. Da nun $\sqrt{2}$, $\sqrt{3}$ usw. bestimmte Streckenlängen darstellen, so müssen sie auch als Zahlen angesehen werden. Auch NEWTON schließt sich dieser Auffassung von DESCARTES an. Aber eine wissenschaftlich völlig befriedigende Klärung des Begriffs der Irrationalzahl haben erst im 19. Jahrhundert die beiden deutschen Mathematiker WEIERSTRASS und DEDEKIND herbeigeführt.

7.2 Rechengesetze für Wurzeln

7.2.1 Wurzeln als Potenzen mit gebrochenen Exponenten

Läßt man formal für Potenzexponenten auch Brüche, wie z. B. $\dfrac{1}{n}$ $(n \in N)$ zu, d. h. bildet man

$$w^{\frac{1}{n}},$$

dann folgt nach dem Gesetz (vgl. Abschnitt 6.2.4) über die Potenzierung einer Potenz:

$$\left(w^{\frac{1}{n}}\right)^n = w^{\frac{1}{n} \cdot n} = w^{\frac{n}{n}} = w^1$$

also

$$\boxed{\left(w^{\frac{1}{n}}\right)^n = w} \tag{7.7}$$

Ein Vergleich der Gleichung (7.7) mit der Gleichung (7.4) zeigt, daß die beiden rechten Seiten gleich sind. Folglich sind auch die beiden linken Seiten gleich, so daß

$$\left(w^{\frac{1}{n}}\right)^n = \left(\sqrt[n]{w}\right)^n \quad \text{ist},$$

7.2 Rechengesetze für Wurzeln

woraus

$$\boxed{w^{\frac{1}{n}} = \sqrt[n]{w}} \tag{7.8}$$

folgt.
Jetzt kann man mit Gleichung (7.7) schreiben

$$\sqrt{2} = 2^{\frac{1}{2}}$$
$$\sqrt[3]{6} = 6^{\frac{1}{3}} \quad \text{usw.}$$

Eine weitere Verallgemeinerung der Gleichung (7.8) führt schließlich auf die z w e i -
t e   E r w e i t e r u n g   d e s   P o t e n z b e g r i f f e s (die erste war die Einführung
negativer Exponenten), indem man für $w \geq 0$ definiert:

$$\boxed{w^{\frac{m}{n}} = \sqrt[n]{w^m}} \tag{7.9}$$

$w \geq 0, \quad n \in N$

In Worten:
1. Potenzen mit gebrochenen Exponenten sind Wurzeln.
2. Dabei stimmt der Zähler des Exponenten mit dem Exponenten des Radikanden, der Nenner des Exponenten mit dem Wurzelexponenten überein.
3. Umgekehrt läßt sich auch jede Wurzel als Potenz mit einem gebrochenen Exponenten schreiben.

Beispiel 7.9:

a) $\sqrt{4^3} = 4^{\frac{3}{2}} = 8$

b) $\left(\sqrt[5]{3}\right)^2 = 3^{\frac{2}{5}} = 1,552$

c) $\sqrt{2^{-3}} = 2^{-\frac{3}{2}} = \dfrac{1}{2^{\frac{3}{2}}} = 0,35355$

d) $x^{-0,75} = x^{-\frac{3}{4}} = \dfrac{1}{x^{\frac{3}{4}}} = \dfrac{1}{\sqrt[4]{x^3}}$ (Nachprüfen!)

Die Definitionsgleichung (7.8) ist unter Berücksichtigung des P e r m a n e n z -
p r i n z i p s[1] so aufgestellt worden, daß alle bereits bestehenden Rechengesetze für Potenzen aus Abschnitt 6 ihre Gültigkeit behalten.

Da jede Wurzel nach (7.8) bzw. (7.9) als Potenz geschrieben werden kann, können Aufgaben der Wurzelrechnung mit Hilfe der Potenzgesetze gelöst werden. Es empfiehlt sich trotzdem, die Rechengesetze auch in der Wurzelschreibweise anzugeben und zu üben.

---

[1] Nach dem Permanenzprinzip (von lat. *permanere*, fortdauern), das 1867 von H. HANKEL (1839 - 1873) aufgestellt wurde, wird die Gültigkeit von Rechenregeln beibehalten, die Begriffe der durch sie verknüpften mathematischen Objekte aber werden erweitert.

7.2.2 Addition und Subtraktion von Wurzeln

Satz:
- Wurzeln lassen sich nur dann addieren oder subtrahieren, wenn sie sowohl in ihren Radikanden als auch in ihren Wurzelexponenten übereinstimmen.

Beispiel 7.10:
$$5 \cdot \sqrt[4]{3} + 2 \cdot \sqrt[4]{3} = 7 \cdot \sqrt[4]{3}$$

Beispiel 7.11:
$$2 \cdot \sqrt[3]{3} + 6 \cdot \sqrt[4]{3} = ?$$

Dieser Term läßt sich nicht weiter vereinfachen, ebenso wenig wie $\sqrt[n]{a} \pm \sqrt[n]{b}$ oder $\sqrt{a^2 + b^2}$,
es sei denn, die Wurzeln werden wirklich gezogen, wie bei

$$2 \cdot \sqrt[3]{3} + 6 \cdot \sqrt[4]{3} = 2,884 + 7,896 = 10,780$$
oder $\quad \sqrt[3]{4} - \sqrt[3]{8} = 1,587 - 2 = -0,413$
oder $\quad \sqrt{3^2 + 4^2} = \sqrt{9 + 16} = \sqrt{25} = 5$

Merke:
1. $\sqrt{a^2 \pm b^2} \neq a \pm b$
2. $\sqrt[n]{a} \pm \sqrt[n]{b} \neq \sqrt[n]{a \pm b}$

7.2.3 Multiplikation von Wurzeln mit gleichen Wurzelexponenten

Satz:
- Wurzeln mit gleichen Wurzelexponenten können multipliziert werden, indem man das Produkt der Radikanden mit dem gemeinsamen Wurzelexponenten radiziert.

$$\boxed{\sqrt[n]{a} \cdot \sqrt[n]{b} = \sqrt[n]{a \cdot b}} \tag{7.10}$$

oder in Exponentenschreibweise

$$\boxed{a^{\frac{1}{n}} \cdot b^{\frac{1}{n}} = (a \cdot b)^{\frac{1}{n}}} \tag{7.10a}$$

Die *Umkehrung dieses Satzes* lautet:
- Ein Produkt wird radiziert, indem man jeden Faktor einzeln radiziert und die einzelnen Wurzelwerte multipliziert.

7.2 Rechengesetze für Wurzeln

Beispiel 7.12:
$$\sqrt{4 \cdot 16} = \sqrt{4} \cdot \sqrt{16} = 2 \cdot 4 = 8$$
ist gleichzusetzen mit $\sqrt{4 \cdot 16} = \sqrt{64} = 8$

Beispiel 7.13:
$$\sqrt{4 \cdot 7} = \sqrt{2^2 \cdot 7} = 2 \cdot \sqrt{7}$$

Liest man diese Gleichung von rechts nach links, so erkennt man den

Satz:
- Ist ein Faktor unter das Wurzelzeichen zu bringen, so muß man ihn mit dem Wurzelexponenten potenzieren.

Beispiel 7.14:
$$3 \cdot \sqrt[3]{ab} = \sqrt[3]{27} \cdot \sqrt[3]{ab} = \sqrt[3]{27ab}$$

Oft läßt sich ein Radikand in Faktoren zerlegen, und aus einem Faktor kann man dann die Wurzel ziehen.

Beispiel 7.15:
$$\sqrt{121a + 121b} = \sqrt{121(a+b)} = 11\sqrt{a+b}$$

Der beiden Summanden gemeinsame Faktor 121 wird ausgeklammert, und aus dem Produkt wird faktorweise die Wurzel gezogen, wobei die Summe nicht gliedweise radiziert werden darf.

Beispiel 7.16:
$$\sqrt[3]{81} = \sqrt[3]{27 \cdot 3} = \sqrt[3]{27} \cdot \sqrt[3]{3} = 3\sqrt[3]{3}$$

Allgemein: $\boxed{\sqrt[n]{a^n \cdot b} = a \cdot \sqrt[n]{b}}$ (7.10b)

Beispiel 7.17:
$$(\sqrt{a} + \sqrt{b}) \cdot (\sqrt{a} - \sqrt{b}) =$$
$$(\sqrt{a})^2 + \sqrt{a} \cdot \sqrt{b} - \sqrt{a} \cdot \sqrt{b} - (\sqrt{b})^2 = a - b$$

Dieses Ergebnis hätte man auch sofort nach der dritten binomischen Formel (Abschn. 2.3) erhalten.

7.2.4 Division von Wurzeln mit gleichen Wurzelexponenten

Satz:
- Wurzeln mit gleichen Wurzelexponenten können durcheinander dividiert werden, indem man den Quotienten des Radikanden mit dem gemeinsamen Wurzelexponenten radiziert.

$$\frac{\sqrt[n]{a}}{\sqrt[n]{b}} = \sqrt[n]{\frac{a}{b}} \tag{7.11}$$

oder in Exponentialform

$$\frac{a^{\frac{1}{n}}}{b^{\frac{1}{n}}} = \left(\frac{a}{b}\right)^{\frac{1}{n}} \tag{7.11a}$$

Beispiel 7.18:
$$\sqrt{\frac{5x}{60}} : \sqrt{\frac{10x}{30}} = \sqrt{\frac{5x \cdot 30}{60 \cdot 10x}} = \sqrt{\frac{1}{4}} = \underline{\frac{1}{2}}$$

Es gilt auch wieder die *Umkehrung* dieses Satzes:
- Einen Bruch kann man radizieren, indem man Zähler und Nenner für sich radiziert und die erhaltenen Wurzelwerte durcheinander dividiert.

Beispiel 7.19:
$$\sqrt[3]{\frac{64}{343}} = \frac{\sqrt[3]{64}}{\sqrt[3]{343}} = \underline{\frac{4}{7}}$$

7.2.5 Radizieren von Potenzen

Satz:
- Potenzen werden radiziert, indem man den Exponenten m der Potenz durch den Wurzelexponenten n dividiert.

$$\sqrt[n]{a^m} = a^{\frac{m}{n}} = (\sqrt[n]{a})^m \tag{7.12}$$

Es ist also gleichgültig, ob man zuerst die Basis a ($a \geq 0$) radiziert und anschließend den Wurzelwert potenziert oder umgekehrt.

Beispiel 7.20:
a) $\sqrt[5]{243^3} = 243^{\frac{3}{5}} = \left(\sqrt[5]{243}\right)^3 = 3^3 = 27$
b) $\sqrt[4]{a^{12}} = a^{\frac{12}{4}} = a^{\frac{3}{1}} = a^3$

Aus Beispiel 7.20 läßt sich der Satz herleiten:
- Wurzel- und Potenzexponent dürfen durch die gleiche Zahl dividiert oder mit der gleichen Zahl mulitpliziert werden.

Man nennt diesen Vorgang in Anlehnung an die Bruchrechnung K ü r z e n oder E r w e i t e r n von Wurzeln.

Beispiel 7.21:
$$\sqrt{\frac{9a^4 \cdot c^2}{25n^2 \cdot x^6}} = \frac{9^{\frac{1}{2}} \cdot a^{\frac{4}{2}} \cdot c^{\frac{2}{2}}}{25^{\frac{1}{2}} \cdot n^{\frac{2}{2}} \cdot x^{\frac{6}{2}}} = \frac{3 \cdot a^2 \cdot c}{5 \cdot n \cdot x^3}$$

Beispiel 7.22:
$$(n+x)^{\frac{3}{4}} \cdot \sqrt[4]{(n+x)^5} = (n+x)^{\frac{3}{4}} \cdot (n+x)^{\frac{5}{4}}$$
$$= (n+x)^{\frac{3}{4}+\frac{5}{4}} = (n+x)^{\frac{8}{4}} = (n+x)^2$$

7.2.6 Radizieren von Wurzeln

Satz:

- Eine Wurzel wird radiziert, indem man die Wurzelexponenten miteinander multipliziert und mit dem neuen Exponenten aus der Basis die Wurzel zieht.

$$\sqrt[m]{\sqrt[n]{a}} = \sqrt[m \cdot n]{a} = \sqrt[n]{\sqrt[m]{a}} \tag{7.13}$$

oder

$$\left(a^{\frac{1}{n}}\right)^{\frac{1}{m}} = a^{\frac{1}{n \cdot m}} = \left(a^{\frac{1}{m}}\right)^{\frac{1}{n}} \tag{7.13a}$$

Gleichung (7.13) zeigt, daß beim Radizieren einer Wurzel die Reihenfolge, in der radiziert wird, vertauscht werden darf.

Beispiel 7.23:

$$\begin{aligned}
\sqrt[3]{\sqrt{64}} &= \sqrt[3 \cdot 2]{64} = \sqrt{\sqrt[3]{64}} \\
&= \sqrt[3]{8} = \sqrt[6]{64} = \sqrt{4} \\
&= 2 = 2 = 2
\end{aligned}$$

Beispiel 7.24:

$$\begin{aligned}
\sqrt[3]{3\sqrt{3\sqrt[3]{3}}} &= [3 \cdot (3 \cdot 3^{\frac{1}{3}})^{\frac{1}{2}}]^{\frac{1}{3}} \\
&= (3 \cdot 3^{\frac{1}{2}} \cdot 3^{\frac{1}{6}})^{\frac{1}{3}} \\
&= 3^{(1+\frac{1}{2}+\frac{1}{6})\frac{1}{3}} = 3^{\frac{10}{18}} = 3^{\frac{5}{9}} = \underline{\sqrt[9]{3^5}}
\end{aligned}$$

Beispsiel 7.25:

$$\begin{aligned}
\sqrt[4]{\sqrt[3]{x^2}} \cdot \sqrt{\sqrt[6]{x^{10}}} + \sqrt[9]{y^5} \cdot \sqrt[4]{y^{12}} \\
= \sqrt[12]{x^2} \cdot \sqrt[12]{x^{10}} + \sqrt[9]{y^6 y^3} \\
= \sqrt[12]{x^{12}} + \sqrt[9]{y^9} = \underline{\underline{x+y}}
\end{aligned}$$

7.2.7 Wurzeln mit verschiedenen Exponenten

Beim Rechnen mit Wurzeln mit verschiedenen Exponenten ist es im allgemeinen sehr vorteilhaft, wenn man die Wurzeln als Potenzen mit gebrochenen Exponenten schreibt.

Beispiel 7.26:

$$\begin{aligned}
\sqrt[n]{a^x} \cdot \sqrt[m]{a^y} &= a^{\frac{x}{n}} \cdot a^{\frac{y}{m}} = a^{\left(\frac{x}{n}+\frac{y}{m}\right)} \\
&= a^{\frac{mx+ny}{m \cdot n}} = \underline{\underline{\sqrt[m \cdot n]{a^{mx+ny}}}}
\end{aligned}$$

Abschließend ist zu sagen:
Die Wurzelgesetze sind in den Potenzgesetzen enthalten, wenn man die schon genannte z w e i t e E r w e i t e r u n g d e s P o t e n z b e g r i f f e s durch Einführung gebrochener Exponenten vornimmt; mit anderen Worten:
Die Potenzgesetze gelten allgemein für rationale Zahlen einschließlich der Null.
Da nun jede irrationale Zahl durch eine rationale (z. B. durch einen endlichen Dezimalbruch) beliebig genau angenähert werden kann, gelten die Potenzgesetze auch für irrationale Exponenten.

Beispiel 7.27:
$$5^{\sqrt{3}} \approx 5^{1,73} = 5^{\frac{173}{100}} = \sqrt[100]{5^{173}}$$

oder genauer
$$5^{\sqrt{3}} \approx 5^{1,732} = 5^{\frac{1732}{1000}} = \sqrt[1000]{5^{1732}} \ldots$$

usw. Mit Hilfe der Taste $\boxed{y^x}$ eines Taschenrechners lassen sich Potenzen mit irrationalem Exponenten leicht berechnen.
$$5^{\sqrt{3}} \approx 16,24245$$

7.3 Rationalmachen des Nenners

Steht eine Wurzel im Nenner eines Bruchterms, so ist es normalerweise zweckmäßig, durch Erweitern des Bruches den Nenner von der Wurzel zu befreien, ihn also r a t i o n a l zu machen. Dazu die Beispiele 7.28 bis 7.31:

Beispiel 7.28:
$$\frac{b}{\sqrt{a}} = \frac{b \cdot \sqrt{a}}{\sqrt{a} \cdot \sqrt{a}} = \frac{b \cdot \sqrt{a}}{(\sqrt{a})^2} = \frac{b \cdot \sqrt{a}}{a}$$

Ist der Nenner eine Summe aus einer rationalen Zahl und einer Wurzel oder aus zwei Wurzeln, so gelangt man unter - manchmal mehrfacher - Anwendung der 3. binomischen Formel
$$(a+b) \cdot (a-b) = a^2 - b^2$$

zum Ziel.

Beispiel 7.29:
$$\frac{6}{2+\sqrt{2}} = \frac{6 \cdot (2-\sqrt{2})}{(2+\sqrt{2}) \cdot (2-\sqrt{2})} = \frac{6 \cdot (2-\sqrt{2})}{2^2 - \sqrt{2}^2}$$
$$= \frac{6 \cdot (2-\sqrt{2})}{4-2} = 3 \cdot (2-\sqrt{2})$$

7.3 Rationalmachen des Nenners

Beispiel 7.30:

$$\frac{4}{\sqrt{2}+\sqrt{3}} = \frac{4\cdot(\sqrt{2}-\sqrt{3})}{(\sqrt{2}+\sqrt{3})\cdot(\sqrt{2}-\sqrt{3})}$$
$$= \frac{4\cdot(\sqrt{2}-\sqrt{3})}{\sqrt{2^2}-\sqrt{3^2}} = \frac{4\cdot(\sqrt{2}-\sqrt{3})}{2-3} = -4\cdot(\sqrt{2}-\sqrt{3})$$
$$= \underline{\underline{4\cdot(\sqrt{3}-\sqrt{2})}}$$

Beispiel 7.31:

$$\frac{13-10\cdot\sqrt{2}}{\sqrt{10}-\sqrt{5}+\sqrt{2}} = \frac{(13-10\cdot\sqrt{2})\cdot[\sqrt{10}+(\sqrt{5}-\sqrt{2})]}{[\sqrt{10}-(\sqrt{5}-\sqrt{2})]\cdot[\sqrt{10}+(\sqrt{5}-\sqrt{2})]}$$
$$= \frac{13\sqrt{10}+13\sqrt{5}-13\sqrt{2}-10\sqrt{20}-10\sqrt{10}+10\sqrt{4}}{10-(\sqrt{5}-\sqrt{2})^2}$$
$$= \frac{13\sqrt{10}+13\sqrt{5}-13\sqrt{2}-20\sqrt{5}-10\sqrt{10}+20}{10-5+2\sqrt{10}-2}$$
$$= \frac{3\cdot\sqrt{10}-7\cdot\sqrt{5}-13\cdot\sqrt{2}+20}{3+2\cdot\sqrt{10}}$$
$$= \frac{(3\cdot\sqrt{10}-7\cdot\sqrt{5}-13\cdot\sqrt{2}+20)\cdot(3-2\cdot\sqrt{10})}{(3+2\cdot\sqrt{10})\cdot(3-2\cdot\sqrt{10})}$$
$$= \frac{-31\cdot\sqrt{10}+31\cdot\sqrt{5}+31\cdot\sqrt{2}}{-31} = \underline{\underline{\sqrt{10}-\sqrt{5}-\sqrt{2}}}$$

Das vorgestellte Verfahren ist nur auf Terme, in denen *Quadratwurzeln* auftreten, anzuwenden und wegen der 3. binomischen Formel für andere Wurzelterme ungeeignet.

Das zahlenmäßige Berechnen von Wurzeln wird zweckmäßig mit Taschenrechnern durchgeführt. Für die *Berechnung* von *Quadratwurzeln* gibt es zwar *ein mathematisches Verfahren* und auch Tabellen. Beide sind jedoch mitlerweile bedeutungslos geworden.

Eine Bemerkung über n e g a t i v e R a d i k a n d e n :

Alle Wurzelgesetze gelten laut Definition nur für positive Radikanden. Ist der Radikand negativ und der Nenner im Exponenten einer Bruchpotenz ungerade - negativer Radikand und gerader Nenner im Exponenten einer Bruchpotenz ist im reellen Zahlenbereich nicht berechenbar -, so hilft man sich wie folgt, wenn

(a) *der Zähler der Bruchpotenz ungerade ist:*
Man bringt das Minuszeichen entsprechend Abschnitt 7.1.3. Gleichung (7.5) vor die Potenz oder Wurzel und wendet anschließend, weil der Radikand jetzt positiv ist, die Potenzgesetze an.

Beispiel 7.32:

$$(-32)^{\frac{3}{5}} = ?$$

Lösung:
$$x^5 = (-32)^3 \quad -x^5 = 32^3 \quad (-x)^5 = 32^3$$
$$-x = 32^{\frac{3}{5}} = (32^{\frac{1}{5}})^3 = 2^3 = 8 \quad x = -8$$

oder in kürzerer Schreibweise gemäß Gleichung (7.5)
$$(-32)^{\frac{3}{5}} = [(-32)^{\frac{1}{5}}]^3 = [-\sqrt[5]{32}]^3 = (-2)^3 = -8$$

(b) *der Zähler der Bruchpotenz gerade ist:*
Man rechnet zuerst die gerade Potenz aus und erhält einen positiven Wert, auf den man dann ohne weiteres die Potenzgesetze anwenden kann.

Beispiel 7.33:
$(-32)^{\frac{2}{5}} = ?$

Lösung:
$(-32^2)^{\frac{1}{5}} = (32^2)^{\frac{1}{5}} = (32^{\frac{1}{5}})^2 = (\sqrt[5]{32})^2 = 2^2 = 4$

7.4 Wurzelfunktionen

Im Abschnitt 7.1.1 wurde die Wurzelrechnung als Umkehrung der Potenzrechnung definiert. Entsprechend lassen sich die Wurzelfunktionen als Umkehrfunktionen der Potenzfunktionen erklären.

Zur Erinnerung: Die Bildung der Umkehrfunktion wurde in dem Abschnitt 4.3 wie folgt beschrieben: „Zur Bildung der Umkehrfunktion einer Ausgangsfunktion $y = f(x)$ sind folgende Umformungen nötig:

1. Auflösen von $y = f(x)$ nach $x = g(x)$ [aufgelöste Funktion];
2. Vertauschen von x und y in der neuen Funktionsgleichung $y = g(x)$ [Umkehrfunktion] ".

Auf die Potenzfunktion $y = x^n$ angewendet, ist $x = y^{\frac{1}{n}} = \sqrt[n]{y}$ die aufgelöste Funktion und - nach Vertauschen von x und y -

$$\boxed{y = \sqrt[n]{x}} \tag{7.14}$$

die Umkehrfunktion. Den zugehörigen Graphen kann man einmal - bei bekanntem n - über eine Wertetabelle ermitteln, indem man für x mehrere Werte einsetzt; zum anderen läßt er sich auch durch Spiegelung des Graphen der Potenzfunktion $y = x^n$ an der ersten Winkelhalbierenden $y = x$ konstruieren.

Beispiel 7.34:
Man bilde die Umkehrfunktionen zur Funktion mit der Gleichung $y = x^2$, deren Graph die Normalparabel ist.
Lösung:
Bei der Auflösung nach x muß entsprechend Abschnitt 7.1.2 eine Fallunterscheidung getroffen werden:

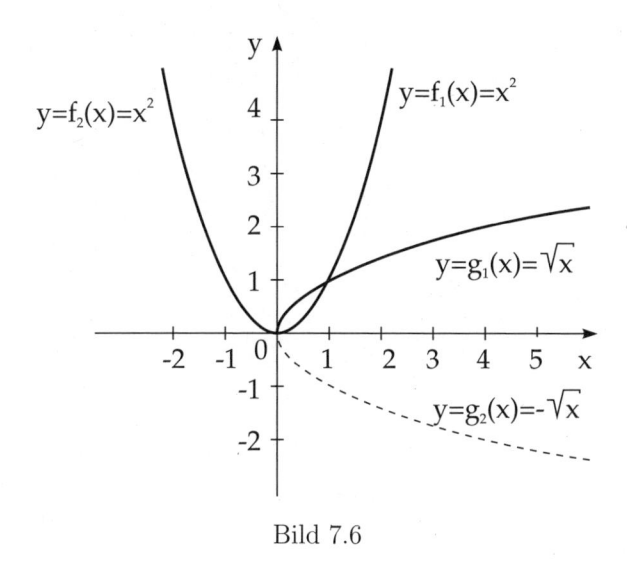

7.4 Wurzelfunktionen

Bild 7.6

1. $x \geq 0:$ $\quad y = f_1(x) = x^2$
   $\quad\quad\quad\quad\; x = g_1(y) = \sqrt{y} \quad\; y \geq 0$
   $\quad\quad\quad\quad\; y = g_1(x) = \sqrt{x} \quad\; x \geq 0$

2. $x < 0:$ $\quad y = f_2(x) = x^2$
   $\quad\quad\quad\quad\; x = g_2(y) = -\sqrt{y} \quad\; y > 0$
   $\quad\quad\quad\quad\; y = g_2(x) = -\sqrt{x} \quad\; x > 0$

Jede der beiden Hälften $f_1(x)$ und $f_2(x)$ der Normalparabel führt also zu einer Umkehrfunktion. Die Graphen beider Umkehrfunktionen $g_2(x)$ fügen sich wieder zu einer nach „rechts geöffneten Normalparabel" zusammen, die man ebenfalls erhält, wenn man die ursprüngliche Parabel um 90° in Richtung der Uhrzeigerbewegung dreht bzw. an der Winkelhalbierenden $y = x$ spiegelt (Bild 7.6).
Ohne Fallunterscheidung hätte man nur den oberen Zweig dieser Parabel erhalten. Entsprechendes gilt für die Graphen aller Wurzeln mit geraden Wurzelexponenten, also für

$$y = \sqrt[2n]{x}, \quad \text{mit } n \in N.$$

Beispiel 7.35:
Man konstruiere den Graphen der Funktion $y = \sqrt[3]{x}$.

Lösung:
Zur Lösung der Aufgabe spiegelt man den Graphen der Funktion $y = x^3$ in bekannter Weise an der 1. Winkelhalbierenden $y = x$ (Bild 7.7). Die Definition der Wurzelrechnung läßt auch hier zunächst nur eine Spiegelung des rechten Parabelzweiges zu.

Bild 7.7

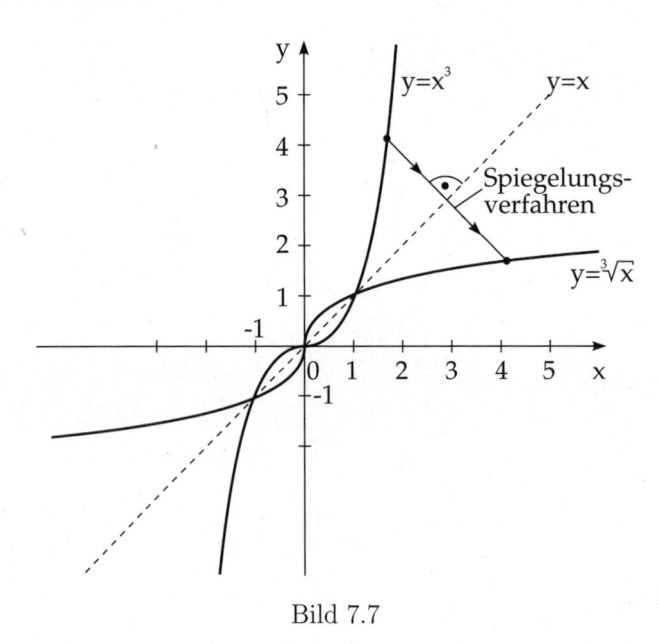

Da aber - wie im Abschnitt 7.1.3 gezeigt - negative Radikanden bei ungeraden Wurzelexponenten negative Wurzelwerte besitzen (siehe Gleichung 7.5), muß sich auch der linke Parabelzweig an der 1. Winkelhalbierenden spiegeln lassen. Man erhält so den gesamten Kurvenzug des Graphen von $y = \sqrt[3]{x}$.

Diese Überlegungen lassen sich auf alle Wurzeln mit ungeraden Wurzelexponenten, also $y = {}^{2n+1}\!\sqrt{x}$, $n \in N$
übertragen.

Will man den Graphen der allgemeinen Wurzelfunktion $y = \sqrt[m]{x^n} = x^{\frac{n}{m}}$ aufzeichnen, empfiehlt es sich, vorher eine *Wertetabelle* aufzustellen.

Beispiel 7.36:
Man zeichne den Graphen von $y = x^{-\frac{2}{3}}$ und spiegele ihn an der 1. Winkelhalbierenden.

Lösung:
Schreibt man die Gleichung um, so sieht man, daß die Funktionswerte y immer positiv sind:
$$y = x^{-\frac{2}{3}} = \left(\sqrt[3]{x}\right)^{-2} = \frac{1}{(\sqrt[3]{x})^2},$$

was auch die Tabelle zeigt:

x	$\pm 0,2$	$\pm 0,5$	± 1	± 2	± 3	± 4
y	2,9	1,6	1	0,63	0,48	0,4

7.4 Wurzelfunktionen

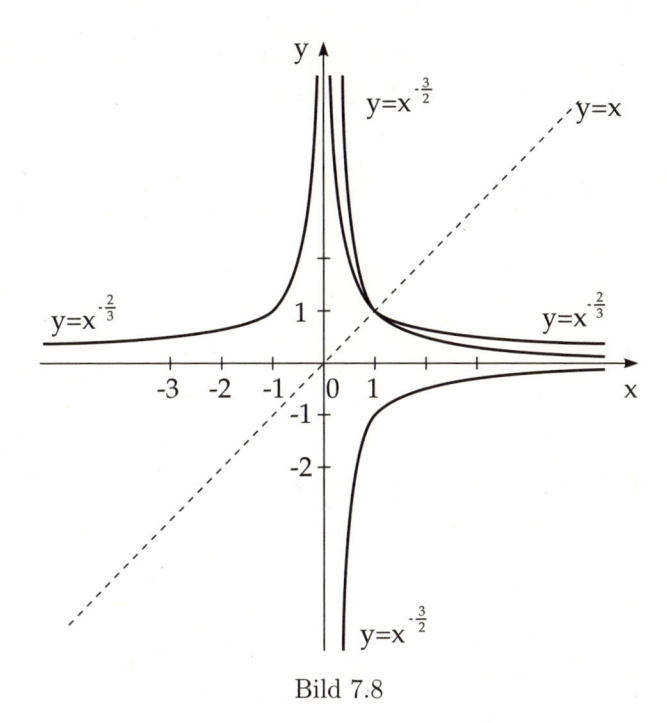

Bild 7.8

Der Graph ist eine Hyperbel mit Ästen im ersten und zweiten Quadranten (Bild 7.8). Seine Spiegelung an der 1. Winkelhalbierenden zeigt wieder eine Hyperbel mit Ästen im ersten und vierten Quadranten. Die zugehörige Gleichung lautet

$$y = x^{-\frac{3}{2}} \tag{I}$$

Diese Beziehung zwischen x und y ist nicht eindeutig. Zu jedem x-Wert gehören zwei y-Werte, je nachdem, ob in der Ausgangsfunktion $x > 0$ oder $x < 0$ ist. Die Gleichung (I) stellt daher keine Funktion dar. Zum Unterschied zur Funktion, bei der eine eindeutige Zuordnung zwischen x und y besteht, bezeichnet man diese Art von mehrdeutiger Beziehung als Relation.

Beispiel 7.37:
Bei einem mathematischen Pendel ist die Schwindungsdauer abhängig von der Fadenlänge und der Fallbeschleunigung. Man stelle das Abhängigkeitsverhältnis für eine Fadenlänge von 10 cm bis 90 cm graphisch dar.

Lösung:
Aus der Physik gilt die Gleichung

$$T = 2\pi\sqrt{\frac{l}{g}} = \frac{2\pi}{\sqrt{g}}\sqrt{l}$$

mit T Schwingungsdauer in s
mit g Erd- bzw. Fallbeschleunigung in m·s^{-2} $g = 9,81$ m·s^{-2}
mit l Fadenlänge in m

Mit den gegebenen Werten ist $T = \frac{2\pi}{\sqrt{9{,}81}} \cdot \sqrt{l} \cdot \text{s} \cdot \text{m}^{-\frac{1}{2}} \approx 2\sqrt{l} \cdot \text{s} \cdot \text{m}^{-\frac{1}{2}}$

Diese Funktionsgleichung entspricht der Wurzelfunktion $y = a \cdot \sqrt{x}$. Die Funktion gilt nur für positive T-Werte (Definition der Quadratwurzel). Aus praktischen Gründen trägt man auf den Achsen nur den verlangten Bereich ab (Bild 7.9). Aus der fertigen Kurve kann man dann jeden beliebigen Zwischenwert ablesen z. B. 50 cm Pendellänge $\hat{=}$ 1,41 s Schwingungsdauer (und umgekehrt).

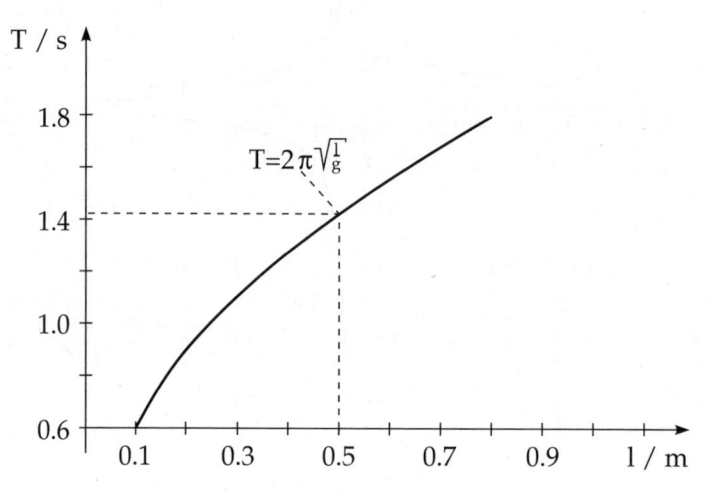

Bild 7.9 Die Schwingungsdauer eines Pendels in Abhängigkeit von der Fadenlänge

7.5 Aufgaben

7.1 Man berechne

a) $4\sqrt{a} + 3\sqrt{b} - \sqrt{a} + \sqrt{b}$
b) $2\sqrt[3]{x} - 8\sqrt{x} + 5\sqrt[3]{x} + \sqrt{x}$
c) $2\sqrt[3]{27} + 5\sqrt[3]{125} - 6\sqrt[3]{8}$
d) $4\sqrt[6]{64} - 2\sqrt[3]{243} + 2\sqrt[5]{7776}$

7.2 Man multipliziere die Wurzeln

a) $\sqrt[5]{8a^2} \cdot \sqrt[5]{4a^3}$ b) $\sqrt{20x^5} \cdot \sqrt{45x}$

c) $\sqrt[3]{4a} \cdot \sqrt[3]{9a^4} \cdot \sqrt[3]{6a}$ d) $\sqrt[3]{x^2 y} \cdot \sqrt[3]{\dfrac{x}{y^4}}$

e) $\sqrt{a^2 - b^2} \cdot \sqrt{\dfrac{a-b}{a+b}}$ f) $\sqrt[3]{(a+b)^2} \cdot \sqrt[3]{a^2 - b^2}$

g) $(\sqrt{a} + \sqrt{b})(\sqrt{a} - \sqrt{b})$ h) $\sqrt{a - \sqrt{a^2 - b^2}} \cdot \sqrt{a + \sqrt{a^2 - b^2}}$

7.5 Aufgaben

7.3 Man berechne und vereinfache (ohne Verwendung des Taschenrechners). Bei einigen Aufgaben ist der Radikand in geeignete Faktoren zu zerlegen

a) $\sqrt{32} + \sqrt{18} - \sqrt{50}$
b) $\sqrt{3}\sqrt{48}$
c) $(4\sqrt{5} - 3\sqrt{15})^2$
d) $(2\sqrt{15} - 3\sqrt{5})^2 - (\sqrt{21} - 2\sqrt{7})^2$
e) $\sqrt[3]{6\sqrt{3} + 9} \cdot \sqrt[3]{6\sqrt{3} - 9}$
f) $(4\sqrt{18} - 5\sqrt{50} + 3\sqrt{98}) \cdot 2\sqrt{2}$
g) $(2 + 3\sqrt{5})(2 - 3\sqrt{5})$
h) $2xy\sqrt{72} + 5xy\sqrt{288} - 2xy\sqrt{98}$

7.4 Man dividiere die Wurzeln

a) $\dfrac{\sqrt{72}}{\sqrt{2}}$
b) $\dfrac{\sqrt{108p^3}}{\sqrt{3p}}$
c) $(\sqrt{48} - \sqrt{75} + \sqrt{108}) : \sqrt{3}$
d) $\dfrac{\sqrt{18ab^5}}{\sqrt{2a^3b^3}}$
e) $\dfrac{\sqrt{x^3 - x^2y - xy^2 + y^3}}{\sqrt{x+y}}$
f) $\dfrac{\sqrt{16x^2 + 16y^2}}{\sqrt{16x^2 - 32xy + 16y^2}}$
g) $\dfrac{\sqrt[x-y]{a^{x+4y}}}{\sqrt[x-y]{a^{5y}}} + \dfrac{\sqrt[x+y]{a^{5x+3y}}}{\sqrt[x+y]{a^{4x+2y}}}$

7.5 Man bringe den vor der Wurzel stehenden Faktor unter die Wurzel und vereinfache

a) $xy\sqrt[3]{y}$
b) $a\sqrt[4]{\dfrac{1}{a}}$
c) $\dfrac{u}{v}\sqrt[3]{\dfrac{v^2}{u}}$
d) $(a-b)\sqrt{\dfrac{a+b}{a-b}}$
e) $\dfrac{a+1}{a-1}\sqrt{\dfrac{a-1}{a+1}}$
f) $\dfrac{1}{x^2}\sqrt{x^6 - x^4}$

7.6 Man berechne, indem man die Wurzeln gleichnamig macht

a) $\dfrac{\sqrt[5]{b^2}}{\sqrt[10]{b}}$
b) $\sqrt{\dfrac{a}{x}} \cdot \sqrt[3]{\dfrac{x}{a}}$
c) $\sqrt{x} \cdot \sqrt[5]{x}$
d) $\sqrt{a^3} \cdot \sqrt[3]{a}$
e) $\sqrt[4]{a^3} \cdot \sqrt[3]{a^4}$

7.7 Man berechne

a) $\sqrt{\sqrt[3]{144}}$
b) $\sqrt{\sqrt{256}}$
c) $\sqrt[5]{a\sqrt[3]{a^2}}$
d) $\dfrac{a}{\sqrt[3]{a^2}}$
e) $\sqrt{2\sqrt{2\sqrt{2}}}$
f) $\sqrt[5]{\sqrt[3]{a^{15}b^6}}$
g) $\sqrt{\dfrac{2}{\sqrt[3]{2}}}$
h) $\sqrt[7]{\dfrac{a\sqrt[3]{a^2}}{\sqrt{a}}}$
i) $\sqrt[x-1]{\dfrac{a}{\sqrt[x]{a}}}$

7. 8 Man mache den Nenner rational

a) $\dfrac{1}{\sqrt{2}}$ b) $\dfrac{8a}{\sqrt{2a}}$ g) $\dfrac{5\sqrt{2}+30}{5\sqrt{3}+3\sqrt{5}}$ h) $\dfrac{\sqrt{5+2\sqrt{6}}}{\sqrt{5-2\sqrt{6}}}$

c) $\dfrac{5}{\sqrt{a+b}}$ d) $\dfrac{3}{3+\sqrt{3}}$

e) $\dfrac{\sqrt{2}+2}{\sqrt{2}-2}$ f) $\dfrac{x}{x+\sqrt{x-y}}$ i) $\dfrac{5-2\sqrt{21}}{\sqrt{7}-\sqrt{5}-\sqrt{3}}$

7. 9 Man bilde die Umkehrfunktion der Funktion mit der Gleichung $y = \sqrt[3]{x^2}$ und zeichne den Graphen der Funktion und der Umkehrfunktion. Man beachte besonders den Verlauf der Graphen in der Nähe des Koordinatenursprungs.

Kapitel 8

Quadratische Gleichungen, Wurzelgleichungen

8.1 Definitionen

Im Abschnitt 6.4 wird die Funktionsgleichung einer Parabel zweiter Ordnung (Gl. 6.18) angegeben mit

$$y = f(x) = a_2 x^2 + a_1 x + a_0 \qquad (8.1)$$

Zur Berechnung der Nullstellen dieser quadratischen Funktion wird bekanntlich $y = 0$ gesetzt:

$$0 = a_2 x^2 + a_1 x + a_0 \qquad (8.2)$$

Gl. (8.2) wird als q u a d r a t i s c h e G l e i c h u n g oder algebraische Gleichung zweiten Grades bezeichnet, weil in ihr die Unbekannte x in der zweiten, jedoch in keiner höheren als der zweiten Potenz auftritt. Sie ist eine Bestimmungsgleichung für x, d. h., man kann aus ihr diejenigen x-Werte bestimmen, bei denen die durch Gl. (8.1) gegebene Parabel zweiter Ordnung die x-Achse schneidet. Ihre allgemeine Form lautet gewöhnlich

$$Ax^2 + Bx + C = 0 \qquad (8.2a)$$

wobei stets $A > 0$ sein soll, was sich ohne weiteres einrichten läßt. Man nennt Ax^2 das q u a d r a t i s c h e Glied, Bx das l i n e a r e Glied, C das A b s o l u tglied der Gleichung.

A, B, C sind dabei beliebige konstante reelle Zahlen, wobei jedoch $A \neq 0$ vorausgesetzt werden muß.

8.2 Lösungsverfahren

8.2.1 Sonderfälle

8.2.1.1 Rein quadratische Gleichungen

Ist $B = 0$, hat man es mit einer rein quadratischen Gleichung

$$\boxed{Ax^2 + C = 0} \tag{8.3}$$

zu tun mit den Lösungen

$$x_1 = \sqrt{\frac{C}{-A}}; \quad x_2 = -\sqrt{\frac{C}{-A}}$$

Ist $C < 0$, sind beide Lösungen reell. Für $C > 0$ ist der Radikand negativ. Das bedeutet, daß Gl. (8.3) keine reelle Lösung besitzt, weil bekanntlich aus einer negativen Zahl keine Quadratwurzel gezogen werden kann. Um diese Aufgabe dennoch mathematisch behandeln zu können, war es nötig, eine v i e r t e E r w e i t e r u n g des Zahlenbereiches (Bild 8.1) durch Einführung sog. *imaginärer Zahlen* (imaginare, lat. einbilden) vorzunehmen.

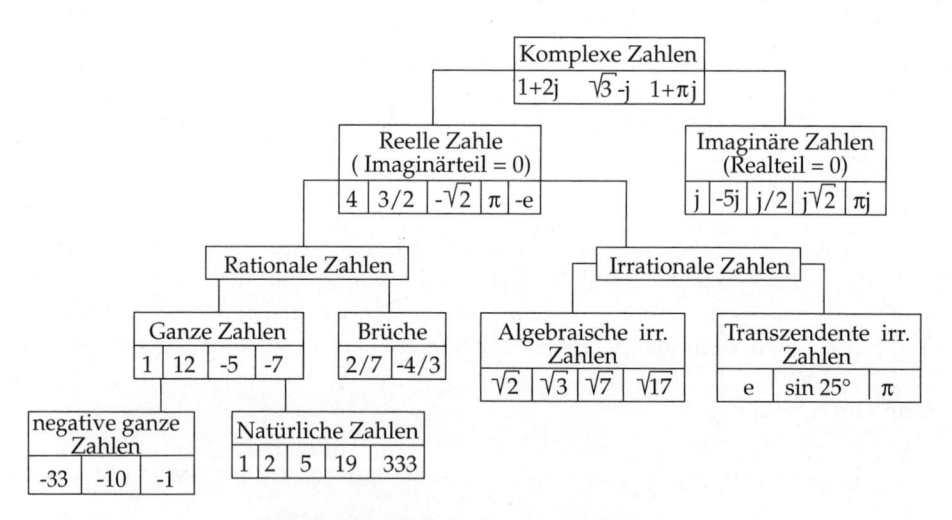

Bild 8.1: Aufbau des Zahlensystems

I m a g i n ä r e Zahlen sind also nicht wirkliche (reelle), sondern nur in der Einbildung vorhandene Zahlen. Schon DESCARTES (René DESCARTES, lat. CARTESIUS, 1556–1650) unterschied 1637 zwischen den beiden Zahlenarten.

EULER (Leonhard EULER, 1707-1782) führte 1777 zur Kennzeichnung der imaginären Zahlen das Symbol „i" ein. Tatsächlich sind alle Zahlen, ob reelle oder imaginäre, nur Abstraktionen, denn auch eine Zahl wie z. B. „3" kommt allein für sich nicht in der Realität vor, sondern beim Zählen von Gegenständen, etwa bei drei Bäumen oder drei Menschen.

Heute sind die imaginären Zahlen ein unentbehrliches Hilfsmittel nicht nur für die Mathematiker, sondern auch für Physiker und Ingenieure, z. B. bei der Behandlung von Schwingungsvorgängen und in der Wechselstromtechnik. Hierbei verwendet man allerdings als Symbol der imaginären Einheit den Buchstaben „j", um Verwechslungen mit der Stromstärke i zu vermeiden.

Zur *Handhabung des Symbols* j werden folgende F e s t s e t z u n g e n getroffen:
1. $j^2 = -1$, d. h. j ist eine Lösung der Gleichung $x^2 + 1 = 0$
2. Man darf mit j die vier Grundrechenarten ebenso durchführen wie mit dem Symbol für eine reelle Zahl.

Auf Grund dieser Feststellung gilt mit a und b als reelle Zahlen:
$$(a \cdot j)^2 = a^2 \cdot j^2 = -a^2 \tag{I}$$

- Das Produkt der reellen Zahl a mit j, also $a \cdot$ j, bezeichnet man als i m a g i - n ä r e Zahl, j selbst als i m a g i n ä r e E i n h e i t.

Zum gleichen Ergebnis wie in (I) kommt man mit dem Quadrat von $-aj$:
$$(-a\, j)^2 = (-a)^2\, j^2 = -a^2 \tag{II}$$

Ergebnis: Das Quadrat einer imaginären Zahl ist eine negative reelle Zahl.

Liegt nun die Gleichung vor: $\quad x^2 + b = 0, \quad b > 0$
so gilt mit $\quad\quad\quad\quad\quad\quad a = \sqrt{b}$
$$x^2 = -b = -a^2$$

oder nach Vergleich mit (I) und (II):
$$x_1 = a\, j,\ x_2 = -a\, j$$
oder $\quad x_{1,2} = \pm\sqrt{b}\cdot$ j

Zwei *Beispiele* mögen das erläutern:

Beispiel 8.1:
$$x^2 + 3 = 0 \quad\quad x_{1,2} = \pm\, j\sqrt{3}$$

Beispiel 8.2:
$$x^2 + 4 = 0 \quad\quad x_{1,2} = \pm 2\, j$$

Bezogen auf das Ausgangsproblem und den Fall $C > 0$ ist in $x^2 = -\dfrac{C}{A}$ (wegen $A > 0$ und $C > 0$) der Quotient $\frac{C}{A}$ eine positive Zahl. Auf Grund der obigen Festsetzung gilt dann

$$x_{1,2} = \pm\, j\sqrt{\dfrac{C}{A}}$$

Ergebnis: Im Fall $C > 0$ kann man nach der Einführung imaginärer Zahlen der quadratischen Gleichung zwei imaginäre Zahlen, die sich nur durch das Vorzeichen unterscheiden, als Lösungen zuordnen.

Addiert man zu einer imaginären Zahl bj eine reelle Zahl a, erhält man eine k o m p l e x e Zahl $z = a+jb$.

Man kann zeigen, daß mit komplexen Zahlen wie mit reellen Zahlen gerechnet werden kann, d. h. $a+jb$ wird bei Ausführung von Rechenoperationen wie eine normale algebraische Summe zweier Summanden (Binom) behandelt. Taucht bei solchen Rechnungen j^2 auf, wird dafür -1 gesetzt.

Zwei komplexe Zahlen, die sich nur durch das Vorzeichen der imaginären Zahl (des imaginären Teils der komplexen Zahl) unterscheiden, wie $z = a+jb$ und $\overline{z} = a-jb$, werden als k o n j u g i e r t k o m p l e x bezeichnet.
Für sie gilt:
$$(a + jb) + (a - jb) = 2a$$
$$(a + jb) \cdot (a - jb) = a^2 + b^2$$

In Worten:
- Addition und Multiplikation zweier konjugiert komplexer Zahlen ergeben reelle Zahlen.

Beispiele für das Auftreten konjugiert komplexer Zahlen:

Beispiel 8.3:
$$\begin{aligned} (x-5)^2 + 9 &= 0 \\ (x-5)^2 &= -9 \end{aligned} \Rightarrow \left.\begin{aligned} x_1 - 5 &= +3\,j \\ x_2 - 5 &= -3\,j \end{aligned}\right\} \underline{x_{1/2} = 5 \pm 3\,j}$$

Beispiel 8.4:
$$\begin{aligned} (x-a)^2 + b^2 &= 0 \\ (x-a)^2 &= -b^2 \end{aligned} \Rightarrow \left.\begin{aligned} x_1 - a &= b\,j \\ x_2 - a &= -b\,j \end{aligned}\right\} \underline{x_{1/2} = a \pm b\,j}$$

8.2.1.2 Quadratische Gleichungen mit fehlendem Absolutglied

Für $C = 0$ ($B \neq 0$) lautet Gleichung (8.2a):

$$\boxed{Ax^2 + Bx = 0} \tag{8.4}$$

Klammert man x aus, erhält man mit $x(Ax + B) = 0$ ein Produkt, das Null ist.

Nun wird ein Produkt nur dann Null, wenn mindestens ein Faktor Null ist; also muß gelten: $x_1 = 0$; $Ax_2 + B = 0$
Damit erhält man als Lösung von Gl. (8.4):

$$x_1 = 0; \quad x_2 = -\frac{B}{A}$$

d. h. zwei reelle Lösungen, davon ist eine Lösung gleich Null.

Beispiel 8.5:
$$4x^2 + 3x = 0 \quad \Rightarrow \quad x(4x+3) = 0 \quad \Rightarrow \quad \underline{\underline{\begin{aligned} x_1 &= 0 \\ x_2 &= -\frac{3}{4} \end{aligned}}}$$

8.2.2 Gemischt-quadratische Gleichungen

Sind A, B und C ungleich Null, nennt man Gl. (8.2a) eine g e m i s c h t - q u a d r a t i s c h e Gleichung. Für ihre Lösung, d. h. für die Bestimmung von x in dieser Gleichung, gibt es verschiedene Möglichkeiten.

8.2.2.1 Quadratische Ergänzung, die p-q-Formel

Die quadratische Ergänzung[1] dient dazu, einen quadratischen Term in ein vollständiges Quadrat umzuwandeln. Man dividiert zu diesem Zweck Gl. (8.2a)
$$Ax^2 + \overset{B}{x} + C = 0$$

durch A und erhält die Gleichung
$$x^2 + \frac{B}{A}x + \frac{C}{A} = 0$$

die sich einfacher als N o r m a l f o r m der gemischt-quadratischen Gleichung

$$\boxed{x^2 + px + q = 0} \tag{8.5}$$

schreiben läßt, wenn man $\dfrac{B}{A} = p$ und $\dfrac{C}{A} = q$ setzt.
Dann bringt man q auf die rechte Seite
$$x^2 + px = -q$$

und ergänzt auf beiden Seiten eine bestimmte Größe - in diesem Fall $\left(\dfrac{p}{2}\right)^2$ -, so daß auf der linken Seite ein vollständiges Quadrat in Form eines binomischen Ausdrucks entsteht:
$$x^2 + px + \left(\frac{p}{2}\right)^2 = -q + \left(\frac{p}{2}\right)^2$$

der entsprechend der ersten binomischen Formel zusammengefaßt wird:
$$\left(x + \frac{p}{2}\right)^2 = \left(\frac{p}{2}\right)^2 - q$$

---
[1] Siehe Abschnitt 6.4.2

Zieht man auf beiden Seiten die Wurzel - entsprechend den Wurzelgesetzen - und substrahiert $\frac{p}{2}$, so erhält man folgende zwei Lösungen:

$$\boxed{x_{1,2} = -\frac{p}{2} \pm \sqrt{\left(\frac{p}{2}\right)^2 - q}} \qquad (8.6)$$

Hinweis: Diese sog. „p-q-Formel" sollte man auswendig lernen! Je nach Beschaffenheit des Radikanden $\left(\frac{p}{2}\right)^2 - q$ sind jetzt drei verschiedene Lösungsfälle zu unterscheiden, weshalb man den Radikanden auch D i s k r i m i n a n t e D (diskriminare, lat. trennen, entscheiden) nennt.

Fall 1:
$$D = \left(\frac{p}{2}\right)^2 - q > 0$$

Der Radikand ist eine positive Zahl, aus der nach den Wurzelgesetzen die Quadratwurzel gezogen werden kann. Das Ergebnis sind zwei reelle Zahlen:

$$\boxed{x_1 = -\frac{p}{2} + \sqrt{\left(\frac{p}{2}\right)^2 - q}; \quad x_2 = -\frac{p}{2} - \sqrt{\left(\frac{p}{2}\right)^2 - q}} \qquad (8.6a)$$

Beispiel 8.6:
$$2x^2 + 4x - 6 = 0 \qquad x^2 + 2x - 3 = 0$$
$$\begin{aligned} x_1 &= -\frac{2}{2} + \sqrt{\left(\frac{2}{2}\right)^2 - (-3)} = -1 + \sqrt{1+3} \\ &= -1 + 2 = \underline{1} \\ x_2 &= -1 - 2 = \underline{\underline{-3}} \end{aligned}$$

Fall 2:
$$D = \left(\frac{p}{2}\right)^2 - q = 0$$

Der Radikand verschwindet. Es bleibt nur die Lösung $-\frac{p}{2}$ übrig, die man als Doppellösung bezeichnet:

$$\boxed{x_1 = x_2 = -\frac{p}{2}} \qquad (8.6b)$$

Beispiel 8.7:
$$9x^2 + 18x + 9 = 0$$
$$x^2 + 2x + 1 = 0 \quad x_{1,2} = -\frac{2}{2} \pm \sqrt{\left(\frac{2}{2}\right)^2 - 1}$$
$$\underline{\underline{x_1 = x_2 = -1}}$$

Fall 3:
$$D = \left(\frac{p}{2}\right)^2 - q < 0$$

8.2 Lösungsverfahren

Der negative Radikand führt auf eine imaginäre Zahl, indem man $\sqrt{-1} = \text{j}$ ausklammert. Zwei konjugiert komplexe Zahlen sind die Lösung:

$$\boxed{x_1 = -\frac{p}{2} + \text{j}\sqrt{q - \left(\frac{p}{2}\right)^2} \quad x_2 = -\frac{p}{2} - \text{j}\sqrt{q - \left(\frac{p}{2}\right)^2}}$$ (8.6c)

Beispiel 8.8:

$$7x^2 + 14x + 70 = 0$$
$$x^2 + 2x + 10 = 0$$

$$\begin{aligned}
x_{1,2} &= -\frac{2}{2} \pm \sqrt{\left(\frac{2}{2}\right)^2 - 10} \\
&= -1 \pm \sqrt{(-1)\cdot(10-1)} = -1 \pm \sqrt{(-1)} \cdot \sqrt{9} \\
\underline{\underline{x_1}} &= \underline{\underline{-1 + 3\,\text{j}}} \qquad \underline{\underline{x_2 = -1 - 3\,\text{j}}}
\end{aligned}$$

Zusammenfassung:

- Die gemischt-quadratische Gleichung $x^2 + px + q = 0$ besitzt drei verschiedene Lösungen, und zwar für
  - $D > 0$ zwei reelle (voneinander verschiedene) Lösungen,
  - $D = 0$ eine reelle (doppelt zu zählende) Lösung,
  - $D < 0$ zwei konjugiert komplexe Lösungen.

Für das Ausgangsproblem - nämlich die Nullstellenberechnung der Parabel zweiten Grades [Gl. (8.1)] - bedeuten die drei Lösungen

  $D > 0$ zwei reelle Nullstellen (Bild 8.2)
  $D = 0$ eine doppelte Nullstelle
             = Berührpunkt mit der x-Achse (Bild 8.3)
  $D < 0$ keine Nullstelle (Bild 8.4)

Ein Sonderfall der gemischt-quadratischen Gleichung ist die sog. b i q u a d r a t i - s c h e   G l e i c h u n g , bei der die Variable mit den Potenzen 0, 2 und 4 auftritt. Es liegt also eine Gleichung 4. Grades vor. Die allgemeine Form der biquadratischen Gleichung lautet:

$$\boxed{a_4 x^4 + a_2 x^2 + a_0 = 0}$$ (8.7)

Zu ihrer Lösung setzt man $x^2 = z$, erhält eine gemischt-quadratische Gleichung in z:

$$a_4 z^2 + a_2 z + a_0 = 0,$$

bringt diese durch Division mit a_4 auf die Normalform

$$z^2 + pz + q = 0$$

und löst sie in der bekannten Weise mittels der p-q-Formel. Anschließend muß man über $z = x^2$ die gesuchten x-Werte ausrechnen.

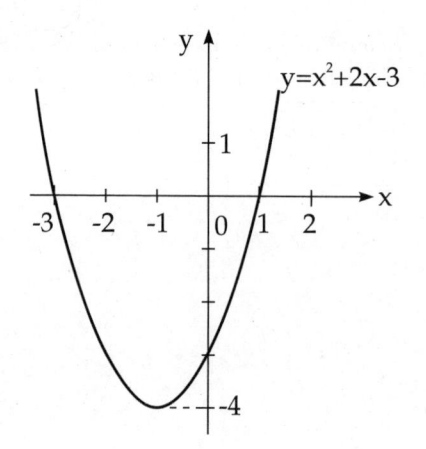

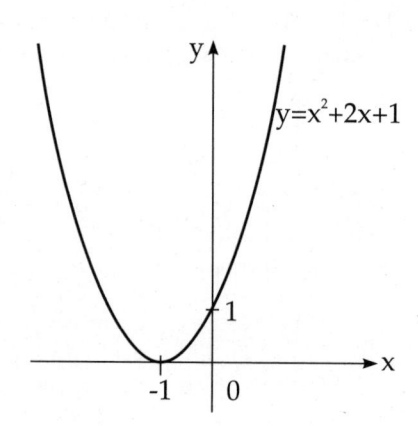

Bilder 8.2 und 8.3

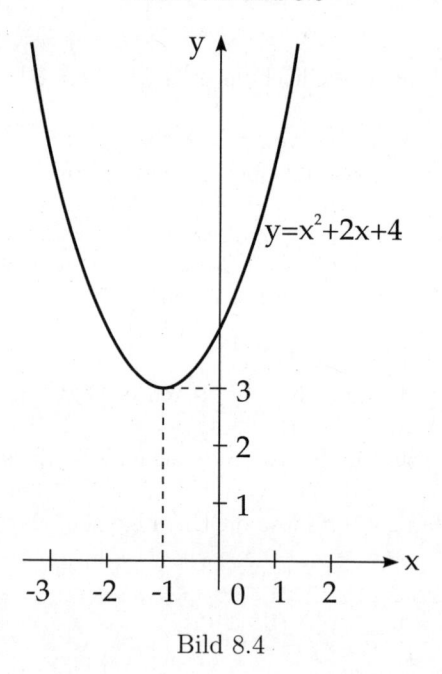

Bild 8.4

Beispiel 8.9:

$$2x^4 + 12x^2 - 32 = 0$$
$$x^4 + 6x^2 - 16 = 0$$

$x^2 = z \quad z^2 + 6z - 16 = 0 \qquad z_{1,2} = -3 \pm \sqrt{9 + 16}$

$\qquad\qquad z_1 = -3 + 5 = 2; \qquad z_2 = -3 - 5 = -8$

8.2 Lösungsverfahren

$$x = \pm\sqrt{z} \quad \begin{aligned} x_1 &= \sqrt{z_1} = \sqrt{2} = 1{,}414 \\ x_2 &= -\sqrt{z_1} = -\sqrt{2} = -1{,}414 \\ x_3 &= \sqrt{z_2} = \sqrt{-8} = 2\sqrt{2}\,j = 2{,}828\,j \\ x_4 &= -\sqrt{z_2} = -\sqrt{-8} = -2\sqrt{2}\,j = -2{,}828\,j \end{aligned}$$

Als Ergebnis erhält man immer vier Lösungen x_1, x_2, x_3, x_4, wobei folgende Möglichkeiten auftreten können:
  a) vier reelle Lösungen,
  b) zwei reelle und zwei komplexe Lösungen (Beispiel 8.9),
  c) vier komplexe Lösungen (je zwei zueinander konjugiert komplex),
  d) zwei reelle und eine Doppellösung,
  e) zwei Doppellösungen,
  f) eine Vierfach-Lösung,
  g) eine Doppellösung und zwei komplexe Lösungen.

8.2.2.2 Lösung in allgemeiner Form

Bildet man für Gl. (8.2a) die quadratische Ergänzung, erhält man zur Berechnung von x eine Formel, die im Aufbau der Gl. (8.6) entspricht, sich jedoch von dieser darin unterscheidet, daß die Koeffizienten A, B und C noch so wie in Gl. (8.2a) vorhanden sind.

$$\begin{aligned} Ax^2 + Bx + C &= 0 \\ x^2 + \frac{B}{A}x + \frac{C}{A} &= 0 \\ x^2 + \frac{B}{A}x + \left(\frac{B}{2A}\right)^2 &= -\frac{C}{A} + \left(\frac{B}{2A}\right)^2 \\ \left(x + \frac{B}{2A}\right)^2 &= \frac{B^2 - 4AC}{4A^2} \\ x_{1,2} + \frac{B}{2A} &= \pm\frac{\sqrt{B^2 - 4AC}}{2A} \end{aligned}$$

$$\boxed{x_{1,2} = \frac{-B \pm \sqrt{B^2 - 4AC}}{2A}} \tag{8.8}$$

Diese Gleichung ist praktisch eine andere Form der p-q-Formel. Für ihre Diskriminante $D = B^2 - 4AC$ gilt das gleiche, was für die Diskriminante der p-q-Formel gesagt wurde. Auch hier unterscheidet man zwischen

1. $D > 0$: zwei reelle Lösungen
2. $D = 0$: eine reelle Doppellösung
3. $D < 0$: zwei konjugiert komplexe Lösungen

Beispiel 8.10:
$$\begin{aligned} 2x^2 + 4x - 6 &= 0 \\ x_{1,2} &= \frac{-4 \pm \sqrt{4^2 + 48}}{2 \cdot 2} \qquad \underline{x_1 = 1}; \quad \underline{x_2 = -3} \end{aligned}$$

8.2.2.3 Graphische Lösungen

Neben der Möglichkeit, über eine Wertetabelle den Graphen der zu Gl. (8.1) gehörenden Parabel zu zeichnen und über deren Nullstellen die Gleichung zweiten Grades [Gl. (8.2) und Gl. (8.2a)] zu lösen, gibt es noch ein anderes graphisches Verfahren, das an einigen Beispielen gezeigt werden soll.

Beispiel 8.11:
Man ermittle zeichnerisch die Lösung der Gleichung $2x^2 + 2x - 4 = 0$ \hfill (I)

Lösung:
Man bringt die Gleichung auf die Normalform, indem man durch 2 dividiert
$$x^2 + x - 2 = 0 \qquad (II)$$
und formt Gl. (II) so um, daß x^2 allein auf einer Seite steht:
$$x^2 = -x + 2 \qquad (III)$$
Betrachtet man x^2 als eine Funktion $f_1(x) = x^2$ und $-x+2$ als eine andere Funktion $f_2(x) = -x+2$, dann kann man Gl. (III) auch zu $f_1(x) = f_2(x)$ anschreiben.

Durch diese Gleichung hat man zwei Funktionen oder besser zwei Funktionswerte verschiedener Funktionen gleichgesetzt. Bekanntlich haben zwei Funktionen an den Stellen, an denen sich ihre Graphen schneiden, gleiche Funktionswerte.

Damit ist die Aufgabe der Nullstellenberechnung einer Parabel zweiter Ordnung, wie sie mit Gl. (8.2) gestellt ist, überführt in die Aufgabe, die Schnittpunkte - genauer die Schnittpunktsabszissen - der sich schneidenden Graphen zweier Funktionen, nämlich
$$f_1(x) = x^2; \qquad f_2(x) = -x + 2$$
zu bestimmen.

Die erste Funktion ist die Normalparabel, die zweite eine Gerade (Bild 8.5). Beide Graphen - und das ist das Entscheidende - sind mit ein wenig Übung einfach, d. h. ohne Wertetabelle, zu zeichnen. Als Ergebnis kann man aus Bild 8.5 ablesen: $\underline{x_1 = -2}$; $\underline{x_2 = 1}$.

Beispiel 8.12:
$$\begin{aligned} x^2 + 2x + 1 &= 0 \\ f_1(x) &= x^2 \quad f_2(x) = -2x - 1 \\ \underline{x_1 = x_2 = -1} \text{ (Berührungspunkt, Bild 8.6)} \end{aligned}$$

Beispiel 8.13:
$$\begin{aligned} 7x^2 + 14x + 70 &= 0 \\ x^2 + 2x + 10 &= 0 \\ f_1(x) &= x^2 \quad f_2(x) = -2x - 10 \\ x_1, x_2 \quad &\text{sind keine (reellen) Lösungen (Bild 8.7)} \end{aligned}$$

8.2 Lösungsverfahren

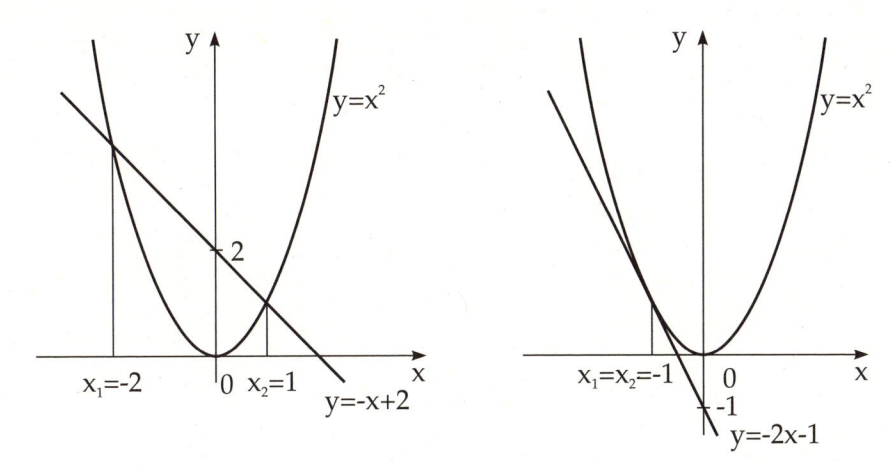

Bilder 8.5 und 8.6

Die Rechnung nach Abschnitt 8.2.2.2, Gl. (8.8), ergibt mit
$$x_{1,2} = \frac{-14 \pm \sqrt{14^2 - 4 \cdot 7 \cdot 70}}{2 \cdot 7} = -1 \pm 3\,\mathrm{j}$$
zwei konjugiert komplexe Lösungen.

Vergleicht man die Ergebnisse von Abschnitt 8.2.2.1 mit den Bildern 8.5 bis 8.7, erkennt man zwischen der Determinante D und den Bildern 8.5 bis 8.7 folgende Zusammenhänge:
1. $D > 0$: Gerade und Parabel in Bild 8.5 haben zwei reelle Schnittpunkte.
    Die quadratische Gleichung hat zwei reelle Lösungen.
2. $D = 0$: Die Gerade berührt die Parabel in Bild 8.6.
    Die Gleichung hat eine Doppellösung.
3. $D < 0$: Gerade und Parabel besitzen keinen gemeinsamen Schnittpunkt, Bild 8.7.
    Die Gleichung hat keine reellen Lösungen.

Allgemein geht man bei der *graphischen Lösung* einer *gemischt-quadratischen Gleichung* wie folgt vor:
1. Quadratische Gleichung auf die Normalform bringen.
2. Quadratische Gleichung in zwei Funktionsgleichungen umwandeln. Man erhält eine Normalparabel und eine Gerade.
3. Die Graphen beider Funktionsgleichungen in ein Koordinatensystem einzeichnen.
4. Etwa vorhandene Schnittpunktabszissen (x_1, x_2) sind Lösungen der vorgegebenen gemischt-quadratischen Gleichung.

Bild 8.7

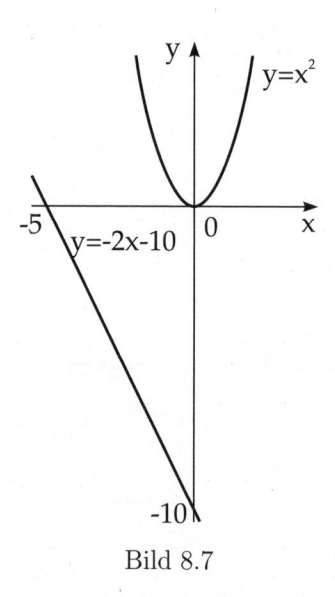

8.3 Geschichtliches

Schon die alten Griechen konnten quadratische Gleichungen mit einer Unbekannten lösen. Allerdings findet man bei ihnen, ihrer geometrischen Einstellung entsprechend, die quadratischen Gleichungen in geometrischen Fragestellungen. EUKLID (um 300 v. Chr.) löste geometrisch die Aufgabe, eine Strecke stetig zu teilen. Da sich aus $a : x = x : (a - x)$ die quadratische Gleichung $x^2 + ax = a^2$ ergibt, kann man mit Bestimmtheit sagen, daß man zu EUKLIDs Zeiten bereits einen Sonderfall der quadratischen Gleichung lösen konnte; man vermutet sogar, daß die von EUKLID angegebene Lösung auf die PYTHAGOREER (um 550 v. Chr.) zurückgeht.

Wann bei den Griechen zuerst ein rechnerisches Verfahren zur Lösung quadratischer Gleichungen angewandt wurde, läßt sich mit Bestimmtheit nicht sagen. Es ist aber anzunehmen, daß die rechnerische Lösung zu EUKLIDs Zeiten bereits möglich war. HERON (um 100 v. Chr.), dessen Schriften auch in die griechische Rechenkunst einen Einblick gewähren, ist jedenfalls im Besitz eines rechnerischen Verfahrens. DIOPHANT (um 250 n. Chr.) kennt bereits allgemeine Rechenverfahren zur Lösung quadratischer Gleichungen. Seine Lehre wurde von den Indern weiterentwickelt, die bereits mit negativen Zahlen rechneten und um 1100 n. Chr. erkannten, daß eine quadratische Gleichung zwei Lösungen hat. Die Araber haben diese indischen Erkenntnisse nach Mitteleuropa weiter überliefert, aber sie nicht besonders gefördert. Erst im Verlauf späterer Jahrhunderte wurden die Lösungsverfahren der verschiedenen Formen der quadratischen Gleichungen gefunden, hauptsächlich von italienischen und deutschen Mathematikern, unter denen CARDANO und Michael STIFEL (um 1500) hervorragen.

8.4 Anwendungsbeispiele

Beipiel 8.14:
Ein rechtwinkliges Dreieck hat den Flächeninhalt $A = 72$ cm². Die eine Kathete ist 10 cm länger als die andere. Wie groß sind die Katheten?

Lösung:
Eine Kathete sei x, dann ist die andere Kathete $x - 10$. Es wird nur mit den Maßzahlen der Größen gerechnet. Für den Flächeninhalt folgt
$$\frac{x \cdot (x-10)}{2} = 72$$
Äquivalenzumformung ergibt
$$x^2 - 10x - 144 = 0$$
Mit der p-q-Formel erhält man für die Kathete x
$$x_{1,2} = 5 \pm \sqrt{25 + 144} = 5 \pm 13$$
$$x_1 = 18 \quad , \quad x_2 = -8, \quad \text{keine Lösung}$$
Die Katheten haben die Längen 18 cm und 8 cm.
Dieses Ergebnis zeigt - wie auch das folgende -, daß mathematisch zwar richtige Lösungen, wie $x_2 = -8$, nicht unbedingt die gestellte Aufgabe erfüllen. Deshalb ist bei praxis-bezogenen Aufgaben eine Ergebniskontrolle unumgänglich.

Beispiel 8.15:
Zwei Drähte haben parallelgeschaltet einen Widerstand von 2 Ohm. Die Einzelwiderstände unterscheiden sich um 3 Ohm. Wie groß sind sie?

Lösung:
Für Parallelschaltung gilt
$$\frac{1}{R_1} + \frac{1}{R_2} = \frac{1}{R}$$
$$\frac{1}{R_1} + \frac{1}{R_2} = \frac{1}{2} \tag{I}$$
Außerdem gilt $R_1 - R_2 = 3 \quad R_1 = 3 + R_2$ \hfill (II)
Setzt man (II) in (I), erhält man
$$\frac{1}{3+R_2} + \frac{1}{R_2} = \frac{1}{2} \tag{III}$$
Äquivalenzumformungen führen wieder auf eine gemischt-quadratische Gleichung $R_2^2 - R_2 - 6 = 0$ mit den Lösungen
$$(R_2)_{1,2} = \frac{1}{2} \pm \sqrt{\frac{1}{4} + 6} \quad (R_2)_1 = 3; \quad (R_2)_2 = -2 \quad \text{keine Lösung}$$

Ergebnis:
Die gesuchten Widerstände betragen
$R_2 = 3$ Ohm; $R_1 = 6$ Ohm.

Beispiel 8.16:
Zwei Widerstände, von denen der eine 1 Ohm beträgt, sollen in Reihenschaltung den 10fachen Widerstand ihrer Parallelschaltung ergeben. Wie groß muß der zweite Widerstand sein?

Lösung:
Für die Reihenschaltung gilt: $R_1 + R_2 = R_{Reihe} = R_R$ \hfill (I)

Für die Parallelschaltung $\dfrac{1}{R_1} + \dfrac{1}{R_2} = \dfrac{1}{R_P}$ \hfill (II)

Mit $R_R = 10 R_P$ erhält man aus Gl. (I) und Gl. (II)

$$\frac{10}{R_1 + R_2} = \frac{1}{R_1} + \frac{1}{R_2} = \frac{R_1 + R_2}{R_1 \cdot R_2}$$

und daraus durch Erweitern

$$10 R_1 R_2 = (R_1 + R_2)^2 = R_1^2 + 2 R_1 R_2 + R_2^2$$

Eine Umformung führt auf die gemischt-quadratische Gleichung $R_1^2 - 8 R_1 R_2 + R_2^2 = 0$. Mit $R_2 = 1$ folgt: $R_1^2 - 8 R_1 + 1 = 0$ mit den Lösungen $(R_1)_1 = 7,873$ Ohm und $(R_1)_2 = 0,127$ Ohm.

Man erhält als Ergebnis zwei Lösungen:

$$\begin{aligned}(R_1)_1 &= 7,873 \text{ Ohm}; \quad R_2 = 1 \text{ Ohm und} \\ (R_1)_2 &= 0,127 \text{ Ohm}; \quad R_2 = 1 \text{ Ohm}\end{aligned}$$

Beispiel 8.17:
Ein Behälter kann durch zwei Pumpen gefüllt werden. Dazu braucht die zweite Pumpe 24 Minuten weniger als die erste Pumpe. Sind beide Pumpen zugleich in Betrieb, dann ist der Behälter in 35 Minuten voll. In wieviel Minuten füllt die erste Pumpe allein den Behälter?

Lösung:
Die erste Pumpe soll allein in x Minuten den Behälter füllen. Ist V das Volumen des Behälters, dann ist durch die erste Pumpe in 1 Minute der Volumenteil $\dfrac{V}{x}$ gefüllt. Die zweite Pumpe füllt in einer Minute den Volumenteil $\dfrac{V}{x-24}$. Beide Pumpen zugleich füllen in einer Minute den Volumenteil

$$\frac{V}{x} + \frac{V}{x-24}$$

und in 35 Minuten den gesamten Behälter

$$\left(\frac{V}{x} + \frac{V}{x-24}\right) 35 = V$$

oder

$$\frac{1}{x} + \frac{1}{x-24} = \frac{1}{35}$$

Durch äquivalente Umformung ergibt sich die Normalform der quadratischen Gleichung für x:

$x^2 - 94x + 840 = 0$

mit den Lösungen

$x_1 = 84$
$x_2 = 10$

x_2 ist keine Lösung, da $10 - 24$ einen negativen Zeitraum ergibt.

Ergebnis:
Die erste Pumpe füllt allein in 84 Minuten den Behälter.

8.5 Wurzelgleichungen

Die Wurzelgleichungen stellen eine nicht scharf umrissene Klasse von Gleichungen dar. Sie sind dadurch gekennzeichnet, daß die Unbekannte x im Radikanden einer Quadratwurzel auftritt. Über die Existenz und Anzahl von Lösungen bei solchen Gleichungen kann man keine eindeutigen Aussagen machen.

Eine direkte Auflösung ist nur in einfachen Fällen möglich. Sie läuft darauf hinaus, die Wurzel zu isolieren, d.h. allein auf eine Seite der Gleichung zu schaffen, um dann durch Quadrieren die Wurzel zu beseitigen.

Beispiel 8.18:

$$3 - 2\sqrt{x} = 0$$
$$2\sqrt{x} = 3 \quad 4x = 9 \Rightarrow \underline{\underline{x = 2,25}}$$

Probe:

$$3 - 2\sqrt{2,25} = 3 - 2 \cdot 1,5 = 0$$

Sind mehrere Wurzeln vorhanden, muß mehrmals quadriert werden.

Beispiel 8.19:

$$\sqrt{x+5} - \sqrt{x+3} = 2\sqrt{x+1}$$

Lösung:
Zunächst wird die Gleichung quadriert und umgeformt.

$$\begin{aligned}
(\sqrt{x+5} - \sqrt{x+3})^2 &= 4(x+1) \\
(x+5) - 2\sqrt{x+5} \cdot \sqrt{x+3} + (x+3) &= 4(x+1) \\
-2\sqrt{x+5} \cdot \sqrt{x+3} &= 4x + 4 - 2x - 8 \\
-\sqrt{x+5} \cdot \sqrt{x+3} &= x - 2
\end{aligned}$$

Die Gleichung wird ein zweites Mal quadriert

$$(x+5)(x+3) = (x-2)^2$$

und ausmultipliziert und umgeformt

$$x^2 + 8x + 15 = x^2 - 4x + 4$$
$$-12x = 11 \quad \Rightarrow \quad x = -\frac{11}{12}$$

Probe: $\sqrt{-\dfrac{11}{12}+5} - \sqrt{-\dfrac{11}{12}+3} = 2\sqrt{-\dfrac{11}{12}+1}$

$$\sqrt{\frac{49}{12}} - \sqrt{\frac{25}{12}} = 2\sqrt{\frac{1}{12}}$$

$$\frac{2}{\sqrt{12}} = \frac{2}{\sqrt{12}}$$

Beim Lösen von Wurzelgleichungen ist eine anschließende Probe unerläßlich, weil - wie bereits erwähnt - nicht jede Gleichung eine Lösung besitzt, wie folgendes Beispiel zeigt:

Beispiel 8.20:
$$\sqrt{x+5} + \sqrt{x+3} = 2\sqrt{x+1}$$

Bis auf das Vorzeichen der zweiten Wurzel stimmt dieses Beispiel genau mit dem vorhergehenden Beispiel 8.19 überein. Da das Vorzeichen während der Rechnung infolge des Quadrierens herausfällt, hat es keinen Einfluß auf das Ergebnis, so daß man auch hier $x = -\dfrac{11}{12}$ erhält (Kontrolle!).

Bei der anschließenden Probe, die immer mit der Ausgangsgleichung erfolgen muß, erhält man:

$$\sqrt{\frac{49}{12}} + \sqrt{\frac{25}{12}} = \frac{7+5}{\sqrt{12}} = \frac{12}{\sqrt{12}} \neq \frac{2}{\sqrt{12}} \quad !$$

D. h., $x = -\dfrac{11}{12}$ ist *keine* Lösung der vorgegebenen Wurzelgleichung.

Das bedeutet aber, da alle Zwischenrechnungen korrekt durchgeführt wurden, daß obige *Gleichung keine Lösung hat.*

Da bei dem Quadrieren von Wurzelgleichungen sich im allgemeinen mit dem Wegfall der Wurzel der Definitionsbereich der Unbekannten ändert, gehört das Quadrieren einer Gleichung zu den *nicht-äquivalenten Umformungen,* und die Probe ist Bestandteil der Lösung.

Beispiel 8.21:
$$\sqrt{x+15} - \sqrt{10-x} = 1$$

Lösung:
$$\sqrt{x+15} = \sqrt{10-x} + 1$$

quadrieren: $\quad x + 15 = 10 - x + 2\sqrt{10-x} + 1$
$$x + 2 = \sqrt{10-x}$$

quadrieren: $\quad x^2 + 4x + 4 = 10 - x$
$$x^2 + 5x - 6 = 0$$

woraus man über die p-q-Formel $x_1 = 1$
$$x_2 = -6$$
erhält.

Probe:
$$x_1 = 1: \quad \sqrt{1+15} - \sqrt{10-1} = 1$$
$$4 - 3 = 1$$

d. h., $\underline{\underline{x_1 = 1}}$ ist eine Lösung:

$$x_2 = -6: \quad \sqrt{-6+15} - \sqrt{10-(-6)} = 3 - 4 = -1 \neq 1$$

d. h., $x_2 = -6$ ist *keine* Lösung der Gleichung in diesem Beispiel.

Beispiel 8.22:
$$\sqrt{4x - 15} = \frac{6x - 20}{\sqrt{9x - 26}}$$

Lösung:
$$\sqrt{4x - 15} \cdot \sqrt{9x - 26} = 6x - 20$$

quadrieren:
$$(4x - 15) \cdot (9x - 26) = (6x - 20)^2$$
$$36x^2 - 239x + 390 = 36x^2 - 240x + 400$$
$$-239x + 240x = 400 - 390$$
$$x = 10$$

Probe:
$$\sqrt{4 \cdot 10 - 15} = \sqrt{25} = 5 = \frac{6 \cdot 10 - 20}{\sqrt{9 \cdot 10 - 26}} = \frac{40}{8} = 5$$

d. h., $\underline{\underline{x = 10}}$ ist Lösung dieser Gleichung.

8.6 Aufgaben

8/1 Man berechne die Nullstellen der durch nachfolgende Gleichungen gegebenen Parabeln und kontrolliere die Ergebnisse jeweils durch eine Zeichnung.
a) $y = 4x^2 + 3x$ \quad b) $y = 4x^2 - 1$
c) $y = x^2 - 4x + 4$ \quad d) $y = -2x^2 + 3x - 2$

8.2 Man löse die folgenden quadratischen Gleichungen.
a) $2x^2 - 32 = 0$
b) $\frac{3}{2}x^2 + 216 = 0$
c) $\frac{2}{7}x^2 - \frac{1}{5}x = 0$
d) $\frac{x+5}{4} = \frac{6}{x+5}$
e) $\frac{m+x}{m-x} = \frac{x+n}{x-n}$
f) $(x-a)^2 + (b-x)^2 = a^2 + b^2$

8.3 Desgl.
a) $x^2 - 2x - 3 = 0$
b) $1,5x^2 + 1,05x - 1,8 = 0$
c) $3x^2 - 30x + 87 = 0$
d) $x^2 + 5x - 26 = 0$
e) $4x^2 - 16,8x + 20,2 = 0$
f) $a^2 - x^2 = (a-x)(b+c-x)$

8.4 Desgl.
a) $\frac{5+x}{3-x} - \frac{8-3x}{x} = \frac{2x}{x-2}$
b) $\frac{x^3 - 10x^2 + 1}{x^2 - 6x + 9} = x - 3$
c) $\frac{x}{x+1} = \frac{1}{x-1}$
d) $\frac{3x-3}{3x+3} + \frac{x+1}{x-1} = 3$
e) $\frac{x}{x+1} + \frac{3x}{x-1} = \frac{5x^2 - 8}{x^2 - 1}$
f) $\frac{x-a}{x} + \frac{3a^2}{x(x+a)} = \frac{x^2}{x^2 + ax} - \frac{x-3a}{x+a}$

8.5 Wie lauten die quadratischen Gleichungen, deren Lösungen gegeben sind?
a) $x_1 = 3$, $x_2 = 4$
b) $x_1 = 2 + j$, $x_2 = 2 - j$
c) $x_1 = x_2 = 3$

8.6 Man löse die biquadratischen Gleichungen.
a) $x^4 - 14,44x^2 = 0$
b) $2x^4 + 66x^2 + 1568 = 0$
c) $\frac{x^3}{x+2} - \frac{x-2}{x} = \frac{3x^4}{x(4+2x)}$

8.7 Ein Rechteck hat die Seiten $a = 18$ cm, $b = 16$ cm. Es ist in ein Rechteck mit gleichem Flächeninhalt und dem Umfang $U = 72$ cm zu verwandeln.

8.8 Zwei orthogonal zueinander wirkende Kräfte F_1 und F_2 unterscheiden sich um 40 N. Ihre Resultierende ist $F_R = 200$ N. Wie groß sind die Kräfte?

8.9 Es sind die folgenden Wurzelgleichungen zu lösen.
a) $\sqrt{6x-11} + 6 = 7$
b) $5 - 3\sqrt{x+6} = 2$
c) $\sqrt{x+m} - \sqrt{x-m} = \frac{x+m-n}{\sqrt{x+m}}$
d) $\sqrt{2x+10} - \sqrt{4x-8} = 2$
e) $\sqrt{2x+5} = 2x - 1$
f) $\sqrt{3x-3} - \sqrt{x-3} = \sqrt{2x-4}$
g) $\sqrt{x+3} + \sqrt{2x-8} = \frac{15}{\sqrt{x+3}}$
h) $\sqrt{x+1} + \sqrt{3x+4} = 3$
i) $\sqrt{5x^2 - 3x - 4} = 2x$
k) $\sqrt{2x-1} + \sqrt{3x+10} = \sqrt{11x+9}$
l) $\sqrt{x+1} + \sqrt{3x-5} - \sqrt{x-2} - \sqrt{3x} = 0$

Kapitel 9

Exponential- und Logarithmusfunktion

9.1 Exponentialfunktion

9.1.1 Grundbegriffe und Definition

Im Abschnitt 6 wurde die Gleichung

$$w = a^n$$

hergeleitet und w als n-te Potenz von a definiert. Anschließend wurde die konstante Basis a durch die veränderliche Größe x ersetzt, und man erhielt bei konstantem Exponenten n einen von x abhängigen Potenzwert w, für den man y gesetzt hat. Damit ergab sich die Funktionsgleichung der *Potenzfunktion*

$$y = f(x) = x^n$$

Wenn man in $w = a^n$ den Exponenten n durch die veränderliche Größe x ersetzt, wird bei konstanter Basis a der Potenzwert w wieder eine von x abhängige Größe, die ebenfalls mit y bezeichnet wird.
Die so entstandene Gleichung

$$\boxed{y = f(x) = a^x} \qquad (a > 0, a \neq 1) \tag{9.1}$$

heißt E x p o n e n t i a l f u n k t i o n .
Die unabhängige Veränderliche x steht hier - im Gegensatz zur Potenzfunktion - im Exponenten. Die Basis a soll ungleich Eins sein. Für $a = 1$ erhält man die Funktion $y = 1^x$, deren Graph eine Parallele zur x-Achse im Abstand 1 ist.

Beispiel 9.1:
$$y = 1^4; \quad y = 1^{-6} = \frac{1}{a^6} = 1 \quad \text{usw.}$$

Außerdem muß die Basis $a > 0$ sein, weil der Graph der Funktion $y = a^x$ mit $a < 0$ keinen zusammenhängenden Kurvenzug ergibt.

Beispiel 9.2:
$$y = (-2)^x \quad ; \quad \text{Wertetabelle:}$$

x	-2	-1	0	1	2	3
y	$\frac{1}{4}$	$-\frac{1}{2}$	1	-2	4	-8

Wie die Tabelle zeigt, liegen die Funktionswerte abwechselnd oberhalb ($y > 0$) und unterhalb ($y < 0$) der x-Achse.

9.1.2 Graphische Darstellung

Für $x = 0$ wird $y = a^0 = 1$. Das bedeutet:
- Alle Exponentialkurven schneiden die y-Achse im Punkt $P(0; 1)$.

Wegen des Kurvenverlaufs unterscheidet man zwei Typen von Exponentialkurven:

I. Basis $a > 1$:
Die Graphen sind - mit zunehmendem x - monoton (beständig) ansteigende Kurven, die um so steiler verlaufen, je größer a ist. Aus $x \to -\infty$ folgt $y \to 0$, d. h., die x-Achse ist *Asymptote*.
(Man vergleiche zum Beispiel in Bild 9.1: $y = 2^x$ und $y = 3^x$.)

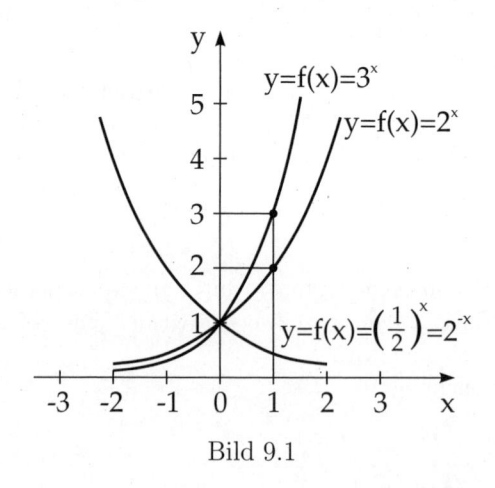

Bild 9.1

II. Basis $0 < a < 1$:
Die Graphen sind - mit zunehmendem x - monoton fallend. Für $x \to \infty$ folgt $y \to 0$. Die x-Achse ist wieder Asymptote. Mit $x \to -\infty$ geht $y \to \infty$.
(Zum Beispiel in Bild 9.1: $y = \left(\frac{1}{2}\right)^x = 2^{-x}$)

9.1 Exponentialfunktion

Zusammenfassung:
1. Die Exponentialfunktion $y = a^x$ $(a > 0, a \neq 1)$ ist für alle x definiert und
   a) monoton steigend für $a > 1$ für alle x-Werte,
   b) monoton fallend für $0 < a < 1$ für alle x-Werte.
2. Alle Exponentialfunktionen schneiden die y-Achse bei $y = 1$.
3. Die Exponentialfunktion besitzt nur positive Funktionswerte, hat also keine Nullstellen. Es gilt:

$$y = a^x \to 0 \quad \text{für} \quad x \to -\infty \, (a > 1)$$
$$y = a^x \to 0 \quad \text{für} \quad x \to +\infty \, (0 < a < 1).$$

4. Die Graphen von $y = a^x$ und $y = \left(\dfrac{1}{a}\right)^x = a^{-x}$ verlaufen symmetrisch zur y-Achse (s. Bild 9.1, $y = 2^x$ und $y = \left(\dfrac{1}{2}\right)^x$).

Anmerkung: Besteht der Exponent aus einer linearen Funktion von x, etwa $mx + n$, so erhält man

$$y = a^{mx+n} = a^{mx} \cdot a^n = C \cdot A^x \tag{9.2}$$

mit $C = a^n$ und $A = a^m$.
Die neue Funktion kann man sich durch Verschiebung der Funktion $y = A^x$ in x-Richtung entstanden denken (Verschiebung nach links für $C > 1$ und nach rechts für $0 < C < 1$ (Bild 9.2). Ein negatives $C\,(C < 0)$ bewirkt eine Spiegelung der Funktion $y = |C| \cdot A^x$ an der x-Achse.

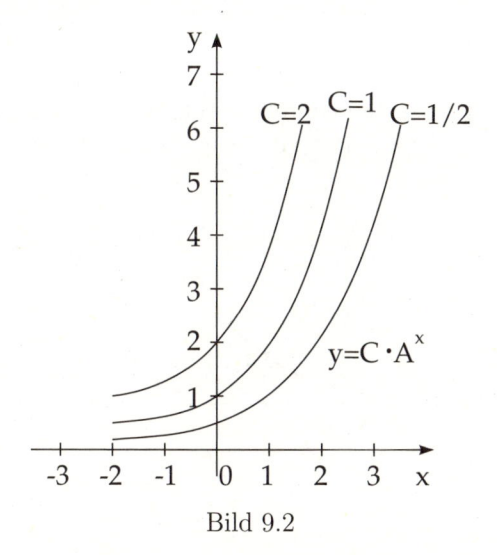

Bild 9.2

9.1.3 e-Funktion

Unter den Exponentialfunktionen gibt es eine, die für Theorie und Praxis besondere Bedeutung erlangt hat. Ihre Basis ist eine Irrationalzahl, die mit e bezeichnet wird. Man erhält sie, wenn man in dem Ausdruck $\left(1 + \frac{1}{n}\right)^n$ die Größe n über alle Grenzen $(n \to \infty)$ wachsen läßt. Zum Beispiel erhält man für

$$n = 10 : \left(1 + \frac{1}{10}\right)^{10} = 2,5937$$

$$n = 1000 : \left(1 + \frac{1}{1000}\right)^{1000} = 2,7169$$

Für $n \to \infty$ folgt:

$$\lim_{n \to \infty} \left(1 + \frac{1}{n}\right)^n = e = 2,718281\ldots$$

Die e-F u n k t i o n

$$\boxed{y = e^x} \tag{9.3}$$

ist dadurch gekennzeichnet, daß sie die y-Achse unter einem Winkel von 45° schneidet, wie mit der Differentialrechnung beweisen werden kann. In Wissenschaft und Technik sind folgende drei Formen der e-Funktion von großer Wichtigkeit:

$$\boxed{y = Y_0 e^{kx}} \tag{9.4}$$

$$\boxed{y = Y_0 e^{-kx}} \tag{9.5}$$

$$\boxed{y = Y_0(1 - e^{-kx})} \tag{9.6}$$

mit Y_0 und k als positive konstante Größen (Bild 9.3). Gl. (9.4) stellt die allgemeine e-Funktion dar. Sie beschreibt z. B. jegliches natürliche Wachstum *(Wachstumsfunktion)*.

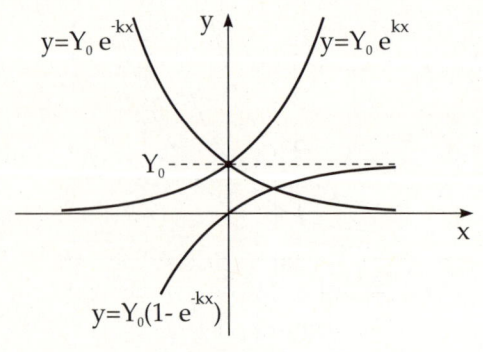

Bild 9.3

Beispiel 9.3:
Legt man ein Anfangskapital K_0 zum Zeitpunkt 0 mit einem Zinssatz von p bei stetiger Verzinsung t Jahre fest, so beträgt das Endkapital

$$K(t) = K_0 e^{pt}$$

Damit wäre ein Pfennig, den man im Jahre Null (an Christi Geburt) auf ein Sparbuch eingezahlt hätte, bei einem Zinssatz von $p = 3\% = 0,03$ bis $t = 1993$ bei stetiger Verzinsung auf einen Betrag von

$$K(1993) = 1 \cdot e^{0,03 \cdot 1993} = 9,26 \cdot 10^{25} \quad \text{Pfennige}$$

oder $9 \cdot 10^{23}$ DM angewachsen.
Das ist ein Vermögen von 9 Milliarden mal 100 000 Milliarden DM!

Beispiel 9.4:
Im Jahr 1985 lebten auf der Erde rund 4,83 Milliarden, das sind $4,83 \cdot 10^9$ Menschen. Der Geburtenüberschuß (die Wachstumsrate) betrug zu der Zeit rund 1,7%, bezogen auf die Gesamtbevölkerung.

Wie viele Menschen werden - vorausgesetzt, daß sich die Wachstumsrate nicht ändert -
a) im Jahr 2000, also 15 Jahre später,
b) im Jahr 2985, also 1000 Jahre später, vorhanden sein?

Lösung:
a) $Y_0 = 4,83 \cdot 10^9$; $\quad k = 0,017$; $\quad t = 15$ Jahre. Mit Gl. (9.4) erhält man $Y(15) = 4,83 \cdot 10^9 \cdot e^{0,017 \cdot 15} = 6,23$ Milliarden Menschen.
b) $Y_0 = 4,83 \cdot 10^9$; $\quad k = 0,017$; $\quad t = 1000$ Jahre. Gl. (9.4) liefert $Y(1000) = 4,83 \cdot 10^9 \cdot e^{0,017 \cdot 1000} = 1,17 \cdot 10^{17}$ Menschen.

Es kämen also im Jahr 2985 auf jeden Quadratmeter der Erdoberfläche, die Berge, Ozeane und Polargebiete mit eingeschlossen, 229 Menschen.

Gl. (9.5) ist in der Elektrotechnik bei Einschwing- und Entladungsvorgängen wichtig. Mit ihr läßt sich die Energieabnahme längs Leitungen (Dämpfung), aber auch die Zerfallszeiten radioaktiver Stoffe berechnen (*Abklingfunktion*).

Beispiel 9.5:
Die Entladung eines Kondensators mit der Kapazität C über einen Widerstand R (Bild 9.4) läuft nach der Gleichung

$$u(t) = U_0 \cdot e^{-\frac{1}{R \cdot C}} = U_0 \cdot e^{-\frac{1}{\tau}}$$

mit U_0 als Ausgangsspannung und $\tau = R \cdot C$ als Zeitkonstante ab. Nach einer Entladezeit von z. B. $t = 6\tau$ sind nur noch $u(t) = U_0 \cdot e^{-6} = 0,0025 \cdot U_0$, das heißt 0.25 % der Ausgangsspannung vorhanden. Eine besondere Form der Abklingfunktion ist durch die Gleichung

$$\boxed{y(t) = (Y_0 - Y_1) \cdot e^{-kt} + Y_1} \tag{9.5a}$$

gegeben. Sie beschreibt physikalische Vorgänge, bei denen eine Ausgangsgröße Y_0 mit der Zeit nicht bis Null, sondern bis zu einer bestimmten Endgröße Y_1 abklingt.

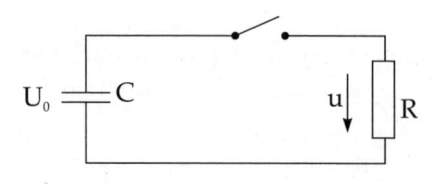

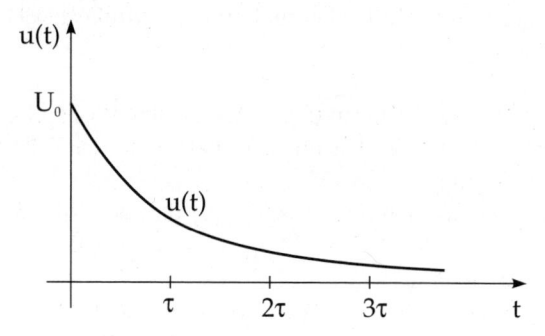

Bild 9.4: Entladevorgang bei einem Kondensator

Beispiel 9.6:
Ein Körper wird von der Anfangstemperatur T_0 zur Zeit $t = 0$ durch vorbeiströmende Luft der (konstanten) Temperatur T_1 gekühlt ($T_0 > T_1$).

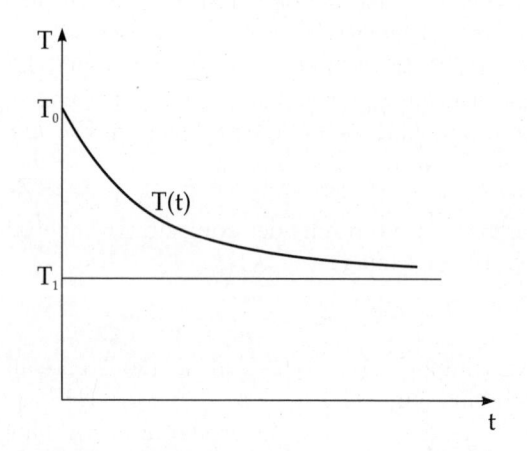

Bild 9.5: Abkühlungsgesetz nach NEWTON

9.1 Exponentialfunktion

Mit der Zeit t nimmt seine Temperatur $T(t)$ nach dem *Abkühlungsgesetz* von NEWTON (N e w t o n , Isaac, 1643-1727; engl. Physiker und Mathematiker)

$$T(t) = (T_0 - T_1) \cdot e^{-kt} + T_1$$

ab, bis er schließlich ($t \to \infty$) die Temperatur T_1 der vorbeiströmenden Luft erreicht (Bild 9.5). Durch Gl. (9.6) lassen sich in der Elektrotechnik Ein- und Ausschaltvorgänge in Stromkreisen und in der Aerodynamik, z. B. das Flugverhalten von Fallschirmspringern, beschreiben.

Beispiel 9.7a:
Wird ein Stromkreis (Bild 9.6) mit ohmschem Widerstand R und Induktivität L in Reihenschaltung an eine Gleichspannung U_0 geschaltet, so erreicht die Stromstärke i ihren vollen Wert $i_0 = \dfrac{U_0}{R}$ wegen der Trägheit des Magnetfeldes der Induktionsspule nicht sofort. Sie gehorcht vielmehr dem Exponentialgesetz Gl. (9.6) mit

$$Y_0 = i_0 = \frac{U_0}{R}; \quad k = \frac{R}{L} = \frac{1}{\tau} \quad \tau\text{: Zeitkonstante}$$

$$i(t) = \frac{U_0}{R}\left(1 - e^{-\frac{R}{L} \cdot t}\right) = i_0\left(1 - e^{\frac{t}{\tau}}\right)$$

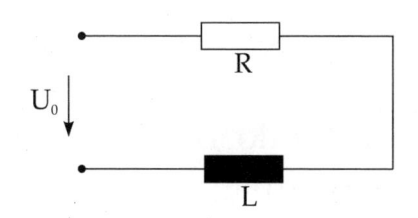

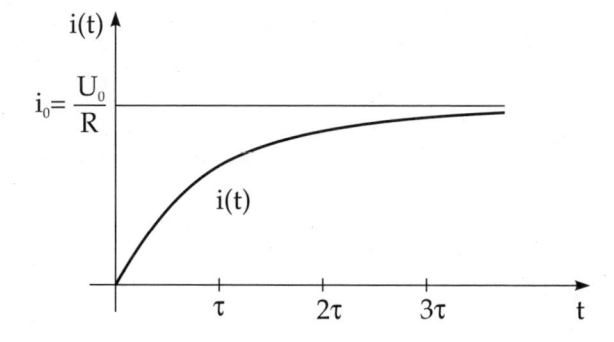

Bild 9.6: Einschaltvorgang im induktiv belasteten Gleichstromkreis

Für $t = \tau$ hat die Stromstärke 63,2 % ihres Endwertes i_0 erreicht, denn dann ist

$$i(t) = i_0(1 - e^{-1}) = 0{,}632 \cdot i_0$$

Für $t = 3\tau$ ist bereits

$$i_0(1 - e^{-3}) = 0,95 \cdot i_0$$

Da mit wachsendem t der Term $e^{-\frac{t}{\tau}}$ gegen Null strebt, ist nach einiger Zeit die Stromstärke praktisch $\dfrac{U_0}{R}$, was der Aussage des Ohmschen Gesetzes entspricht.

Beispiel 9.7b:
Untersucht man, mit welcher Geschwindigkeit $v(t)$ ein Fallschirmspringer fällt, so findet man, wenn der Luftwiderstand F proportional der Fallgeschwindigkeit, also $F = c \cdot v$ angesetzt wird, was bei niedrigen Geschwindigkeiten durchaus der Fall ist, eine zu Gl. (9.6) entsprechende Beziehung:

$$v(t) = \frac{m \cdot g}{c}\left(1 - e^{-\frac{c}{m} \cdot t}\right)$$

mit m als Masse des Fallschirmspringers, g als Fallbeschleunigung und c als Proportionalitätsfaktor, der von den Abmessungen des Fallschirms abhängt.

Anzumerken ist noch, daß sowohl durch Linearkombinationen der e-Funktion weitere technisch wichtige Kurven dargestellt werden können, wie die *Hyperbelfunktionen* und Funktionen, die das Schwingungsverhalten gedämpfter Schwingungen beschreiben, als auch dadurch, daß man statt „x" im Exponenten von e „x^2" schreibt. Dadurch erhält man Funktionen der Form $y = Y_0 \cdot e^{-kx^2}$, die als *Gaußsche Verteilungskurven* in der Wahrscheinlichkeitsrechnung von großer Bedeutung sind.

9.2 Logarithmische Funktion, Logarithmenrechnung

9.2.1 Logarithmische Funktion

Im Abschnitt 7 wurde die Potenzgleichung
$$w = a^n$$

durch die Rechenart *Wurzelziehen* (Radizieren) nach der Basis a aufgelöst:
$$a = \sqrt[n]{w} \qquad (a > 0, \quad w > 0, \quad n \in N)$$

Um die Gleichung $w = a^n$ nach dem Exponenten n aufzulösen, muß eine neue Rechenart, das L o g a r i t h m i e r e n (griech. *logos arithmos*, Verhältniszahl), eingeführt werden. Man schreibt:

$$\boxed{n = \log_a w} \tag{9.7}$$

und liest
„n ist gleich dem Logarithmus w zur Basis a".
Die Zahl w heißt der zum *Logarithmus n* und zur Basis a gehörende *Numerus*, d. h., der Logarithmus einer Zahl ist also der Exponent, mit dem man die Basis potenzieren muß, um die Zahl (Numerus) zu erhalten;

9.2 Logarithmische Funktion, Logarithmenrechnung

mit anderen Worten:

- Den Logarithmus berechnen bedeutet, den Exponenten n einer Potenz zu bestimmen.

Beispiele:

9.8. $\log_4 16 = n$, $n = 2$, denn $4^2 = 16$
9.9. $\log_3 81 = n$, $n = 4$, denn $3^4 = 81$
9.10. $\log_2 32 = n$, $n = 5$, denn $2^5 = 32$
9.11. $\log_{10} 10 = n$, $n = 1$, denn $10^1 = 10$

Folgerungen:

I. $\boxed{\log_a a = 1}$ denn $a^1 = a$ \hfill (9.7a)

II. $\boxed{\log_a 1 = 0}$ denn $a^0 = 1$ \hfill (9.7b)

Verändert man in Gl. (9.7) w bei konstanter Basis a, ändert sich auch n. Diesen Sachverhalt drückt man wieder durch Einführung der Variablen $x = w$ und $y = n$ aus:

$$\boxed{y = \log_a x} \quad (a > 0, \quad a \neq 1) \tag{9.8}$$

Die Gleichung (9.8) beschreibt die l o g a r i t h m i s c h e   F u n k t i o n. Sie ist die Umkehrfunktion (*inverse* Funktion) der Exponentialfunktion Gl. (9.1):

$$y = a^x$$

Man erhält sie, indem man Gl. (9.1) nach x auflöst (vgl. Abschnitt 4.3)

$\quad x = \log_a y$ (aufgelöste Funktion)

und anschließend x und y miteinander vertauscht

$\quad y = \log_a x$ (Umkehrfunktion).

Ihr Graph entsteht durch Spiegelung des Graphen der Exponentialfunktion an der 1. Winkelhalbierenden $y = x$ (Bild 9.7).
Die Basis a der Logarithmusfunktion ist positiv, ungleich Eins und im allgemeinen größer als Eins. Die Logarithmusfunktion ist nur für $x > 0$ definiert, denn aus $y = \log_a x$ folgt $a^y = x$, und wegen $a > 0$ ist auch $a^y = x > 0$ für jedes y. Da für jede Basis $a \log_a 1 = 0$ gilt, haben alle logarithmischen Funktionen die gemeinsame Nullstelle $x = 1$. Hier schneiden sich ihre Funktionskurven auf der x-Achse. Die y-Achse ist für alle logarithmischen Funktionsgraphen Asymptote.

Aus Bild 9.7 lassen sich folgende gemeinsame Eigenschaften der Logarithmusfunktionen $y = \log_a x$ für $a > 1$ (die logarithmischen Funktionen mit der Basis $0 < a < 1$ sind praktisch ohne Bedeutung) herleiten:

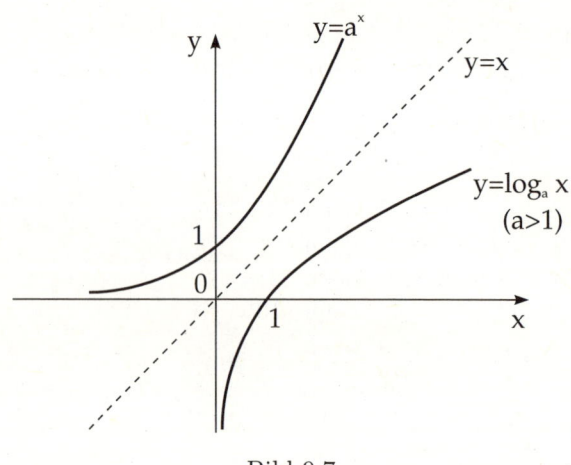

Bild 9.7

1. Der Definitionsbereich für $y = \log_a x$ ist $0 < x < \infty$. Es gibt nur Logarithmen mit positiven Numeri (Mehrzahl von Numerus).
2. Die logarithmische Funktion ist im ganzen Definitionsbereich (streng) monoton steigend und hat bei $x = 1$ die einzige Nullstelle. Also ist:
   - $\log_a x < 0$ für $0 < x < 1$
     $\log_a x = 0$ für $x = 1$
     $\log_a x > 0$ für $x > 1$
3. Strebt x vom Positiven her gegen Null, so geht der Logarithmus gegen minus Unendlich.

   $x \to 0+ \implies \log_a x \to -\infty$

$\log_a 0$ existiert nicht, denn $a^y = 0$ ist wegen $a \neq 0$ für kein y erfüllt.

Von besonderer Bedeutung sind die Logarithmusfunktionen mit
(1) der Basis $a = 10$. Diese Logarithmen bilden das *dekadische* oder *BRIGGSsche* Logarithmensystem (Briggs, Henri, 1560 - 1630, engl. Mathematiker). Ihre Bezeichnung ist

$$\boxed{y = \log_{10} x = \lg x} \qquad (9.9)$$

(2) der Basis $a = e = 2{,}7182\ldots$. Diese Logarithmen bilden das *natürliche* oder *NEPERsche* Logarithmensystem (Neper oder Napier, John, schottischer Lord, 1550 - 1617). Ihre Bezeichnung:

$$\boxed{y = \log_e x = \ln x} \qquad (9.10)$$

(ln x wird gelesen „EL-EN-X" oder „logarithmus naturalis x").
Bild 9.8 zeigt die Graphen beider Funktionen.

9.2 Logarithmische Funktion, Logarithmenrechnung

Der Vollständigkeit halber sei noch die logarithmische Funktion mit der Basis 2 erwähnt:

$$x = \log_2 x = \text{lb}\, x \tag{9.11}$$

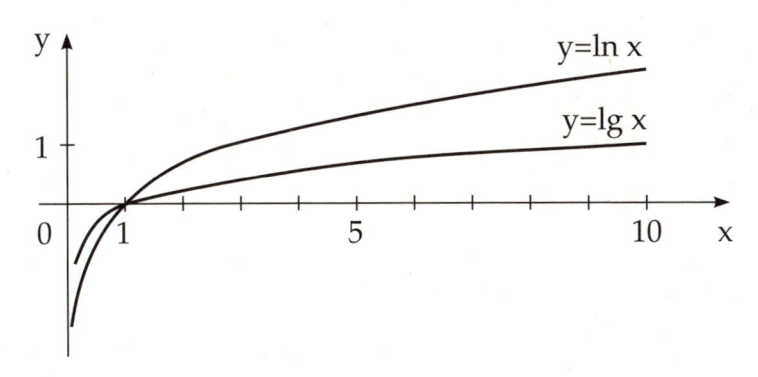

Bild 9.8

Die Funktionswerte der logarithmischen Funktionen werden mittels unendlicher Potenzreihen (TAYLOR-Reihen), (Taylor, Brook, 1685 - 1731, engl. Mathematiker), berechnet. Die Werte wurden in *Logarithmentafeln* zusammengestellt. Die dekadischen und natürlichen Logarithmen erhält man heute sofort mit dem Taschenrechner.

Theoretisch würde es genügen, die Logarithmen e i n e r Basis zu kennen, weil mit Hilfe der Potenzgesetze eine Umrechnung auf andere Basen möglich ist.

Dazu bedient man sich der Eigenschaft, daß die Funktionswerte logarithmischer Funktionen mit verschiedenen Basen zueinander proportional sind, was durch die Gleichung

$$\log_a x = \frac{\log_b x}{\log_b a} \tag{9.12}$$

ausgedrückt wird.

Für die beiden wichtigsten logarithmischen Systeme (Basis e und 10) lautet die Gleichung

$$\lg x = \frac{\ln x}{\ln 10} \tag{9.12a}$$

Schließlich wird noch der Begriff der *logarithmischen Identität* erwähnt. Man versteht darunter, daß sich jede Größe x mittels ihres Logarithmus in Exponentialform schreiben läßt:

$$x = e^{\ln x} \qquad x = 10^{\lg x} \tag{9.13}$$

Auf der rechten Seite jeder Gleichung stehen jeweils zueinander inverse Funktionsvorschriften, die sich bekanntlich aufheben, so daß das Argument x übrigbleibt.

Beispiel 9.12:
$$3 = e^{\ln 3} = 10^{\lg 3} = a^{\log_a 3}$$

allgemein:
$$w = e^{\ln w} = 10^{\lg w} = a^{\log_a w}, w > 0 \tag{9.14}$$

In den Gleichungen (9.13) und (9.14) wurde zuerst logarithmiert und danach potenziert. Vertauscht man die Reihenfolge der beiden Rechenoperationen, erhält man:
$$w = \ln e^w = \lg 10^w = \log_a(a^w) \tag{9.15}$$

Beispiel 9.13:
$$4 = \ln e^4 = \lg 10^4 = \log_a a^4$$

(Die Kontrolle mittels Taschenrechner zeigt:
$\ln e^4 = \ln 54,59815 = 4,000000000$
$\lg 10^4 = \lg 10000 = 4,000000000$)

9.2.2 Rechnen mit Logarithmen

Die Logarithmen aller Zahlen zu derselben Basis bilden ein Logarithmensystem. Da die Logarithmen Exponenten sind, gelten für die Logarithmen eines Systems die Gesetze für das Rechnen mit Potenzen mit gleichen Grundzahlen; außerdem lassen sie sich deshalb auch nur bei den Rechenarten zweiter Stufe (dem *Potenzieren* und *Radizieren*) anwenden. Es müssen also Rechenregeln für folgende Ausdrücke entwickelt werden:

$$\log_a(u \cdot v); \quad \log_a\left(\frac{u}{v}\right); \quad \log_a u^n; \quad \log_a \sqrt[n]{u}$$

Dazu setzt man

$$u = a^p \text{ und } v = a^q$$
$$p = \log_a u; \quad q = \log_a v$$

Dann ist

I. $\log_a(u \cdot v) = \log_a(a^p \cdot a^q) = \log_a a^{p+q} = p + q = \log_a u + \log_a v$

d. h. $\boxed{\log_a(u \cdot v) = \log_a u + \log_a v} \tag{9.16}$

In Worten:

- Der Logarithmus eines Produktes ist gleich der Summe der Logarithmen der einzelnen Faktoren.

9.2 Logarithmische Funktion, Logarithmenrechnung

II. $\log_a\left(\dfrac{u}{v}\right) = \log_a(a^p : a^q) = \log_a(a^{p-q}) = p - q = \log_a u - \log_a v$

d. h. $\boxed{\log_a(u : v) = \log_a u - \log_a v}$ \hfill (9.17)

In Worten:

- Der Logarithmus eines Bruches ist gleich der Differenz der Logarithmen von Zähler und Nenner.

III. $\log_a u^n = m$ \hfill (I)

Beide Seiten werden als Exponenten der Basis a geschrieben:

$$a^{\log_a u^n} = u^n = a^m \implies u = a^{m/n}$$

Beide Seiten der letzten Gleichung werden zur Basis a logarithmiert:
$\log_a u = m/n \implies m = n \cdot \log_a u$ \hfill (II)
Gleichsetzen von Gl. (I) und Gl. (II) ergibt:

$$\boxed{\log_a u^n = n \cdot \log_a u} \hfill (9.18)$$

In Worten:

- Der Logarithmus einer Potenz ist gleich dem Produkt aus dem Exponenten und dem Logarithmus der Basis.

IV. Ist n eine natürliche Zahl, so kann man entsprechend zu III. nachweisen, daß

$$\boxed{\log_a \sqrt[n]{u} = \tfrac{1}{n} \cdot \log_a u} \hfill (9.19)$$

gilt.

In Worten:

- Der Logarithmus einer Wurzel ist gleich dem Quotienten aus dem Logarithmus des Radikanden und dem Wurzelexponenten.

Somit werden durch das Logarithmieren die Rechenarten der zweiten Stufe auf die der ersten die der dritten Stufe auf die der zweiten zurückgeführt. Darin lag früher für das praktische Rechnen die Bedeutung der Logarithmen. Zahlenrechnungen werden heute mit Taschenrechnern und Computern durchgeführt. Trotzdem haben die Logarithmen ihre Bedeutung, z. B. für die Umformung von Termen oder das Lösen von Exponentialgleichungen, behalten.

Zu den Beispielen 9.14 bis 9.16: Die folgenden Aufgabenbeispiele wurden mittels Taschenrechner gelöst. Da Taschenrechner gewöhnlich nur eine lg- und eine ln-Taste haben, wurde entweder mit der Basis 10, also $\log_{10} x = \lg x$, oder mit der Basis e, also $\log_e x = \ln x$, gerechnet.

Beispiel 9.14:

a) $\lg(5 \cdot 10) = \lg 5 + \lg 10 = 0,699 + 1,000 = 1,699$
oder $\lg 50 = 1,699$

b) $\lg \left(\dfrac{5}{10}\right) = \lg 5 - \lg 10 = 0,699 - 1,000 = -0,301$
oder $\lg 0,5 = -0,301$
Schreibt man die letzte Gleichung in Exponentenform, so erhält man

$$\underbrace{10^{\lg 0,5}}_{=0,5} = 10^{-0,301} = \dfrac{1}{10^{0,301}} = 0,5$$

Der Logarithmus wird negativ für Numeri kleiner als 1 (s. Bild 9.6).

c) $\ln \dfrac{3 \cdot 4}{6} = \ln 3 + \ln 4 - \ln 6 = 1,099 + 1,386 - 1,792 = 0,693$
oder $\ln 2 = 0,693$

d) $\ln 3^3 = 3 \cdot \ln 3 = 3 \cdot 1,099 = 3,296$ oder $\ln 27 = 3,296$

e) $\lg \sqrt[4]{81} = \frac{1}{4} \cdot 1,908 = 0,477$
oder $\lg 3 = 0,477$

f) Man berechne die dekadischen Logarithmen der natürlichen Zahlen von 1 bis 9 auf 7 Dezimale hinter dem Komma, wenn bekannt sind:
$\lg 2 = 0,3010300$; $\lg 3 = 0,4771213$; $\lg 7 = 0,8450980$

Lösung:

$\lg 1 = 0,0000000$; $\quad \lg 2 =$ siehe oben
$\lg 3 =$ siehe oben; $\quad \lg 4 = \lg(2 \cdot 2) = \lg 2 + \lg 2 = 0,6020600$
$\lg 5 = \lg \dfrac{10}{2} = \lg 10 - \lg 2 = 0,6989700$
$\lg 6 = \lg(2 \cdot 3) = \lg 2 + \lg 3 = 0,7781513$
$\lg 7 =$ siehe oben
$\lg 8 = \lg 2^3 = 3 \cdot \lg 2 = 0,9030900$
$\lg 9 = \lg 3^2 = 2 \cdot \lg 3 = 0,9542426$

Beispiel 9.15: Man logarithmiere die folgenden Terme

a) $\lg \dfrac{\sqrt[2]{ab}}{c^3(d+e)} = \lg \sqrt[2]{a \cdot b} - \lg[c^3(d+e)]$
$\qquad\qquad\quad = \dfrac{1}{2}(\lg a + \lg b) - 3 \lg c - \lg(d+e)$

$\lg(d+e)$ läßt sich nicht weiter zergliedern.

b) $\ln \sqrt[2]{a \cdot \sqrt[3]{b^2 - c^2}} = \dfrac{1}{2}\left[\ln a + \dfrac{1}{3}\ln(b^2 - c^2)\right]$

9.2 Logarithmische Funktion, Logarithmenrechnung

Beispiel 9.16: Man fasse zu einem Logarithmus zusammen:

$$2\ln p + \ln q - \frac{1}{3}\ln r = \ln \frac{p^2 \cdot q}{\sqrt[3]{r}}$$

$$2\ln(a-b) + \frac{1}{4}\left(\ln(c+d) - \frac{1}{3}\ln e\right) = \ln\left[(a-b)^2 \cdot \sqrt[4]{\frac{c+d}{\sqrt[3]{e}}}\right]$$

Beispiel 9.17:
Die folgenden Zahlenbeispiele müssen zunächst mittels Gl. (9.12) in das dezimale oder das natürliche Logarithmensystem umgeschrieben werden, da nur diese beiden Systeme im Rechner programmiert sind.

a) $\log_a(u \cdot v) = \dfrac{\lg(u \cdot v)}{\lg a} = \dfrac{1}{\lg a} \cdot (\lg u + \lg v)$

b) $\log_3(4 \cdot 5) = \dfrac{\lg(4 \cdot 5)}{\lg 3} = \dfrac{1}{0,477} \cdot (0,602 + 0,699) = \dfrac{1,301}{0,477} = 2,728$

  oder $\log_3 20 = \dfrac{\lg 20}{\lg 3} = \dfrac{1,301}{0,477} = 2,728$

c) $\log_{0,5} \sqrt[3]{5} = \dfrac{\ln \sqrt[3]{5}}{\ln 0,5} = \dfrac{\frac{1}{3} \cdot \ln 5}{\ln 0,5} = \dfrac{1,609}{3 \cdot (-0,693)} = -0774$ (Bild 9.9)

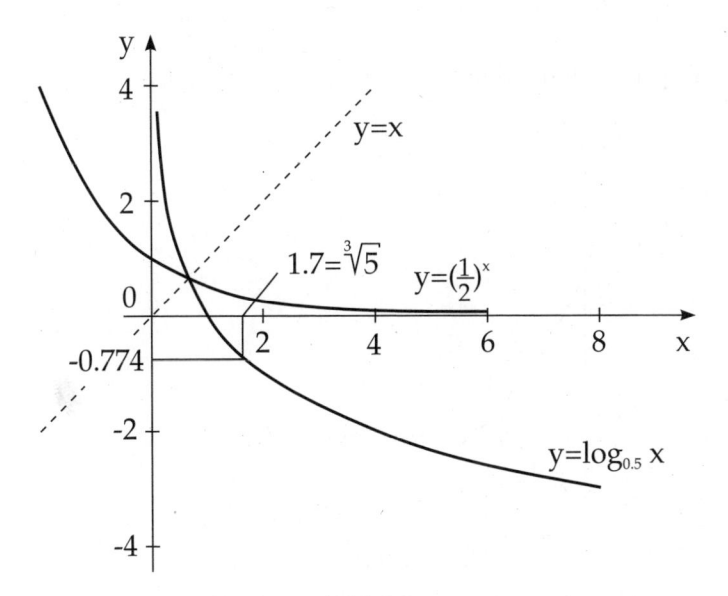

Bild 9.9

Kontrolle:

$$0,5^{\log_{0,5} \sqrt[3]{5}} = 0,5^{-0,774} = \frac{1}{0,5^{+0,774}} = \frac{1}{0,585} = 1,71$$
$$\downarrow$$
$$\sqrt[3]{5} = 1,71$$

Beispiel 9.18:
Beim radioaktiven Zerfall einer Substanz liegen zur Zeit t noch

$$N(t) = N_0 \cdot e^{-kt}$$

Atome vor, wenn N_0 der Anfangsbestand war und k die Zerfallskonstante ist.

Wie groß ist die *Halbwertszeit* T, das ist diejenige Zeit, nach der der Bestand unzerfallener Atome auf die Hälfte abgesunken ist?
Lösung:
Setzt man den Ansatz $N(T) = \frac{1}{2} N_0$ (nach der Zeit $t = T$ soll der Anfangsbestand der Atome auf die Hälfte zurückgegangen sein) in die Ausgangsgleichung ein mit $t = T$

$$\frac{1}{2} N_0 = N_0 \cdot e^{-kT}$$
$$\frac{1}{2} = e^{-kT}$$

und logarithmiert beide Seiten: $\ln \frac{1}{2} = -kT \cdot \ln e$, erhält man über $\ln 1 - \ln 2 = -\ln 2 = -kT$ schließlich die Halbwertszeit $T = \frac{\ln 2}{k}$ (Bild 9.10).

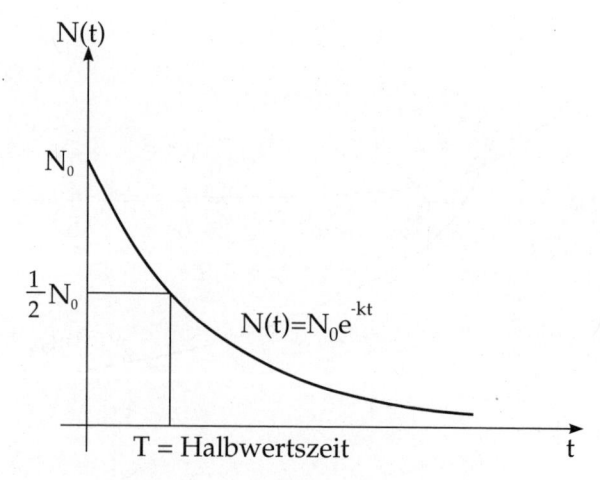

Bild 9.10: Radioaktive Zerfallskurve
$N(t) = N_0 \cdot e^{-kt}$

9.2.3 Geschichtliches

Betrachtungen über die Gesetzmäßigkeiten des logarithmischen Rechners findet man zuerst bei dem Augustinermönch MICHAEL STIFEL (1487 - 1567), einem Zeitgenossen und Freund Martin Luthers. Er erkannte beim Vergleich arithmetischer und geometrischer Reihen, daß es möglich sein müsse, die Multiplikation von Zahlen auf die Addition von Hochzahlen zurückzuführen. Begeistert von diesem Gedanken, war es ihm jedoch nicht möglich, Logarithmen zu berechnen und eine Tafel der Logarithmen aufzustellen.

Der Ruhm, die erste Logarithmentafel berechnet zu haben, gebührt dem Schweizer JOST BRÜGI (1552 - 1632). In den Jahren 1603 - 1611, in denen BRÜGI als Mechaniker in Kassel am Hofe des Landgrafen von Hessen lebte, unterzog er sich der mühevollen Arbeit, eine Tafel der Logarithmen zur Basis $\left(1 + \dfrac{1}{10^4}\right)^4$ zu berechnen.

Sie blieb aber zunächst unveröffentlicht. Erst nachdem BRÜGI in die Dienste des Kaisers Rudolf II. trat und nach Prag übersiedelte, veröffentlichte er auf Drängen seines Freundes JOHANNES KEPLER (1571 - 1630) seine Tafeln. Sie erschienen in Prag im Jahre 1620, bürgerten sich jedoch aus praktischen Gründen nicht ein. Unabhängig von Brügi beschäftigte sich, etwa zur selben Zeit, der Schotte NEPER (1550 - 1617) mit der Aufstellung einer Logarithmentafel. Er wählte als Grundzahl $e = 2,718\ldots$ Sein Werk erschien bereits 1614 in Edinburgh. In der Veröffentlichung seiner Tafeln kam er also zeitlich dem Schweizer Brügi zuvor. Von ihm stammt das Wort „Logarithmus". Seine Logarithmen mit der Basis e heißen *natürliche Logarithmen*. Zur selben Zeit, durch Nepers Entdeckungen angeregt, begann der Engländer HENRY BRIGGS (1560 -1630) seine Tafeln zu berechnen. Er kam auf den Gedanken, die Zahl 10 als Basis zu wählen. 1624 veröffentlichte er ein Tafelwwerk, in dem die Zehnerlogarithmen der ersten 20000 Zahlen auf 14 Dezimalen nach dem Komma berechnet waren. Nach ihm heißen die *Zehnerlogarithmen* auch *Briggssche Logarithmen*.

Die Darstellung der Logarithmen auf einer Geraden, die logarithmische Leiter, stammt von einem Zeitgenossen Briggs', dem englischen Theologen GUNTER. Aus solchen „Gunterskalen" hat sich der „Rechenschieber" entwickelt.

Die Auffassung, daß das Logarithmieren eine Umkehrung des Potenzierens ist, geht auf den deutschen Mathematiker LEONARD EULER (um 1750) zurück.

Die Erfindung der Logarithmen brachte den damaligen Mathematikern und Astronomen eine sehr große Erleichterung des Rechnens. So sagte der französische Mathematiker und Astronom Marquis Pierre Simon de LAPLACE (1749 - 1827): „Die Erfindung der Logarithmen kürzt monatelang währende Berechnungen bis auf einige Tage ab und verdoppelt dadurch sozusagen das Leben der Rechnenden."

Die Logarithmenrechnung - vereinfacht durch Logarithmentafeln und Rechenstäbe (Rechenschieber) - bildete bis ins 20. Jahrhundert die einzige Möglichkeit, numerische Rechnungen zu vereinfachen. Heute hat sie durch die Computer, insbesondere durch die Taschenrechner, ihre Bedeutung für das praktische Rechnen weitgehend verloren.

Der Begriff des Logarithmus dient jedoch auch heute noch als Arbeitsmittel in vielen Bereichen der höheren Mathematik, z. B. in der Differential- und Integralrechnung, bei Differentialgleichungen, in der Funktionentheorie und in der Potentialtheorie, und wird in den verschiedensten Gebieten von Naturwissenschaft und Technik verwendet.

In der *Astronomie* dient als Maß für die Helligkeit m eines Sterns nicht die Energie I der Strahlung, die das Auge trifft, sondern der Logarithmus dieser Strahlungsenergie. Es gilt

$$m - m_0 = -2,5 \cdot \lg \frac{I}{I_0}$$

wobei I_0 die Strahlungsenergie bei einer Helligkeit m_0 und I die bei einer Helligkeit m ist.

Das Gesetz kann als Spezialfall des WEBER-FECHNERSCHEN Gesetzes gelten, *wonach sich die Empfindung proportional mit dem natürlichen Logarithmus des Reizes ändert; d. h., es werden nicht gleiche Reizdifferenzen, sondern gleiche Reizquotienten als gleich empfunden.*

In der *Meteorologie* läßt sich mittels der *barometrischen Höhenformel*

$$h - h_0 = 18,4 \cdot (\lg b_0 - \lg b)$$

über den Barometerstand b_0 in einer Höhe h_0 die Höhe h mit Barometerstand b berechnen.

In der *Akustik* berechnet sich die Schallintensität L (dB) in Dezibel nach der Gleichung

$$L = 10 \cdot \lg \frac{I}{I_0} \qquad (dB)$$

mit $I_0 = 10^{-12}$ W/m^2 (Watt pro Flächeneinheit) als kleinste Schallintensität, die ein menschliches Ohr wahrnehmen kann, und I als gemessene Schallintensität. Die Hörgrenze liegt, wie gesagt, bei etwa 0 dB; ein elektronisch verstärktes Rockkonzert erreicht rund 120 dB.

Schließlich benötigt man die Logarithmenrechnung noch für die Lösung von *Exponentialgleichungen* und bei der Verwendung von speziellem Funktionspapier, dem sog. *logarithmischen Papier* (s. Abschnitt 9.2.5).

9.2.4 Exponentialgleichungen

Definition:
- Gleichungen, bei denen die Lösungsvariable im Exponenten auftritt, heißen E x p o n e n t i a l g l e i c h u n g e n .

Die meisten Gleichungen dieser Art kann man dadurch lösen, daß man - oft erst nach einigen Umformungen - beide Seiten logarithmiert, wenn dadurch die Lösungsvariable x in einen Faktor verwandelt werden kann.

Beispiel 9.19:
$$10^x = 5$$

Lösung:
$$x \cdot \lg 10 = \lg 5$$
$$\underline{x = \lg 5 = 0,699} \qquad \text{(weil} \quad \lg 10 = 1\text{)}$$

Beispiel 9.20:
$$12^x = 144$$

Lösung:
$$x \cdot \lg 12 = \lg 144$$
$$x = \frac{\lg 144}{\lg 12} = \frac{2,158}{1,079} = 2$$

Statt mit dem Zehnerlogarithmus hätte man auch mit dem natürlichen Logarithmus rechnen können:
$$x \cdot \ln 12 = \ln 144 \qquad \underline{x = \frac{\ln 144}{\ln 12} = 2}$$

Beispiel 9.21:
$$3^{x-7} = 9^{x+4}$$

Lösung:
$$(x-7) \cdot \lg 3 = (x+4) \cdot \lg 9$$
$$x \lg 3 - 7 \lg 3 = x \lg 9 + 4 \lg 9$$
$$x(\lg 3 - \lg 9) = 7 \lg 3 + 4 \lg 9$$
$$x = \frac{7 \cdot \lg 3 + 4 \lg 9}{\lg 3 - \lg 9} = \frac{7 \cdot 0,477 + 4 \cdot 0,954}{0,477 - 0,954}$$
$$\underline{x = -15}$$

Probe:
$$3^{-15-7} = 3^{-22} = 9^{-11}$$
$$(3^2)^{-11} = 9^{-11}$$

Beispiel 9.22:
$$15^{\frac{x+1}{x-1}} = 225$$

Lösung:
$$\frac{x+1}{x-1} \cdot \lg 15 = \lg 225$$
$$\frac{x+1}{x-1} = \frac{\lg 225}{\lg 15} = \frac{2,352}{1,176} = 2$$
$$x + 1 = 2(x-1) \quad \Rightarrow \quad \underline{x = 3}$$

Probe:
$$15^{\frac{3+1}{3-1}} = 15^2 = 225$$

Beispiel 9.23:
$$\sqrt[x+1]{5^{x+2}} \cdot \sqrt[3x]{5^{3x-2}} = 25$$

Lösung:

$$5^{\frac{x+2}{x+1}} \cdot 5^{\frac{3x-2}{3x}} = 25$$

$$5^{\frac{x+2}{x+1}+1-\frac{2}{3x}} = 25$$

$$5^1 \cdot 5^{\frac{x+2}{x+1}-\frac{2}{3x}} = 25 \quad |:5$$

$$5^{\frac{(x+2)\cdot 3x - 2(x+1)}{3x(x+1)}} = 5$$

logarithmieren:

$$\frac{3x^2 + 6x - 2x - 2}{3x(x+1)} \cdot \lg 5 = \lg 5 \quad |:\lg 5$$

$$3x^2 + 4x - 2 = 3x^2 + 3x$$

$$\underline{\underline{x = 2}}$$

Probe:

$$5^{\frac{2+2}{2+1}} \cdot 5^{\frac{3\cdot 2-2}{3\cdot 2}} = 5^{\frac{4}{3}} \cdot 5^{\frac{4}{6}}$$

$$= 5^{\frac{8}{6}+\frac{4}{6}} = 5^{\frac{12}{6}} = 5^2 = 25$$

Beispiel 9.24:

$$2^{2x+2} = 65 \cdot 2^x - 16$$

Lösung:

In diesem Fall ist es nicht sinvoll, die Gleichung sofort zu logarithmieren:

$$(2x+2) \cdot \lg 2 = \lg(65 \cdot 2^x - 16),$$

weil sich dadurch keine Vereinfachung ergibt.

Man muß vielmehr zunächst einige Umformungen vornehmen, damit das anschließende Logarithmieren zum Lösen der Gleichung beiträgt.

$$(2^x)^2 \cdot 2^2 = 65 \cdot 2^x - 16.$$

Setzt man $2^x = t$, so erhält man eine gemischt-quadratische Gleichung in t:

$$4t^2 - 65t + 16 = 0, \qquad t^2 - \frac{65}{4}t + 4 = 0$$

die nach der p-q-Formel aufgelöst wird:

$$t_{1/2} = \frac{65}{8} \pm \sqrt{\left(\frac{65}{8}\right)^2 - 4} = \frac{65}{8} \pm \sqrt{\frac{4225}{64} - \frac{256}{64}}$$

$$= \frac{65}{8} \pm \sqrt{\frac{3969}{64}} = \frac{65}{8} \pm \frac{63}{8}$$

$$t_1 = 16; \quad t_2 = \frac{1}{4}$$

Mit $t = 2^x$ oder $x = \frac{\lg t}{\lg 2}$ folgt:

$$x_1 = \frac{\lg 16}{\lg 2} = \frac{1,204}{0,301} \qquad \underline{\underline{x_1 = 4}}$$

$$x_2 = \frac{\lg 0,25}{\lg 2} = -\frac{0,602}{0,301} \qquad \underline{\underline{x_2 = -2}}$$

Beide x-Werte erfüllen die Ausgangsgleichung.

Beispiel 9.25:
Wieviel Jahre muß ein Kapital $K_0 = 800$ DM mit einem Zinssatz von $p = 5\%$ angelegt werden, um ein Endkapital von $K_n = 1000$ DM zu erreichen?

Lösung:
Geht man - wie es bei Sparkassen und Banken üblich ist -von einer jährlichen und nicht von einer stetigen Verzinsung aus, so gilt die Zinsformel:

$$K_n = K_0(1+p)^n$$

(Im Gegensatz zu Beispiel 9.3 wird hier statt der Zeit t die Anzahl der Jahre n angegeben).
Diese Gleichung muß nach n aufgelöst werden, weil nach den Jahren gefragt ist:

$$\lg \frac{K_n}{K_0} = n \cdot \lg(1+p)$$

und mit obigen Werten

$$\lg \frac{1000}{800} = n \cdot \lg(1+0,05)$$
$$\lg 1,25 = n \cdot \lg 1,05$$
$$n = \frac{0,0969}{0,0212} = 4,57 \approx 5 \text{ Jahre}$$

Beispiel 9.26:
Wie lautet die Exponentialfunktion $y = Y_0 \cdot e^{kx}$, deren Graph durch die beiden Punkte $P_1(2;1)$ und $P_2(-2;0,6)$ verläuft?

Lösung:
Für P_1 gilt: $1 = Y_0 \cdot e^{2k}$ \hfill (I)
und für P_2: $0,6 = Y_0 \cdot e^{-2k}$ \hfill (II)
Die Division von (I) : (II) ergibt

$$\frac{1}{0,6} = 1,67 = e^{4k} \Longrightarrow \ln 1,67 = 4k$$
$$k = \boxed{0,128} \quad \text{(III)}$$

(III) in (I) $\quad 1 = Y_0 \cdot e^{2 \cdot 0,128}$

$$Y_0 = \frac{1}{e^{0,256}} = 0,774 \quad \underline{y = 0,774 e^{0,128x}} \quad \text{(Bild 9.11)}$$

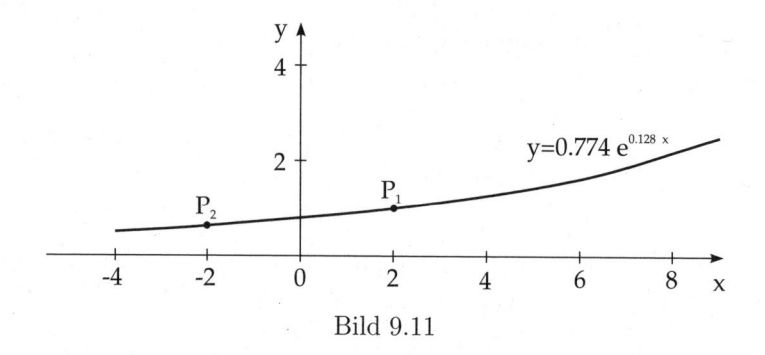

Bild 9.11: $y = 0.774\, e^{0.128\, x}$, with points P_2 and P_1 marked.

9.2.5 Funktionspapiere mit logarithmischem Maßstab

Zur graphischen Darstellung einer Funktion mit einer unabhängigen Veränderlichen $y = f(x)$ wurde bisher stets das kartesische Koordinatensystem verwendet, das aus zwei zueinander orthogonalen Zahlengeraden, der x-Achse und der y-Achse, besteht. Beide Koordinatenachsen waren mit den gleichen Maßeinheiten versehen (vergleiche Abschnitt 4.1). In bestimmten Fällen hat es sich jedoch als zweckmäßig erwiesen, *unterschiedliche Maßeinheiten längs der beiden Koordinatenachsen* zu wählen. Das Bild der betreffenden Funktion erscheint dann gegenüber dem gewöhnlichen Bild gestaucht oder gestreckt. In der N o m o g r a p h i e[1] (griechisch *nomos*, Gesetz: *graphein*, schreiben) zum Beispiel streckt man häufig Bildkurven zu Geraden.

Die Geradenstreckung wird durch Einzeichnen der Bildpunkte in geeignet gewählte *Funktionspapiere*, auch *Funktionsnetze* genannt, erreicht. Ein Funktionspapier erhält man, wenn man die Achsen eines rechtwinkligen Koordinatensystems jeweils mit einer *Funktionsleiter* versieht und auf Grund dieser Unterteilung die zueinander parallelen Netzlinien zieht. Angewendet wird die Geradenstreckung einer Funktionskurve u. a. bei physikalischen Versuchen. Will man beispielsweise bei einem physikalischen Vorgang eine bestimmte mathematische Gesetzmäßigkeit nachweisen, so trägt man die Meßwerte in geeignete Funktionspapiere ein und findet die Vermutung bestätigt, falls die Punkte auf einer Geraden liegen.

Nachfolgend werden Funktionspapiere mit logarithmischer Teilung, sog. *Logarithmenpapiere* (logarithmische Netze), vorgestellt. Man unterscheidet dabei:

- *einfach-logarithmisches Papier*, auch *halb-logarithmisches* oder *Exponentialpapier* genannt, und
- *doppelt-logarithmisches Papier*, auch als *logarithmisches* oder *Potenzpapier* bezeichnet.

---

[1] Durch diese Bezeichnung soll zum Ausdruck gebracht werden, daß in Nomogrammen funktionale, d. h. gesetzmäßige Zusammenhänge zwischen veränderlichen Größen, die sich in Form einer Gleichung ausdrücken lassen, bildlich dargestellt werden. Aus der geometrischen Darstellung des jeweiligen funktionalen Zusammenhangs zwischen mehreren Veränderlichen in einem Nomogramm soll man zusammengehörige Werte der betreffenden Veränderlichen ablesen können. Besonders zur Erleichterung der Arbeit bei wiederkehrenden Rechnungen hat sich das Nomogramm als Rechenhilfsmittel in fast allen technischen Bereichen gut bewährt.

9.2.5.1 Einfach-logarithmisches Papier

Auf der x-Achse ist gewöhnlich eine lineare Unterteilung $x = X$ vorgenommen, während die y-Achse mit einer logarithmischen Teilung $Y = \lg y$ versehen wird. Zeichnet man beispielsweise die Exponentialfunktion $y = 2^x$ in dieses Netz ein, so erhält man, wenn man die Gleichung logarithmiert

$$\lg y = x \cdot \lg 2$$

und für $\lg y = Y$; $x = X$; $\lg 2 = a$ setzt, die *Gleichung einer Geraden*

$$Y = a \cdot X$$

Da eine Gerade bekanntlich durch zwei Punkte eindeutig festgelegt ist, genügt es, aus der Gleichung $y = 2^x$ zwei Punkte zu berechnen, z. B. $P_1(0;1)$ und $P_2(3;8)$, und in das logarithmische Netz einzutragen (Bild 9.12). Die Verbindungslinie der beiden Punkte ist der gesuchte Graph von $y = 2^x$, auf welcher als Kontrollpunkt $P_3(2;4)$ liegen muß.

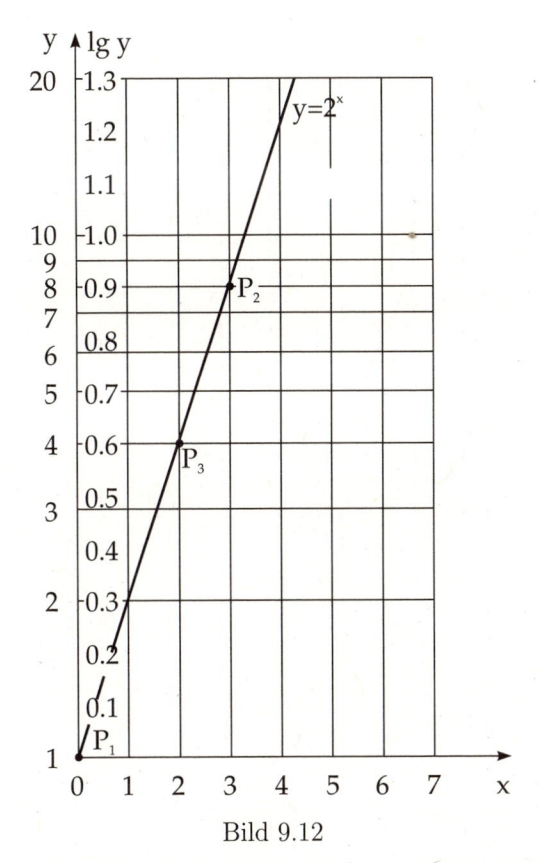

Bild 9.12

Da auf einfach-logarithmischem Papier jede *Exponentialfunktion* der Form $y = k \cdot A^x$ zu einer Geraden gestreckt wird,

$$\lg y = \lg k + x \cdot \lg A \quad \text{oder} \quad Y = a \cdot x + C$$

heißt diese Funktionspapier auch *Exponentialpapier*.

Man kann es sich selbst herstellen, indem man ein rechtwinkliges Koordinatensystem auf Millimeterpapier zeichnet, die waagerechte Achse linear unterteilt und auf der senkrechten Achse z. B. innen die lg y-Werte - als lineare Skala - und außen die zugehörigen Numeri - in logarithmischer Teilung - anschreibt (s. Bild 9.12), entsprechend einer *Logarithmentabelle*:

y	1	2	3	4...
$\lg y$	0	0,301	0,471	0,621...

Einfach-logarithmisches Papier ist auch in den verschiedensten Maßstäben im Handel erhältlich (Bild 9.13).

Beispiel 9.27:

Man stelle den Graphen der Funktion $y = \dfrac{1}{2} e^{-x}$ in einem geeigneten Funktionspapier als Gerade dar.

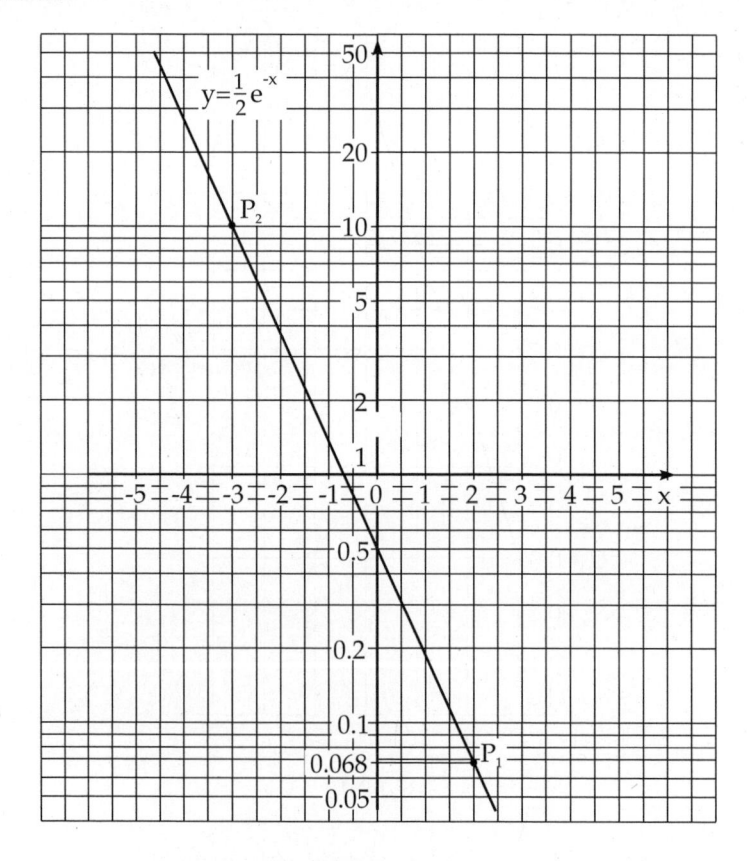

Bild 9.13

Lösung:
Da es sich um eine Exponentialfunktion handelt, verwendet man einfach-logarithmisches Papier. Logarithmiert man obige Gleichung, erhält man eine Gerade mit negativer Steigung entsprechend Bild 9.13:

$$\lg y = \lg \frac{1}{2} - x \cdot \lg e$$
$$\text{oder} \quad Y = -0,301 - 0,434 \cdot X$$

Zwei Punkte $P_1(2; 0,068)$ und $P_2(-3; 10,042)$ genügen zum Zeichnen des Graphen, der - als Kontrolle - die y-Achse bei $y = 0,5$ schneiden muß.

9.2.5.2 Doppelt-logarithmisches Papier

Beide Achsen sind mit einer logarithmischen Teilung versehen, die man entsprechend der Teilung der y-Achse in Bild 9.12 vornehmen kann. Doppelt-logarithmisches Papier ist ebenfalls im Handel zu erwerben (Bild 9.14).

Man nennt es auch P o t e n z p a p i e r, weil auf ihm der Graph einer Potenzfunktion

$$y = a \cdot x^n$$

zu einer Geraden gestreckt wird. Logarithmiert man beide Seiten der Gleichung, erhält man

$$\lg y = \lg a + n \cdot \lg x \quad \text{oder}$$
$$Y = n \cdot X + C$$

mit $Y = \lg y$; $X = \lg x$ und $C = \lg a$.

Beispiel 9.28:
Man zeichne den Graphen der Funktion $y = 3x^{\frac{1}{2}}$ in einem geeigneten Funktionspapier als Gerade.

Lösung:
Gemäß dem Satz, daß eine Gerade durch zwei Punkte eindeutig festgelegt ist, berechnet man z. B.

$$P_1(4; 6) \qquad P_2(100; 30),$$

zeichnet beide Punkte in ein doppelt-logarithmisches Koordinatensystem ein und verbindet sie durch eine Gerade, die den Graphen von $y = 3 \cdot x^{\frac{1}{2}}$ darstellt (s. Bild 9.14). Zum Beispiel kann man für $x = 9$ dann $y = 9$ ablesen. Dasselbe Ergebnis erhält man auch aus der Funktionsgleichung:

$$y = 3 \cdot 9^{\frac{1}{2}} = 3 \cdot \sqrt{9} = 3 \cdot 3 = 9$$

Zu beachten ist beim Arbeiten mit logarithmischen Papieren, das bei logarithmischen Skalen keine negativen Werte auftreten können.

Bild 9.14

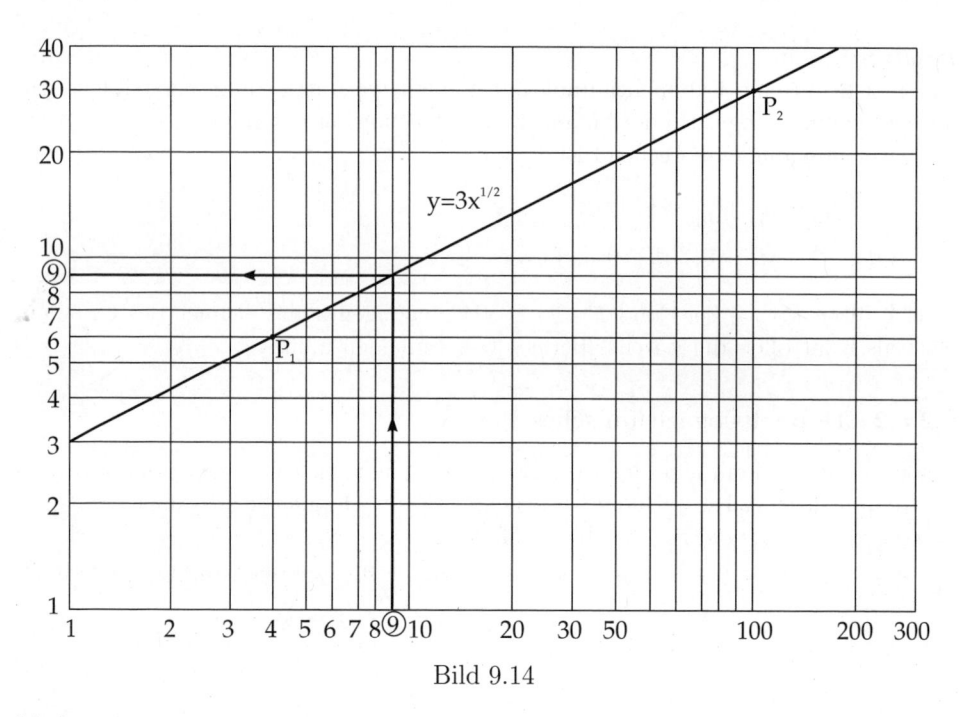

Merke:
Exponentialpapier:
In der Exponentialgleichung $y = a^x$ $(a > 0)$ kann zwar x negativ gewählt werden (s. Bild 9.13), aber y ist immer positiv.

Potenzpapier:
Logarithmiert man die Potenzgleichung $y = x^n \Rightarrow \lg y = n \cdot \lg x$, erkennt man, daß x und y nur positiv sein dürfen, weil der Logarithmus von negativen Numeri nicht definiert ist.

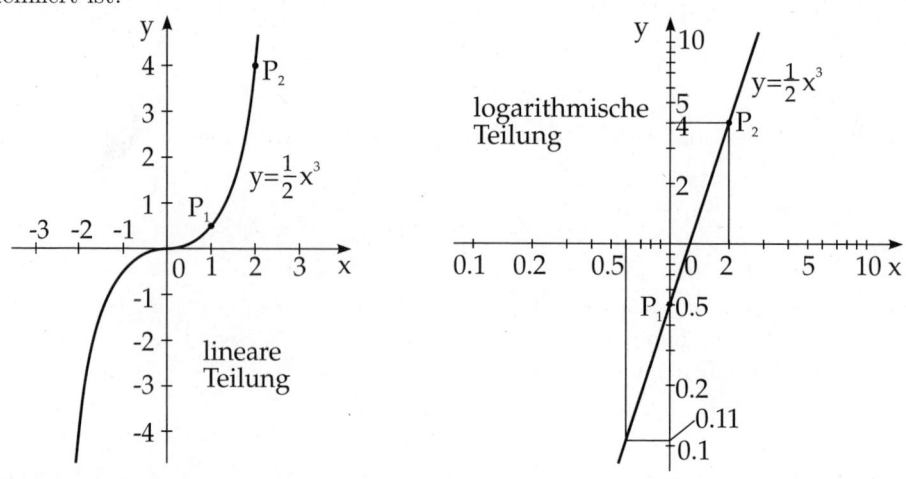

Bild 9.15

Überträgt man demnach Parabeln n-ter Ordnung - das sind die Graphen der Potenzfunktion $y = x^n$ - in doppelt-logarithmisches Papier, läßt sich jeweils nur der rechte Zweig ($x > 0$) der Parabeln darstellen (Bild 9.15).

9.3 Aufgaben

9.1 Gegeben sei eine zeitabhängige Exponentialfunktion
$$y(t) = K(1 - e^{-\frac{t}{T}})$$
(K und T sind konstante Größen). Man berechne
  a) y für $t \to \infty$, also $y(\infty)$
  b) y zur Zeit $t = T$, also $y(T)$
  c) Zu welcher Zeit t, bezogen auf T, hat y 95% von $y(\infty)$ erreicht?

9.2 Man berechne die folgenden Ausdrücke
  a) $\lg \sqrt{10^6}$ b) $\lg \sqrt[4]{10000}$
  c) $\log_2 8$ d) $\log_6 6$
  e) $\log_3 81$ f) $\log_{0,5} \dfrac{1}{64}$
  g) $\log_2 \dfrac{1}{8}$ h) $\log_{100} 0,1$
  i) $\log_{\sqrt{3}} 27$ k) $\log_e e$
  l) $\log_{36} 1$ m) $\log_{0,2} 13$

9.3 Man berechne x aus den Gleichungen
  a) $10^x = 435$ b) $\log_2 \sqrt[2]{2^3} = x$
  c) $\log_x 25 = 2$ d) $4^{\log_4 0,01} = x$
  e) $\log_x 0,0081 = 4$ f) $\log_2 x = -5$
  g) $\log_{27} x = -\dfrac{1}{3}$ h) $x = \log_a \dfrac{1}{\sqrt[2]{a^3}}$
  i) $\log_x \dfrac{1}{m} = -1$ k) $x = \log_b \sqrt[n]{b}$

9.4 Man logarithmiere folgende Ausdrücke
  a) $\lg[(a+b)^2 \cdot \sqrt{d}]$ b) $\ln \dfrac{m-n}{\sqrt{m+n}}$
  c) $\lg \dfrac{\sqrt[2]{a}}{\sqrt[3]{a \cdot b}}$ d) $\ln \dfrac{(a+b)^2 \cdot c}{\sqrt[4]{b - c^2 d^3}}$

9.5 Man fasse zu einem Logarithmus zusammen
  a) $3 \lg u - \lg v + 2 \lg w$
  b) $\dfrac{1}{2}(\ln x - 3 \ln y)$
  c) $\ln(1-x) + \ln \dfrac{1+x}{1-x}$
  d) $\dfrac{1}{3}(\lg a + 2 \lg b) + \lg c - 3 \lg(a^2 - b^2)$

9.6 Man löse die Exponentialgleichungen
a) $2^{6x-2} = 4^{2x+3}$
b) $3^{2(x+6)} \cdot 27^{x+6} = 243$
c) $5 \cdot 2^{x+1} + 2 = 36 \cdot 2^x$
d) $3 \cdot 8^x - 3 \cdot 8^{2x-1} = 6$
e) $3^x = 25$
f) $2,254^{x-3} = 6,217$
g) $\sqrt[10]{10} = \sqrt[x]{1,3713}$
h) $\sqrt[x]{a} = b^x$
i) $\sqrt[5]{a^{2x-1}} = \sqrt[4]{a^{3x-5}}$
k) $a^{n-x} = 2b^x$

9.7 Nach wieviel Jahren verdoppelt sich ein Kapital bei einem Zinssatz von $p = 4,5\%$?

9.8 Die folgenden Formeln sind nach der angegebenen Größe umzustellen
a) $p = p_0 e^{-\frac{\rho_0 g h}{p_0}}$, $h = ?$
b) $\frac{T_1}{T_2} = \left(\frac{p_1}{p_2}\right)^{\frac{n-1}{n}}$, $n = ?$
c) $C = \frac{1 - e^{-kt}}{1 + e^{-kt}}$, $t = ?$

9.9 Man löse die logarithmischen Gleichungen
a) $3\lg(5x) = 2$
b) $\log_3 2 = x - \log_2 3$
c) $4^{3\ln x} = 15$
d) $\frac{1}{\ln x} + \frac{1}{2} = \frac{1}{2}\ln x$
e) $2\ln(x^3) - \ln(x^2) = 2,4$

Kapitel 10

Trigonometrische Funktionen

10.1 Winkel

10.1.1 Definition

Der Winkel ist das Maß einer *Drehung*. Jeder Winkel in der Ebene wird durch zwei Halbgeraden gebildet (Strahlen), die man Schenkel des Winkels nennt und die von einem Punkt, dem *Scheitel*, ausgehen. Die Halbgeraden kennzeichnen Anfangs- und Endzustand der Drehung, sie schließen den Winkel ein.

Als positive Drehrichtung ist in der Mathematik die Drehung gegen den Uhrzeiger festgelegt.

Es ist üblich, Winkel mit den kleinen Buchstaben des griechischen Alphabets zu benennen:
- α Alpha; δ Delta;
- β Beta; ϵ Epsilon;
- γ Gamma; ϕ Phi;   usw.

Sind p und q die Winkelschenkel und stellt p die Anfangslage, q die Endlage der (positiven) Drehung dar, dann werden z. B. die in den Bildern 10.1a und b dargestellten (positiven) Winkel α beschrieben. Der Teil der Ebene, der von der Halbgeraden bei der Drehung von p nach q überstrichen wird, heißt das *Innere* des Winkels.

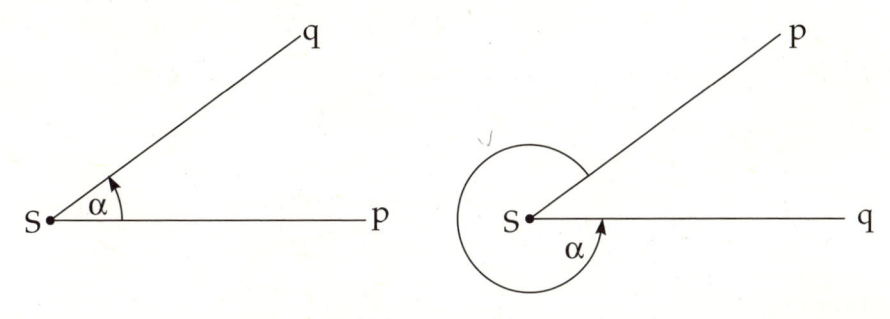

Bild 10.1a und b

Bei der eindeutigen Festlegung eines Winkels müssen also außer dem Scheitelpunkt und den Schenkeln noch das Winkelinnere angegeben werden.

Ein Winkel kann auch durch den Scheitelpunkt S und je einen Punkt A und B auf den Schenkeln festgelegt werden. Daher verwendet man bei geometrischen Konstruktionen oft die Schreibweise $\sphericalangle ASB$ (in Worten: Winkel ASB; Bild 10.2). Der mittlere Buchstabe kennzeichnet immer den Scheitel.

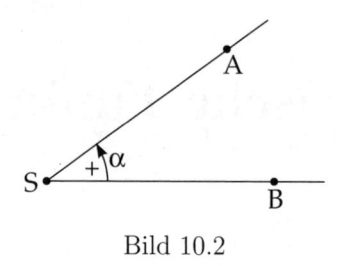

Bild 10.2

In der Geometrie sind noch einige besondere Winkelbezeichnungen üblich: *spitze Winkel* (zwischen 0° und 90°), der *rechte Winkel* (genau 90°, oft auch kurz „Rechter" genannt: $90° = 1^{\llcorner}$, Zeichen $\llcorner$), *stumpfe Winkel* (zwischen 90° und 180°), der *gestreckte Winkel* (genau 180°), der *überstumpfe Winkel* (zwischen 180° und 360°) und endlich der *Vollwinkel* (genau 360°), der auch die Grundlage jedes Winkelmaßes ist und einer vollen Umdrehung entspricht.

10.1.2 Grad- und Bogenmaß

Aus der geschichtlichen Entwicklung heraus - Winkelmessungen wurden mit Sicherheit schon vor über 5000 Jahren bei den Sumerern (im heutigen Irak) durchgeführt, um den Lauf von Sonnen, Mond und Gestirnen zu erfassen, d. h. als Grundlage der damaligen Astronomie - hat sich die 360-Grad-Einteilung eingebürgert, nach der ein Vollwinkel 360° entspricht. Der 360ste Teil eines Vollwinkels entspricht demnach e i n e m G r a d. Die weitere Unterteilung eines Grades (1°) geschieht - ähnlich wie bei der Zeit - in Minuten (') und Sekunden ("):

$$\boxed{1° = 60' = 3600''} \tag{10.1}$$

Diese Unterteilung des Grades in Minuten und Sekunden wird *sexagesimale Teilung* genannt. Praktischer ist eine *dezimale Teilung* des Grades. Zum Beispiel ist
$\alpha = 5°12'45'' = 5,2125°$.

Umrechnungen von sexagesimaler Teilung in dezimale Teilung und umgekehrt sind in den meisten Taschenrechnern programmiert. Ohne den Taschenrechner kann man die Umrechnungen mit Hilfe von Proportionen vornehmen.

Beispiel 10.1:
Der Winkel $\alpha = 5°12'45''$ ist in dezimal geteiltem Grad anzugeben.

10.1 Winkel

Lösung:

$$12' : 60' = x : 1° \quad \Rightarrow \quad x = \frac{12' \cdot 1°}{60'} = 0,2°$$

$$45'' : 3600'' = y : 1° \quad \Rightarrow \quad y = \frac{45'' \cdot 1°}{3600''} = 0,0125°$$

$$\alpha = 5° + 0,2° + 0,0125° = \underline{\underline{5,2125°}}$$

Beispiel 10.2:
Man gebe $\beta = 41,8575°$ in sexagesimaler Teilung an.

Lösung:

$$x : 60' = 0,8575° : 1° \quad \Rightarrow \quad x = \frac{60' \cdot 0,8575°}{1°} = 51,45'$$

$$y : 60'' = 0,45' : 1' \quad \Rightarrow \quad y = \frac{60'' \cdot 0,45'}{1'} = 27''$$

$$\beta = \underline{\underline{41°51'27''}}$$

Bei einer anderen Teilung des Vollwinkels, die vorwiegend im Vermessungswesen verwendet wird, entspricht dem vierhundertsten Teil des Vollwinkels ein G o n (1 gon).

$$\boxed{360° = 400 \text{ gon}} \tag{10.2}$$

Ein Gon wird dezimal unterteilt. Der tausendste Teil von einem Gon ist ein Milligon (1 mgon).

$$\boxed{1 \text{ gon } = 1000 \text{ mgon}} \tag{10.3}$$

Zum Beispiel ist
$$\alpha = 25°47'32'' = 28,6580 \text{ gon}$$

Die Umrechnung von Grad in Gon und umgekehrt ist wieder durch Proportionen oder mit dem Taschenrechner möglich.

Früher wurde 1 gon als ein Neugrad (1^g) bezeichnet und entsprechend hieß 1° auch ein Altgrad. Ein Neugrad wurde in 100 Neuminuten (^{c}), eine Neuminute in 100 Neusekunden (^{cc}) unterteilt: $1^g = 100^c = 10000^{cc}$.

Für viele Gebiete der Mathematik sind beide Gradeinteilungen ungeeignet. Man hat deshalb dort ein anderes Maß eingeführt; es wird so gewählt, daß es zum Gradmaß proportional ist. Man verwendet einen Kreis vom Radius r und gibt die Länge des Kreisbogens b an, den der Winkel α als Zentriwinkel (Mittelpunktswinkel) ausschneidet (Bild 10.3).

Die Bogenlänge b ist eindeutig durch r und α festgelegt. Sie ist beiden Größen proportional, wobei gilt:

$$\boxed{\begin{array}{cccccc} \text{Kreisumfang} & : & \text{Kreisbogen} & = & \text{Vollwinkel} & : & \text{Zentriwinkel} \\ 2 \cdot r \cdot \pi & : & b & = & 360° & : & \alpha \end{array}} \tag{10.4}$$

(α ist in Grad angegeben)

Bild 10.3

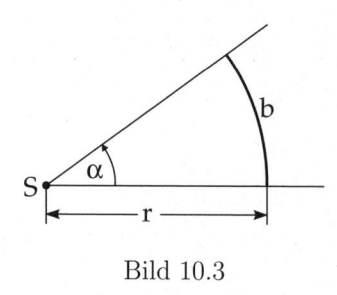

Daraus folgt, daß das Verhältnis der Längen von Kreisbogen b und Radius r nur von der Größe des zum Kreisbogen b gehörenden Zentriwinkels α abhängt:

$$\frac{b}{r} = \frac{\alpha}{360°} \cdot 2\pi = \frac{\pi}{180°} \cdot \alpha \tag{10.5}$$

Somit kann der Bogen zum Messen des zugehörigen Zentriwinkels eines Kreises benutzt werden. Das geschieht mit Hilfe des *Bogenmaßes* von α, arc α (lat. *arcus*, der Bogen), das wie folgt definiert ist:

$$\operatorname{arc} \alpha = \widehat{\alpha} = \frac{b}{r} = \frac{\alpha}{180°} \cdot \pi \tag{10.6}$$

Das Bogenmaß ist als Quotient zweier Strecken dimensionslos. Da für den Kreis mit dem Radius 1 (Einheitskreis) die Bogenlänge

$$b = \frac{\alpha}{180°} \cdot \pi \quad \text{Längeneinheiten}$$

ist, also mit dem Bogenmaß, abgesehen von der Benennung, übereinstimmt, sagt man auch:
„Das Bogenmaß ist die Maßzahl der Bogenlänge b im Einheitskreis über dem Zentriwinkel α."

Die Einheit des Winkels ist in diesem Fall der R a d i a n t, Zeichen: rad.
1 rad ist der Winkel, für den das Verhältnis der Längen von Kreisbogen und Radius gleich 1 ist, d. h., 1 rad entspricht einem Winkel von $57°17'45''$ (Bild 10.4).

$$1 \text{ rad} = 57°17'45'' = 63,6620 \text{ gon} \tag{10.7}$$

$$1° = 0,017453 \text{ rad}; \; 1 \text{ gon} = 0,015796 \text{ rad} \tag{10.8}$$

Zur Umrechnung von Grad- in Bogenmaß benutzt man die Gleichung

$$\widehat{\alpha} = \operatorname{arc} \alpha = 0,0174\alpha \tag{10.9}$$

und zur Umrechnung von Bogen- in Gradmaß die Gleichung

$$\alpha = \frac{180°}{\pi} \widehat{\alpha} = 57,3° \, \widehat{\alpha} \tag{10.10}$$

10.1 Winkel

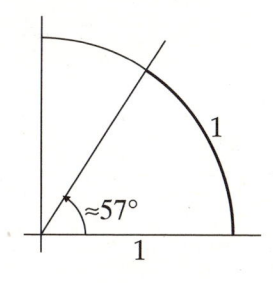

Bild 10.4

Einige wichtige Winkel in Grad- und Bogenmaß:

Gradmaß	30°	45°	60°	90°	180°	360°
Bogenmaß	$\frac{\pi}{6}$ rad	$\frac{\pi}{4}$ rad	$\frac{\pi}{3}$ rad	$\frac{\pi}{2}$ rad	π rad	2π rad

Nachdem hier die beiden Möglichkeiten, die Größe eines Winkels zu beschreiben, ausführlich erörtert worden sind, kann im weiteren je nach Zweckmäßigkeit von beiden Möglichkeiten Gebrauch gemacht werden. Zur Vereinfachung wird in Zukunft nicht zwischen dem Winkel und seiner Darstellung im Bogenmaß unterschieden: An Stelle von $\overset{\frown}{\alpha}$ = arc α wird also einfach α geschrieben.

Beispiel 10.3:

$$\alpha = 30° = \frac{\pi}{6} \text{ rad } = 0,5236 \text{ rad}$$

Da 1 rad der Winkel ist, für den $b = r$ gilt, folgt:

$$1 \text{ rad } = \frac{b}{r} = \frac{r}{r} = 1.$$

Daher kann, wenn keine Verwechslungen möglich sind, das Einheitszeichen rad auch weggelassen werden. Man kann also auch schreiben:

$$\alpha = 30° = \frac{\pi}{6} = 0,5236.$$

Eine besondere Art der Winkelmessung kommt im militärischen Bereich und im Schiffswesen vor: das *Strichmaß*. Der Vollwinkel wird dabei in 6000 Striche geteilt, die mit 0-01 bis 60-00 bezeichnet werden. Ein Winkel von einem Strich entspricht daher dem in Gradmaß angegebenen Winkel $\frac{360°}{6000} = 0,06° = 3,6'$. Durch die Strichteilung ergeben sich einfache Näherungswerte beim Entfernungsschätzen. Gehört zum Winkel α (α in Strichmaß) der Bogen b von einem Kreis mit dem Radius r, so gilt

$$2\pi r : b = 6000 : \alpha \quad \text{d. h.} \quad \boxed{b = \frac{2\pi r \alpha}{6000} \approx \frac{r \cdot \alpha}{1000}} \tag{10.11}$$

wobei $2\pi \approx 6$ gesetzt wurde.

Wählt man $r = 1$ km $= 1000$ m und $\alpha = 0-01$, so findet man als Näherungswert

$$b = \frac{r \cdot (0-01)}{1000} = 1, \quad \text{d. h.:}$$

In einer Entfernung von einem Kilometer entspricht ein Teilstrich einem Bogen von rund einem Meter.

Da der Unterschied zwischen dem Bogen und der zugehörigen Kreissehne bei diesen größeren Entfernungen vernachlässigt werden darf, erscheint ein Gegenstand, von dem man aus Erfahrung weiß, daß er 1 m lang ist, im Abstand von 1 km unter einem Winkel von $0-01$.

Die kreisförmige Skala eines Marschkompasses ist in 60 Teile geteilt. Einem Strich entspricht dann in einer Entfernumg von einem Kilometer ein Bogen von 100 Meter Länge. - Seekompasse waren dagegen früher in 32 Striche unterteilt. Dabei entsprach ein Strich $11, 25°$.

Umrechnungsbeispiele:
Beispiel 10.4:
Der Winkel $37°42'38''$ soll in Radiant und Gon ausgedrückt werden.

Lösung:
Zuerst rechnet man die Minuten und Sekunden in Dezimalteile von Grad um:

$$42' = \frac{42°}{60} = 0,7°; \quad 38'' = \frac{38°}{3600} = 0,0106°$$

d. h.: $37°42'38'' = 37,7106°$.
Mit Gleichung 10.8 erhält man

$$37,7106° = 37,7106 \cdot 0,017453 \text{ rad } = 0,65816 \text{ rad}$$

und daraus mit Gleichung (10.7)

$$37,7106° = 0,65816 \cdot 63,6620 \text{ gon } = \underline{\underline{41,89978 \text{ gon}}}$$

Beispiel 10.5:
Der Winkel $81,3389$ gon soll in Grad und Radiant umgeschrieben werden.

Lösung:
Aus der Beziehung $\dfrac{\alpha}{360°} = \dfrac{81,3389 \text{ gon}}{400 \text{ gon}}$ erhält man $\alpha = \dfrac{81,3389}{400} \cdot 360° = 73,205°$
$= 73°12'18''$ und aus der Verhältnisgleichung

$$\frac{\alpha}{2\pi} = \frac{81,3389 \text{ gon}}{400 \text{ gon}}$$

$$\alpha = \frac{81,3389}{400} \cdot 2\pi = \underline{\underline{1,277 \text{ rad}}}$$

10.1.3 Winkel an Geraden und Parallelen

Beim Schnitt zweier Geraden miteinander oder einer Geraden mit einem Parallelenpaar treten vier oder acht Winkel auf, die in sehr einfachen Beziehungen zueinander stehen. Sie werden alle aus der Tatsache abgeleitet, daß der gestreckte Winkel 180° beträgt. Trotz dieser Einfachheit sollte man sich diese Beziehungen gut einprägen, weil sie in der gesamten Geometrie eine gewisse Bedeutung haben.

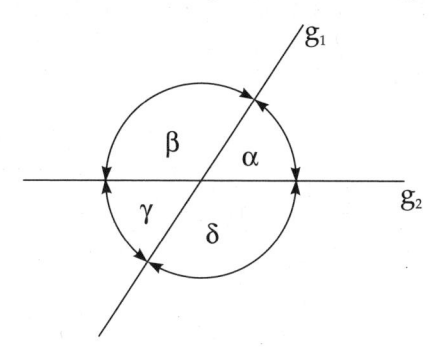

Bild 10.5

Die Beziehungen gehen aus den Bildern 10.5 und 10.6 hervor. Bei sich schneidenden Geraden (Bild 10.5) unterscheidet man:

☐ *Nebenwinkel*, z. B. α und β. Sie haben einen gemeinsamen Scheitel S und einen gemeinsamen Schenkel. Für sie gilt der Satz:
- Ein Nebenwinkelpaar ergänzt sich zu 180°.
   Weitere Paare von Nebenwinkeln sind β, γ; γ, δ und α, δ.
☐ *Scheitelwinkel*, z. B. α und γ. Sie haben einen gemeinsamen Scheitel S, aber keinen gemeinsamen Schenkel. Für sie gilt der Satz:
- Scheitelwinkel sind einander gleich, weil sie durch denselben Nebenwinkel zu 180° ergänzt werden.
   Ein zweites Paar von Scheitelwinkeln ist β, δ.

Bei dem mit einer Geraden g geschnittenen Parallelenpaar p_1, p_2 (Bild 10.6a) unterscheidet man:

☐ *Stufenwinkel*, z. B. α_1 und α_2 (Bild 10.6b). Sie liegen auf derselben Seite der schneidenden Geraden g, und zwar einer an einer der Innenseiten der einen, der andere an einer der Außenseiten der anderen der Parallelen. Weitere Paare von Stufenwinkeln sind β_1, β_2; γ_1, γ_2 und δ_1, δ_2.
☐ *Entgegengesetzt liegende Winkel*, z. B. α_1 und δ_2 (Bild 10.6c).
   Sie liegen auf derselben Seite der schneidenden Geraden g, und zwar entweder beide an den Innenseiten oder beide an den Außenseiten der Parallelen. Weitere Paare von entgegengesetzt liegenden Winkeln sind β_1, γ_2; γ_1, β_2 und δ_1, α_2.
☐ *Wechselwinkel*, z. B. α_1 und γ_2 (Bild 10.6d).
   Sie liegen auf verschiedenen Seiten der schneidenden Geraden, und zwar beide an den Innen- oder beide an den Außenseiten der beiden Parallelen. Weitere Paare von Wechselwinkeln sind β_1, δ_2; γ_1, α_2 und δ_1, β_2.

Mit Hilfe einer Parallelverschiebung und der Sätze über die Scheitel- und Nebenwinkel lassen sich für Winkel an geschnittenen Parallelen folgende *Sätze* ableiten:

- Stufenwinkel an geschnittenen Parallelen sind einander gleich.
- Wechselwinkel an geschnittenen Parallelen sind einander gleich.
- Entgegengesetzte Winkel an geschnittenen Parallelen ergänzen sich zu 180°.

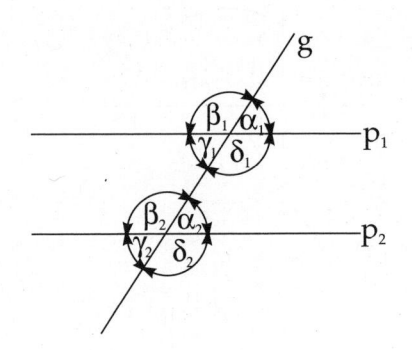

Bild 10.6a

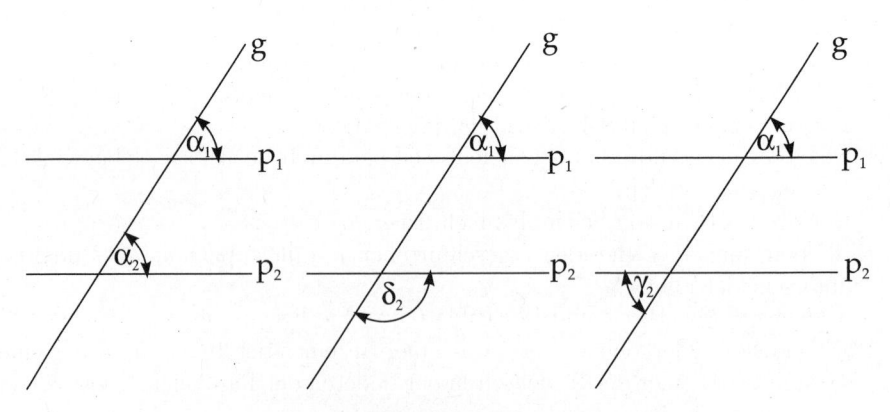

Bilder 10.6b, c und d
Winkel an geschnittenen Parallelen

Aus der Umkehrung dieser Sätze kann auf die Parallelität zweier geschnittener Geraden geschlossen werden. Wenn also z. B. zwei Winkel, die an zwei geschnittenen Geraden auftreten, wie Wechselwinkel angeordnet sind und einander gleich sind, dann sind diese Geraden einander parallel.

10.2 Winkelfunktionen

10.2.1 Definition der Winkelfunktionen

Die Winkelfunktionen - auch trigonometrische Funktionen (griech. *trigon,* das Dreieck) genannt - verdanken ihre Entdeckung oder ihre Erfindung zum großen Teil der Schiffahrt. Als es zu Beginn der Neuzeit erforderlich und möglich wurde, die Weltmeere zu befahren, mußten die Seefahrer ihren Standort und ihren Kurs auf offenem Meer bestimmen können, ohne Anhaltspunkte auf der Erdoberfläche zu haben. Als Fixpunkte (Festpunkte) blieben nur die Sonne (bei Tag) oder die Sterne (bei Nacht). Man maß neben der genauen Uhrzeit die Winkel, die verschiedene leicht auffindbare Sterne mit dem Horizont bildeten.

Aus diesen Winkeln mußte man bestimmte Sehnen und Tangenten in bezug auf die Erdkugel ausrechnen. Dabei traten Streckenverhältnisse auf, die für denselben Winkel stets gleich bleiben, so daß man Tabellen anlegen konnte, die langwierige Berechnungen ersparen. Diese Tabellen von Sehnenlängen und Tangentenprojektionen waren die Vorläufer der heutigen Winkelfunktionstabellen.

Das zugrunde liegende Prinzip wird an einem rechtwinkligen Dreieck (Bild 10.7) verdeutlicht.

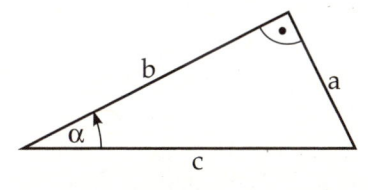

Bild 10.7

Die Dreiecksseiten, die den rechten Winkel einschließen, heißen Katheten. Die Seite a ist die *Gegenkathete*, b ist die *Ankathete* von α. Die Seite c, die dem rechten Winkel gegenüberliegt, heißt *Hypotenuse*.

In einem rechtwinkligen Dreieck bezeichnet man das Verhältnis von Gegenkathete a zur Hypotenuse c als *Sinus* (lat. *sinus,* der Bogen) des Winkels α ($\sin \alpha$, gelesen: sinus alpha) und schreibt:

$$\boxed{\sin \alpha = \frac{\text{Gegenkathete}}{\text{Hypotenuse}} = \frac{a}{c}} \qquad (10.12)$$

Entsprechend bezeichnet man das Verhältnis von Ankathete b zur Hypotenuse c als *Cosinus* [1] des Winkels α:

$$\boxed{\cos \alpha = \frac{\text{Ankathete}}{\text{Hypotenuse}} = \frac{b}{c}} \qquad (10.13)$$

---

[1] Nach neuerer Schreibweise schreibt man heute *Kosinus* und *Kotangens*. Um die Verbindung zu den Abkürzungen *cos* und *cot* zu erleichtern, wird in diesem Buch die Schreibweise mit „C" verwendet.

Das Verhältnis von Gegenkathete a zur Ankathete b heißt *Tangens* (lat. *tangere*, berühren) des Winkels α ($\tan \alpha$, gelesen: tangens α):

$$\boxed{\tan \alpha = \frac{\text{Gegenkathete}}{\text{Ankathete}} = \frac{a}{b}} \tag{10.14}$$

Das Verhältnis von Ankathete b zur Gegenkathete a wird *Cotangens* des Winkels α genannt (cot α, gelesen: cotangens α):

$$\boxed{\cot \alpha = \frac{\text{Ankathete}}{\text{Gegenkathete}} = \frac{b}{a}} \tag{10.15}$$

Zwei Beziehungen, die in der Praxis nur geringe Bedeutung haben, sollen noch erwähnt werden:

der Sekans von α : $\boxed{\sec \alpha = \frac{\text{Hypotenuse}}{\text{Ankathete}} = \frac{c}{b}}$ (10.16)

und

der Cosekans von α : $\boxed{\csc \alpha = \frac{\text{Hypotenuse}}{\text{Gegenkathete}} = \frac{c}{a}}$ (10.17)

(Sekans, lat. *secare*: schneiden)

Ändert man den Winkel α unter Beibehaltung der Länge der Hypotenuse c, so daß er in den Winkel α_1 übergeht (Bild 10.8), so ändern sich mit a und b die entsprechenden Verhältnisse in den Gleichungen (10.12) bis (10.15), d. h., die vier Größen $\sin \alpha$, $\cos \alpha$, $\tan \alpha$ und $\cot \alpha$ sind abhängig vom Winkel α.

Zwischen ihnen und dem Winkel α besteht ein *funktionaler Zusammenhang*, weshalb man diese vier Größen als W i n k e l f u n k t i o n e n oder - weil sie am Dreieck auftreten - auch als t r i g o n o m e t r i s c h e F u n k t i o n e n bezeichnet.

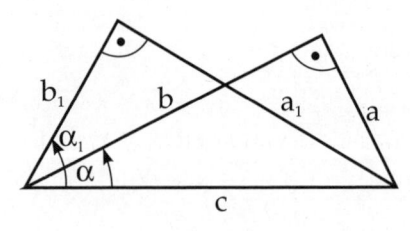

Bild 10.8

Zwischen den trigonometrischen Funktionen gelten einige Beziehungen, die sich mittels der Gleichungen (10.12) bis (10.17) herleiten lassen und ganz allgemein, d. h.

10.2 Winkelfunktionen

für beliebige Winkel α, gelten. Diese Beziehungen sind in Tabelle 10.1 (Gleichungen (10.18) bis (10.23)) zusammengestellt.

Tabelle 10.1 : Beziehungen zwischen trigonometrischen Funktionen

$\sin^2\alpha + \cos^2\alpha = 1$	(10.18)	$\tan\alpha \cdot \cot\alpha = 1$	(10.19)
$\tan\alpha = \dfrac{\sin\alpha}{\cos\alpha} = \dfrac{1}{\cot\alpha}$	(10.19a)	$\cot\alpha = \dfrac{\cos\alpha}{\sin\alpha} = \dfrac{1}{\tan\alpha}$	(10.19b)
$1 + \tan^2\alpha = \dfrac{1}{\cos^2\alpha}$	(10.20)	$1 + \cot^2\alpha = \dfrac{1}{\sin^2\alpha}$	(10.21)
$\csc\alpha = \dfrac{1}{\sin\alpha}$	(10.22)	$\sec\alpha = \dfrac{1}{\cos\alpha}$	(10.23)

Zum Beispiel folgt zur Herleitung von (10.18) aus

$$\sin\alpha = \frac{a}{c}, \quad \cos\alpha = \frac{b}{c}$$

durch Quadrieren beider Gleichungen

$$\sin^2\alpha = \frac{a^2}{c^2}, \quad \cos^2\alpha = \frac{b^2}{c^2}$$

und Addition der zwei Gleichungen

$$\sin^2\alpha + \cos^2\alpha = \frac{a^2}{c^2} + \frac{b^2}{c^2} = \frac{a^2 + b^2}{c^2} = \frac{c^2}{c^2} = 1$$

(denn nach Pythagoras ist $a^2 + b^2 = c^2$).

Man beachte dabei die Schreibweise der Potenzen der trigonometrischen Funktionen: die Hochzahl - in diesem Fall die „2"- setzt man, wie bei Potenzen aller Funktionen, direkt hinter die Funktionsvorschrift vor den Winkel α, d. h.,

$$\sin^2\alpha = (\sin\alpha)^2.$$

Hingegen wird unter der Schreibweise $\sin\alpha^2 = \sin(\alpha^2)$ verstanden, daß der Winkel α - im Bogenmaß - quadriert wird und danach von diesem Wert der Sinus berechnet werden soll.

Beispiel 10.6:

$$\sin^2 30° = \sin^2\frac{\pi}{6} = \left(\sin\frac{\pi}{6}\right)^2 = \left(\frac{1}{2}\right)^2 = \frac{1}{4}$$

aber $\quad \sin\left(\dfrac{\pi}{6}\right)^2 = \sin 0{,}524^2 = \sin 0{,}2742 = 0{,}271$

Mit den Gleichungen (10.18) bis (10.21) läßt sich jede trigonometrische Funktion durch jede andere desselben Argumentes ausdrücken, wie die Tabelle 10.2 zeigt.

Es ist zu beachten, daß die trigonometrischen Funktionen nicht nur entsprechend Bild 10.7 für Winkel im I. Quadranten (Intervall von 0° bis 90°) definiert sind, sondern auch für beliebige Winkel gelten, wie in Abschnitt 10.2.1 gezeigt wird.

Tabelle 10.2 : Beziehungen zwischen den trigonometrischen Funktionen desselben Winkels

gesucht	gegeben			
	$\sin\alpha$	$\cos\alpha$	$\tan\alpha$	$\cot\alpha$
$\sin\alpha$	$\sin\alpha$	$\pm\sqrt{1-\cos^2\alpha}$	$\dfrac{\tan\alpha}{\pm\sqrt{1+\tan^2\alpha}}$	$\dfrac{1}{\pm\sqrt{1+\cot^2\alpha}}$
$\cos\alpha$	$\pm\sqrt{1-\sin^2\alpha}$	$\cos\alpha$	$\dfrac{1}{\pm\sqrt{1+\tan^2\alpha}}$	$\dfrac{\cot\alpha}{\pm\sqrt{1+\cot^2\alpha}}$
$\tan\alpha$	$\dfrac{\sin\alpha}{\pm\sqrt{1-\sin^2\alpha}}$	$\dfrac{\pm\sqrt{1-\cos^2\alpha}}{\cos\alpha}$	$\tan\alpha$	$\dfrac{1}{\cot\alpha}$
$\cot\alpha$	$\dfrac{\pm\sqrt{1-\sin^2\alpha}}{\sin\alpha}$	$\dfrac{\cos\alpha}{\pm\sqrt{1-\cos^2\alpha}}$	$\dfrac{1}{\tan\alpha}$	$\cot\alpha$

Für Winkel im I. Quadranten (s. Bild 10.9) gelten die positiven Vorzeichen; in den übrigen Quadranten sind die Vorzeichen nach der Vorzeichentabelle (Tabelle 10.4) oder am Einheitskreis (Bild 10.10) abzulesen.

Beispiel 10.7:
Im III.Quadranten sind $\sin\alpha$ und $\cos\alpha$ negativ, dagegen $\tan\alpha$ und $\cot\alpha$ positiv; in der 2. Zeile der Tabelle 10.2 gelten für $\pi < \alpha < \dfrac{3}{2}\pi$ (III.Quadrant) die Formeln mit den negativen Vorzeichen:

$$\cos\alpha = -\sqrt{1-\sin^2\alpha} = -\frac{1}{\sqrt{1+\tan^2\alpha}} = -\frac{\cot\alpha}{\sqrt{1+\cot^2\alpha}}$$

Beispiel 10.8:
Man vereinfache den Term

$$\tan\alpha\sqrt{1-\sin^2\alpha}$$

Lösung:
Es ist mit (10.19a) und (10.18):

$$\tan\alpha \cdot \sqrt{1-\sin^2\alpha} = \frac{\sin\alpha}{\cos\alpha} \cdot \cos\alpha = \underline{\sin\alpha}$$

10.2 Winkelfunktionen

Die Funktionswerte der Winkelfunktionen für sämtliche Winkel α - auch Argumente genannt - liegen ebenso wie die Funktionswerte der logarithmischen Funktionen in Tabellenwerken vor, die man mittels sog. Reihenentwicklungen aufgestellt hat. Heute verfügen viele Taschenrechner über entsprechende Funktionstasten, durch deren Betätigung man die Funktionswerte für jedes beliebige Argument angeben kann.

Einige häufig auftretende Funktionswerte lassen sich mittels Tabelle 10.3 leicht auswendig lernen, wenn man berücksichtigt, daß

$$\frac{1}{2}\sqrt{0} = 0; \quad \frac{1}{2}\sqrt{1} = \frac{1}{2} \quad \text{und} \quad \frac{1}{2}\sqrt{4} = 1 \quad \text{sind.}$$

Tabelle 10.3 : Häufig benötigte Funktionswerte

α	0°	30°	45°	60°	90°
$\sin \alpha$	$\frac{1}{2}\sqrt{0}$	$\frac{1}{2}\sqrt{1}$	$\frac{1}{2}\sqrt{2}$	$\frac{1}{2}\sqrt{3}$	$\frac{1}{2}\sqrt{4}$
$\cos \alpha$	$\frac{1}{2}\sqrt{4}$	$\frac{1}{2}\sqrt{3}$	$\frac{1}{2}\sqrt{2}$	$\frac{1}{2}\sqrt{1}$	$\frac{1}{2}\sqrt{0}$
$\tan \alpha$	0	$\frac{1}{3}\sqrt{3}$	1	$\sqrt{3}$	∞
$\cot \alpha$	∞	$\sqrt{3}$	1	$\frac{1}{3}\sqrt{3}$	0

10.2.2 Darstellung der Winkelfunktionen am Einheitskreis

Um die trigonometrischen Funktionen Sinus, Cosinus, Tangens, Cotangens nicht nur für spitze Winkel (s. Bild 10.7), sondern allgemein für Winkel beliebiger Größe zu erklären, legt man den Betrachtungen ein kartesisches Koordinatensystem zugrunde, dessen waagerechte x-Achse und senkrechte y-Achse ein Linkssystem bilden, was bedeutet, daß seine *Drehrichtung* (Bild 10.9) der Uhrzeigerbewegung entgegengesetzt gerichtet ist und als die *mathematisch positive Drehrichtung* bezeichnet wird. Das Koordinatensystem teilt die Ebene in vier Quadranten (I bis IV). Um den Ursprung 0 sei ein Kreis mit dem Radius $r = 1$ gezeichnet, der sog. E i n h e i t s k r e i s (Bild 10.10). Ein Winkel α habe den Scheitelpunkt im Ursprung 0 und ein Schenkel falle mit der x-Achse zusammen. Der andere Schenkel drehe sich um 0, so daß α alle vier Quadranten durchläuft. Mit $\alpha_1, \ldots, \alpha_4$ sind vier Lagen der Drehung herausgegriffen. Die freien Schenkel schneiden den Einheitskreis in $B_1, \ldots, B_4$. Für $\alpha = 0$ ergibt sich der Schnittpunkt B_0.

Bild 10.9

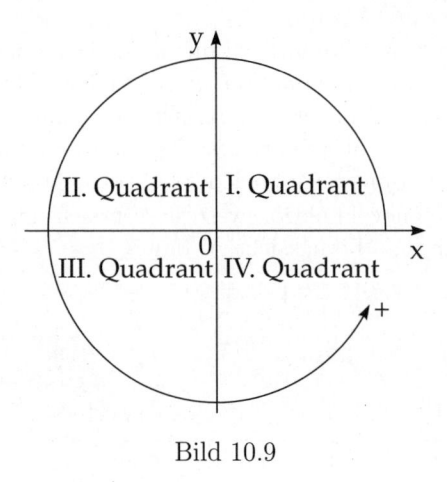

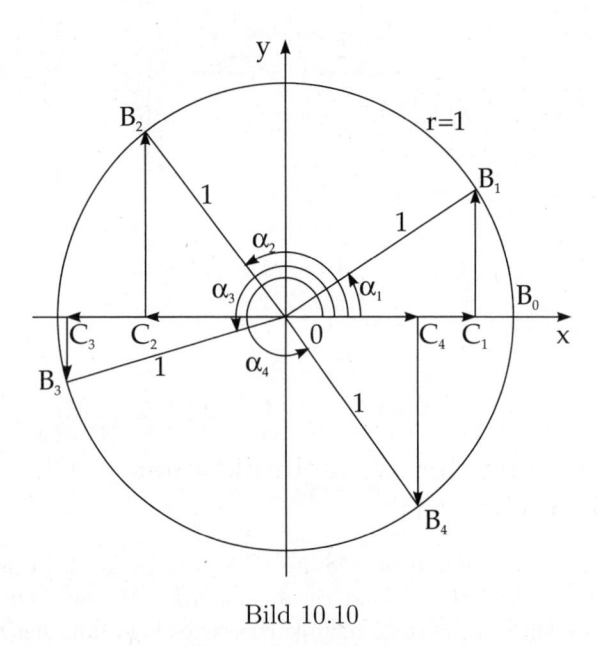

Bild 10.10

Während eines Umlaufs des freien Schenkels von α um den Koordinatenursprung durchläuft α alle Werte von 0° bis 360°, bis 400 gon oder 2π (vgl. Abschnitt 10.1.2). Auch für Winkel, die größer sind als 2π, gelten die abzuleitenden Beziehungen, weil für sie die Punkte $B_1, \ldots, B_4$ wieder dieselben Lagen einnehmen wie für Winkel zwischen 0 und 2π. Die jeweilige Lage der Punkte $B_1, \ldots, B_4$ wird durch ihre Koordinaten bestimmt. *Die Abszisse ist die senkrechte Projektion des jeweiligen Radius $r = 1$ auf die x-Achse, die Ordinate die senkrechte Projektion dieses Radius auf die y-Achse.* Ihre Maßzahlen sind z. B. für die Lage von B_3 beide negativ, d. h., $\overrightarrow{OC_3}$ ist der positiven Richtung der x-Achse entgegengesetzt und $\overrightarrow{C_3B_3}$ der positiven Richtung der y-Achse entgegengesetzt.

Im ersten Quadranten gelten, etwa im Dreieck OC_1B_1, die bekannten Definitionen für Sinus, Cosinus, Tangens, Cotangens. Es wird jetzt festgelegt, daß die gleichen Definitionen für alle Quadranten erhalten bleiben, d. h., es soll für jede Lage des Punktes B_1 gelten:

$$\boxed{\begin{aligned} \sin \alpha &= \frac{\text{Ordinate}}{\text{Hypotenuse}} & \cos \alpha &= \frac{\text{Abszisse}}{\text{Hypotenuse}} \\ \tan \alpha &= \frac{\text{Ordinate}}{\text{Abszisse}} & \cot \alpha &= \frac{\text{Abszisse}}{\text{Ordinate}} \end{aligned}} \quad (10.24)$$

wobei die Hypotenuse gleich dem Radius des Einheitskreises, also gleich 1, ist und die nach oben und nach rechts gerichteten Strecken ($\overrightarrow{C_1B_1}$; $\overrightarrow{C_2B_2}$; $\overrightarrow{OC_1}$; $\overrightarrow{OC_4}$) positiv, die nach unten und nach links gerichteten Strecken ($\overrightarrow{C_3B_3}$; $\overrightarrow{C_4B_4}$; $\overrightarrow{OC_2}$; $\overrightarrow{OC_3}$) negativ zählen.

Mit diesen Festlegungen lassen sich die Vorzeichen aller vier trigonometrischen Funktionen in den vier Quadranten angeben (Tabelle 10.4).

Tabelle 10.4 : Vorzeichen der trigonometrischen Funktionen in den vier Quadranten

Funktion	Quadrant			
	I	II	III	IV
$\sin \alpha$	+	+	−	−
$\cos \alpha$	+	−	−	+
$\tan \alpha$	+	−	+	−
$\cot \alpha$	+	−	+	−

Das geschilderte Verfahren, den Geltungsbereich von Definitionen so auf neue Gebiete (die Quadranten II bis IV) zu erweitern, daß die im bisherigen Definitionsbereich (Quadrant I) gültigen Beziehungen erhalten bleiben, wird in der Mathematik häufig angewendet (*Permanenzprinzip*). Für die trigonometrischen Funktionen gelten insbesondere alle im Abschnitt 10.2.1 gefundenen Beziehungen jetzt für alle Werte des Winkels α.

Wie sich die vier Winkelfunktionen, d. h. ihre Funktionswerte, direkt am Einheitskreis ablesen lassen, ist im Bild 10.11 gezeigt, wobei der Übersichtlichkeit halber nur der I. Quadrant berücksichtigt wurde.

Diese Darstellung der Funktionswerte als Maßzahlen von Strecken folgt direkt aus (10.24), wenn die Nenner der Brüche gleich Eins sind.

Bild 10.11

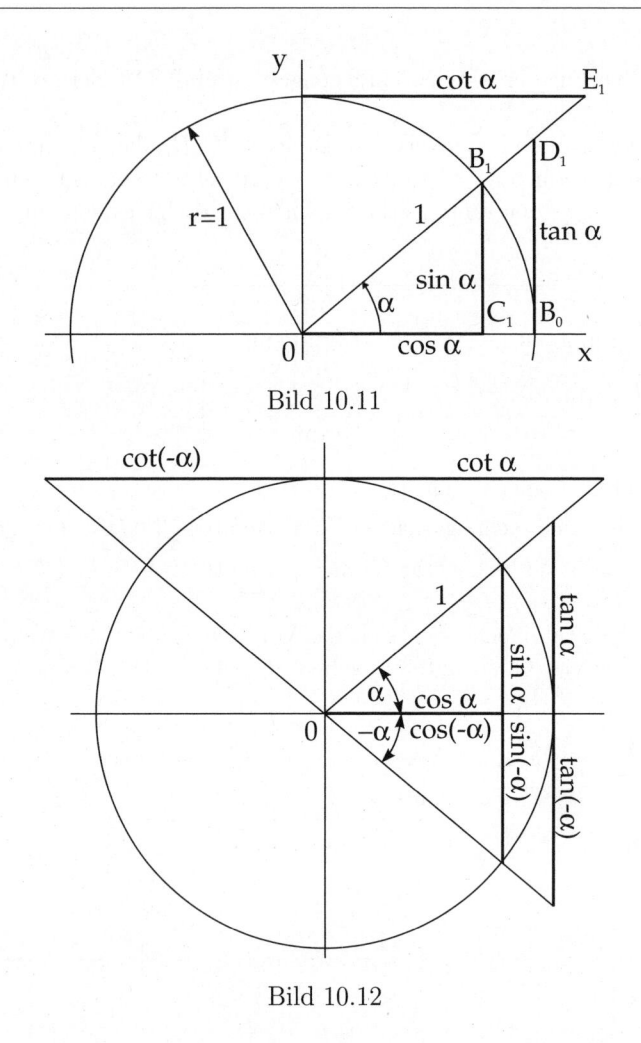

Bild 10.12

Die neue Definition der Winkelfunktionen am Einheitskreis läßt auch negative Winkel zu. Dann bewegt sich der freie Schenkel des Winkels α in der Uhrzeigerrichtung. Dabei gelten - wie aus Bild 10.12 zu ersehen ist - folgende Beziehungen:

$$\begin{aligned} \sin(-\alpha) &= -\sin\alpha & \tan(-\alpha) &= -\tan\alpha \\ \cos(-\alpha) &= \cos\alpha & \cot(-\alpha) &= -\cot\alpha \end{aligned}$$

Die Sinus-, Tangens- und Cotangensfunktionen wechseln ihre Vorzeichen, wenn man beim Argument das Vorzeichen umkehrt, die Cosinusfunktion dagegen behält es bei. Man nennt deshalb die ersten drei Funktionen *ungerade*, die letzte *gerade* (vgl. Abschnitt 6.4).

10.2.3 Graphen und Eigenschaften der Winkelfunktionen

10.2.3.1 Die Graphen der Winkelfunktionen

Ein anschauliches Bild vom Verlauf der trigonometrischen Funktionen erhält man durch ihre graphische Darstellung in einem kartesischen Koordinatensystem, in das man auf der waagerechten Achse die Argumente α - jetzt als x bezeichnet - in rad und auf der senkrechten Achse die Werte der entsprechenden Funktionen - jetzt y genannt - einträgt (10.14a,b). Die Funktionswerte ergeben sich als Maßzahlen der im Einheitskreis (Bilder 10.11 und 10.13) eingezeichneten Strecken sowie aus Tabellen oder Taschenrechnern.

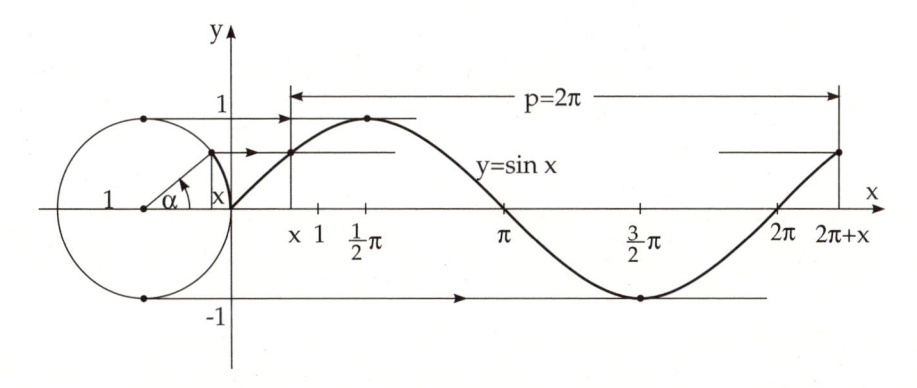

Bild 10.13

Aus den Bildern 10.14a und b läßt sich eine Reihe von Eigenschaften der trigonometrischen Funktionen ablesen, deren Richtigkeit sich am Einheitskreis beweisen läßt. Nachfolgend werden die *wichtigsten Eigenschaften* besprochen.

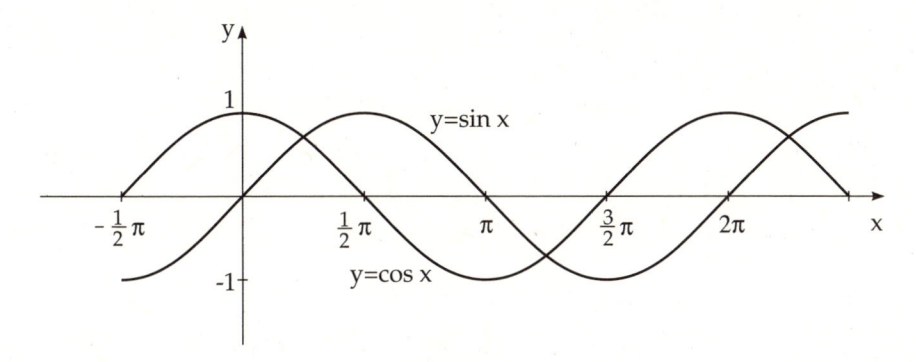

Bild 10.14a

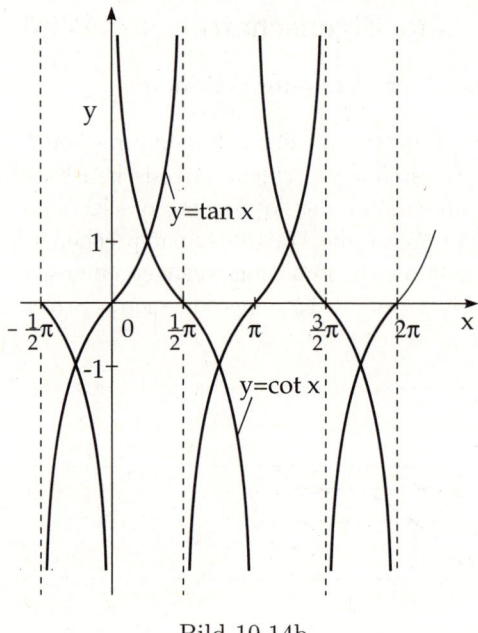

Bild 10.14b

10.2.3.2 Periodizität

Die trigonometrischen Funktionen sind periodisch, d. h., nach einer bestimmte Strecke auf der x-Achse, die als Periode p bezeichnet wird, w i e d e r h o l e n sich die Funktionswerte. Die *Sinus-* und die *Cosinusfunktion* besitzen die Periode $p = 2\pi$, so daß gilt:

$$\boxed{\begin{aligned} \sin x &= \sin(x + 2\pi \cdot k) \\ \cos x &= \cos(x + 2\pi \cdot k) \quad k \in Z \end{aligned}}$$
(10.25)

Die *Tangens- und die Cotangensfunktion* sind π-periodisch ($p = \pi$), so daß gilt:

$$\boxed{\begin{aligned} \tan x &= \tan(x + \pi \cdot k) \\ \cot x &= \cot(x + \pi \cdot k) \quad k \in Z \end{aligned}}$$
(10.26)

(Z ist die Menge der ganzen Zahlen)

10.2.3.3 Definitions- und Wertebereich

Die *Sinus-* und *Cosinusfunktion* sind für alle x-Werte definiert, d. h., für jeden x-Wert gibt es einen y-Wert. Der Definitionsbereich X dieser Funktionen ist daher das Intervall $X = R$ (Menge der reellen Zahlen). Der Bereich Y, in dem sich die y-Werte bewegen - das ist der Wertebereich -, ist das Intervall $Y = [-1; 1]$. Man sagt auch: „Sinus- und Cosinusfunktionen sind *beschränkte* Funktionen." +1 heißt *obere Schranke*, −1 *untere Schranke*. Es gilt also für:

$$\begin{aligned} y = \sin x &: \quad X = R, \quad Y = [-1; 1] \\ y = \cos x &: \quad X = R, \quad Y = [-1; 1] \end{aligned} \qquad (10.27)$$

Die *Tangens- und Cotangensfunktionen* sind unbeschränkt, d. h., ihre Funktionswerte können jeden Wert zwischen −∞ und +∞ annehmen. Daher ist der Wertebereich $X = R$. Ihr Definitionsbereich ist jedoch eingeschränkt.

Für $x = \pm\frac{1}{2}\pi;\ \pm\frac{3}{2}\pi;\ \pm\frac{5}{2}\pi;\ldots$ ist $y = \tan x$ nicht definiert, da in der Definitionsgleichung (10.24) der Nenner des Bruches für $\tan\alpha$ gleich 0 wird. Nähert man sich mit x diesen Stellen von rechts oder von links, dann wachsen die Beträge der Funktionswert über alle Grenzen (Bild 10.14b). Man sagt: „Die Funktion $y = \tan x$ hat an diesen Stellen P o l s t e l l e n".

Da die Cotangensfunktion $y = \cot x = \dfrac{1}{\tan x}$ durch Kehrwertbildung der Tangensfunktion entsteht, muß sie entsprechend an den Nullstellen der Tangensfuntkion Polstellen, auch U n e n d l i c h k e i t s s t e l l e n genannt, haben, was aus Bild 10.14b zu ersehen ist. Hier gilt daher für:

$$\begin{aligned} y = \tan x &: \quad X = R \setminus \left\{\frac{\pi}{2}(2k+1)\right\}, \quad Y = R \\ y = \cot x &: \quad Y = R \setminus \{\pi \cdot k\}, \qquad\qquad\quad Y = R \end{aligned} \quad k \in Z \qquad (10.28)$$

10.2.3.4 Symmetrieeigenschaften

Die Cosinusfunktion ist *symmetrisch* zur *y*-Achse, eine Eigenschaft, die allen geraden Funktionen gemeinsam ist. Sie wird durch die Gleichung $f(x) = f(-x)$ beschrieben, also

$$\boxed{\cos x = \cos(-x)} \qquad (10.29)$$

Beispiel 10.9:
  $\cos 60° = 0,5 = \cos(-60°)$

Hingegen sind Sinus-, Tangens- und Cotangensfunktionen *symmetrisch zum Koordinatenursprung*, eine allen ungeraden Funktionen gemeinsame Eigenschaft.
Für sie gilt $f(-x) = -f(x)$, also:

$$\begin{aligned} \sin(-x) &= -\sin x \\ \tan(-x) &= -\tan x \\ \cot(-x) &= -\cot x \end{aligned} \qquad (10.30)$$

Beispiel 10.10:
  $\sin(-45°) = -0,707 = -\sin 45°$

Ungerade Funktionen werden auch *punktsymmetrisch* oder *zentralsymmetrisch*, gerade Funktionen auch *achsensymmetrisch* oder *axialsymmetrisch* genannt.

10.3 Additionstheoreme

Die Additionstheoreme[1] geben an, wie sich trigonometrische Funktionen von Summen oder Differenzen zweier Winkel α und β durch die trigonometrischen Funktionen der Einzelwinkel ausdrücken lassen.

10.3.1 Herleitung

Um den Scheitel eines Winkels $(\alpha+\beta) < 90°$ wird ein Kreis vom Radius r geschlagen, der die Schenkel der Winkel α und β in A, B und C schneidet (Bild 10.15). Von B werden Lote auf OC bis D und auf OA bis E gefällt, desgleichen von D auf BE bis F und auf OA bis G.

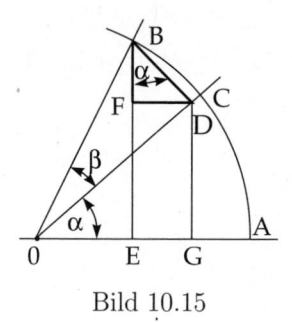

Bild 10.15

Dann gelten folgende Beziehungen:

Dreieck OBE: $\sin(\alpha + \beta) = \dfrac{\overline{BE}}{r} = \dfrac{\overline{EF}}{r} + \dfrac{\overline{BF}}{r}$
und nach Erweiterung
$$\sin(\alpha + \beta) = \dfrac{\overline{EF}}{\overline{OD}} \cdot \dfrac{\overline{OD}}{r} + \dfrac{\overline{BF}}{\overline{BD}} \cdot \dfrac{\overline{BD}}{r} \tag{I}$$

Dreieck OBD: $\quad \dfrac{\overline{BD}}{r} = \sin\beta \quad \text{(II)} \qquad \dfrac{\overline{OD}}{r} = \cos\beta \tag{III}$

Dreieck BDF: $\quad \dfrac{\overline{BF}}{\overline{BD}} = \cos\alpha \tag{IV}$

Dreieck ODG: $\quad \dfrac{\overline{DG}}{\overline{OD}} = \dfrac{\overline{EF}}{\overline{OD}} = \sin\alpha \tag{V}$

---

[1] Theorem: Lehrsatz

Einsetzen der Gleichungen (II) bis (V) in (I) ergibt mit

$$\boxed{\sin(\alpha + \beta) = \sin\alpha\cos\beta + \cos\alpha\sin\beta} \tag{10.31}$$

das erste A d d i t i o n s t h e o r e m.

Entsprechend leitet man ab:

$$\boxed{\cos(\alpha + \beta) = \cos\alpha\cos\beta - \sin\alpha\sin\beta} \tag{10.32}$$

Es läßt sich zeigen, daß die Formeln (10.31) und (10.32) und damit die aus ihnen noch herzuleitenden Gleichungen für beliebige Winkel gelten. Auf den Beweis wird hier verzichtet.

Aus Gl. (10.31) und (10.32) folgt durch Division und anschließendes Kürzen des entstehenden Bruches mit $\cos\alpha\cos\beta$:

$$\boxed{\tan(\alpha + \beta) = \frac{\tan\alpha + \tan\beta}{1 - \tan\alpha\tan\beta}} \tag{10.33}$$

und entsprechend

$$\boxed{\cot(\alpha + \beta) = \frac{\cot\alpha\cot\beta - 1}{\cot\alpha + \cot\beta}} \tag{10.34}$$

Wird in den Gleichungen (10.31) und (10.32) β durch $(-\beta)$ ersetzt und Gl. (10.29) und (10.30) beachtet, so ergibt sich

$$\boxed{\sin(\alpha - \beta) = \sin\alpha\cos\beta - \cos\alpha\sin\beta} \tag{10.35}$$

$$\boxed{\cos(\alpha - \beta) = \cos\alpha\cos\beta + \sin\alpha\sin\beta} \tag{10.36}$$

und entsprechend zu (10.33) und (10.34) folgen die Additionstheoreme für den Tangens und den Cotangens des Winkels $(\alpha - \beta)$.

Beispiel 10.11:
Man führe $\sin 293°$ auf den Funktionswert eines spitzen Winkels zurück.

Lösung:
$$\sin 293° = \sin(270° + 23°) \quad \text{und mit (10.31) folgt:}$$
$$\sin 293° = \sin 270° \cos 23° + \cos 270° \sin 23°.$$
wegen $\sin 270° = -1, \quad \cos 270° = 0 \quad$ erhält man
$$\underline{\sin 293° = -\cos 23°}.$$

Allgemein gilt für beliebige Winkel α:
$$\sin(270° + \alpha) = -\cos\alpha.$$

Es liegt eine der in Abschnitt 10.3.4 behandelten Quadrantenrelationen vor.

Beispiel 10.12:
Man vereinfache den Term

$$\sin(60° - \beta) - \cos(30° - \beta) = T.$$

Lösung:
Nach (10.35) und (10.36) ist

$$T = \sin 60° \cos \beta - \cos 60° \sin \beta - \cos 30° \cos \beta - \sin 30° \sin \beta$$
$$T = \frac{1}{2}\sqrt{3}\cos\beta - \frac{1}{2}\sin\beta - \frac{1}{2}\sqrt{3}\cos\beta - \frac{1}{2}\sin\beta$$
$$\underline{\underline{T = -\sin\beta}}$$

10.3.2 Funktionen des doppelten Winkels

Wird in Gleichung (10.31) und (10.32) $\beta = \alpha$ gesetzt, erhält man

$$\boxed{\sin 2\alpha = 2\sin\alpha\cos\alpha} \tag{10.37}$$

$$\boxed{\cos 2\alpha = \cos^2\alpha - \sin^2\alpha} \tag{10.38a}$$

Setzt man in Gleichung (10.38a) die Gleichung (10.18) ein, folgt

$$\boxed{\cos 2\alpha = 2\cos^2\alpha - 1} \tag{10.38b}$$

$$\boxed{\cos 2\alpha = 1 - 2\sin^2\alpha} \tag{10.38c}$$

Für $\beta = \alpha$ gehen (10.33) und (10.34) über in

$$\boxed{\tan 2\alpha = \frac{2\tan\alpha}{1 - \tan^2\alpha}} \tag{10.39}$$

$$\boxed{\cot 2\alpha = \frac{\cot^2\alpha - 1}{2\cot\alpha}} \tag{10.40}$$

Diese sechs Formeln lassen sich auch in anderer Form schreiben, wenn α durch $\frac{\alpha}{2}$ ersetzt wird:

$$\boxed{\sin\alpha = 2\sin\frac{\alpha}{2}\cos\frac{\alpha}{2}} \tag{10.41}$$

$$\boxed{\cos\alpha = \cos^2\frac{\alpha}{2} - \sin^2\frac{\alpha}{2}} \tag{10.42a}$$

10.3 Additionstheoreme

$$\boxed{\cos\alpha = 2\cos^2\frac{\alpha}{2} - 1} \tag{10.42b}$$

$$\boxed{\cos\alpha = 1 - 2\sin^2\frac{\alpha}{2}} \tag{10.42c}$$

$$\boxed{\tan\alpha = \frac{2\tan\dfrac{\alpha}{2}}{1 - \tan^2\dfrac{\alpha}{2}}} \tag{10.43}$$

$$\boxed{\cot\alpha = \frac{\cot^2\dfrac{\alpha}{2} - 1}{2\cot\dfrac{\alpha}{2}}} \tag{10.44}$$

Beispiel 10.13:
Der folgende Term läßt sich mit (10.37) und (10.38c) vereinfachen:

$$\frac{1 - \cos 2\alpha}{\sin 2\alpha} = \frac{2\sin^2\alpha}{2\sin\alpha\cos\alpha} = \underline{\underline{\tan\alpha}}$$

10.3.3 Summe und Differenz der sin- und cos-Werte zweier Winkel

Unter Anwendung der Gleichung (10.31) und (10.35) läßt sich die Gleichung
$$\sin(x+y) + \sin(x-y) = 2\sin x \cos y \tag{I}$$
schreiben.
Setzt man $x + y = \alpha$ und $x - y = \beta$,
so wird $x = \dfrac{\alpha + \beta}{2}$ und $y = \dfrac{\alpha - \beta}{2}$.
Setzt man diese vier Gleichungen in obige Gleichung (I) ein, erhält man

$$\boxed{\sin\alpha + \sin\beta = 2\sin\frac{\alpha+\beta}{2}\cos\frac{\alpha-\beta}{2}} \tag{10.45}$$

Ebenso läßt sich ableiten:

$$\boxed{\sin\alpha - \sin\beta = 2\cos\frac{\alpha+\beta}{2}\sin\frac{\alpha-\beta}{2}} \tag{10.46}$$

$$\boxed{\cos\alpha + \cos\beta = 2\cos\frac{\alpha+\beta}{2}\cos\frac{\alpha-\beta}{2}} \tag{10.47}$$

$$\boxed{\cos\alpha - \cos\beta = -2\sin\frac{\alpha+\beta}{2}\sin\frac{\alpha-\beta}{2}} \tag{10.48}$$

Weitere trigonometrische Formeln finden sich in den einschlägigen mathematischen Formelsammlungen.

Beispiel 10.14:
Unter Verwendung von (10.45) und (10.46) ist folgende Umformung, die bei verschiedenen Aufgaben gebraucht wird, möglich:
$$\frac{\sin\alpha - \sin\beta}{\sin\alpha + \sin\beta} = \frac{2\cos\dfrac{\alpha+\beta}{2}\sin\dfrac{\alpha-\beta}{2}}{2\sin\dfrac{\alpha+\beta}{2}\cos\dfrac{\alpha-\beta}{2}} = \cot\frac{\alpha+\beta}{2}\cdot\tan\frac{\alpha-\beta}{2}$$

10.3.4 Quadrantenrelationen

Quadrantenrelationen sind Beziehungen zwischen Funktionswerten von Winkeln, die sich entweder um 90°, 180° oder 270° unterschieden bzw. zu 90°, 180°, 270° oder 360° ergänzen. Zum Beispiel unterschieden sich die Winkel 42° und 222° um 180°, während sich die Winkel 25° und 155° zu 180° ergänzen. Mit den Quadrantenrelationen werden die Funktionswerte beliebiger Winkel auf die Funktionswerte spitzer Winkel zurückgeführt.

Die Quadrantenrelationen lassen sich wie im Beispiel 10.11 leicht mit den Additionstheoremen herleiten. Zum Beispiel ist
$$\sin(180° + \alpha) = \sin 180° \cos\alpha + \cos 180° \sin\alpha = -\sin\alpha,$$
$$\sin(180° - \alpha) = \sin 180° \cos\alpha - \cos 180° \sin\alpha = \sin\alpha.$$

Damit folgt für die obigen Zahlenbeispiele
$$\sin 222° = -\sin 42°,$$
$$\sin 155° = \sin 25°.$$

Häufiger werden Quadrantenrelationen für Komplement - und Supplementwinkel gebraucht. K o m p l e m e n t w i n k e l heißen Winkel, die sich zu 90° ergänzen, also die Winkel α und $90° - \alpha$, z. B. 30° und 60°. Man erhält

$$\boxed{\begin{aligned}\sin(90° - \alpha) &= \cos\alpha\\ \cos(90° - \alpha) &= \sin\alpha\\ \tan(90° - \alpha) &= \cot\alpha\\ \cot(90° - \alpha) &= \tan\alpha\end{aligned}} \qquad (10.49)$$

- Die Funktion eines Winkels ist gleich der Cofunktion des Komplementwinkels.

Die Cofunktion von $\sin\alpha$ ist $\cos\alpha$, und die Cofunktion von $\cos\alpha$ ist $\sin\alpha$. Entsprechendes gilt für $\tan\alpha$ und $\cot\alpha$. S u p p l e m e n t w i n k e l ergänzen sich zu 180°, also die Winkel α und $180° - \alpha$, z. B. 20° und 160°. Es gilt:

$$\boxed{\begin{aligned}\sin(180° - \alpha) &= \sin\alpha\\ \cos(180° - \alpha) &= -\cos\alpha\\ \tan(180° - \alpha) &= -\tan\alpha\\ \cot(180° - \alpha) &= -\cot\alpha\end{aligned}} \qquad (10.50)$$

Die weiteren Quadrantenrelationen findet man in den Formelsammlungen oder man leitet sie mit Hilfe der Additionstheoreme her.

Beispiel 10.15:
Man vereinfache den Term
$$T = \frac{\sin(810° + \alpha)}{\sin(810° - \alpha)}$$

Lösung:
Da die Sinusfunktion die Periode 360° hat, gilt
$$T = \frac{\cos(810° + \alpha - 2 \cdot 360°)}{\cos(810° - \alpha - 2 \cdot 360°)} = \frac{\cos(90° + \alpha)}{\cos(90° - \alpha)}$$

und mit den Quadrantenrelationen folgt
$$T = \frac{-\sin\alpha}{\sin\alpha} = \underline{\underline{-1}}$$

10.4 Arkusfunktionen

10.4.1 Definition

Um die Aufgabe, zum Funktionswert einer Winkelfunktion den zugehörigen Winkel zu finden, lösen zu können, muß man zum Beispiel die Gleichung $y = \sin x$ nach x auflösen, was mittels der Umkehrfunktionen der trigonometrischen Funktionen geschieht, die man als A r k u s f u n k t i o n e n (lat. arcus, der Bogen) oder als zyklometrtische (griech. zyklos, der Kreis), d. h. kreismessende, Funktionen bezeichnet.

So folgt aus $y = \sin x$ über die aufgelöste Funktion $x = \arcsin y$ durch Vertauschen von x und y die Umkehrfunktion $y = \arcsin x$ (gelesen: y gleich Arkussinus x).

Nun ist eine Funktion so definiert, daß über die Funktionsvorschrift jedem x-Wert genau ein y-Wert eindeutig zugeordnet wird. (Andernfalls hat man es mit einer Relation (Beziehung, Verhältnis) zu tun.)

Die Gleichung $y = \arcsin x$ ist jedoch zunächst vieldeutig, d. h., für einen x-Wert gibt es beliebig viele y-Werte.

Beispiel 10.16:
Gegeben $y = \sin x = 1$; gesucht: x
Die Aufgabenstellung verlangt, diejenigen Winkel x zu suchen, deren Sinus gleich 1 ist. Aus Bild 10.14a ist zu entnehmen, daß alle Winkel $x = \frac{x}{2} + 2k\pi, k \in Z$ diese Bedingung erfüllen.

Das bedeutet wiederum für die Gleichung $y = \arcsin x$, daß es für $x = 1$, also für $y = \arcsin 1$, unendlich viele y-Werte gibt, welche die Gleichung erfüllen.

Um diese Vieldeutigkeit auszuschalten, beschränkt man den Wertebereich auf das Intervall $Y = \left[-\frac{\pi}{2}, \frac{\pi}{2}\right]$, so daß man die Arkussinus-Funktion durch die Gleichung $y = \arcsin x$ eindeutig definieren kann.

Der Definitionsbereich ist durch die Beschränktheit der Sinusfunktion (vgl. (10.27)) auf $X = [-1, 1]$ festgelegt. Entsprechendes gilt für die Umkehrfunktionen der drei anderen trigonometrischen Funktionen. Sie sind in Tabelle 10.5 zusammengestellt.

10.4.2 Graphische Darstellung der Arkusfunktionen

Die oben beschriebenen Verhältnisse lassen sich einfacher aus der graphischen Darstellung der Arkusfunktionen herleiten. Man erhält den Graphen einer Umkehrfunktion durch Spiegelung des Graphen der zugehörigen Ausgangsfunktion an der Winkelhalbierenden mit der Gleichung $y = x$. Für die trigonometrischen Funktionen ist diese Spiegelung im Bild 10.16 durchgeführt.

Ein Vergleich der Bilder 10.16a bis d mit der Tabelle bestätigt deren Richtigkeit und die oben gemachten Aussagen.

Tabelle 10.5 : Zusammenstellung der Umkehrfunktionen

Name	Gleichung	Definitionsbereich X	Wertebereich Y	
Arkussinus	$y = \arcsin x$	$[-1; 1]$	$\left[-\dfrac{\pi}{2}; \dfrac{\pi}{2}\right]$	(10.51a)
Arkuscosinus	$y = \arccos x$	$[-1; 1]$	$[0; \pi]$	(10.51b)
Arkustangens	$y = \arctan x$	R	$\left[-\dfrac{\pi}{2}; \dfrac{\pi}{2}\right]$	(10.51c)
Arkuscotangens	$y = \text{arccot } x$	R	$[0; \pi]$	(10.51d)

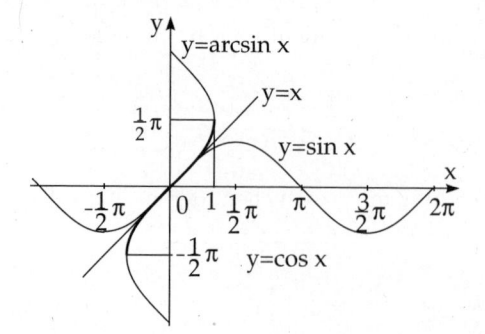

Bild 10.16a: Arkussinus-Funktion
$y = \arcsin x$

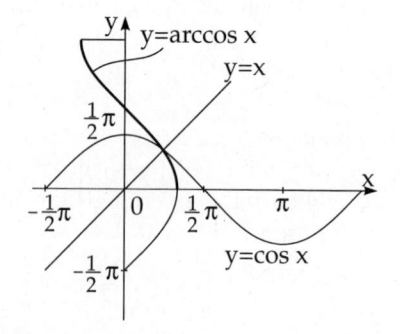

Bild 10.16b: Arkuscosinus-Funktion
$y = \arccos x$

Bild 10.16c: Arkustangens-Funktion
$y = \arctan x$

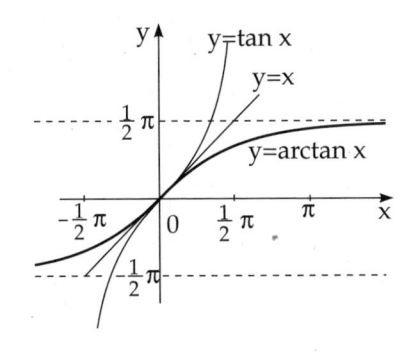

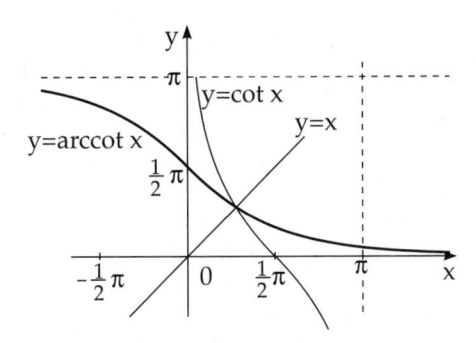

Bild 10.16d: Arkuscotangens-Funktion
$y = \text{arccot} x$

10.4.3 Darstellung am Einheitskreis

Ihren Namen und ihre Schreibweise haben die Bogenfunktionen auf Grund der Möglichkeit erhalten, sie als Maßzahlen von Bögen am Einheitskreis darzustellen. So gilt z. B. für die Funktion $y = \arcsin x$:

- „y ist der Bogen des Einheitskreises, dessen Sinus gleich x ist" (Bild 10.17a).

x ist also der Sinus des Winkels y, wobei y Maßzahl der Länge des Bogens am Einheitskreis ist. Ebenso stellt sich $y = \arccos x$ als der Bogen des Einheitskreises dar, dessen Cosinus gleich x ist (Bild 10.17b).

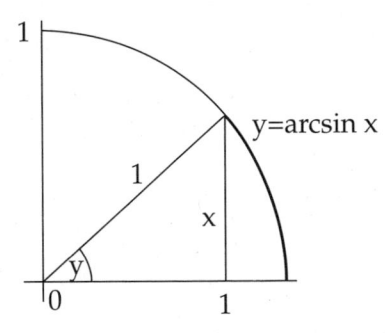

Bild 10.17a: $y = \arcsin x$

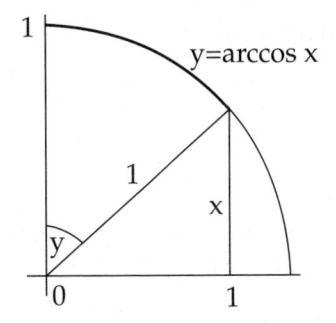

Bild 10.17b: $y = \arccos x$

Aus den Bildern 10.17a und b erkennt man:

$$\boxed{\arcsin x + \arccos x = \frac{\pi}{2}} \tag{10.52}$$

Stellt man in gleicher Weise $y = \arctan x$ und $y = \text{arccot}\, x$ am Einheitskreis dar, folgt entsprechend:

$$\boxed{\arctan x + \text{arccot}\, x = \frac{\pi}{2}} \tag{10.53}$$

10.4.4 Beziehungen zwischen den Arkusfunktionen

Aus der Definition der zyklometrischen Funktionen erhält man die Gleichungen

$$\boxed{\begin{aligned} \sin(\arcsin x) &= x \\ \cos(\arccos x) &= x \\ \tan(\arctan x) &= x \\ \cot(\text{arccot } x) &= x \end{aligned}} \tag{10.54}$$

und aus dem Kurvenverlauf

$$\boxed{\begin{aligned} \arcsin(-x) &= -\arcsin x \\ \arccos(-x) &= \pi - \arccos x \\ \arctan(-x) &= -\arctan x \\ \text{arccot } (-x) &= \pi - \text{arccot } x \end{aligned}} \tag{10.55}$$

10.4.5 Bestimmung von Winkeln mit den Arkusfunktionen

Bei Verwendung des Taschenrechners kann man mit den Tasten für $\sin x, \ldots, \cot x$ für beliebige Winkel (aus dem Definitionsbereich) den Funktionswert bestimmen. Soll umgekehrt für einen gegebenen Funktionswert der Winkel ermittelt werden, dann ist zu beachten, daß die Tasten für $\arcsin x, \ldots, \text{arccot} x$ den Winkel nur in dem Wertebereich angeben, der durch (10.51) festgelegt ist. Wenn aber durch die Aufgabenstellung bekannt ist, daß der Winkel in einem anderen Quadranten liegt, dann muß mit Hilfe der Quadrantenrelationen oder der Periodizität eine Umrechnung erfolgen.

Beispiel 10.17:
Gegeben ist $\sin \alpha = 0,5$, α liegt im II. Quadranten. Man bestimme α.

Lösung:
Mit dem Taschenrechner erhält man
$$\alpha' = \arcsin 0,5 = 30°.$$

Mit der Quadrantenrelation $\sin \alpha' = \sin(180° - \alpha')$ folgt
$$\alpha = 180° - \alpha' = 180° - 30°$$
$$\underline{\alpha = 150°}$$

Beispiel 10.18:
Gegeben ist $\tan \alpha = -0,2841$, α liegt im IV. Quadranten. Gesucht wird α.

Lösung:
Man erhält zunächst mit der $\arctan x$-Taste
$$\alpha' = \arctan(-0,2841) = -15,8598°.$$

Wegen der Periodizität folgt
$$\tan\alpha' = \tan(360° + \alpha') \quad \text{oder}$$
$$\alpha = 360° + \alpha' = 360° - 15,8598°$$
$$\underline{\underline{\alpha = 344,1402°}}$$

10.5 Goniometrische Gleichungen

G o n i o m e t r i s c h e Gleichungen (griech. gon, das Knie, der Winkel) sind Bestimmungsgleichungen für einen unbekannten Winkel - gewöhnlich mit x bezeichnet -, die Winkelfunktionen enthalten.

Beispiel 10.19:
$$\sin x + 3x - 2 = 0$$

Solche Gleichungen werden normalerweise zeichnerisch gelöst. Zu diesem Zweck schreibt man die Gleichung um:
$$\sin x = -3x + 2;$$
betrachtet jede Seite für sich als Funktion
$$y = f_1(x) = \sin x; \qquad y = f_2(x) = -3x + 2$$
und führt damit die Aufgabe, die Gleichung zu lösen, zurück auf die Aufgabe, die gemeinsamen Schnittpunkte zweier Funktionen $f_1(x)$ und $f_2(x)$ zu ermitteln. Man zeichnet die Graphen beider Funktionen (Bild 10.18) und erhält - in diesem Fall - einen gemeinsamen Schnittpunkt S, für den, wie Bild 10.18 zeigt, die Funktionswerte beider Funktionen übereinstimmen, d. h., für den $f_1(x_s) = f_2(x_s)$ oder $\sin x_s = -3x_s + 2$ gelten.

Die zugehörige Abszisse des Schnittpunktes S, nämlich x_s, ist die gesuchte Lösung der Ausgangsgleichung, weil für sie beide Funktionswerte gleich sind. Der Index „S" gibt an, daß das Argument x jetzt eine bestimmten Zahlenwert - im vorliegenden Beispiel 0,51 (Bild 10.18) - angenommen hat. Die so erhaltene Lösung $\underline{x_s = 0,51}$ ist nur ein Näherungswert. Durch sog. *Näherungsverfahren*, auf die hier nicht weiter eingegangen wird, läßt sie sich jedoch beliebig verbessern.

In einigen Fällen lassen sich goniometrische Gleichungen auch rein rechnerisch lösen. Dabei müssen eventuell vorkommende verschiedene Winkelfunktionen durch eine einzige Winkelfunktion desselben Winkels ausgedrückt werden.

Beispiel 10.20:
$$\sin x = 2\cos x \quad \text{(Bild 10.19)}$$

Lösung:
Man teilt durch $\cos x$: $\qquad \dfrac{\sin x}{\cos x} = \tan x = 2 \qquad\qquad\qquad\qquad\qquad\text{(I)}$
Dies ist erlaubt, weil $\cos x \neq 0$ sein muß. Wäre $\cos x = 0$, müßte nach der Gleichung auch $\sin x = 0$ sein. Das ist jedoch nicht möglich, weil aus $\cos x = 0$ folgt, daß $x = \dfrac{\pi}{2}$

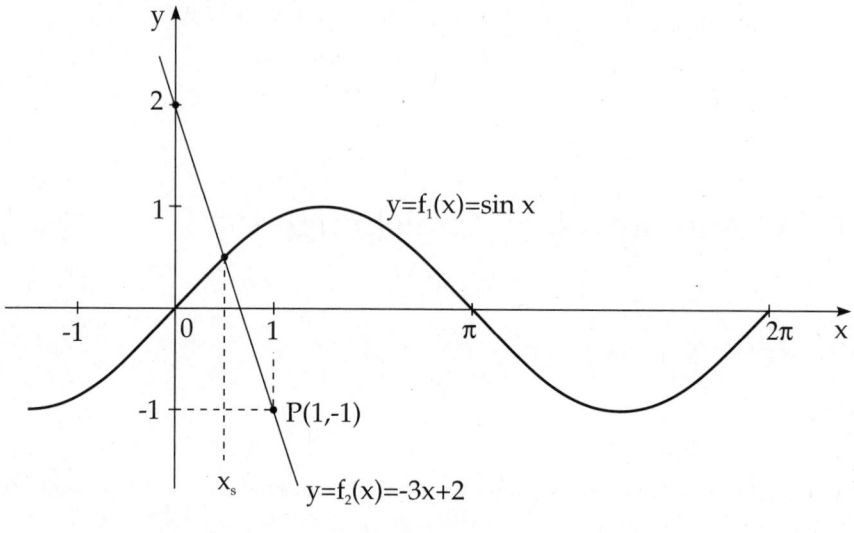

Bild 10.18

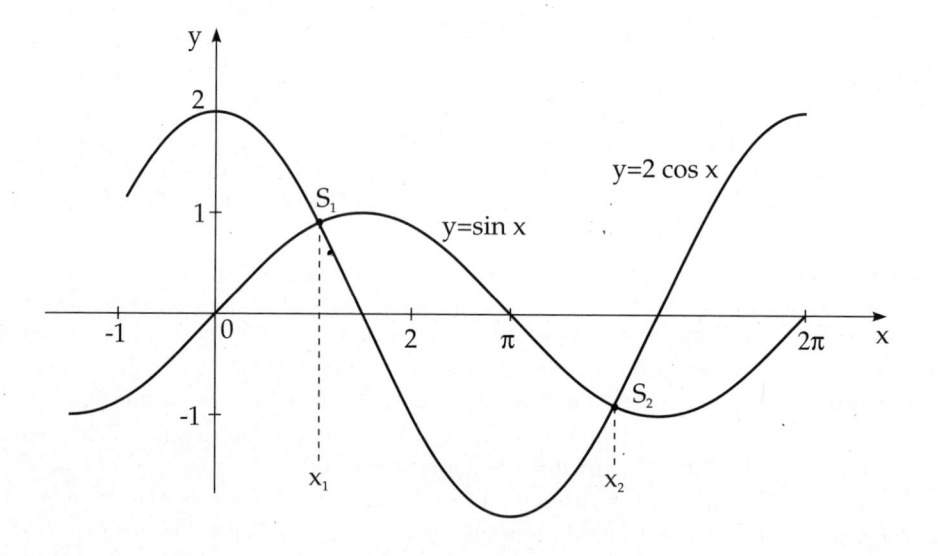

Bild 10.19

ist (s. Bild 10.14a); für diesen Argumentwert ist $\sin x = 1$. Aus (I) folgt zunächst $x = 63,43°$.

Nun ist $\tan x$ eine Funktion mit der Periode $p = 180°$ oder π (s. Gl. (10.26)). Sie nimmt den Wert 2 demnach auch noch an weiteren Stellen an (s. Bild 10.14b). Als allgemeine Lösung erhält man:
$$x = 63,43° + k \cdot 180° \quad (k \in Z)$$

10.5 Goniometrische Gleichungen

Beschränkt man sich auf die Lösungen in den ersten vier Quadranten - was allgemein üblich ist -, erhält man schließlich zwei Lösungen:

$$\underline{\underline{x_1 = 63,43°}}; \quad \underline{\underline{x_2 = 243,43°}}$$

Treten verschiedene Argumente von Winkelfunktionen auf, so sind sie - meist mittels der Additionstheoreme - auf das gleiche Argument zurückzuführen.

Beispiel 10.21:

$$\cos x = \sin 2x \quad \text{(Bild 10.20)}$$

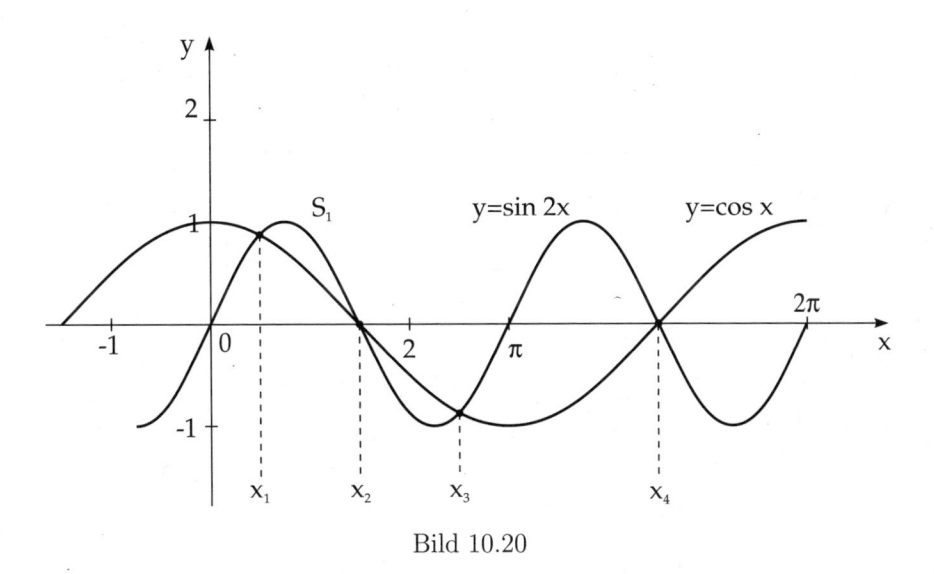

Bild 10.20

Lösung:
Mit Gleichung (10.37) läßt sich die Gleichung umschreiben zu

$$\cos x = 2 \sin x \cos x$$

und weiter $\quad \cos x - 2 \sin x \cos x = 0 \quad$ (I)

$$\cos x (1 - 2 \sin x) = 0 \quad \text{(II)}$$

Achtung: In (I) darf man nicht durch $\cos x$ dividieren, weil $\cos x = 0$ werden kann.

Statt dessen klammert man $\cos x$ aus und erhält mit (II) ein Produkt, das Null ist und für das der Satz gilt:

- Ein Produkt ist Null, wenn mindestens ein Faktor Null ist.

Erste Möglichkeit: $\cos x = 0$ $x_{2,4} = 90° + k \cdot 180°$
Zweite Möglichkeit: $1 - 2\sin x = 0$, $\sin x = \dfrac{1}{2}$
$$x_1 = 30° + k \cdot 360°; \quad x_3 = 150° + k \cdot 360°$$
(s. Bild 10.14a)

Für die Hauptwerte der Lösungen, das sind die in den ersten vier Quadranten liegenden Lösungen, folgt:

$$x_1 = 30° = \frac{\pi}{6} \text{ rad} \qquad x_3 = 150° = \frac{5}{6}\pi \text{ rad}$$

$$x_2 = 90° = \frac{\pi}{2} \text{ rad} \qquad x_4 = 270° = \frac{3}{2}\pi \text{ rad}$$

Jede Lösung ist durch Einsetzen in die Ausgangsgleichung auf ihre Gültigkeit zu untersuchen, da man z. B. zuviel Lösungen erhält, wenn während der Auflösung der Gleichung durch Quadrieren der Grad der Gleichung erhöht wird. Auch kann der Fall eintreten, daß sich eine Gleichung ergibt, deren Lösung zwar algebraisch möglich ist, aber im Bereich der reellen Zahlen als Lösung für die vorgelegte trigonometrischen Funktion untauglich ist.

Beispiel 10.22:

$$\sin x = \frac{1}{2} \cot x \quad \text{(Bild 10.21)}$$

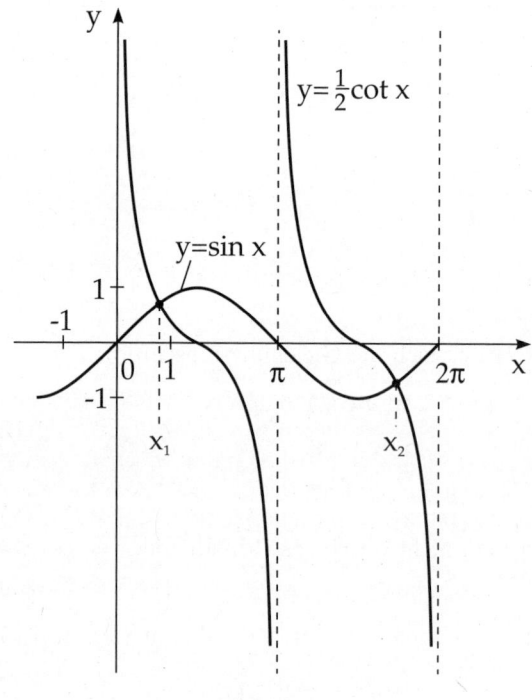

Bild 10.21

Lösung:

$$\sin x = \frac{\cos x}{2 \sin x}; \quad \sin^2 x = \frac{1}{2} \cos x$$
$$1 - \cos^2 x = \frac{1}{2} \cos x$$
$$\cos^2 x + \frac{1}{2} \cos x - 1 = 0$$

Das ist eine „*in cos x quadratische Gleichung*", die man durch die S u b s t i -
t u t i o n $\cos x = t$ auf eine in t gemischt-quadratische Gleichung zurückführt:

$$t^2 + \frac{t}{2} - 1 = 0.$$

Sie besitzt zwei Lösungen, die sich mittels der p-q-Formel zu

$$t_1 = -\frac{1}{4} + \sqrt{\frac{1}{16} \cdot 17} = 0,7808$$
$$t_2 = -\frac{1}{4} - \sqrt{\frac{1}{16} \cdot 17} = -1,2808 \quad \text{berechnen.}$$

Setzt man für t wieder $\cos x$ ein, erhält man für

$$t_1 = \cos x = 0,7808 \text{ und damit } x_1 = 38,66° + k \cdot 360°$$
$$x_2 = 321,34° + k \cdot 360°$$

$t_2 = \cos x = -1,2808$ ist keine reelle Lösung, weil der Betrag größer als 1 ist.

Für die Hauptwerte der Lösungen folgt

$$\underline{\underline{x_1 = 38,66°}} \quad \underline{\underline{x_2 = 321,34°}}$$

10.6 Sinusfunktion, harmonische Schwingungen

Viele Vorgänge in Natur und Technik lassen sich auf Schwingungen zurückführen, zum Beispiel Vorgänge in der Wechselstrom- oder Hochfrequenztechnik, in der Optik, in der Akustik und auch in der Mechanik. Die mathematische Beschreibung dieser Vorgänge führt auf die Sinus- und Cosinusfunktion.

In all diesen Vorgängen kann jedoch nicht erwartet werden, daß der größte Ausschlag einer Schwingung, die *Amplitude*, den Wert 1 hat, daß die *Wellenlänge* stets 2π entsprechend der Periode ist oder daß die Messung gerade dann beginnt, wenn die Sinusfunktion den Wert Null hat.

M i t a n d e r e n W o r t e n : Die bisher angegebene *Normaldarstellung* der Winkelfunktionen, wie z. B. $y = \sin x$, reicht nicht aus, um solche Vorgänge zu beschreiben. Durch lineare Maßstabsänderungen und Verschiebungen des Koordinatensystems gelingt es jedoch, sie so zu verallgemeinern, ohne dabei ihre Funktionseigenschaften wesentlich zu verändern, daß sie zur Darstellung oben aufgeführter Vorgänge

verwendet werden können, solange es sich um h a r m o n i s c h e S c h w i n -
g u n g e n[1]) handelt.

Die allgemeine Form der Sinusfunktion lautet mit den in der Praxis üblichen Bezeichnungen:

$$\boxed{y = y(t) = a \cdot \sin(\omega t + \varphi)} \qquad (10.56)$$

Darin bedeuten:
- y Auslenkung oder *Elongation*, von der Zeit t abhängige veränderliche Zustandsgröße (Geschwindigkeit, Beschleunigung, Dampfdruck, Spannung, Stromstärke usw.)
- t Zeit in s,
unabhängige Veränderliche
- a *Amplitude*,
maximale (höchstmögliche) Auslenkung
- ω *Kreisfrequenz* ($\omega > 0$) in rad/s,
die Anzahl der Schwingungen in 2π Sekunden.
$$\omega = 2\pi f = \frac{2\pi}{T}$$
mit f in Hertz (Hz) also Anzahl der Schwingungen pro Sekunde und T in Sekunden (s) als *Periodendauer*
- φ Phasenkonstante oder *Nullphasenwinkel* in rad
- $\omega t + \varphi$ Phase oder *Phasenwinkel* in rad

Beispiel 10.23:

$$y = y(t) = 3 \cdot \sin\left(2t + \frac{\pi}{2}\right)$$

Diese Gleichung beschreibt eine Schwingung mit der Amplitude $a = 3$, d. h., ihre Auslenkung ist dreimal so groß wie die der normalen Sinusschwingung $y = \sin t$.

Ihre Kreisfrequenz ist $\omega = 2$ rad/s; sie schwingt also doppelt so schnell wie die normale Sinusschwingung.

Zeichnet man ihren Graphen in ein t, y-Koordinatensystem (Bild 10.22), sieht man, daß ihre Periode $p = \dfrac{2\pi}{\omega} = \pi$ halb so groß wie die der Sinusschwingung ist, weil sie mit doppelter Frequenz wie diese schwingt. Ihre Verschiebung in die negative t-Richtung ist $\dfrac{\varphi}{\omega} = \dfrac{\pi}{2} \cdot \dfrac{1}{2} = \dfrac{\pi}{4}$.

Bild 10.23 zeigte den Graphen der Schwingungsgleichung in einem $\omega t, y$-Koordinatensystem. Diese Darstellung wird in der Praxis bevorzugt gewählt, wenn die Kreisfrequenz konstant ist. Setzt man in der Ausgangsgleichung $2t = x$, erhält man mit $y = 3\sin\left(x + \dfrac{\pi}{2}\right)$ die Gleichung einer 2π−periodischen Sinusfunktion mit der Amplitude $a = 3$ und der Verschiebung $\varphi = \dfrac{\pi}{2}$ in die negative x-Richtung.

---

[1]) Eine harmonische Schwingung ist eine periodische Bewegung, die als Projektion einer Kreisbewegung gedacht werden kann.

10.6 Sinusfunktion, harmonische Schwingungen

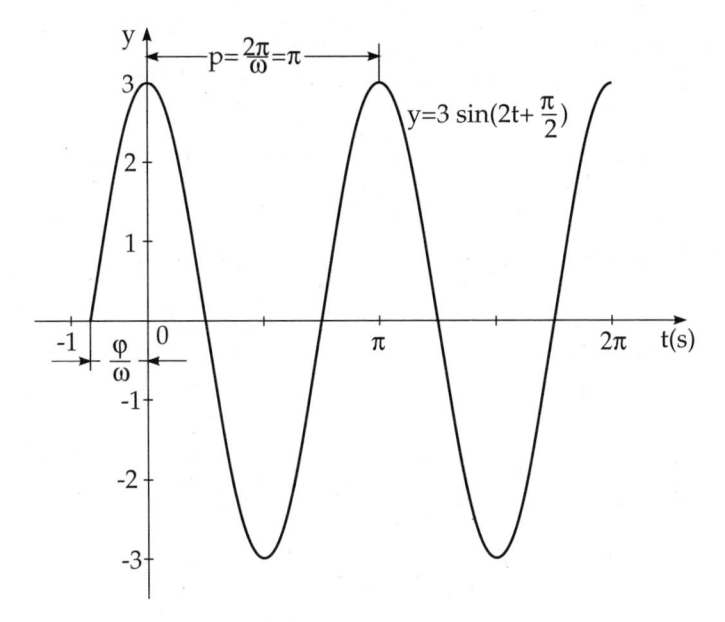

Bild 10.22

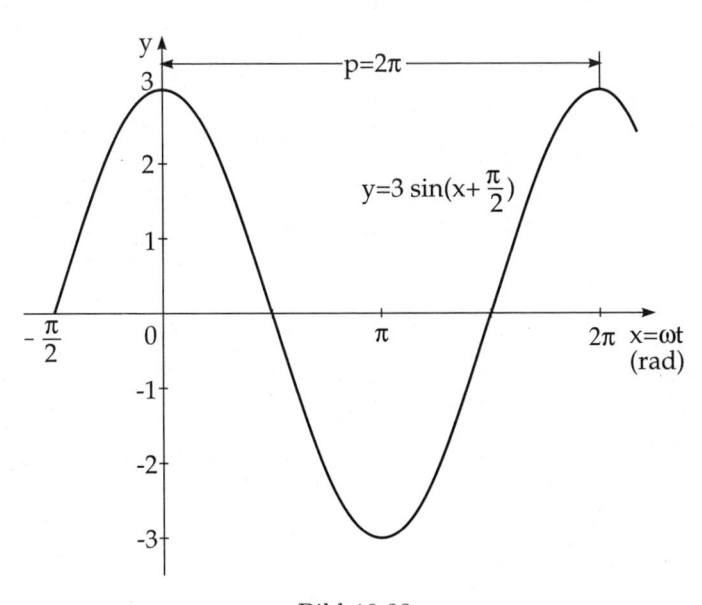

Bild 10.23

Der Unterschied zwischen beiden Bildern:
In Bild 10.22 ist die waagerechte Achse die Zeit-Achse, die Periode p ist gleich der Schwingungsdauer T (s). - In Bild 10.23 ist auf der waagerechten Achse der Weg im Bogenmaß aufgetragen, die Periode ist somit ein Winkel.

Vergleicht man die Bilder 10.22. und 10.14a miteinander, läßt sich über den Einfluß von a, ω und φ auf die Schwingung der Gleichung (10.56) folgendes aussagen:

1. Die Änderung von a bewirkt eine Vergrößerung oder eine Verkleinerung der Auslenkung auf das $|a|$-fache, je nachdem, ob $|a| > 1$ oder $|a| < 1$ ist, und eine Spiegelung an der t-Achse, falls $a < 0$.

2. Die Änderung von ω bewirkt eine gleichmäßige Stauchung oder Dehnung der Sinusfunktion in Richtung der t-Achse auf das $\dfrac{1}{|\omega|}$-fache, je nachdem, ob $|\omega| > 1$ oder $|\omega| < 1$ ist, und eine Spiegelung an der t-Achse, falls $\omega < 0$. Die Periode ist in diesem Fall $p = \dfrac{2\pi}{\omega}$.

3. Die Änderung von φ bewirkt eine Verschiebung der Sinuskurve in Richtung der t-Achse um $\dfrac{\varphi}{\omega}$ nach rechts oder links, je nachdem, ob $\left(\dfrac{\varphi}{\omega}\right) < 0$ oder $\left(\dfrac{\varphi}{\omega}\right) > 0$ ist. Man beachte, daß die Verschiebung im t, y-Koordinatensystem nicht φ, sondern $\dfrac{\varphi}{\omega}$ lautet, weil die Beziehung $\sin(\omega t + \varphi) = \sin\omega\left(t + \dfrac{\varphi}{\omega}\right)$ gilt.

Trägt man, wie in Bild 10.23, auf der Abszissenachse nicht t, sondern ωt ab, wird der Zusammenhang zwischen den in Gleichungen (10.56) auftretenden Konstanten a, ω und φ sowie ihre geometrische Bedeutung insofern einfacher, als die Periode $p = 2\pi$ beträgt, die Verschiebung φ ist und die Stauchung oder Dehnung entfällt.

Meistens treten in der Praxis mehrere sich überlagernde Schwingungen auf. Handelt es sich dabei um harmonische Schwingungen gleicher Frequenz, also

$$y_1 = a_1 \sin(\omega t + \varphi_1); \quad y_2 = a_2 \sin(\omega t + \varphi_2); \quad y_3 = \ldots;$$

erhält man bei der additiven Überlagerung dieser Schwingungen wieder eine harmonische Schwingung gleicher Frequenz:

$$\boxed{a_1 \sin(\omega t + \varphi_1) + a_2 \sin(\omega t + \varphi_2) + \ldots = a \sin(\omega t + \varphi)} \tag{10.57}$$

Die Amplitude a der neuen Schwingung berechnet sich nach der Gleichung

$$\boxed{a = \sqrt{(a_1 \cos\varphi_1 + a_2 \cos\varphi_2 \ldots)^2 + (a_1 \sin\varphi_1 + a_2 \sin\varphi_2 + \ldots)^2}} \tag{10.58}$$

und ihre Phasenverschiebung φ nach den Gleichungen

$$\boxed{\cos\varphi = \dfrac{a_1 \cos\varphi_1 + a_2 \cos\varphi_2 + \ldots}{a}} \tag{10.59a}$$

und

$$\boxed{\sin\varphi = \dfrac{a_1 \sin\varphi_1 + a_2 \sin\varphi_2 + \ldots}{a}} \tag{10.59b}$$

10.6 Sinusfunktion, harmonische Schwingungen

Beispiel 10.24:
Drei Ströme an einem Knotenpunkt sind durch die Gleichungen:

$$i_1 = 10 \text{ A} \sin\left(\omega t + \frac{\pi}{2}\right)$$
$$i_2 = 20 \text{ A} \sin\left(\omega t - \frac{\pi}{2}\right)$$
$$i_3 = 30 \text{ A} \sin \omega t$$

gegeben. Man berechne den resultierenden Strom i nach Betrag (Amplitude) und Phase.

Lösung:
Es gilt für

$$i_1: \quad a_1 = 10 \text{ A}; \quad \varphi_1 = \frac{\pi}{2}; \quad \cos\varphi_1 = \cos\frac{\pi}{2} = 0$$
$$\sin\varphi_1 = \sin\frac{\pi}{2} = 1$$

$$i_2: \quad a_2 = 20 \text{ A}; \quad \varphi_2 = -\frac{\pi}{2}; \quad \cos\varphi_2 = \cos\left(-\frac{\pi}{2}\right) = 0$$
$$\sin\varphi_2 = \sin\left(-\frac{\pi}{2}\right) = -1$$

$$i_3: \quad a_3 = 30 \text{ A}; \quad \varphi_3 = 0; \quad \cos\varphi_3 = \cos 0 = 1$$
$$\sin\varphi_3 = \sin 0 = 0$$

Mit diesen Werten erhält man aus Gleichung (10.58):

$$a = \sqrt{(10 \cdot 0 + 20 \cdot 0 + 30 \cdot 1)^2 + (10 \cdot 1 - 20 \cdot 1 + 30 \cdot 0)^2}$$
$$= 31,62 \text{ A}$$

und aus Gleichung (10.59b)

$$\sin\varphi = \frac{10 \cdot 1 + 20 \cdot (-1) + 30 \cdot 0}{31,62} = -0,316$$
$$\varphi = -0,32 \text{ rad}$$

Damit lautet der resultierende Strom:

$$\underline{i = 31,62 \text{ A} \sin(\omega t - 0,32)}$$

10.7 Aufgaben

10.1 Man rechne den gegebenen Winkel in die jeweils anderen Winkelmaße um (Grad mit sexagesimaler Teilung, Grad mit dezimaler Teilung, Radiant, Gon)
- a) $\alpha = 12°13'08''$
- b) $\alpha = 114,065°$
- c) $\alpha = 1,7563\,rad$
- d) $\alpha = 65,4029\,gon$

10.2 Man vereinfache
- a) $\dfrac{\tan\alpha}{\sin\alpha}$
- b) $\sin\alpha\sqrt{1+\cot^2\alpha}$
- c) $\tan\alpha\sqrt{1-\sin^2\alpha}$

10.3 Man beweise die Beziehung
$$\frac{1}{\cos^2\alpha} = 1 + \tan^2\alpha$$

10.4 Gegeben ist $\sin\alpha = \dfrac{1}{k}$. Man berechne $\cos\alpha, \tan\alpha, \cot\alpha$.

10.5 Man vereinfache
- a) $y = \sin\left(x + \dfrac{\pi}{2}\right)$
- b) $y = \cos\left(x - \dfrac{\pi}{2}\right)$
- c) $y = \tan(x + 540°)$
- d) $\dfrac{\cos(90° + \lambda)}{\cos(180° + \lambda)}$

10.6 Die folgenden Terme sind zu vereinfachen
- a) $\cos(45° + \beta) - \cos(45° - \beta)$
- b) $\sin(120° + \alpha) + \cos(210° - \alpha)$
- c) $\dfrac{\sin\alpha}{1 - \cos\alpha}$
- d) $\dfrac{(1 - \cos\alpha)\cos\alpha}{\sin 2\alpha}$
- e) $\dfrac{\sin\alpha + \sin\beta}{\cos\alpha + \cos\beta}$

10.7 Man beweise die folgenden Gleichungen
- a) $\sin\alpha + \sin(\alpha + 120°) + \sin(\alpha + 240°) = 0$
- b) $\tan\alpha + \cot\alpha = \dfrac{2}{\sin 2\alpha}$
- c) $\sqrt{\dfrac{1 - \cos\beta}{1 + \cos\beta}} = \tan\dfrac{\beta}{2}$
- d) $\dfrac{1 + \tan\alpha}{1 - \tan\alpha} = \tan(45° + \alpha)$
- e) $\sin 3x = 3\sin x - 4\sin^3 x$

10.8 Man bestimme α in den ersten vier Quadranten
- a) $\sin\alpha = 0,5314$
- b) $\cos\alpha = -\dfrac{1}{2}\sqrt{3}$
- c) $\tan\alpha = 0,7500$
- d) $\cot\alpha = -1$
- e) $\sin\alpha = -0,3736$
- f) $\cos\alpha = 0,9510$

10.9 Man vereinfache
- a) $\arctan\sqrt{\dfrac{1 - \cos 2x}{1 + \cos 2x}}$
- b) $\arccos(\sin x)$

10.10 Man löse die folgenden goniometrischen Gleichungen
(Es sind nur die Hauptwerte anzugeben)
a) $4\sin x + 3 = 0$
b) $2\sin 2x - \sqrt{3} = 0$
c) $\sin x - \cos x = 1$
d) $\sqrt{3}\cos x + \sin x - 1 = 0$
e) $4\sin x = 6\cot x$
f) $3\cos^2 x + \sin x \cos x + 2\sin^2 x = 3$
g) $\cos 2x + \cos x = 0$
h) $\sin 2x - \cos x = 0$
i) $1 - \cos x = \dfrac{1}{3}\tan\dfrac{x}{2}$
k) $\sqrt{3}\cos 2x = \sin x - \sqrt{3}$

10.11 Für die in Bild 10.24 gezeigte Funktion gelten die Beziehungen:
$f(x) = a\sin(\omega x + \varphi) = a\cos(\omega x + \psi)$
$ = b_1 \sin\omega x + b_2 \cos\omega x.$
Man berechne $a, \omega, \varphi, \psi, b_1$ und b_2.

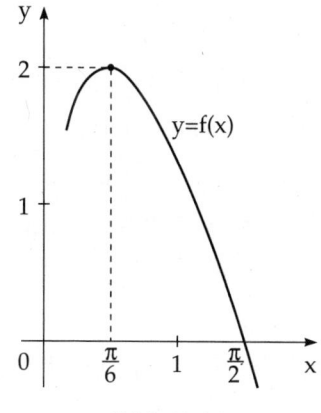

Bild 10.24

10.12 Gegeben sind die drei Ströme
$i_1 = 25\,\text{A}\sin\omega t,\ i_2 = 10\,\text{A}\sin\left(\omega t + \dfrac{\pi}{2}\right),\ i_3 = 15\,\text{A}\sin(\omega t + \pi).$
Man berechne den resultierenden Strom
$i = i_1 + i_2 + i_3 = \hat{i}\,\text{A}\sin(\omega t + \varphi)$

Kapitel 11

Algebraische rationale Funktionen

11.1 Einteilung der Funktionen

Die für Naturwissenschaft und Technik bedeutsamen Funktionen lassen sich in *algebraische* und *transzendente* (lat. *transzédere*, darüber hinausgehen, hier: die Rechengesetze der Algebra überschreiten) unterteilen.
Zu den *transzendenten* Funktionen zählen die

- Exponential- und Logarithmusfunktionen (siehe Kapitel 9),
- Trigonometrische Funktionen (siehe Kapitel 10).

Bei den *algebraischen* Funktionen unterscheidet man

- *rationale* Funktionen,
- *irrationale* Funktionen.

Zu letzteren gehören die bereits in Kapitel 7 behandelten Wurzelfunktionen, von ersteren soll in diesem, den Funktionenteil abschließenden Kapitel die Rede sein.

11.2 Algebraische ganzrationale Funktionen

11.2.1 Grundbegriffe

Ein Term (Ausdruck) der Form

$$\boxed{y = f(x) = a_n x^n + a_{n-1} x^{n-1} + \ldots + a_2 x^2 + a_1 x + a_0} \tag{11.1}$$

heißt *ganzrationale* (lat. *ratio*, Verhältnis) *Funktion n-ten Grades* in x. Sie wird auch als *Polynomfunktion n-ten Grades* $P_n(x)$ oder kurz als *Polynom* bezeichnet

$$\boxed{y = P_n(x)} \tag{11.2}$$

Der Exponent n ist immer eine natürliche Zahl ($n = 1, 2, 3 \ldots$) und heißt *Grad* der Polynomfunktion; $a_n, a_{n-1}, \ldots, a_2, a_1, a_0$ heißen *Koeffizienten* des Polynoms und sind rationale Zahlen. (Rationale Zahlen lassen sich immer als das Verhältnis zweier ganzer Zahlen darstellen.)

Ein Polynom vom Grad 1 stellt eine *lineare Funktion* dar:

$$y = a_1 x + a_0,$$

besser bekannt als Geradengleichung

$$y = ax + b.$$

Anmerkung:
In der Fernmeldetechnik bezeichnet man diejenigen Bauelemente, bei denen die Strom-Spannungs-Kennlinie $J = f(U)$ eine Gerade ist, deshalb auch als *lineare* Bauteile, im Gegensatz zu den *nichtlinearen* Bauelementen, deren Kennlinien gekrümmt sind, wie die J_a-U_g-Kennlinie einer Verstärkerröhre, die U-J-Kennlinie eines Gleichrichters, die Magnetisierungskurve eines Blechkerns. In vielen Fällen kann man die Kennlinie dadurch *linearisieren* (strecken), daß man in Reihe mit dem nichtlinearen Gebilde ein zweites mit absolut gerader Kennlinie anordnet, also bei der Röhre und dem Gleichrichter einen Ohmschen Widerstand, beim Blechkern einen Luftspalt (Scherung).

Mit $n = 2$ erhält man ein quadratisches Polynom

$$\boxed{y = a_2 x^2 + a_1 x + a_0} \tag{11.3}$$

auch als *quadratische* Funktion oder *Funktion 2. Grades* oder als *Parabelgleichung* bezeichnet, weil der zugehörige Graph eine Parabel 2. Ordnung ist (Abschnitt 6.4.2.2).

Ein Sonderfall von Gleichung (11.3), nämlich (11.4)

$$\boxed{y = x^2}, \tag{11.4}$$

beschreibt die *Normalparabel.*

Polynome vom Grad 3 heißen *kubische Polynome*

$$\boxed{y = a_3 x^3 + a_2 x^2 + a_1 x + a_0}, \tag{11.5}$$

kubische Funktionen oder *Funktionen 3. Grades*. Ihre Graphen sind Parabeln 3. Ordnung, auch *kubische Parabeln* genannt.

Meistens werden sie in der Form

$$\boxed{y = a_3 x^3 + a_0} \tag{11.6}$$

verwendet.

Wird x in der Gleichung (11.1) durch eine Zahl a ersetzt, so nimmt der Term den Zahlenwert $y(a) = f(a) = P_n(a)$ an, der dem Funktionswert der Polynomfunktion an der Stelle a entspricht und *Polynomwert* genannt wird.

Beispiel 11.1:
Eine Polynomfunktion 4. Grades ($n = 4$) laute

$$y = P_4(x) = 5x^4 - x^2 + 3.$$

Man berechne den Funktionswert an der Stelle $x = 2$.

Lösung:

$$y(2) = P_4(2) = 5 \cdot 2^4 - 2^2 + 3 = 5 \cdot 16 - 4 + 3 = 79$$

Den Graphen einer ganzrationalen Funktion n-ten Grades nennt man Parabel n-ter Ordnung. Wo er in einem kartesischen Koordinatensystem die x-Achse schneidet oder berührt, ist der Funktionswert $y = P_n(x) = 0$. Solche Punkte heißen deshalb *Nullstellen* der Funktion.

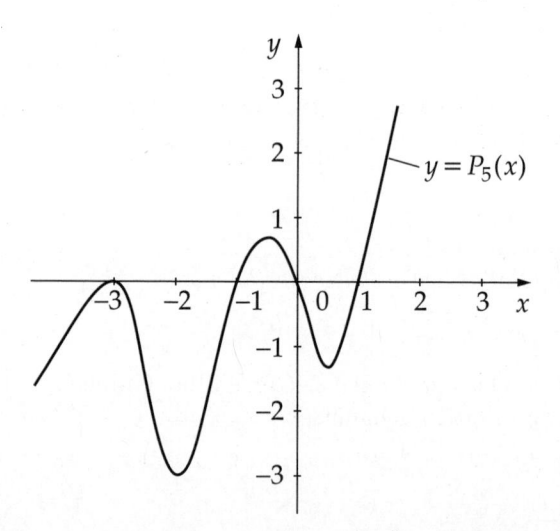

Beispiel 11.2:
Die Funktion

$$y = P_5(x) = \frac{x^5}{3} + 2x^4 + \frac{8}{3}x^3 - 2x^2 - 3x$$

ist eine Polynomfunktion 5. Grades. Ihr Graph, eine Parabel 5. Ordnung, schneidet die x-Achse bei $x_1 = 0$, $x_2 = 1$, $x_3 = -1$ und berührt sie bei $x_4 = x_5 = -3$ (Bild 11.1).

Die Stellen x_1, x_2, x_3 heißen *einfache* Nullstellen, $x_4 = x_5$ ist eine *doppelte* Nullstelle.

Bild 11.1 Graph der Funktion $y = P_5(x) = \dfrac{x^5}{3} + 2x^4 + \dfrac{8}{3}x^3 - 2x^2 - 3x$

Eine doppelte Nullstelle kann man sich durch Zusammenfallen zweier Nullstellen ($x_4; x_5$ in Bild 11.2) entstanden vorstellen.

Allgemein erhält man die Nullstellen einer Funktion $y = f(x)$, indem man $y = 0$ setzt.

Für die Polynomfunktion $y = P_n(x)$ gelten dabei folgende *Sätze*:

11.2 Algebraische ganzrationale Funktionen

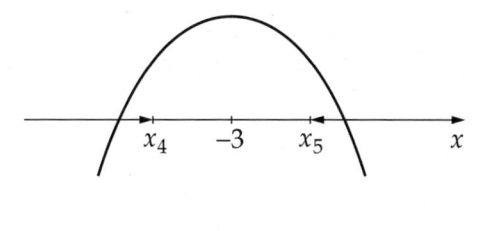

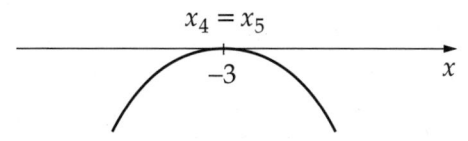

Bild 11.2 Entstehung einer doppelten Nullstelle

1. Wenn $P_n(x)$ eine Polynomfunktion n-ten Grades ist, so heißt $P_n(x) = 0$ *algebraische Gleichung n-ten Grades in x.*

2. Jede algebraische Gleichung n-ten Grades mit einer Variablen (Veränderliche x) hat in der Menge der komplexen Zahlen genau n Lösungen, wenn man eventuell vorhandene mehrfache Lösungen in ihrer Vielfachheit zählt.

Diese Erkenntnis stammt von Carl Friedrich Gauß (1777–1855, einer der bedeutendsten Mathematiker aller Zeiten) und wird *Fundamentalsatz der Algebra* genannt.

Danach führt die Polynomfunktion $y = P_5(x)$ in Beispiel 11.2 auf eine algebraische Gleichung 5. Grades in x, die fünf Lösungen $(x_1; x_2; x_3; x_4 = x_5)$ besitzt, wenn man $y = P_5(x) = 0$ setzt.

Die Lösungen einer algebraischen Gleichung $P_n(x) = 0$ sind somit gleichzeitig Nullstellen der durch die Gleichung $y = P_n(x)$ gegebenen Parabel n-ter Ordnung.

Beispiel 11.3:

$$y = P_3(x) = x^3 - 2x^2 - x + 2$$

Für $x = 2$ erhält man: $y = P_3(2) = 2^3 - 2 \cdot 2^2 - 2 + 2 = 0$, d. h., $x = 2$ ist eine Lösung der Gleichung

$$P_3(x) = 0 = x^3 - 2x^2 - x + 2$$

und damit Nullstelle der durch die Ausgangsgleichung dargestellten Parabel. Man schreibt deshalb $x_0 = 2$.

Eine Nullstelle x_0 läßt sich in der Form $x - x_0$ aus dem Polynom $y = P_n(x)$ durch *Polynomdivision* oder mittels des Horner-Schemas (s. Abschnitt 11.2.2) abspalten.

Damit kann man $P_n(x)$ als Produkt des Linearfaktors $(x - x_0)$ und eines Restpolynoms $Q_{n-1}(x)$ anschreiben:

$$\boxed{P_n(x) = (x - x_0) Q_{n-1}(x)} \qquad (11.7)$$

mit $Q_{n-1}(x) = b_{n-1}x^{n-1} + b_{n-2}x^{n-2} + \ldots + b_1 x + b_0$.

Der Index $n-1$ bei Q und b gibt an, daß der Grad n des ursprünglichen Polynoms $P_n(x)$ um „1" reduziert ist.

Beispiel 11.4:
Gegeben sei wieder das Polynom $P_3(x) = x^3 - 2x^2 - x + 2$ mit der bereits bekannten Nullstelle $x_0 = 2$.

Durch Division von $P_3(x)$ durch den Linearfaktor $(x-2)$ (= Polynomdivision)

$$
\begin{array}{l}
(\,x^3 - 2x^2 - x + 2\,) : (x-2) = x^2 - 1 \\
\underline{x^3 - 2x^2} \\
 0 \ \ \ 0 \ \ -x + 2 \\
 \underline{-x + 2} \\
 0 \ \ \ 0
\end{array}
$$

erhält man als Restpolynom $Q_2(x) = x^2 - 1$.

Damit läßt sich entsprechend Gl. (11.7) die gegebene Polynomfunktion $y = P_3(x)$ anschreiben zu

$$y = P_3(x) = (x-2)(x^2 - 1)$$

(man kontrolliere das Ergebnis durch Ausmultiplizieren!).

Setzt man diese Gleichung Null

$$y = P_3(x) = (x-2)(x^2 - 1) = 0,$$

lassen sich weitere Nullstellen, d. h. Schnittpunkte mit der x-Achse, der zugehörigen Parabel als Lösungen der Gleichung ausrechnen; dabei gilt der *Satz*:

- Ein Produkt ist Null, wenn mindestens ein Faktor Null ist.

Für $(x-2)(x^2 - 1) = 0$ folgt daraus:

1. $x - 2 = 0 \quad x = x_0 = 2$
2. $x^2 - 1 = 0 \quad x^2 = 1 \qquad$ mit den Lösungen $\quad x = x_1 = 1$
   $\phantom{x^2 - 1 = 0 \quad x^2 = 1 \qquad \text{mit den Lösungen}}$ und $\phantom{\text{mit den Lösungen}\quad} x = x_2 = -1$.

Die Indizes „0, 1, 2" geben die verschiedenen Nullstellen an. Bild 11.3 zeigt den zu dem Polynom $y = P_3(x) = (x-2)(x-1)(x+1)$ gehörenden Graphen.

11.2 Algebraische ganzrationale Funktionen

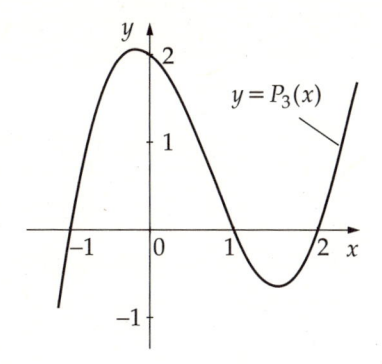

Bild 11.3 Graph der Funktion
$$y = P_3(x) = x^3 - 2x^2 - x + 2 = (x-2)(x^2-1) = (x-2)(x-1)(x+1)$$

Allgemein gilt:
Hat das n-gradige Polynom $P_n(x)$ n reelle einfache Nullstellen $x_1, x_2, x_3, \ldots, x_n$, so läßt es sich in der Produktdarstellung

$$\boxed{P_n(x) = a_n(x - x_1)(x - x_2)(x - x_3)\ldots(x - x_n)} \tag{11.8}$$

darstellen.

Wie man verfährt, wenn ein Polynom auch noch mehrfache, z. B. doppelte, Nullstellen (Bild 11.1), besitzt, soll an folgendem Beispiel gezeigt werden.

Beispiel 11.5:
Gegeben sei $y = P_4(x) = 2x^4 + 2x^3 - 6x^2 - 2x + 4$ mit der doppelten Nullstelle $x_1 = x_2 = 1$.
Gesucht sind weitere Nullstellen sowie die Produktdarstellung des Polynoms, auch *Linearfaktorenzerlegung* genannt.

Lösung:
Zunächst spaltet man die doppelte Nullstelle durch zweimalige Polynomdivision ab, wodurch das Polynom 4. Grades $y = P_4(x)$ zurückgeführt (reduziert) wird auf ein Produkt zweier Polynome 2. Grades.

1. $(2x^4 + 2x^3 - 6x^2 - 2x + 4) : (x - 1) = 2x^3 + 4x^2 - 2x - 4$
$\underline{2x^4 - 2x^3}$
$\quad 4x^3 - 6x^2 - 2x + 4$
$\quad \underline{4x^3 - 4x^2}$
$\qquad -2x^2 - 2x + 4$
$\qquad \underline{-2x^2 + 2x}$
$\qquad\qquad -4x + 4$
$\qquad\qquad \underline{-4x + 4}$
$\qquad\qquad\quad 0 \;\;+0$

2. $(2x^3+4x^2-2x-4):(x-2x^2+6x+4$
    $\underline{2x^3-2x^2}$
    $\quad\ 6x^2-2x-4$
    $\quad\ \underline{6x^2-6x}$
    $\qquad\quad 4x-4$
    $\qquad\quad \underline{4x-4}$
    $\qquad\qquad 0\ \ 0$

Damit läßt sich $y = P_4(x)$ anschreiben zu

$$y = P_4(x) = (x-1)(x-1)(2x^2 + 6x + 4)$$

oder als Produkt zweier Polynome 2. Grades

$$y = P_4(x) = (x-1)^2(2x^2 + 6x + 4)$$

Jetzt setzt man – zur Berechnung weiterer Nullstellen – das Produkt Null: $(x-1)^2(2x^2 + 6x + 4) = 0$ und erhält:

1. $(x-1)^2 = 0 \qquad$ mit $x_1 = x_2 = 1$ und
2. $2x^2 + 6x + 4 = 0$

weil, wie bereits erwähnt, ein Produkt Null ist, wenn mindestens ein Faktor Null ist.

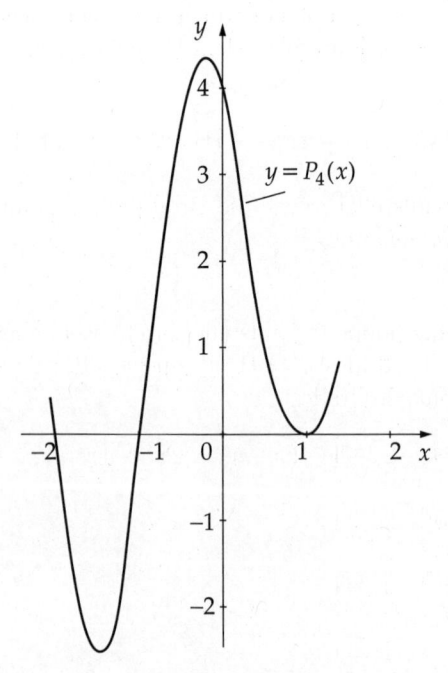

Bild 11.4 Graph der Funktion $y = P_4(x) = 2(x-1)^2(x+1)(x+2)$

11.2 Algebraische ganzrationale Funktionen

Aus der zweiten Gleichung lassen sich über $x^2 + 3x + 12 = 0$ mit der p-q-Formel die beiden restlichen Nullstellen berechnen:

$$x_{3/4} = -1,5 \pm \sqrt{1,5^2 - 2} = -1,5 \pm \sqrt{2,25 - 2} = -1,5 \pm 0,5$$
$$x_3 = -1; \quad x_4 = -2$$

Die Funktion $y = P_4(x)$ hat also – entsprechend dem Fundamentalsatz der Algebra – vier Nullstellen. Sie lauten:

$$x_1 = x_2 = 1; \quad x_3 = -1; \quad x_4 = -2.$$

Ihre Linearfaktorenzerlegung (Produktdarstellung) ist:

$$y = P_4(x) = 2(x-1)^2(x+1)(x+2).$$

Die zugehörige Parabel 4. Ordnung zeigt Bild 11.4.

Beispiel 11.6:
Gegeben sei die Polynomfunktion

$$y = P_5(x) = 0,042x^5 - 0,652x^3 + 0,417x^2 + 2,5x - 3$$

Unter der Voraussetzung, daß drei Nullstellen bekannt sind, berechnet sich die Linearfaktorenzerlegung – entsprechend dem Beispiel 11.5 – zu

$$y = P_5(x) = 0,042(x+3)^2(x-2)^3$$

(Man kontrolliere die Richtigkeit durch Ausmultiplizieren!) Die zugehörige Parabel 5. Ordnung hat also bei $x_1 = x_2 = -3$ eine doppelte Nullstelle und bei $x_3 = x_4 = x_5 = 2$ eine dreifache Nullstelle (Bild 11.5).

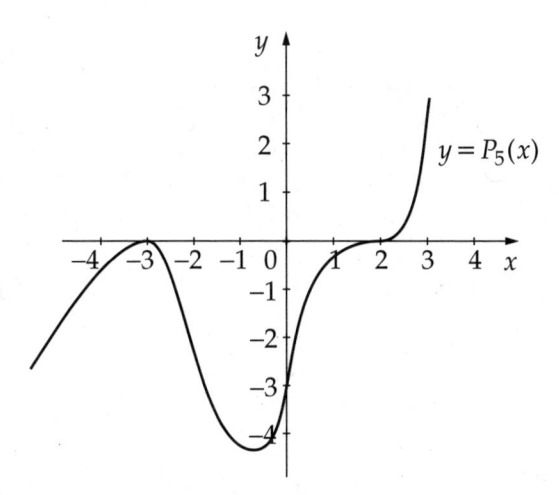

Bild 11.5 Graph der Funktion $y = P_5(x) = 0,042(x+3)^2(x-2)^3$

Die doppelte Nullstelle stellt einen *relativen Extremwert* (= größter oder kleinster Funktionswert bezüglich der benachbarten Funktionswerte) dar; demgegenüber ist eine dreifache Nullstelle immer gleichwertig einem *Wendepunkt* der Funktion, genauer, gleichwertig einem Wendepunkt mit waagerechter *Tangente*[1] auch *Terrassenpunkt* genannt.

Man bezeichnet ganz allgemein als *Wendepunkte* einer Funktion diejenigen Punkte, in denen der Funktionsgraph mit zunehmenden x-Werten seine Krümmungsrichtung ändert.

Wie Bild 11.6 zeigt, beschreibt der Funktionsgraph links von x_{w1} ($x < x_{w1}$) mit zunehmenden x-Werten eine Rechtskrümmung, also eine Krümmung im Uhrzeigerdrehsinn, die mathematisch als negativ ($-$) bezeichnet wird. Zwischen x_{w1} und x_{w2} ($x_{w1} < x < x_{w2}$) liegt – mit zunehmendem x – eine Linkskrümmung vor, also eine Krümmung entgegen dem Uhrzeigerdrehsinn, die mathematisch als positiv ($+$) bezeichnet wird. Rechts von x_{w2} ($x > x_{w2}$) beschreibt der Graph wieder eine Rechtskrümmung.

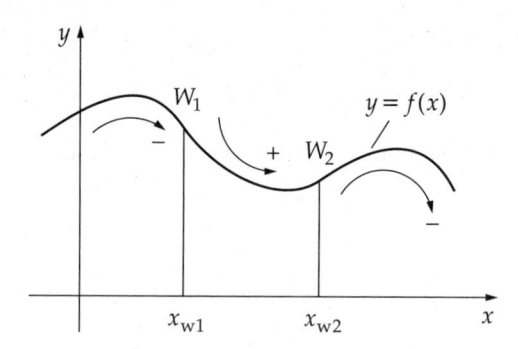

Bild 11.6 Wendepunkte W_1, W_2 und Drehsinn eines Funktionsgraphen

Es gibt auch höhere als dreifache Nullstellen. Man spricht ganz allgemein von k-fachen Nullstellen oder *Nullstellen k-ter Ordnung*, wobei $k = 1; 2; 3; \ldots$ sein kann. Solche *Nullstellen höherer Ordnung* besitzen jedoch keine praktische Bedeutung.

Ist x_0 keine Nullstelle der Polynomfunktion $y = P_n(x)$, so bleibt bei der Abspaltung des Linearfaktors $x - x_0$ ein Rest übrig. Gl. (11.7) lautet dann

$$\boxed{P_n(x) = (x - x_0)Q_{n-1}(x) + R} \tag{11.9}$$

Beispiel 11.7:
Gegeben sei $y = P_3(x) = 2x^3 - 7x^2 + 11x - 7$. Der Linearfaktor $(x-1)$ soll abgespalten werden.

---

[1] Eine Tangente (lat. *tangere*, berühren) ist eine Gerade, welche einen vorgegebenen Graphen in einem Punkt berührt; im Gegensatz dazu ist eine Sekante (lat. *secare*, schneiden) eine Gerade, die einen vorgegebenen Graphen schneidet.

11.2 Algebraische ganzrationale Funktionen

Lösung:
Durch Polynomdivision $P_3(x) : (x-1)$ erhält man
$$P_3(x) = (x-1)(2x^2 - 5x + 6) - 1.$$
Entsprechend Gl. (11.9) ist $Q_2(x) = 2x^2 - 5x + 6$ und $R = -1$.

Der Rest R ist gleichzeitig der Funktionswert $P_n(x_0)$; im vorliegenden Beispiel ist $P_3(1) = -1$. (Kontrolle!) Falls er verschwindet, ist der Funktionswert für $x = x_0$ gleich Null, die zugehörige Parabel hat eine Nullstelle.

Spaltet man von dem Polynom $Q_{n-1}(x)$ noch einmal $(x-x_0)$ ab und fährt damit fort, bis nur noch eine Konstante K_0 übrig bleibt. so erhält man die *Entwicklung des Polynoms* $P_n(x)$ *an der Stelle* $x = x_0$:

$$\boxed{P_n(x) = K_n(x-x_0)^n + K_{n-1}(x-x_0)^{n-1} + \ldots + K_1(x-x_0) + K_0}, \quad (11.10)$$

mit $K_n, K_{n-1}, \ldots, K_1, K_0$ als Konstanten.

Für Beispiel 11.7 erhält man als Entwicklung des Polynoms nach $x = 1$:
$$P_3(x) = 2(x-1)^3 - (x-1)^2 + 3(x-1) - 1$$
(Man kontrolliere die Richtigkeit dieses Ergebnisses durch Ausdividieren!)

11.2.2 Horner-Schema

Wie im vorigen Abschnitt erwähnt, lassen sich Nullstellen aus einem Polynom nicht nur durch *Polynomdivision*, sondern auch durch Anwendung des *Horner-Schemas* abspalten. Das nach dem englischen Mathematiker William Georg Horner (1786–1837) benannte Verfahren ermöglicht:

1. Funktionswerte von Polynomen auszurechnen,
2. Nullstellen abzuspalten,
3. eine Polynomfunktion an einer Stelle $x = x_0$ zu entwickeln.

Die zentrale Stellung des Horner-Schemas in der numerischen Mathematik beruht auf der Tatsache, daß in der Praxis die meisten Funktionen mit Hilfe von Polynomen angenähert werden.

Bei der praktischen Handhabung des Horner-Schemas geht man folgendermaßen in vier Schritten vor:

Gegeben sei eine Polynomfunktion n-ten Grades
$$P_n(x) = a_n x^n + a_{n-1} x^{n-1} + \ldots + a_1 x + a_0.$$
Gesucht ist der Funktionswert $P_n(x_0)$ an der Stelle $x = x_0$.

Lösung:
1. Schritt:
Man schreibt in die erste Zeile des Schemas die Koeffizienten des Polynoms. Für nicht vorhandene Potenzen von x wird an der entsprechenden Stelle der Koeffizient 0 gesetzt.

$$\begin{array}{c|ccccccc} & a_n & a_{n-1} & a_{n-2} & \cdots & a_2 & a_1 & a_0 \\ & \downarrow & & & & & & \\ \hline x_0 & a_n & & & & & & \end{array}$$

2. Schritt:
Die zweite Zeile läßt man zunächst frei und schreibt in die dritte Zeile (erste Spalte) den Wert a_n. Vor a_n steht zweckmäßig noch der Wert für x_0, für den $P_n(x_0)$ berechnet werden soll.

3. Schritt:
Man berechnet das Produkt $x_0 a_n$, schreibt es in die zweite Spalte der zweiten Zeile (unter a_{n-1}), addiert die beiden Werte und erhält in der dritten Zeile als Summe der beiden b_{n-2}.

$$\begin{array}{c|cccccc} & a_n & a_{n-1} & a_{n-2} & \cdots & a_1 & a_0 \\ & & x_0 a_n & & & & \\ \hline x_0 & a_n & b_{n-2} & & & & \end{array}$$

4. Schritt:
b_{n-2} wird mit x_0 multipliziert, unter a_{n-2} in die zweite Zeile geschrieben und zu a_{n-2} addiert. Man erhält als Summe b_{n-3} in der dritten Zeile, multipliziert diesen Wert mit x_0 usw.

$$\begin{array}{c|cccccc} & a_n & a_{n-1} & a_{n-2} & \cdots & a_1 & a_0 \\ & & x_0 a_n & x_0 b_{n-2} & & x_0 b_1 & x_0 b_0 \\ \hline x_0 & a_n & b_{n-2} & b_{n-3} & & b_0 & R = P_n(x_0) \end{array}$$

Das Verfahren wird in dieser Weise fortgesetzt und liefert zuletzt durch Addition von a_0 und $x_0 b_0$ den gesuchten Funktionswert $P_n(x_0) = R$.

Beispiel 11.8:
Gegeben sei $y = f(x) = P_3(x) = 2x^3 + 11x - 7$. Gesucht ist der Funktionswert für $x_0 = 1$.

Lösung:

$$\begin{array}{c|cccc} & 2 & 0^{1)} & 11 & -7 \\ & & 2 & 2 & 13 \\ \hline x_0 = 1 & 2 & 2 & 13 & 6 = R = P_3(1) \end{array}$$

---

[1] Da $a_2 x^2$ in der Polynomgleichung $y = P_3(x)$ fehlt, wird im Horner-Schema $a_2 = 0$ gesetzt.

Wenn x_0 eine Nullstelle des Polynoms ist, wird $R = 0$. Damit läßt sich mit diesem Verfahren eine Nullstelle, eines Polynoms abspalten; denn die Zahlen in der dritten Zeile des Horner-Schemas sind die Koeffizienten des Restpolynoms $Q_{n-1}(x)$ entsprechend Gl. (11.7).

Beispiel 11.9:
Gegeben sei das Polynom $y = P_3(x) = x^3 - 2x^2 - x + 2$, von dem die Nullstelle $x_0 = 2$ abgespalten werden soll.

Lösung:

$$\begin{array}{r|rrrr} & 1 & -2 & -1 & 2 \\ & & 2 & 0 & -2 \\ \hline x_0 = 2 & 1 & 0 & -1 & \underline{0 = P_3(2)} \end{array}$$

Die Koeffizienten des reduzierten Polynoms $Q_{3-1}(x) = Q_2(x)$ lauten: $1; 0; -1$. Das reduzierte Polynom schreibt sich damit zu $Q_2(x) = x^2 - 1$.

Das Ausgangspolynom $P_3(x)$ kann jetzt damit und mit der abgespalteten Nullstelle $(x-2)$ entsprechend Gl. (11.7) als Produkt angeschrieben werden:

$$P_3(x) = Q_2(x)(x-2) = (x^2 - 1)(x-2)$$

In diesem Beispiel läßt sich aus $Q_2(x) = x^2 - 1$ noch $x_1 = 1$ abspalten, womit sich für $P_3(x)$ – entsprechend Gl. (11.8) – folgende Linearfaktorenzerlegung ergibt:

$$P_3(x) = (x+1)(x-1)(x-2)$$

(Man mache die Probe durch Ausmultiplizieren des aus drei Faktoren dargestellten Produktes.)

Wendet man das Horner-Schema mehrfach hintereinander für den gleichen Wert $x = x_0$ an, gelangt man zu der *Entwicklung des Polynoms an der Stelle* $x = x_0$. Darauf wird hier allerdings nicht weiter eingegangen.

11.3 Algebraische gebrochene rationale Funktionen

11.3.1 Definitionen

Die Summe, Differenz und das Produkt zweier Polynome ergeben wieder ein Polynom. Der Quotient zweier Polynome ist jedoch normalerweise kein Polynom, sondern eine gebrochene rationale Funktion. Sie ist folgendermaßen definiert:

Definition:

- Die gebrochene rationale Funktion ist der Quotient zweier ganzer rationaler Funktionen (Polynome) von der Form

$$\boxed{f(x) = \frac{Z_n(x)}{N_m(x)} = \frac{a_n x^n + a_{n-1} x^{n-1} + \ldots + a_1 x + a_0}{b_m x^m + b_{m-1} x^{m-1} + \ldots + b_1 x + b_0}} \quad (11.11)$$

mit $N_m(x) \neq 0$; $a_n \neq 0$; $b_m \neq 0$; n nennt man den *Zählergrad*, m den *Nennergrad*.

Wenn n kleiner m ($n < m$) ist, spricht man von einer echt gebrochenen rationalen Funktion.

Beispiel 11.10:

$$y = f(x) = \frac{Z_2(x)}{N_3(x)} = \frac{x^2 + 2x + 1}{x^3 + x^2 - x - 1}$$

Ist hingegen n größer oder gleich m ($n \geq m$), nennt man die Funktion unecht gebrochen.

Beispiel 11.11:

$$y = f(x) = \frac{Z_4(x)}{N_3(x)} = \frac{x^4 - 1}{x^3 + 2x}, \qquad n > m$$

Beispiel 11.12:

$$y = f(x) = \frac{Z_2(x)}{N_2(x)} = \frac{2x^2 + 2}{x^2 - 1}, \qquad n = m$$

Jede unecht gebrochene rationale Funktion läßt sich durch eine entsprechende Polynomdivision in eine echt gebrochene rationale Funktion und eine ganzrationale Funktion $g_p(x)$ zerlegen.

Beispiel 11.13:

Durch Polynomdivision von $Z_4(x) : N_3(x)$ in Beispiel 11.11

$$(x^4 - 1) : (x^3 + 2x) = x - \frac{2x^2 + 1}{x^3 + 2x}$$

$$\underline{x^4 + 2x^2}$$
$$-2x^2 - 1$$

kann man für $y = f(x)$ auch schreiben

$$y = \frac{x^4 - 1}{x^3 + 2x} = x - \underbrace{\frac{2x^2 + 1}{x^3 + 2x}}_{\substack{\uparrow \text{ echt gebr. rat. Funktion} \\ g_1(x)}}$$

(*Probe*: Bringt man die rechte Seite der Funktionsgleichung auf den Hauptnenner $x^3 + 2x$, erhält man die Ausgangsgleichung.)

11.3 Algebraische gebrochene rationale Funktionen

Beispiel 11.14:
Hier erhält man durch die entsprechende Polynomdivision

$$(2x^2 + 2) : (x^2 - 1) = 2 + \frac{4}{x^2 - 1}$$
$$\underline{2x^2 - 2}$$
$$2$$

für $y = f(x)$ in Beispiel 11.12

$$y = \frac{2x^2 + 2}{x^2 - 1} = 2 + \underbrace{\frac{4}{x^2 - 1}}_{g_0(x)}$$

↑ echt gebr. rat. Funktion

Beispiel 11.15:

$$y = \frac{x^3 - 3x^2 + x - 3}{x - 1} = \underbrace{x^2 - 2x - 1}_{g_2(x)} - \underbrace{\frac{4}{x - 1}}_{\text{echt gebr. rat. Funktion}}$$

Die letzten drei Beispiele zeigen, daß die ganzrationale Funktion $g_p(x)$ eine Polynomfunktion beliebigen Grades p sein kann.

11.3.2 Besondere Eigenschaften der gebrochenen rationalen Funktion

Um den Graphen einer gebrochenen rationalen Funktion zeichne zu können, müssen noch einige besondere Eigenschaften dieses Funktionstyps behandelt werden.

11.3.2.1 Nullstellen

Wenn für ein bestimmtes $x = x_0$ der Zähler Null wird, also $Z_n(x_0) = 0$ gilt und gleichzeitig der Nenner $N_n(x_0)$ ungleich Null ist, wird der Funktionswert der gebrochenen rationalen Funktion Null

$$y = f(x_0) = \frac{0}{N_m(x_0)} = 0,$$

der zugehörige Graph schneidet wieder die x-Achse.

Auch hierbei unterscheidet man – entsprechend dem in Abschnitt 11.2.1 Gesagten – zwischen einfachen und mehrfachen Nullstellen der gebrochenen rationalen Funktion und definiert allgemein:

- Eine *Nullstelle k-ter Ordnung*, also eine k-fache Nullstelle, des Zählerpolynoms $Z_n(x_0)$, die nicht zugleich Nullstelle des Nennerpolynoms ist, ist eine *Nullstelle k-ter Ordnung* oder k-fache Nullstelle der gebrochenen rationalen Funktion.

Beispiel 11.16:
Gegeben:
$$y = f(x) = \frac{Z_2(x)}{N_5(x)} = \frac{(x-1)^2}{x^5}$$

Gesucht: Die Nullstellen der Funktion.

Lösung:
$$Z_2(x) = (x-1)^2 = 0 \Rightarrow x_0 = x_1 = 1$$

Für diesen Wert ist
$$N_5(1) = 1^5 = 1 \neq 0.$$

Also hat die Funktion $y = f(x)$ an der Stelle $x = 1$ eine doppelte Nullstelle oder Nullstelle 2. Ordnung.

Beispiel 11.17:
Gegeben:
$$y = f(x) = \frac{Z_5(x)}{N_6(x)} = \frac{(x+3)^2(x-2)^3}{x^6 - 1}$$

Gesucht: Die Nullstellen der Funktion.

Lösung:
Man setzt $Z_5(x) = (x+3)^2(x-2)^3 = 0$, erhält mit $x_0 = x_1 = -3$ und $x_2 = x_3 = x_4 = 2$ eine Nullstelle 2. Ordnung (doppelte Nullstelle) und eine Nullstelle 3. Ordnung (dreifache Nullstelle) und untersucht, ob für sie das Nennerpolynom $N_6(x)$ ungleich Null wird:

$$N_6(-3) = (-3)^6 + 1 \neq 0; \qquad N_6(2) = 2^6 + 1 \neq 0.$$

Da das der Fall ist, sind die Nullstellen des Zählers gleichzeitig Nullstellen der gebrochenen rationalen Funktion.

11.3.2.2 Polstellen

Als nächstes wird untersucht, was passiert, wenn die Nennerfunktion $N_m(x)$ Null wird, die Zählerfunktion $Z_n(x)$ jedoch ungleich Null ist.

Ein Beispiel möge das erläutern:

Beispiel 11.18:
Gegeben:
$$y = f(x) = \frac{1}{x}$$

11.3 Algebraische gebrochene rationale Funktionen

Setzt man in dieser Gleichung für x immer kleinere *positive* Werte ein, wird y immer größer

x	1	0,1	0,01	...	0,00001	...
y	1	10	100	...	100000	...

Man sieht: Geht $x \to 0$, wird y unendlich groß.

Da man bekanntlich nicht durch Null dividieren darf, beschreibt man diesen Sachverhalt durch die sog. *Grenzwertschreibweise*

$$\lim_{x \to 0} y = \lim_{x \to 0} \frac{1}{x} = +\infty \qquad (11.12)$$

(in Worten: „limes y mit x gegen Null gleich plus unendlich").

∞ ist das Zeichen für unendlich, lim ist die Abkürzung für limes (lat. *limes*, Grenze, Grenzwert).

Eine Stelle x_p der Funktion, an welcher der Funktionswert unendlich groß wird, wenn sich x ihr unbegrenzt nähert (im vorliegenden Beispiel ist $x_\mathrm{p} = 0$), nennt man P o l s t e l l e oder P o l der Funktion und kennzeichnet sie im Funktionsgraphen durch eine zur y-Achse parallele Gerade, wenn sie nicht wie in Beispiel 11.18 die y-Achse selbst ist.

Um auszudrücken, daß man sich bei der Grenzwertbildung der Stelle $x = 0$ von r e c h t s nähert, schreibt man Gleichung (11.12) auch folgendermaßen an:

$$\lim_{x \to 0+0} y = \lim_{x \to 0+0} \frac{1}{x} = +\infty \quad [1)] \qquad (11.13)$$

und nennt diesen Grenzwert r e c h t s s e i t i g (Bild 11.7).

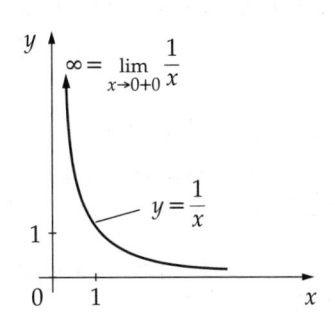

Bild 11.7 Rechtsseitiger Grenzwert

Setzt man für x immer größere negative Werte ein, wird y immer kleiner:

x	-1	$-0,1$	$-0,01$	...	$-0,00001$	...
y	-1	-10	-100	...	-10000	...

Man sieht: Geht x von der l i n k e n Seite gegen Null, wird y unendlich klein.

[1)] Auch die Schreibweise $\lim\limits_{x \to +0} \dfrac{1}{x} = +\infty$ ist üblich.

Entsprechend zu Gleichung (11.13) schreibt man:

$$\boxed{\lim_{x \to 0-0} y = \lim_{x \to 0-0} \frac{1}{x} = -\infty}\,^{1)} \qquad (11.14)$$

(in Worten: „lim y mit x gegen minus Null gleich minus unendlich") und nennt diesen Grenzwert l i n k s s e i t i g.

Den zu Beispiel 11.18 gehörenden Graphen zeigt Bild 11.8.

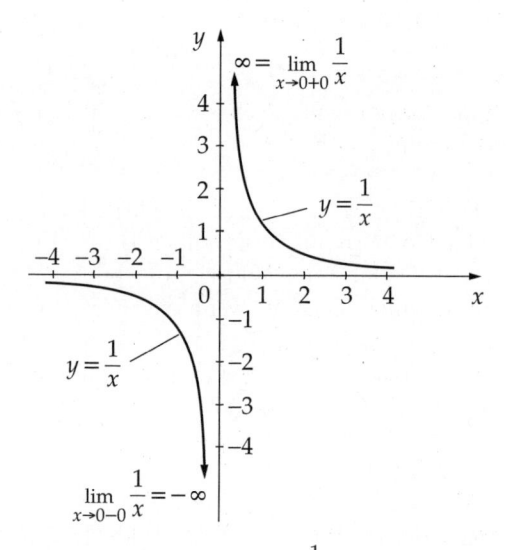

Bild 11.8 Graph der Funktion $y = \dfrac{1}{x}$ mit der Polstelle $x_\mathrm{p} = 0$ und dem links- und rechtsseitigen Grenzwert

Betrachtet man die Funktion $y = \dfrac{1}{x}$ als eine gebrochene rationale Funktion mit $Z_0(x) = 1$ und $N_1(x) = x$, wobei das Nennerpolynom die einfache Nullstelle $x = 0$ besitzt, läßt sich vergleichend definieren:

- Einer einfachen Nullstelle des Nennerpolynoms entspricht eine einfache Polstelle, der gebrochen rationalen Funktion.

Beispiel 11.19:
Gegeben:

$$y = f(x) = \frac{x+1}{(x-2)^2}.$$

Gesucht: die Polstellen.

---

[1] Auch die Schreibweise $\lim\limits_{x \to -0} \dfrac{1}{x} = -\infty$ ist üblich.

11.3 Algebraische gebrochene rationale Funktionen

Lösung:

$$N_2(x) = (x-2)^2 = 0; \qquad x_{p1} = x_{p2} = 2.$$

Die Nennerfunktion hat für $x = 2$ eine doppelte Nullstelle, die nicht zugleich Nullstelle des Zählerpolynoms $Z_1(x) = x + 1$ ist: $Z_1(2) = 2 + 1 = 3$.

Für die gebrochen rationale Funktion bedeutet sie eine Polstelle. Entsprechend der d o p p e l t e n Nullstelle der Nennerfunktion bezeichnet man sie als d o p p e l t e Polstelle.

Verallgemeinernd gilt:

- Eine Nullstelle k-ter Ordnung des Nennerpolynoms $N_m(x)$, die nicht zugleich Nullstelle des Zählerpolynoms $Z_n(x)$ ist, heißt Pol k-ter Ordnung der Funktion.

Bild 11.9 zeigt den Graphen der gebrochen rationalen Funktion aus Beispiel 11.19.

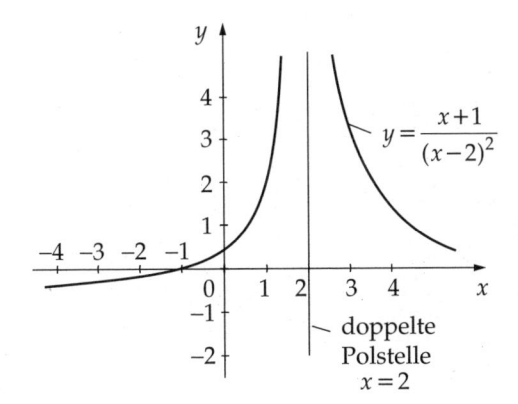

Bild 11.9 Graph der Funktion $y = \dfrac{x+1}{(x-2)^2}$
mit der doppelten Polstelle $x_1 = x_2 = 2$

Der Vergleich mit Bild 11.8 läßt erkennen, daß bei einer doppelten Polstelle links- und rechtsseitiger Grenzwert gleich sind – entweder $-\infty$ oder $+\infty$ –, wohingegen bei einer einfachen Polstelle links- und rechtsseitiger Grenzwert entgegengesetzte Vorzeichen haben.

Beispiel 11.20:
Gegeben:

$$y = f(x) = \frac{1}{x(x-3)^2(x-2)^3}.$$

Gesucht: die Polstellen.

Lösung:

$$N_6(x) = x(x+3)^2(x-2)^3 = 0$$

mit den Lösungen:

$x_1 = 0$ einfacher Pol
$x_2 = x_3 = -3$ doppelter Pol
$x_4 = x_5 = x_6 = 2$ dreifacher Pol

Den zugehörigen Graphen zeigt Bild 11.10.

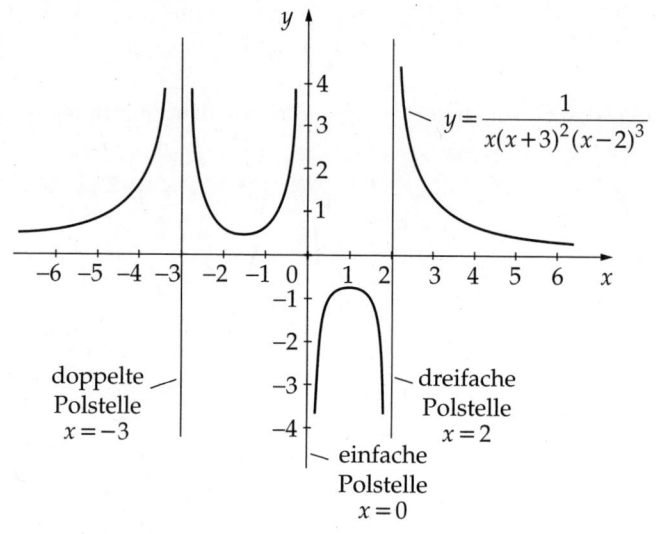

Bild 11.10 Graph der Funktion $y = \dfrac{1}{x(x-3)^2(x-2)^3}$

Achtung: Alle Bilder zeigen jeweils den *qualitativen* Verlauf der einzelnen Graphen, d. h. nur die gerade behandelten Eigenschaften der Funktionen. Gegensatz: Der *quantitative* Verlauf eines Graphen, aus dem man zu jedem Argumentwert x den zugehörigen Funktionswert $y = f(x)$ ablesen kann.

11.3.2.3 Lücken

Ist bei einer gebrochen rationalen Funktion für eine Zählernullstelle auch der Nenner Null oder für eine Nennernullstelle der Zähler Null, hat die Funktion eine L ü c k e.

Beispiel 11.21:

$$y = f(x) = \frac{x+1}{x^2-1}$$

Für $x = -1$ erhält man $Z_1(-1) = -1+1 = 0$, also eine Nullstelle des Zählerpolynoms. Gleichzeitig hat das Nennerpolynom $N_2(x)$ für diesen x-Wert ebenfalls eine Nullstelle: $N_2(-1) = (-1)^2 - 1 = 0$. Damit erhält man in der Ausgangsfunktion

$$y = f(-1) = \frac{Z_1(-1)}{N_2(-1)} = \frac{0}{0}$$

Dieser Ausdruck ist unsinnig! Für $x = -1$ gibt es keinen Funktionswert, die Funktion $y = f(x)$ ist an der Stelle $x = -1$ nicht definiert, sie hat dort eine *Definitionslücke*, kurz *Lücke* genannt.

Lücken lassen sich im allgemeinen beheben, indem man anstelle des nicht vorhandenen Funktionswertes den Grenzwert der Funktion an der Stelle x einsetzt, falls er existiert.

Für die Existenz von Grenzwerten von Funktionen gilt der *Satz*:

- Eine Funktion hat an der Stelle x einen Grenzwert, wenn an dieser Stelle der links- und der rechtsseitige Grenzwert existieren und übereinstimmen.

Die Funktion von Beispiel 11.21 hat als *linksseitigen Grenzwert*

$$\lim_{x \to -1-0} f(x) = \lim_{x \to -1-0} \frac{x+1}{x^2-1} = \lim_{x \to -1-0} \frac{x+1}{(x-1)(x+1)} = \lim_{x \to -1-0} \frac{1}{x-1} = -\frac{1}{2}$$

und als *rechtsseitigen Grenzwert*

$$\lim_{x \to -1+0} f(x) = \lim_{x \to -1+0} \frac{x+1}{x^2-1} = \lim_{x \to -1+0} \frac{1}{x-1} = -\frac{1}{2}.$$

Damit besitzt sie an der Stelle $x = -1$ den Grenzwert

$$\lim_{x \to -1} \frac{x+1}{x^2-1} = -\frac{1}{2}.$$

Anmerkung: Es ist mathematisch ein Unterschied, ob man in der Funktionsgleichung $y = \dfrac{x+1}{x^2-1}$ die Division durch $(x+1)$ durchführt oder bei der Grenzwertbildung. Im ersten Fall hat man durch Null geteilt, was nicht zulässig ist, weil x den Wert -1 hätte annehmen können; im zweiten Fall hat man den Wert $x = -1$ zunächst ausgeschlossen und ihn erst nach der Division durch $(x+1)$ bei der Grenzwertbildung berücksichtigt.

In Beispiel 11.21 setzt man bei $x = -1$ für den nicht vorhandenen Funktionswert den Grenzwert $-1/2$ und kann den zugehörigen Graphen lückenlos aufzeichnen (Bild 11.11).

Lücken gehören ebenso wie Polstellen zu den *Unstetigkeitsstellen* einer Funktion. Funktionen, die keine Unstetigkeitsstellen enthalten, heißen *stetige* Funktionen. Sie sind dadurch gekennzeichnet, daß sie an jeder Stelle x sowohl einen Funktionswert als auch einen Grenzwert besitzen und daß beide übereinstimmen:

$$f(x_0) = \lim_{x \to x_0} f(x)$$

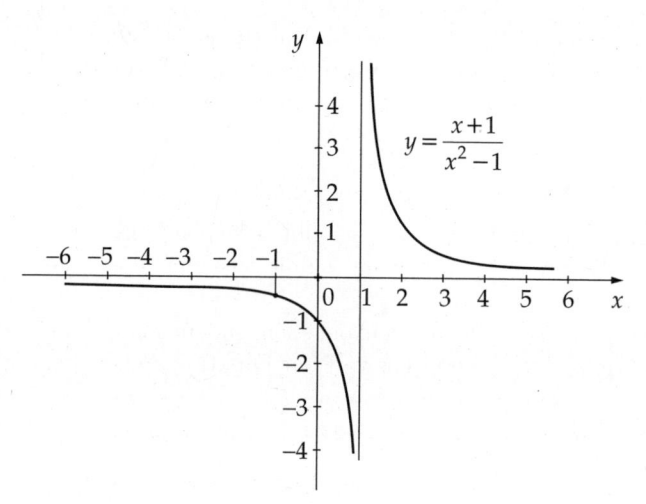

Bild 11.11 Graph der Funktion $y = \dfrac{x+1}{x^2-1}$ mit einer Lücke bei $x = -1$

11.3.2.4 Asymptoten

In Abschnitt 11.3.1 war gesagt und an Hand der Beispiele 11.13, 11.14 und 11.15 gezeigt worden, daß sich jede unecht gebrochene rationale Funktion in eine ganz rationale Funktion $g_p(x)$ und eine echt gebrochene rationale Funktion zerlegen läßt. Die ganz rationale Funktion $g_p(x)$ nennt man *Grenzkurve*, falls sie eine Gerade ist, heißt sie *Grenzgerade* oder *Asymptote* (griech. *asymptos*, nicht zusammenfallend) der gebrochenen rationalen Funktion, womit ausgedrückt werden soll, daß sich die gebrochene rationale Funktion $y = f(x)$ der ganz rationalen Funktion $g_p(x)$ unbegrenzt nähert, wenn x gegen plus/minus unendlich wächst, ohne mit ihr zusammenzufallen. Die Bilder 11.12 und 11.13 verdeutlichen dieses.

Bild 11.14 zeigt den Graphen einer echt gebrochenen rationalen Funktion mit der x-Achse als Asymptote.

Aus den Bildern 11.9 bis 11.14 lassen sich bei der *Bestimmung von Asymptoten* folgende *drei* Fälle unterscheiden:

1. die *echt gebrochene rationale Funktion* $(n < m)$,
   die x-Achse ist Asymptote,

2. die *unecht gebrochene Funktion* $(n = m)$,
   nach dem Ausdividieren erhält man eine Parallele zur x-Achse als Asymptote: $g_0(x) = \text{konst.}$,

3. die *unecht gebrochene rationale Funktion* $(n > m)$,
   nach dem Ausdividieren erhält man eine beliebige Funktion $g_p(x)$ mit $p > 0$ als Asymptote oder Grenzkurve.

11.3 Algebraische gebrochene rationale Funktionen

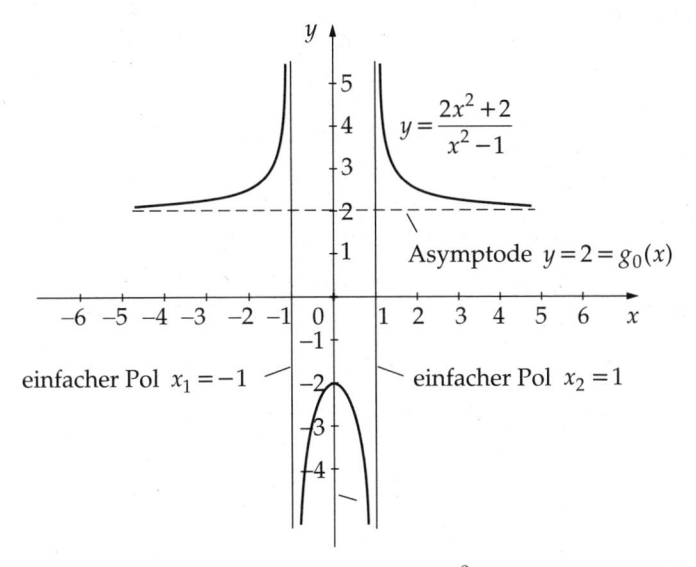

Bild 11.12 Graph der Funktion $y = \dfrac{2x^2+2}{x^2-1} = 2 + \dfrac{4}{x^2-1}$
mit der Asymptote $y = 2$ und den beiden einfachen Polstellen $x_1 = -1$; $x_2 = 1$

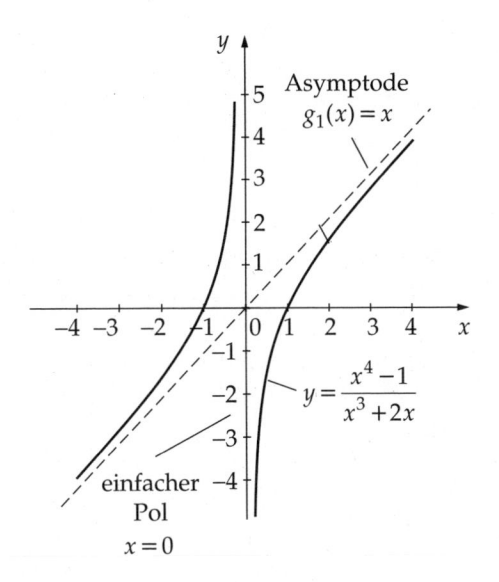

Bild 11.13 Graph der Funktion $y = \dfrac{x^4-1}{x^3+2x} = x - \dfrac{2x^2+1}{x^3+2x}$
mit der Asymptote $y = g_1(x) = x$ und der einfachen Polstelle $x = 0$

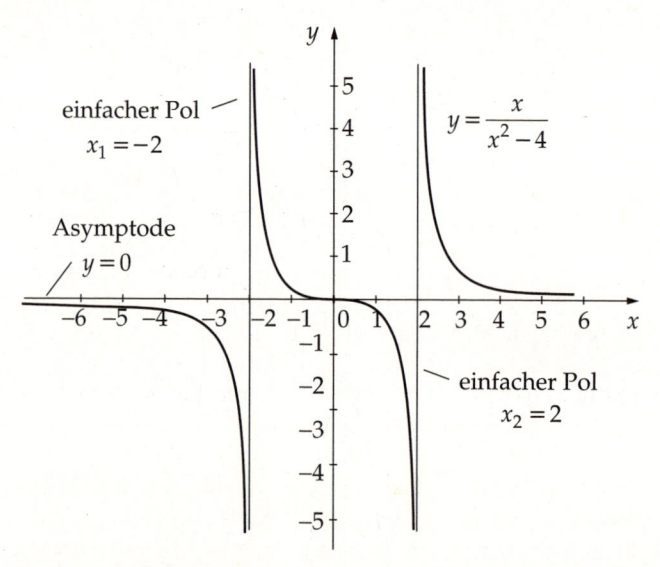

Bild 11.14 Graph der echt gebr. rat. Funktion $y = \dfrac{x}{x^2 - 4}$
mit der x-Achse $y = 0$ als Asymptote, der Nullstelle $x = 0$
und den einfachen Polstellen $x_1 = -2$, $x_2 = 2$

Schließlich wird noch die Frage beantwortet, wann der Graph der Funktion $y = f(x)$ oberhalb und wann er unterhalb des Graphen der Grenzkurve $y = g_p(x)$ verläuft. Dazu ein Beispiel.

Beispiel 11.22:

$$y = f(x) = \frac{Z_3(x)}{N_1(x)} = \frac{x^3 + x^2 - x}{x - 1} = \underbrace{x^2 + 2x + 1}_{\text{Grenzkurve}} + \underbrace{\frac{1}{x - 1}}_{\text{Restbruch}}$$

$$= \text{gebr. rat. Funktion } f(x)$$

Der Funktionswert der gebrochen rationalen Funktion $y = f(x)$ ist an jeder Stelle $x \neq 1$ die Summe aus dem Funktionswert der Grenzkurve $g_2(x) = x^2 + 2x + 1 = (x+1)^2$ und dem echten Restbruch $R(x) = \dfrac{1}{x-1}$:

$$f(x) = g_2(x) + R(x)$$

Man erhält $f(x)$, indem man zu $g_2(x)$ den Rest $R(x)$ dazu addiert. Damit liegt der Graph $y = f(x)$ *oberhalb* der Grenzkurve, solange der Restbruch $R(x)$ *positiv* ist, was *rechts* vom Pol $x = 1$ offensichtlich der Fall ist. *Links* vom Pol wird $R(x)$ *negativ*. Um den Wert $f(x)$ zu erhalten, muß jetzt vom Funktionswert $g_2(x)$ der Grenzkurve der Rest $R(x)$ abgezogen werden (s. Bild 11.14). Der Graph von $f(x)$ liegt unterhalb der Grenzkurve, die im vorliegenden Beispiel eine um eins nach links verschobene Normalparabel mit der Gleichung $g_2(x) = (x+1)^2$ ist (Bild 11.15).

11.3 Algebraische gebrochene rationale Funktionen

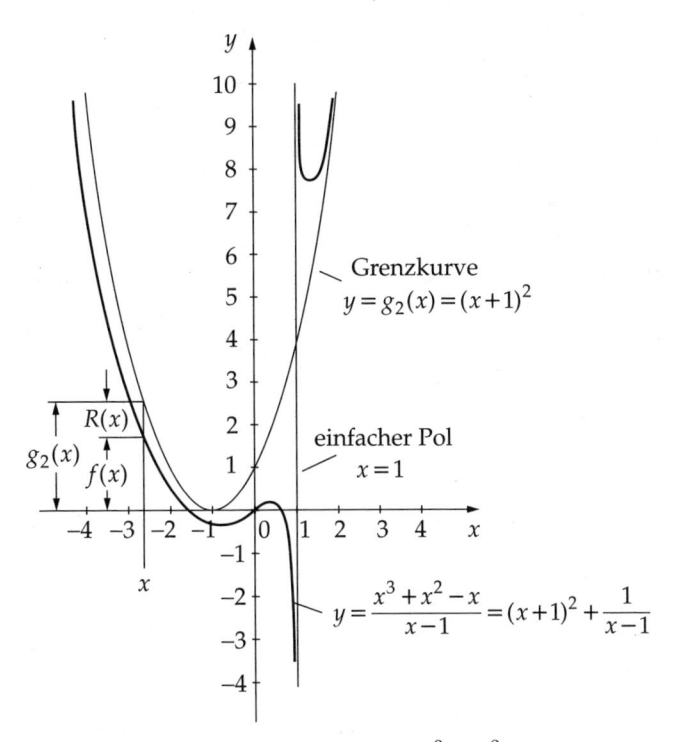

Bild 11.15 Graph der gebr. rat. Funktion $y = \dfrac{x^3 + x^2 - x}{x - 1}$ mit der Grenzkurve $y = (x+1)^2$, dem Pol $x = 1$ und den drei Nullstellen $x_1 = 0;\; x_2 = -1,6;\; x_3 \approx 0,6$

Zusammenfassend läßt sich über Pole und Grenzkurven folgendes sagen:
Ein Pol ist eine Unstetigkeitsstelle der Funktion und wird auch senkrechte Asymptote oder Unendlichkeitsstelle genannt. Eine Grenzkurve macht eine Aussage über das Verhalten einer gebrochenen rationalen Funktion im Unendlichen. Ist sie eine Gerade, heißt sie Grenzgerade oder Asymptote. Im Gegensatz zum Pol sind zwischen Grenzkurven und dem Graphen der gebrochen rationalen Funktion Schnittpunkte im Endlichen möglich (s. Bild 11.14).

1. Anwendungsbeispiel: Kapazität eines Kugelkondensators
Die Kapazität eines aus zwei konzentrischen, leitenden Kugelschalen mit den Radien r_1 und r_2 bestehenden Kugelkondensators (Bild 11.16) beträgt

$$C = \frac{4\pi\varepsilon_0\varepsilon r_1 r_2}{r_2 - r_1}; \qquad r_1 < r_2 \tag{11.15}$$

(ε_0: elektrische Feldkonstante; ε: Dielektrizitätskonstante der Kondensatorfüllung)
Die Differenz zwischen Außen- und Innenradius sei x:

$$x = r_2 - r_1 > 0 \tag{11.16}$$

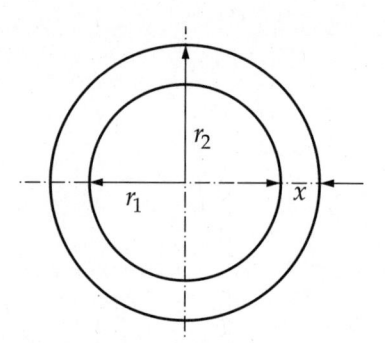

Bild 11.16 Kugelkondensator

Mit Gl. (11.16) lautet Gl. (11.15)

$$C = C(x) = \frac{4\pi\varepsilon_0\varepsilon r_1(r_1 + x)}{x}$$

Bei fest vorgegebenem konstantem Innenradius $r_1 = R =$ konst. ist die Kapazität C nur noch von der Größe x abhängig.

$$C = C(x) = \frac{4\pi\varepsilon_0\varepsilon R(R + x)}{x}$$

Die Größen C und x sind über eine unecht gebrochen rationale Funktion miteinander verknüpft, die für x gegen den Grenzwert

$$\lim_{x\to\infty} C(x) = \lim_{x\to\infty} \frac{4\pi\varepsilon_0\varepsilon R(R + x)}{x} = 4\pi\varepsilon_0\varepsilon R$$

strebt (Bild 11.17). Aus dem Kugelkondensator mit zwei konzentrischen Kugelschalen ist eine freistehende Kugel mit der Kapazität

$$C_{\text{Kugel}} = 4\pi\varepsilon_0\varepsilon R$$

geworden.

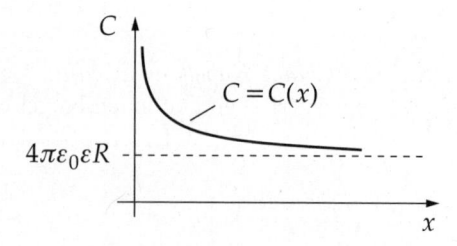

Bild 11.17 Kapazität eines Kugelkondensators
in Abhängigkeit vom Abstand der beiden Kugelschalen

2. Anwendungsbeispiel

Eine Filterschaltung (Bild 11.18) aus verlustlosen Schaltelementen hat einen Scheinwiderstand

$$Z = \frac{\omega L}{1 - \omega^2 L \cdot C_2} - \frac{1}{\omega C_1}$$

Mit
der Kreisfrequenz $\omega = 2\pi f$, $[\omega] = \dfrac{1}{\text{s}}$,

der Frequenz f, $[f] = \dfrac{1}{\text{s}} = \text{Hertz} = \text{Hz}$,

den Kapazitäten $C_1 = 3$ nF; $C_2 = 8$ nF (1 nF = 1 Nanofarad = 10^{-9} Farad) und der Spuleninduktivität $L = 4$ mH (1 mH = 1 Millihenry = 10^{-3} Henry) folgt für den Widerstand

$$Z = Z(f) = \left(\frac{25 \cdot 10^{-3} f}{1 - 1{,}263 \cdot 10^{-9} f^2} - \frac{53 \cdot 10^6}{f} \right) \Omega$$

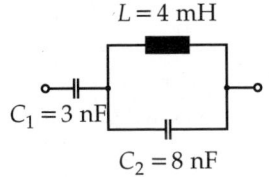

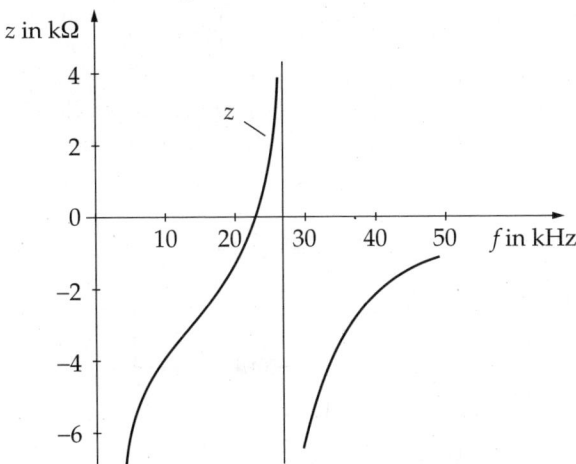

Bild 11.18 Scheinwiderstand $Z = Z(f)$
in Abhängigkeit von der Frequenz bei einer verlustlosen Filterschaltung

Der Verlauf der Funktion ist in Bild 11.18 dargestellt. Der Widerstand des Filters ist Null bei der Frequenz $f = 24$ kHz. Für Ströme dieser Frequenz ist das Filter also widerstandslos. Für $1 - \omega^2 L C_2 = 0$ oder $f = 28{,}1$ kHz wird Z unbeschränkt groß. Das Filter sperrt Ströme dieser Frequenz.

Auch bei vielen zeitabhängigen technischen Problemstellungen ist das Verhalten der Funktionsgröße $f(t)$ für $t \to \infty$ von Interesse. So nimmt die Spannung $u = u(t)$ bei der Entladung eines Kondensators (Bild 11.19) von einem Maximalwert U_0 zur Zeit $t = 0$ bis Null ab, wenn $t \to \infty$ geht. Die Zeitachse ist in diesem Fall Asymptote.

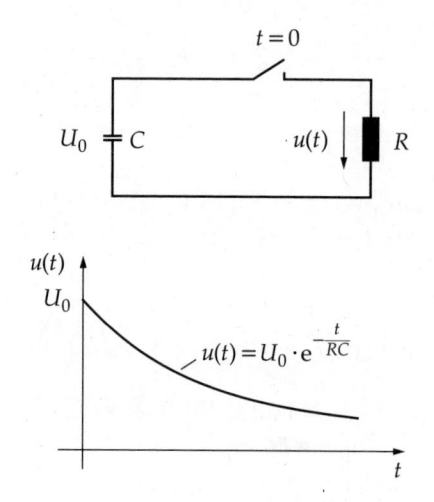

Bild 11.19 Entladung eines Kondensators

Bei der Inbetriebnahme von Geräten, Maschinen oder Anlagen (Hochlaufen eines Motors, Einschalten eines Stromes) ist nach Durchlaufen eines *dynamischen Vorgangs* das Verhalten bei Dauerbetrieb, der sog. *stationäre Zustand*, interessant. Der zugehörige Funktionswert wird erst nach genügend langer Zeit erreicht, wenn der dynamische Vorgang beendet ist, wie Bild 11.20 zeigt, das den Einschaltvorgang im induktiv belasteten Gleichstromkreis darstellt.

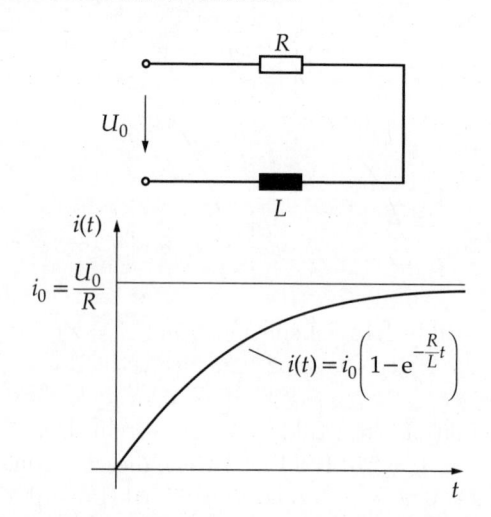

Bild 11.20 Einschaltvorgang im induktiv belasteten Gleichstromkreis

Die Funktionen in den Bildern 11.19 und 11.20 sind im Gegensatz zu den anderen hier behandelten Funktionen *irrationale* Funktionen.

11.3.3 Partialbruchzerlegung

Die Aufteilung einer echt gebrochenen rationalen Funktion in Teilbrüche, die sog. *Partialbruchzerlegung* (lat. *pars*, Teil), wird in der höheren Mathematik z. B. bei der Integralrechnung oder bei der Laplace-Transformation häufig angewendet.

Gegeben sei eine echt gebrochene rationale Funktion $y = \dfrac{Z_n(x)}{N_m(x)}$ mit $n < m$.

Ist ein unechter Polynombruch gegeben, so spaltet man zunächst diesen durch Polynomdivision in eine ganz rationale Funktion und einen echten Polynombruch auf. Für letzteren erhält man die Partialbruchzerlegung wie folgt:

1. Zunächst werden die reellen *Nullstellen* des *Nennerpolynoms* $N_m(x)$ nach *Lage* und *Vielfachheit* bestimmt.

2. Jeder Nullstelle des Nennerpolynoms wird ein *Partialbruch* in folgender Weise zugeordnet:

   x_1:   *einfache* Nullstelle $\dfrac{A}{x - x_1}$

   x_2:   *doppelte* Nullstelle $\dfrac{A_1}{x - x_2} + \dfrac{A_2}{(x - x_2)^2}$

   x_3:   *dreifache* Nullstelle $\dfrac{A_1}{x - x_3} + \dfrac{A_2}{(x - x_3)^2} + \dfrac{A_3}{(x - x_3)^3}$ usw.

3. Die echt gebrochen rationale Funktion $\dfrac{Z_n(x)}{N_m(x)}$ ist dann als Summe sämtlicher Partialbrüche darstellbar (Anzahl der Partialbrüche = Anzahl der verschiedenen Nullstellen des Nennerpolynoms $N_m(x)$).

4. *Bestimmung der in den Partialbrüchen auftretenden Konstanten $A_1, A_2, \ldots$*: Zunächst werden alle Brüche auf einen gemeinsamen Nenner (*Hauptnenner*) gebracht. Dann gibt es zwei Verfahren, um die Konstanten A_i zu berechnen.

   I. Durch Einsetzen bestimmter x-Werte, insbesondere der Nennernullstellen, erhält man ein einfaches lineares Gleichungssystem für die unbekannten A_i.

   II. Ausmultiplizieren und anschließender *Koeffizientenvergleich* führt ebenfalls auf ein lineares Gleichungssystem, mit dem sich die Konstanten A_i berechnen lassen.

Beispiel 11.23:
Man gebe die Partialbruchzerlegung für
$$y = \frac{6x^2 - 26x + 8}{x^3 - 3x^2 - x + 3} = \frac{Z_2(x)}{N_3(x)}$$
an.

Lösung:
Zunächst ermittelt man die Linearfaktorenzerlegung, auch Produktform genannt, des Nenners. Dazu muß man dessen Nullstellen kennen. in diesem Beispiel wurde $x_1 = 1$ erraten und mittels des Horner-Schemas von dem Nennerpolynom $N_3(x)$ abgespalten, wodurch sich der Nennergrad um eins reduzierte. Man erhält für den Nenner:
$$N_3(x) = (x-1)(x^2 - 2x - 3) = 0$$
Aus dem zweiten Faktor des Nullproduktes wurden die beiden anderen Nullstellen mittels der *p-q*-Formel berechnet:
$$x_2 = -1; \quad x_3 = 3$$
womit die gesuchte Linearfaktorenzerlegung $N_3(x) = (x-1)(x+1)(x-3)$ lautet.
Da jede Nullstelle einfach ist, erhält man für jede Nullstelle die drei Partialbrüche
$$\frac{A_1}{x-1}, \quad \frac{A_2}{x+1}, \quad \frac{A_3}{x-3}$$
Für die echt gebrochene rationale Funktion lautet damit die Partialbruchzerlegung, auch *unbestimmter Ansatz* genannt:
$$\frac{6x^2 - 26x + 8}{(x-1)(x+1)(x-3)} = \frac{A_1}{x-1} + \frac{A_2}{x+1} + \frac{A_3}{x-3} \tag{11.17}$$
Multipliziert man beide Seiten mit dem Nenner der linken Seite, folgt
$$6x^2 - 26x + 8 = A_1(x+1)(x-3) + A_2(x-1)(x-3) + A_3(x-1)(x+l) \tag{11.18}$$
Zur Berechnung von A_1, A_2, A_3 können jetzt zwei Wege eingeschlagen werden:

I. Gl. (11.18) gilt für alle x-Werte, auch für die Nullstellen. Man setzt sie der Reihe nach ein und bekommt für:
$$\begin{aligned} x_1 = 1: & \quad -12 = A_1 \cdot 2 \cdot (-2) & A_1 = 3 \\ x_2 = -1: & \quad 40 = A_2 \cdot (-2)(-4) & A_2 = 5 \\ x_3 = 3: & \quad -16 = A_3 \cdot 2 \cdot 4 & A_3 = -2 \end{aligned}$$

Ergebnis:
$$\frac{6x^2 - 26x + 8}{x^3 - 3x^2 - x + 3} = \frac{3}{x-1} + \frac{5}{x+1} - \frac{2}{x-3}.$$

(Man mache die Probe!)

11.3 Algebraische gebrochene rationale Funktionen

II. Man multipliziert Gl. (11.18) rechtsseitig aus und ordnet nach *fallenden Potenzen von* x:

$$6x^2 - 26x + 8 = (A_1 + A_2 + A_3)x^2 + (-2A_1 - 4A_2)x + (-3A_1 + 3A_2 - A_3)$$

Auf Grund der *Identität* (völligen Gleichheit) der Polynome müssen die Koeffizienten gleicher Potenzen rechts und links übereinstimmen. Man macht den *Koeffizientenvergleich*, d. h., man vergleicht die Koeffizienten gleicher Potenzen von x:

$$
\begin{aligned}
x^2: &\quad A_1 + A_2 + A_3 = 6 \\
x^1: &\quad -2A_1 - 4A_2 = -26 \\
x^0: &\quad -3A_1 + 3A_2 - A_3 = 8
\end{aligned}
$$

und erhält ein lineares System von drei Gleichungen, aus denen sich die drei unbekannten Koeffizienten berechnen lassen:

$$A_1 = 3; \quad A_2 = 5; \quad A_3 = -2$$

Beispiel 11.24:
Man gebe die Partialbruchzerlegung für den Polynombruch

$$y = \frac{x^2 - 6x + 3}{x^3 - 15x^2 + 75x - 125}$$

an.

Lösung:
Das Nennerpolynom hat bei $x = 5$ eine dreifache Nullstelle $x_1 = x_2 = x_3 = 5$, da man es als dritte Potenz von $x - 5$ schreiben kann:

$$x^3 - 15x^2 + 75x - 125 = (x - 5)^3$$

Damit lautet der unbestimmte Ansatz für die Partialbruchzerlegung:

$$\frac{x^2 - 6x + 3}{(x - 5)^3} = \frac{A_1}{x - 5} + \frac{A_2}{(x - 5)^2} + \frac{A_3}{(x - 5)^3} \tag{11.19}$$

Die Multiplikation beider Seiten mit dem Nenner der linken Seite führt auf

$$x^2 - 6x + 3 = A_1(x - 5)^2 + A_2(x - 5) + A_3 \tag{11.20}$$

Zur Bestimmung von A_1, A_2 und A_3 kann wieder einer der beiden Wege (I) oder (II) eingeschlagen werden:

I. Einsetzen bestimmter x-Werte. Mit $x = 5$ erhält man zunächst $A_3 = -2$. Die übrigen x-Werte wird man zweckmäßigerweise so wählen, daß die Faktoren rechts klein bleiben:

$$x = 6: \quad 3 = A_1 + A_2 - 2$$
$$x = 4: \quad -5 = A_1 - A_2 - 2$$

Aus diesen beiden Gleichungen berechnet man $A_1 = 1$ und $A_2 = 4$.

II. Multipliziert man die rechte Seite der Gl. (11.20) wieder aus und ordnet nach *fallenden Potenzen von*

$$x^2 - 6x + 3 = A_1 x^2 + (-10 A_1 + A_2) x + (25 A_1 - 5 A_2 + A_3)$$

kann man den *Koeffizientenvergleich* machen

$$x^2: \quad A_1 = 1$$
$$x^1: \quad -10 A_1 + A_2 = -6$$
$$x^0: \quad 25 A_1 - 5 A_2 + A_3 = 3$$

Die Lösung dieses *gestaffelten Gleichungssystems* ergibt wieder $A_1 = 1$; $A_2 = 4$; $A_3 = -2$.

Man erhält als *gesuchte Lösung*

$$\frac{x^2 - 6x + 3}{x^3 - 15x^2 + 75x - 125} = \frac{1}{x-5} + \frac{4}{(x-5)^2} - \frac{2}{(x-5)^3}$$

Beispiel 11.25:
Man gebe die Partialbruchzerlegung für

$$y = \frac{Z_2(x)}{N_4(x)} = \frac{3x^2 - 20x + 20}{(x-2)^3 (x-4)}$$

an.

Lösung:
Über den unbestimmten Ansatz

$$y = \frac{3x^2 - 20x + 20}{(x-2)^3 (x-4)} = \frac{A_1}{(x-2)} + \frac{A_2}{(x-2)^2} + \frac{A_3}{(x-2)^3} + \frac{A_4}{x-4} \qquad (11.21)$$

erhält man nach den in den Beispielen 11.23 und 11.24 beschriebenen Verfahren:

$$y = \frac{3}{2(x-2)} + \frac{6}{(x-2)^2} + \frac{4}{(x-2)^3} - \frac{3}{2(x-4)}$$

Beispiel 11.26:
Gesucht ist die Partialbruchzerlegung von

$$y = \frac{Z_3(x)}{N_5(x)} = \frac{-3x^2 + x - 4}{(x+1)(x^2+x+1)^2}.$$

Lösung:
Hier führt der unbestimmte Ansatz

$$y = \frac{-3x^2 + x - 4}{(x+1)(x^2+x+1)^2} = \frac{A_1}{x+1} + \frac{A_2 + B_2 x}{x^2+x+1} + \frac{A_3 + B_3 x}{(x^2+x+1)^2} \quad (11.22)$$

zum Ziel.

Man schreibt die rechte Seite auf einen Hauptnenner, multipliziert sie aus, ordnet nach fallenden Potenzen von x und macht den Koeffizientenvergleich.

Als Lösung erhält man schließlich

$$y = \frac{-8}{x+1} + \frac{8x}{x^2+x+1} + \frac{5x+4}{(x^2+x+1)^2}.$$

11.4 Aufgaben

11.1 Man berechne den Wert der Polynomfunktion 5. Grades
$y = P_5(x) = 4x^5 - 2x^3 + x^2 + 2x - 1$
für a) $x = 0$; b) $x = 1$

11.2 Wie lauten die Gleichungen der Polynomfunktionen 3. Grades, die durch folgende Punkte gegeben sind:
a) $x_1 = x_2 = -5$ (doppelte Nullstelle), $x_3 = 8$ (einfache Nullstelle)
b) $x_1 = x_2 = -5$ (doppelte Nullstelle), $x_3 = 8$ (einfache Nullstelle), $y(0) = 10$ (Schnittpunkt mit der y-Achse)

11.3 Eine Parabel 4. Ordnung schneidet die x-Achse bei $x_1 = -3$; $x_2 = -1$; $x_3 = 2$; $x_4 = 4$ und durchläuft den Punkt $P(1; 26)$. Man berechne die Parabelgleichung und zeichne ihren *qualitativen Verlauf*.
(Der qualitative Verlauf eines Graphen ist dadurch gekennzeichnet, daß er nur die wesentlichen Charakteristika, wie Nullstellen, Polstellen, Schnittpunkte mit der y-Achse, Asymptoten, Extremwerte und Wendepunkte der zugehörigen Funktion enthält).

11.4 Von einer ganzrationalen Funktion 4. Grades $y = P_4(x)$ sind folgende Eigenschaften bekannt:
$P_4(x)$ ist eine gerade Funktion (= achsensymmetrisch),
der Funktionsgraph schneidet die y-Achse bei $y(0) = P_4(0) = -3$,
die einfachen Nullstellen liegen bei $x_1 = 3$ und $x_2 = 6$.
Wie lautet die Gleichung der Funktion $y = f(x) = P_4(x)$? Man zeichne den qualitativen Verlauf des Graphen.

11.5 Wie lautet die Gleichung der Parabel 5. Ordnung, die symmetrisch zum Ursprung (= punktsymmetrisch) verläuft, an der Stelle $x_1 = x_2 = 2$ und $x_3 = x_4 = -2$ je eine doppelte Nullstelle besitzt und deren Koeffizient $a_5 = 1$ ist.

11.6 Von der Parabel mit der Gleichung $y = P_3(x) = x^3 + 2x^2 - x - 2$ sei eine Nullstelle $x_1 = -2$ bekannt. Man berechne die restlichen Nullstellen
a) über die Polynomdivision,
b) mittels des Horner-Schemas.

11.7 Man berechne sämtliche Nullstellen der Parabel $P_3(x) = x^3 - 6x^2 + 9x - 4$, indem man eine Nullstelle errät und diese abspaltet
a) durch Polynomdivision,
b) mittels des Horner-Schemas.

11.8 Gegeben sei die ganzrationale Funktion
$y = P_5(x) = x^5 - 15x^3 + 10x^2 + 60x - 72$
a) wie lautet ihre Linearfaktorenzerlegung, wenn $x = 2$ dreifache Nullstelle der zugehörigen Parabel ist (Horner-Schema)?
b) Wie läßt sich diese dreifache Nullstelle erklären?

11.9 Man zeichne den qualitativen Verlauf folgender Funktionen:

a) $f_1(x) = \dfrac{1}{x+1}$ b) $f_2(x) = \dfrac{x}{x+2}$ c) $f_3(x) = \dfrac{x^2}{1+x}$

d) $f_4(x) = \dfrac{1}{x^2+1}$ e) $f_5 = \dfrac{x^2}{x^2+1}$ f) $f_6(x) = \dfrac{x^3}{x+1}$

11.10 Man untersuche die Funktion
$$y = \frac{x^5 - 4x^3}{(x-1)^2(x^2+2)}$$ auf

a) Nullstellen,
b) Polstellen,
c) Verhalten für $x \to \pm\infty$ und zeichne
d) den qualitativen Verlauf des zugehörigen Graphen.

11.11 Man gebe die Partialbruchzerlegung für folgende gebrochen-rationale Funktionen an:

a) $f_1(x) = \dfrac{5x+11}{x^2+3x-10}$ b) $f_2(x) = \dfrac{-x-9}{x^2-2x-24}$

c) $f_3(x) = \dfrac{x-5}{x^3-6x+9}$ d) $f_4(x) = \dfrac{15x^2+26x-5}{x^3+3x^2-4}$

e) $f_5(x) = \dfrac{3x-4}{x^2-6x+34}$

Teil III

Geometrie und Vektorrechnung

Kapitel 12

Das Dreieck

12.1 Allgemeines

Die einfachste Figur in der Ebene ist das D r e i e c k. Seine *Eckpunkte* werden mit A, B, C, die *Seiten* mit a, b, c und die *Winkel* (Innenwinkel) mit α, β, γ entsprechnd Bild 12.1 bezeichnet. Die Benennung der Eckpunkte ist so gewählt, daß eine Umfahrung des Dreiecks in der Reihenfolge A - B - C im mathematisch positiven Drehsinn erfolgt. Die Seite a liegt dem Punkt A gegenüber usw.

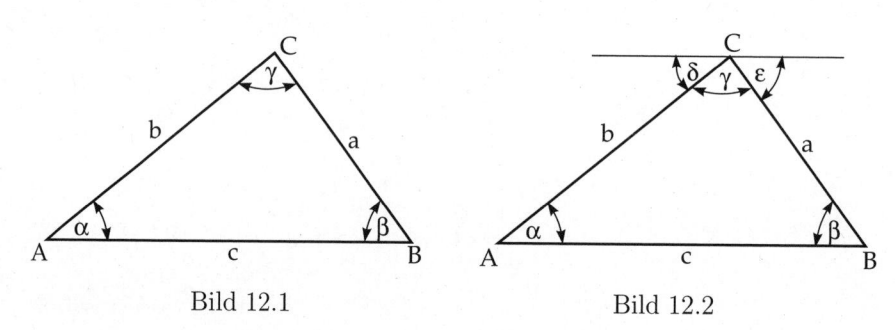

Bild 12.1   Bild 12.2

- Die Summe der Dreieckswinkel beträgt 180°.

$$\boxed{\alpha + \beta + \gamma = 180°} \tag{12.1}$$

Beweis: Durch einen Eckpunkt, z. B. C, wird eine Parallele zur gegenüberliegenden Seite gezogen. Dabei entstehen nach Bild 12.2 die Winkel δ und ε. Nun sind α und δ Wechselwinkel, ebenso β und ε. Daher gilt (vgl. 10.1.3):
$$\alpha = \delta, \quad \beta = \varepsilon \tag{I}$$
Weiter ist nach Bild 12.2:
$$\delta + \varepsilon + \gamma = 180° \tag{II}$$
Ersetzt man in (II) δ und ε durch α und β nach (I), dann folgt die Gleichung (12.1)

12.1 Allgemeines

Bei einem *spitzwinkligen Dreieck* liegen alle drei Winkel im I. Quadranten, sind also spitz. Ein *stumpfwinkliges Dreieck* hat einen stumpfen (im II. Quadranten liegenden) und zwei spitze Winkel. Wegen (12.1) kann stets nur ein Dreieckswinkel stumpf oder ein rechter Winkel sein.

Unter den *Außenwinkeln* eines Dreiecks versteht man nach Bild 12.3 die Winkel α_1, β_1 und γ_1.

- Der Außenwinkel eines Dreiecks ist gleich der Summe der beiden nichtanliegenden Innenwinkeln.

Zum Beispiel gilt: $\gamma_1 = \alpha + \beta$

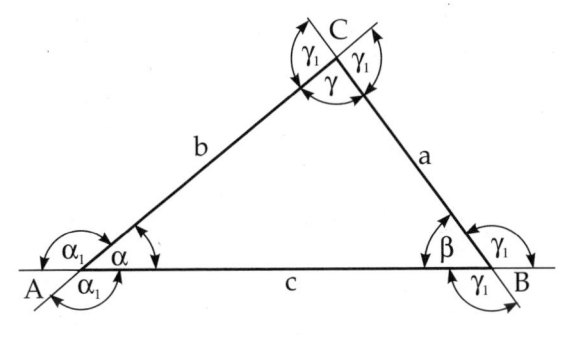

Bild 12.3

Beweis:

Es ist
$$\alpha + \beta + \gamma = 180°$$
$$\alpha + \beta = 180° - \gamma \quad \text{Nach Bild 12.3 gilt}$$
$$\gamma_1 = 180° - \gamma$$

oder

Sind zwei Größen einer dritten gleich, dann sind sie auch einander gleich, also $\gamma_1 = \alpha + \beta$.

Je nach den Größenverhältnissen von Seiten bzw. Winkeln unterscheidet man noch folgende Sonderfälle von Dreiecken:

Rechtwinklige Dreiecke:
Ein Winkel, z. B. $\gamma = 90°$ (Bild 12.4a, b)

Gleichschenklige Dreiecke:
Zwei Seiten sind gleich, z. B. $a = b$ (Bild 12.5a, b u. 12.4b)

Gleichseitiges Dreieck:
Alle drei Seiten des Dreiecks sind gleich: $a = b = c$ (Bild 12.6)

Gleichschenklige Dreiecke können, wie die Bilder zeigen, rechtwinklig, spitzwinklig oder stumpfwinklig sein.

Bild 12.4a und b

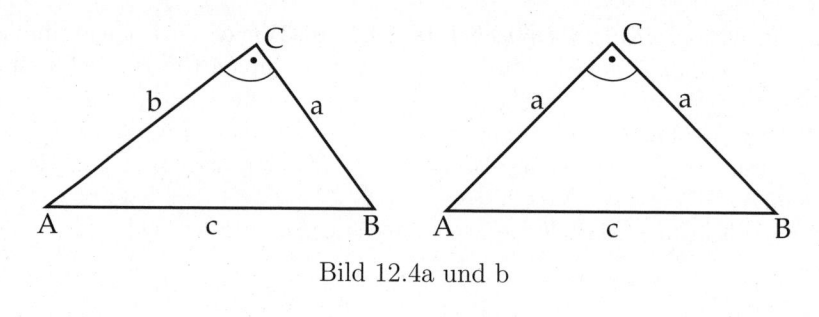

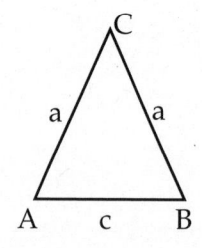

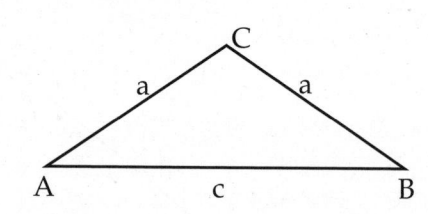

Bild 12.5a und b

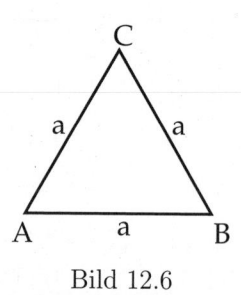

Bild 12.6

Bei der Berechnung oder Konstruktion von Dreiecken werden häufig die folgenden Sätze verwendet:
- Die Summe zweier Seiten eines Dreiecks ist stets größer als die dritte Seite:

$$\boxed{a+b > c; \quad b+c > a; \quad c+a > b} \tag{12.2}$$

- Die Differenz zweier Seiten eines Dreiecks ist stets kleiner als die dritte Seite:

$$\boxed{\begin{array}{lll} a-b < c; & b-c < a; & c-a < b \\ b-a < c; & c-b < a; & a-c < b \end{array}} \tag{12.3}$$

- Im Dreieck liegt der größeren Seite stets der größere Winkel gegenüber und umgekehrt.
  Z. B. folgt aus $a > b$ stets $\alpha > \beta$ usw.

Auf einen Beweis dieser Sätze wird verzichtet.

12.2 Die Kongruenz von Dreiecken

Allgemein werden zwei Figuren als k o n g r u e n t bezeichnet, wenn sie die gleiche Größe und die gleiche Form haben. Denkt man sich die Figuren aus Papier ausgeschnitten, dann lassen sie sich so übereinander legen, daß sie zur „Deckung" kommen. Kongruent heißt auch *deckungsgleich*.
Für zwei kongruente Figuren F_1 und F_2 schreibt man:

$F_1 \cong F_2$, gelesen: F_1 ist kongruent F_2.

Es erhebt sich die Frage, welche Größen (Seiten, Winkel) eines Dreiecks gegeben sein müssen, damit das Dreieck durch diese Größen eindeutig bestimmt ist. Würde man zum Beispiel aus diesen Größen zwei Dreiecke konstruieren, dann müßten diese kongruent sein.
Diese Fragen beantworten die

Kongruenzsätze

- Zwei Dreiecke sind kongruent, wenn sie in
    1. einer Seite und zwei Winkeln (Fall WSW oder SWW)
    2. zwei Seiten und dem eingeschlossenen Winkel (Fall SWS)
    3. zwei Seiten und dem der größeren Seite gegenüberliegenden Winkel (Fall SSW)
    4. den drei Seiten (Fall SSS)

    übereinstimmen.

Im ersten Fall können die beiden der Seite anliegenden Winkel (Fall WSW) oder ein anliegender und ein der Seite gegenüberliegender Winkel (Fall SWW) gegeben sein.
Die Kongruenzsätze spielen eine wichtige Rolle bei der Konstruktion und der Berechnung von Dreiecken sowie bei Beweisen von Sätzen über das Dreieck.

Beispiel 12.1:
Ein Dreieck ist zu konstruieren aus $a = 6$ cm, $b = 4$ cm, $\alpha = 60°$.

Lösung:
Das Dreieck ist nach dem dritten Kongruenzsatz eindeutig konstruierbar, da wegen $a > b$ der gegebene Winkel α der größeren Seite gegenüberliegt.

Konstruktion:
Man zeichne den Winkel α mit dem Scheitelpunkt A und den Schenkeln s_1, s_2 (Bild 12.7). Auf s_2 trägt man die Seite b ab und erhält den Punkt C. Um C wird mit der Seite a als Radius der Kreisbogen geschlagen, der den anderen Schenkel von α im Dreieckspunkt B schneidet.

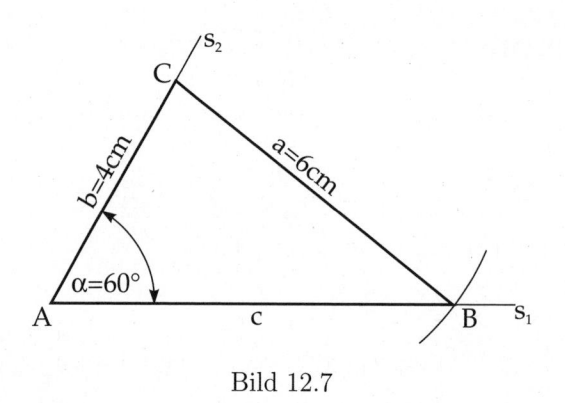

Bild 12.7

Beispiel 12.2:
Die gleiche Konstruktionsaufgabe wie im Beispiel 12.1 ist mit $a = 3,5$ cm, $b = 5$ cm, $\alpha = 40°$ durchzuführen.

Lösung:
Nach Bild 12.8. schneidet der Kreisbogen C mit a den Schenkel s_1 in zwei Punkten B_1 und B_2, d. h., mit den gegebenen Größen lassen sich zwei Dreiecke konstruieren, das spitzwinklige Dreieck AB_1C und das stumpfwinklige Dreieck AB_2C. Wegen $a < b$ war mit α (im Gegensatz zu Kongruenzsatz 3) der der kleineren Seite gegenüberliegende Winkel gegeben.

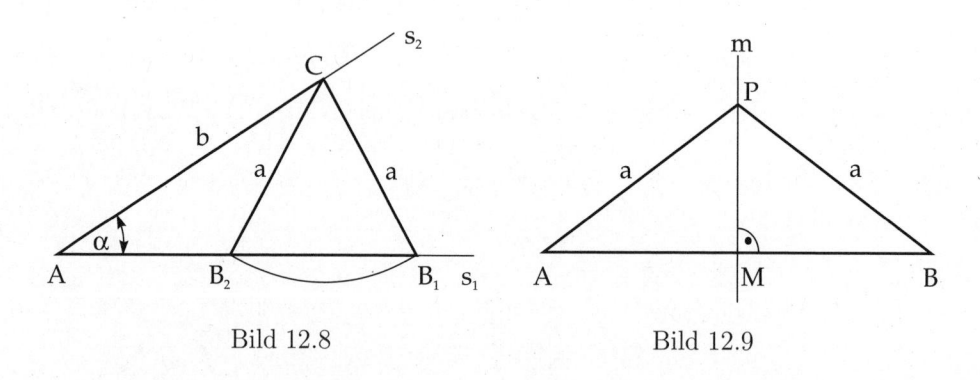

Bild 12.8   Bild 12.9

In diesem Fall müssen also zwei Dreiecke mit den gleichen Größen a, b, α nicht kongruent sein.

Beispiel 12.3:
Es ist der folgende Satz zu beweisen: Gegeben sind eine Strecke $\overline{AB}$ und die Mittelsenkrechte m dieser Strecke. Jeder Punkt der Mittelsenkrechten hat von A und B den gleichen Abstand (Bild 12.9).

Beweis:
Die Mittelsenkrechte m geht durch die Mitte M der Strecke $\overline{AB}$ und bildet mit $\overline{AB}$ einen rechten Winkel. Ist P ein beliebiger Punkt von m, dann gilt:

$\triangle AMP \cong \triangle BMP$, denn
$\overline{AM} = \overline{MB}$ (M ist die Mitte von $\overline{AB}$)
$\overline{PM} = \overline{PM}$ (gemeinsame Seite)
$\sphericalangle AMP = \sphericalangle BMP \ (= 90°)$

Die zwei Dreiecke AMP und BMP stimmen daher in zwei Seiten und dem eingeschlossenen Winkel überein und sind nach dem zweiten Kongruenzsatz kongruent. Folglich müssen auch die dem rechten Winkel gegenüberliegenden Seiten gleich sein:
$$\overline{PA} = \overline{PB},$$
was zu beweisen war.

Anmerkung:
Die Dreiecke AMP und BMP heißen *ungleichsinnig kongruent*, da sie in der angegebenen Reihenfolgen der Punkte verschiedenen Umlaufsinn haben. Bei gleichem Umlaufsinn sind sie *gleichsinnig kongruent*.

12.3 Die Ähnlichkeit von Dreiecken

Man nennt zwei Figuren ä h n l i c h, wenn sie die gleiche Form oder Gestalt, aber im allgemeinen unterschiedliche Größe haben. Für ebene und geradlinig begrenzte Figuren (Dreiecke, Vierecke usw.) definiert man:
- Zwei Figuren F_1 und F_2 sind ähnlich, wenn einander entsprechende Winkel gleich sind und einander entsprechende Seiten im gleichen Verhältnis zueinander stehen.

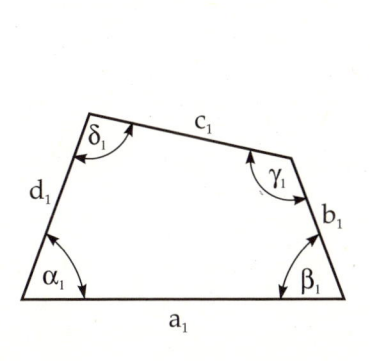

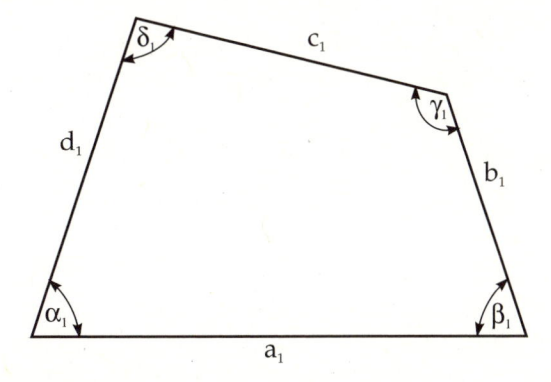

Bild 12.10

Zum Beispiel gilt für die in Bild 12.10 dargestellten ähnlichen Vierecke:
$\alpha_1 = \alpha_2$, $\beta_1 = \beta_2$, $\gamma_1 = \gamma_2$, $\delta_1 = \delta_2$ und
$a_1 : b_1 = a_2 : b_2$, $b_1 : c_1 = b_2 : c_2$, ...
oder als fortlaufende Proportion
$$a_1 : b_1 : c_1 : d_1 = a_2 : b_2 : c_2 : d_2$$
Sind F_1 und F_2 zwei ähnliche Figuren, dann schreibt man:

$F_1 \sim F_2$, gelesen: F_1 ähnlich F_2. Für die Ähnlichkeit von Dreiecken lauten die

Ähnlichkeitssätze

- Zwei Dreiecke sind einander ähnlich, wenn sie in
  1. zwei Winkeln
  2. dem Verhältnis von zwei Seiten und dem von ihnen eingeschlossenen Winkel
  3. dem Verhältnis von zwei Seiten und in dem der größeren Seite gegenüberliegenden Winkel
  4. den Verhältnissen der drei Seiten

  übereinstimmen.

Um die Ähnlichkeit von zwei Dreiecken zu beweisen, zeigt man am häufigsten entsprechend dem ersten Ähnlichkeitssatz die Gleichheit von zwei Winkeln (und damit nach (12.1) auch die Gleichheit des dritten Winkels).

Beispiel 12.4:
Von einem Signalgerüst sind nach Bild 12.11 die Längen $a = 6,22$ m, $b = 3,18$ m und $c = 6,05$ m gegeben. Man berechne die Länge der Strebe x.

Lösung:
Es ist $\triangle ABC \sim \triangle ADE$, denn die Dreiecke haben den $\sphericalangle BAC$ gemeinsam und $\sphericalangle ABC = \sphericalangle ADE$ (Stufenwinkel).

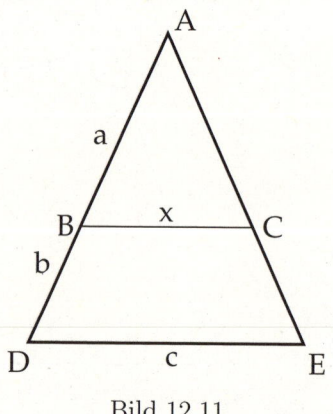

Bild 12.11

Nach dem ersten Ähnlichkeitssatz ist damit die Ähnlichkeit bewiesen. Folglich gilt die Proportion

$$\overline{AB} : \overline{BC} = \overline{AD} : \overline{DE} \quad \text{oder}$$
$$a : x = (a+b) : c$$
$$x = \frac{a \cdot c}{a+b} = \underline{\underline{4,00 \text{ m}}}$$

Das Beispiel 12.4 hätte auch nach dem Strahlensatz gelöst werden können. Alle Strahlensätze lassen sich aber auf die Ähnlichkeit von Dreiecken zurückführen.

12.4 Höhen, Mittelsenkrechte und Seitenhalbierende

Unter den Geraden, die das Dreieck schneiden, haben einige besondere Bedeutung. Die H ö h e n h_a, h_b, h_c eines Dreiecks gehen je durch einen Eckpunkt des Dreiecks und sind senkrecht zur gegenüberliegenden Seite (Bild 12.12). Die Punkte H_A, H_B, H_C heißen *Höhenfußpunkte*.

- Die Höhen des Dreiecks schneiden sich in einem Punkt H.

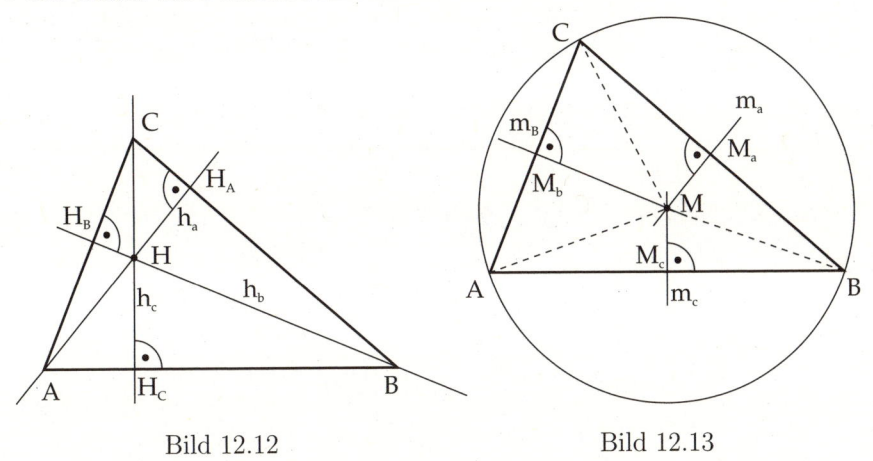

Bild 12.12   Bild 12.13

Die M i t t e l s e n k r e c h t e n m_a, m_b, m_c eines Dreiecks gehen je durch die Mitte einer Dreieckseite und sind senkrecht zu dieser (Bild 12.13).

- Die Mittelsenkrechten eines Dreiecks schneiden sich in einem Punkt M. Dieser ist der Mittelpunkt des *Umkreises*.

Beweis:
Der Beweis dieses Satzes zeigt eine Anwendung der Kongruenzsätze. Man verbindet M mit den Punkten A, B, C. Dann gilt:

$$\left.\begin{array}{rl} \triangle AM_cM \cong & \triangle BMM_C, \text{ denn} \\ \overline{AM_c} = & \overline{M_cB} \quad (M_c \text{ ist Seitenmitte}) \\ \overline{MM_c} = & \overline{MM_c} \quad (\text{gemeinsame Seite}) \\ \sphericalangle AM_cM = & \sphericalangle BM_cM \quad (= 90°) \end{array}\right\} (2. \text{ Kongruenzsatz})$$

Aus der Kongruenz beider Dreiecke folgt
$$\overline{AM} = \overline{BM}. \tag{I}$$
Auf gleichem Weg zeigt man die Kongruenz der Dreiecke $\triangle BM_aM$ und $\triangle CM_aM$. Daraus folgt
$$\overline{BM} = \overline{CM}. \tag{II}$$
Nach (I) und (II) hat M von allen drei Eckpunkten A, B, C den gleichen Abstand, so daß ein Kreis um M durch A auch durch B und C geht.

Die **S e i t e n h a l b i e r e n d e n** s_a, s_b, s_c eines Dreiecks gehen je durch einen Eckpunkt des Dreiecks und durch die Mitte der gegenüberliegenden Dreiecksseite (Bild 12.14).

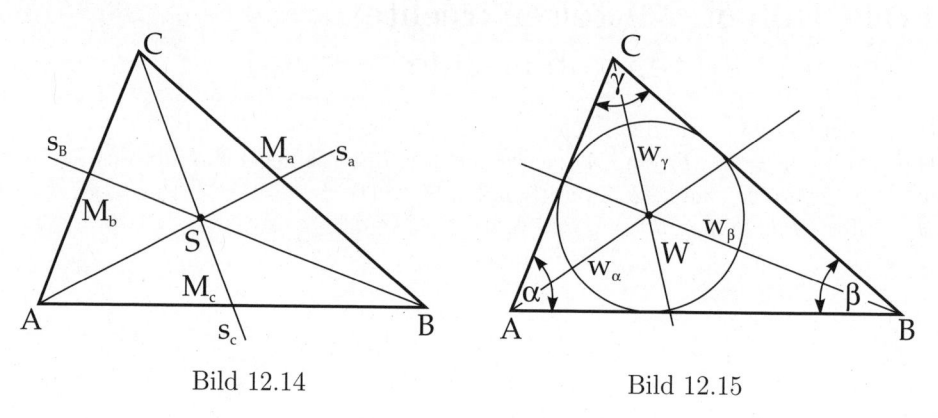

Bild 12.14 · Bild 12.15

- Die Seitenhalbierenden eines Dreiecks schneiden sich in einem Punkt S. S ist der *Schwerpunkt* des Dreiecks.

Die Seitenhalbierenden heißen auch die *Schwerelinien* des Dreiecks. S teilt jede Seitenhalbierende so, daß die Proportionen bestehen
$$\overline{AS} : \overline{SM_a} = 2:1, \quad \overline{BS} : \overline{SM_b} = 2:1, \quad \overline{CS} : \overline{SM_c} = 2:1$$
Auf einen Beweis wird verzichtet.

Die **W i n k e l h a l b i e r e n d e n** $w_\alpha, w_\beta, w_\gamma$ eines Dreiecks halbieren je einen Innenwinkel (Bild 12.15).

- Die Winkelhalbierenden eines Dreiecks schneiden sich in einem Punkt W. W ist der Mittelpunkt des *Inkreises*.

Die Punkte H, M und S liegen stets auf einer Geraden, der *Eulerschen Geraden*.

Unter den Höhen, Seitenhalbierenden und Winkelhalbierenden wird oft nicht die Gerade verstanden, sondern die Strecke von dem Dreieckspunkt bis zur gegenüberliegenden Seite.

Beispiel 12.5:
Man konstruiere ein Dreieck aus $a = 4,6$ cm, $s_a = 4,0$ cm, $\gamma = 78°$.

Lösung:
Anhand einer Skizze, in die man die gegebenen Größen einträgt, überlegt man sich die Konstruktionsschritte:
- man zeichnet den Winkel γ mit den Schenkeln s_1 und s_2 und dem Scheitelpunkt C
- auf s_2 wird von C aus $\dfrac{a}{2}$ bis M_a und a bis zum Punkt B abgetragen
- der Kreisbogen um M_a mit dem Radius s_a schneidet s_1 in A. $\triangle ABC$ ist das gesuchte Dreieck (Bild 12.16).

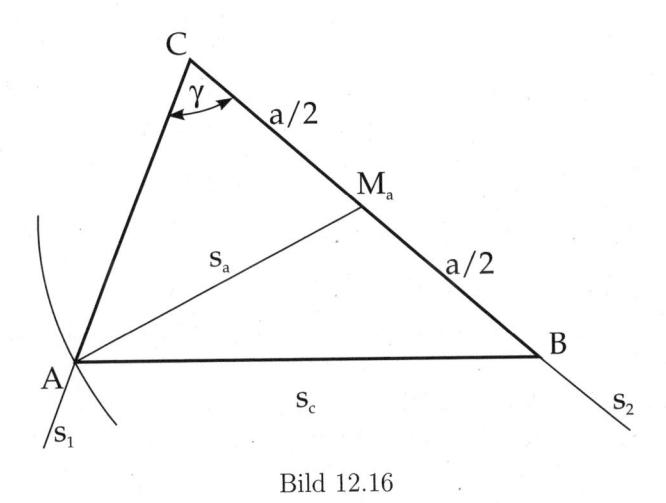

Bild 12.16

12.5 Flächeninhalt des Dreiecks

Um den Flächeninhalt des Dreiecks zu berechnen, wird das Dreieck ABC nach Bild 12.17 zu einem Rechteck ergänzt. Nach den Kongruenzsätzen ist

$\triangle AH_cC \cong \triangle ACE$ und
$\triangle BCH_c \cong \triangle BDC$

und zwei Dreiecke haben jeweils die gleichen Flächeninhalte A_1 bzw. A_2. Der Flächeninhalt des Rechtecks ist

$c \cdot h_c = 2A_1 + 2A_2$

und folglich der Flächeninhalt des Dreiecks:

$A = A_1 + A_2 = \dfrac{c \cdot h_c}{2}$

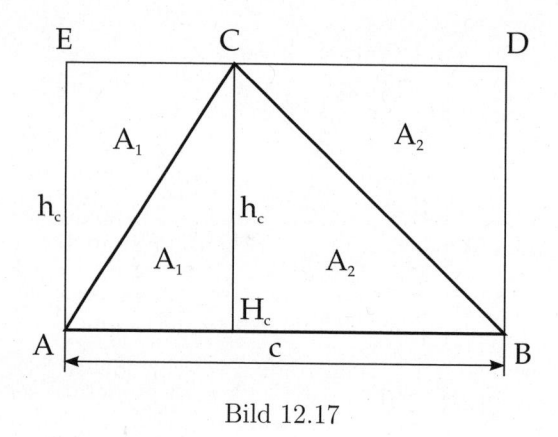

Bild 12.17

- Der Flächeninhalt des Dreiecks ist gleich dem halben Produkt aus Grundlinie und Höhe:

$$A = \frac{a \cdot h_a}{2} = \frac{b \cdot h_b}{2} = \frac{c \cdot h_c}{2} \tag{12.4}$$

Ohne Beweis wird eine Formel angegeben, die es ermöglicht, aus den drei Seiten a, b, c des Dreiecks die Fläche zu berechnen:
Heronische Formel[1]

$$A = \sqrt{s(s-a)(s-b)(s-c)}, \quad s = \frac{a+b+c}{2} \tag{12.5}$$

Man setzt für die Summe der Dreieckseiten $2s = a + b + c$ und nennt diese Summe den Umfang des Dreiecks.

Beispiel 12.6:
Ein Dreieck hat die Seiten $a = 56,3$ cm, $b = 74,0$ cm, $c = 48,7$ cm. Man berechne seinen Flächeninhalt.

Lösung:
Es ist nach (12.5)

$$\begin{aligned} 2s &= a + b + c = 179,0 \text{ cm} \\ s &= 89,5 \text{ cm} \\ s - a &= 33,2 \text{ cm} \\ s - b &= 15,5 \text{ cm} \\ s - c &= 40,8 \text{ cm} \\ A &= 1370,81 \text{ cm}^2 \end{aligned}$$

Man beachte auch die Flächeninhaltsformel (12.12) in Abschnitt 12.8.4.

---
[1] Heron von Alexandria, hellenistischer Mathematiker und Techniker, etwa um 75 nach Chr.

12.6 Das rechtwinklige Dreieck

Für $\gamma = 90°$ entsteht das rechtwinklige Dreieck in Bild 12.18.

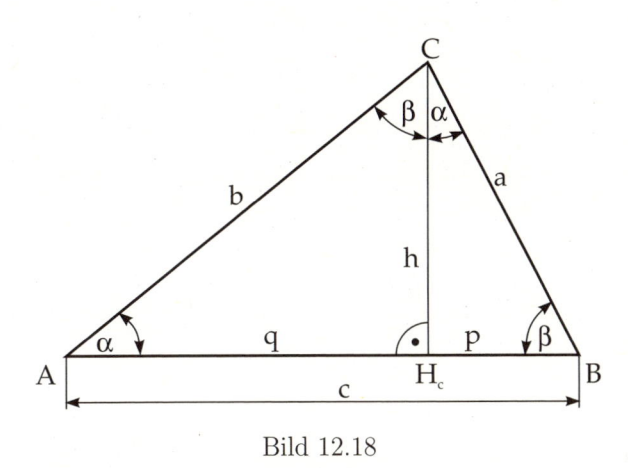

Bild 12.18

Bezeichungen:
- a, b K a t h e t e n
- c H y p o t e n u s e
- α, β K a t h e t e n w i n k e l

Die Höhen h_a, h_b fallen mit der Kathete a bzw. b zusammen. Die Höhe h_c auf die Seite c wird deshalb nur mit h bezeichnet. Durch den Höhenfußpunkt H_c wird c in die *Hypotenusenabschnitte* p und q zerlegt.

Das Dreieck ABC und seine beiden Teildreiecke AH_cC und BCH_c sind einander ähnlich.

Da alle drei Dreiecke rechtwinklig sind, genügt es, zum Nachweis der Ähnlichkeit noch die Gleichheit je eines Winkels zu zeigen.

$\triangle ABC$ und $\triangle AH_cC$ enthalten beide α, damit gilt:
$$\triangle ABC \sim \triangle AH_cC \tag{I}$$
$\triangle ABC$ und $\triangle BCH_c$ enthalten beide β, damit gilt:
$$\triangle ABC \sim \triangle BCH_c \tag{II}$$
Aus (I) und (II) folgt sofort:
$$\triangle AH_cC \sim \triangle BCH_c \tag{III}$$
Wegen der Ähnlichkeit der Dreiecke ist $\sphericalangle BCH_c = \alpha$ und $\sphericalangle ACH_c = \beta$.
Es ergeben sich aus der Ähnlichkeit folgende Proportionen:

$$\text{Nach (I):} \quad b : c = q : b \quad \text{oder} \quad \boxed{b^2 = c \cdot q} \tag{12.6}$$

$$\text{Nach (II):} \quad a : c = p : a \quad \text{oder} \quad \boxed{a^2 = c \cdot p} \tag{12.7}$$

Nach (I): $\quad h : p = q : h \quad$ oder $\quad \boxed{h^2 = p \cdot q}$ (12.8)

Die Gleichungen (12.6) und (12.7) heißen K a t h e t e n s ä t z e v o n E u k l i d, die Gleichung (12.8) stellt den H ö h e n s a t z v o n E u k l i d dar. Durch die Addition von Gleichung (12.6) und Gleichung (12.7) folgt mit

$$a^2 + b^2 = cp + cq = c(p+q) = c \cdot c$$

der S a t z v o n P y t h a g o r a s :

$$\boxed{a^2 + b^2 = c^2} \tag{12.9}$$

Beispiel 12.7:
Ein rechtwinkliges Dreieck ist durch $a = 54,0$ cm, $h = 35,0$ cm gegeben. Man berechne p, q, b, c.

Lösung:
Es ist im Dreieck BCH_c (Bild 12.18)

$$p = \sqrt{a^2 - h^2} = \underline{\underline{41,1 \text{ cm}}}$$

Nach (12.8) ist

$$q = \frac{h^2}{p} = \underline{\underline{29,8 \text{ cm}}}$$

Für die Hypotenuse folgt:

$$c = p + q = \underline{\underline{70,9 \text{ cm}}}$$

Aus (12.9) folgt

$$b = \sqrt{c^2 - a^2} = \underline{\underline{46,0 \text{ cm}}}$$

Die Werte für p, q, c, b wurden entsprechend den Ausgangswerten auf 1 Dezimale, also auf mm gerundet. Werden diese Zahlen aber für die weitere Berechnung gebraucht, z. B. p bei der Bestimmung von q, dann werden genauere (möglichst im Taschenrechner gespeicherte) Werte verwendet. Dieser Hinweis gilt auch für die folgenden Rechnungen. Sind bei Berechnungen im rechtwinkligen Dreieck neben Seiten auch Winkel gegeben oder werden Winkel gesucht, dann müssen trigonometrische Funktionen verwendet werden. Für das rechtwinklige Dreieck genügen die Definitionen (10.12) bis (10.15). Danach ist (Bild 12.19):

$$\sin \alpha = \frac{a}{c} = \cos \beta \qquad \tan \alpha = \frac{a}{b} = \cot \beta$$

$$\cos \alpha = \frac{b}{c} = \sin \beta \qquad \cot \alpha = \frac{b}{a} = \tan \beta$$

Beispiel 12.8:
Von einem rechtwinkeligen Dreieck sind $b = 41,92$ m und $\alpha = 36,190°$ gegeben. Man berechne a, c, β, h, p, q (vgl. Bild 12.18).

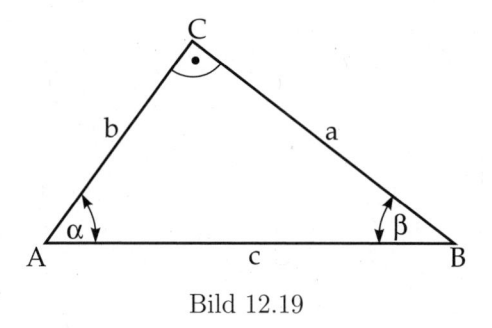

12.6 Das rechtwinklige Dreieck

Bild 12.19

Lösung:

$$\tan\alpha = \frac{a}{b} \quad \Rightarrow \quad a = b\tan\alpha = \underline{\underline{30{,}67\text{ m}}}$$

$$\cos\alpha = \frac{b}{c} \quad \Rightarrow \quad c = \frac{b}{\cos\alpha} = \underline{\underline{51{,}94\text{ m}}}$$

$$\beta = 90° - \alpha = \underline{\underline{53{,}810°}}$$

$$\sin\alpha = \frac{h}{b} \quad \Rightarrow \quad h = b\sin\alpha = \underline{\underline{24{,}75\text{ m}}}$$

$$\cos\alpha = \frac{q}{b} \quad \Rightarrow \quad q = b\cos\alpha = \underline{\underline{33{,}83\text{ m}}}$$

$$p = c - q = \underline{\underline{18{,}11\text{ m}}}$$

Beispiel 12.9:
Um den horizontalen Abstand e zweier Geländepunkte A und B zu bestimmen, wurde in B eine Meßlatte der Länge $l = 2$ m aufgehalten, und es wurden in A die Winkel $\alpha = 15°16'00''$ und $\beta = 13°45'30''$ gemessen (Bild 12.20). Man berechne e.

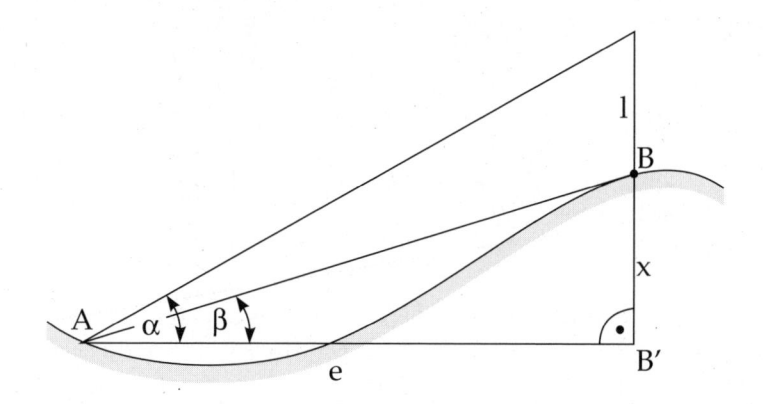

Bild 12.20

Lösung:
Setzt man $\overline{BB'} = x$, dann gilt

$$\tan\alpha = \frac{l+x}{e} \quad \text{(IV)} \qquad\qquad \tan\beta = \frac{x}{e} \quad \text{(V)}$$

Die Gleichungen (IV) und (V) stellen ein Gleichungssystem mit den Unbekannten e und x dar, aus dem e berechnet werden kann. Aus (IV) und (V) folgt

$$\begin{aligned} x = e\tan\alpha - l &= e\tan\beta \\ e(\tan\alpha - \tan\beta) &= l \\ e &= \frac{l}{\tan\alpha - \tan\beta} = \underline{\underline{71,20 \text{ m}}} \end{aligned}$$

12.7 Das gleichschenklige Dreieck

Sind im Dreieck zwei Seiten gleich, z. B. $a = b$, so entsteht ein **gleichschenkliges Dreieck** (Bild 12.21). Die Seiten $\overline{AC} = \overline{BC} = a$ heißen seine *Schenkel*, die dritte Seite c heißt *Basis*. Die Innenwinkel in A und B heißen *Basiswinkel*.

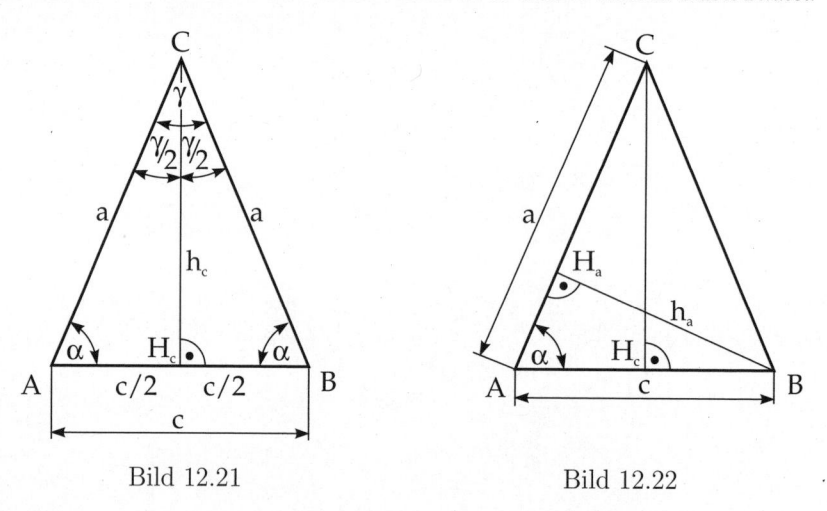

Bild 12.21   Bild 12.22

Durch die Höhe h_c wird das gleichschenklige Dreieck in zwei kongruente rechtwinklige Dreiecke AH_cC und BH_cC zerlegt, die hauptsächlich für die Berechnung des gleichschenkligen Dreiecks verwendet werden. Aus der Kongruenz der rechtwinkligen Dreiecke folgt:

- Im gleichschenkligen Dreieck halbiert die zur Basis gehörende Höhe den Winkel zwischen den Schenkeln und die Basis. Die Basiswinkel sind gleich.

Beispiel 12.10:
Ein gleichschenkliges Dreieck ist durch $a = 44,2$ cm und $\alpha = 62,81°$ gegeben. Gesucht wird die Höhe h_a (Bild 12.22).

Lösung:

im $\triangle AH_CC$: $\qquad \cos\alpha = \dfrac{\frac{c}{2}}{a} \Rightarrow c = 2a\cos\alpha$

im $\triangle ABH_a$: $\qquad \sin\alpha = \dfrac{h_a}{c} \Rightarrow h_a = c\sin\alpha$

oder $\qquad h_a = 2a\cos\alpha \cdot \sin\alpha = a \cdot 2\sin\alpha\cos\alpha$

und mit Gleichung (10.37): $h_a = a\sin 2\alpha = \underline{\underline{35,9 \text{ cm}}}$

12.8 Das gleichseitige Dreieck

Für $a = b = c$ ergibt sich das g l e i c h s e i t i g e D r e i e c k. Da gleichen Seiten gleiche Winkel gegenüberliegen müssen, ist jeder Dreieckswinkel gleich $\alpha = 180°/3 = 60°$. Die Schnittpunkte H, M, S, W (vgl. Abschnitt 12.4) fallen in einem Punkt zusammen.

Beispiel 12.11:
Man berechne bei gegebenem a die Fläche des gleichseitigen Dreiecks.

Lösung:
Für die Höhe ergibt sich nach Bild 12.23:
$$h = \sqrt{a^2 - \left(\frac{a}{2}\right)^2} = \sqrt{a^2 - \frac{a^2}{4}} = \sqrt{\frac{3}{4}a^2} = \frac{a}{2}\sqrt{3}$$

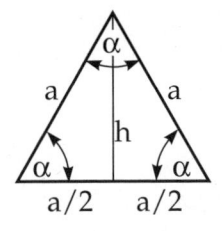

Bild 12.23

Der Flächeninhalt ist
$$A = \frac{a \cdot h}{2} = \frac{a}{2} \cdot \frac{a}{2}\sqrt{3} = \underline{\underline{\frac{a^2}{4}\sqrt{3}}}$$

12.9 Berechnung des schiefwinkligen Dreiecks

12.9.1 Allgemeines

Bei der Berechnung des schiefwinkligen Dreiecks werden im allgemeinen trigonometrische Funktionen verwendet. Nur in Ausnahmefällen, wie z. B. bei der Heronischen Formel (12.5), kommt man ohne trigonometrische Funktionen aus.

Zur Bestimmung des Dreiecks müssen drei Größen gegeben sein, darunter mindestens eine Seite. Entsprechend den Kongruenzsätzen sind folgende Fälle, auch als G r u n d a u f g a b e n bezeichnet, möglich. Gegeben sind

1. eine Seite und zwei Winkel (SWW oder WSW)
2. zwei Seiten und der eingeschlossene Winkel (SWS)
3. zwei Seiten und der einer Seite gegenüberliegende Winkel (SSW)
4. die drei Seiten (SSS)

Für die Dreieckswinkel gilt: $0° < \alpha < 180°$, $0° < \beta < 180°$, $0° < \gamma < 180°$, d. h., sie liegen im ersten oder zweiten Quadranten. Die Sinusfunktion ist in diesen beiden Quadranten positiv, während die Cosinus- und die Tangensfunktion im ersten Quadrant positiv, im zweiten Quadrant negativ sind. Wird also ein Winkel mit der Sinusfunktion berechnet, so ist ein Wert im ersten und im zweiten Quadranten möglich. Man muß dann prüfen, wie noch gezeigt wird, ob beide Winkel die Aufgabe lösen bzw. man muß einen Winkel (spitz oder stumpf) auswählen.

12.9.2 Der Sinussatz

Der Sinussatz stellt eine Beziehung zwischen zwei Seiten und ihren gegenüberliegenden Winkeln her. Nach Bild 12.24 gilt:

$$\sin\alpha = \frac{h_c}{b} \quad \Rightarrow \quad h_c = b\sin\alpha \qquad (I)$$

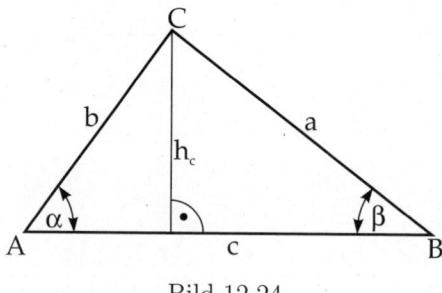

$$\sin\beta = \frac{h_c}{a} \quad \Rightarrow \quad h_c = a\sin\beta \qquad (II)$$

Bild 12.24

Gleichung (I) und (II) gleichgesetzt ergibt:

$$b\sin\alpha = a\sin\beta \quad \text{oder}$$

$$\frac{a}{b} = \frac{\sin\alpha}{\sin\beta} \quad \text{bzw.} \; a:b = \sin\alpha : \sin\beta$$

12.9 Berechnung des schiefwinkligen Dreiecks

Entsprechende Gleichungen folgen für je zwei andere Seiten und ergeben den
S i n u s s a t z

$$\boxed{\frac{a}{b} = \frac{\sin\alpha}{\sin\beta} \quad ; \quad \frac{b}{c} = \frac{\sin\beta}{\sin\gamma} \quad ; \quad \frac{c}{a} = \frac{\sin\gamma}{\sin\alpha}} \qquad (12.10)$$

Als fortlaufende Proportion geschrieben:

$a : b : c = \sin\alpha : \sin\beta : \sin\gamma$.

- Im Dreieck verhalten sich die Seiten wie die Sinus der gegenüberliegenden Winkel.

Durch Umformen der Gleichungen (12.10) hat der Sinussatz die Gestalt

$$\frac{a}{\sin\alpha} = \frac{b}{\sin\beta} = \frac{c}{\sin\gamma},$$

d. h., im Dreieck ist der Quotient aus einer Seite und dem Sinus des Gegenwinkels konstant.

Anmerkung:
Der Sinussatz wurde für ein spitzwinkliges Dreieck (Bild 12.24) hergeleitet. Er gilt aber auch für beliebige Dreiecke.

Beispiel 12.12:
Ein Dreieck ist durch $b = 78,31$ m, $\alpha = 47,261°$, $\gamma = 68,023°$ gegeben. Man berechne die fehlenden Größen a, b und β.

Lösung:
Aus der Winkelsumme im Dreieck folgt

$\beta = 180° - (\alpha + \gamma) = \underline{\underline{64,716°}}$

Für die Seiten a und c ergibt der Sinussatz (12.10):

$$\frac{a}{b} = \frac{\sin\alpha}{\sin\beta} \quad \Rightarrow \quad a = \frac{b\sin\alpha}{\sin\beta} = \underline{\underline{63,61 \text{ m}}}$$

$$\frac{c}{b} = \frac{\sin\gamma}{\sin\beta} \quad \Rightarrow \quad c = \frac{b\sin\gamma}{\sin\beta} = \underline{\underline{80,31 \text{ m}}}$$

Der Quotient $b/\sin\beta$ wird bei der Berechnung von a und c gebraucht und deshalb zweckmäßig im Taschenrechner gespeichert.

Beispiel 12.13:
Im Dreieck sind $b = 30,4$ cm, $c = 39,2$ cm, $\beta = 46,3°$ gegeben. Man berechne a, α, γ.

Lösung:
$$\frac{\sin\gamma}{\sin\beta} = \frac{c}{b} \quad \Rightarrow \quad \sin\gamma = \frac{c\sin\beta}{b} = 0,9322$$

Man erhält zwei Winkel
$$\gamma_1 = 68,79°, \quad \gamma_2 = 111,21°$$

Nach dem Satz in Abschnitt 12.1 muß aus $c > b$ auch $\gamma > \beta$ folgen. Da γ_1 und γ_2 diese Bedingung erfüllen, gibt es zwei Lösungen, d. h., mit den gegebenen Werten lassen sich zwei Dreiecke bilden. Für a und α folgt
$$\alpha = 180° - (\beta + \gamma), \quad a = \frac{b\sin\alpha}{\sin\beta}.$$

1. Dreieck	2. Dreieck
$\gamma_1 = 68,79°$	$\gamma_2 = 111,21°$
$\alpha_1 = 64,91°$	$\alpha_2 = 22,49°$
$a_1 = 38,1$ cm	$a_2 = 16,1$ cm

Beispiel 12.14:
Gesucht wird der Abstand x des Punktes P von der Geraden g (Bild 12.25). Da eine direkte Messung wegen eines dazwischen liegenden Gebäudes nicht möglich ist, wurden auf g die Punkte M, N gewählt, und es wurden die Strecke $\overline{AB} = e = 187,29$ m und die Winkel $\varphi = 46°12'$, $\psi = 56°33'$ gemessen. Man berechne x.

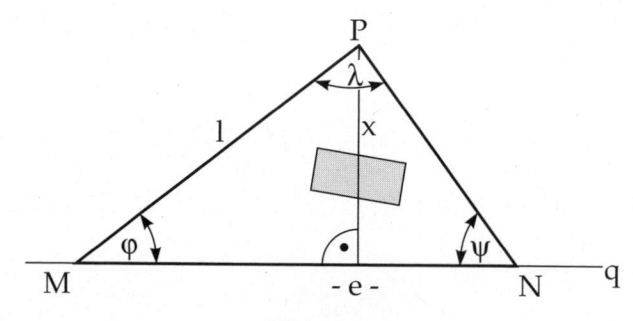

Bild 12.25

Lösung:
Es ist $\lambda = 180° - (\varphi + \psi)$. Nach dem Sinussatz folgt
$$l = \frac{e\sin\psi}{\sin\lambda} = \frac{e\sin\psi}{\sin(\varphi + \psi)} \tag{I}$$
wegen $\sin\lambda = \sin(180° - (\varphi + \psi)) = \sin(\varphi + \psi)$ nach (10.50).
Im rechtwinkligen Dreieck ist dann
$$x = l\sin\varphi \quad \text{und mit (I)}$$
$$x = \frac{e\sin\varphi\sin\psi}{\sin(\varphi + \psi)} = 115,64 \text{ m}$$

12.9.3 Der Cosinussatz

Der Cosinussatz stellt eine Beziehung zwischen den drei Seiten des Dreiecks und einem Dreieckswinkel her. Zur Herleitung wird Bild 12.26 betrachtet.

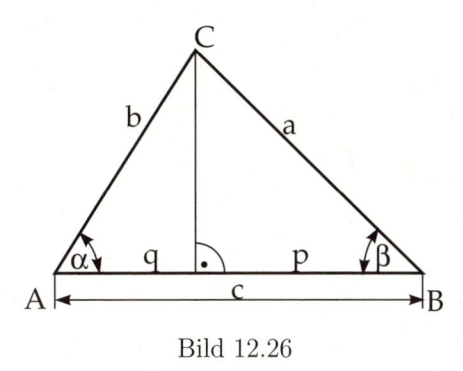

Bild 12.26

Im $\triangle ABC$ ist nach dem Sinussatz
$$a \sin \beta = b \sin \alpha \tag{I}$$
Außerdem gilt
$$p = c - q \quad \text{und mit}$$
$$p = a \cos \beta, \, q = b \cos \alpha \quad \text{folgt}$$
$$a \cos \beta = c - b \cos \alpha \tag{II}$$
Die Gleichungen (I) und (II) werden quadriert
$$a^2 \sin^2 \beta = b^2 \sin^2 \alpha$$
$$a^2 \cos^2 \beta = c^2 - 2bc \cos \alpha + b^2 \cos^2 \alpha$$
und addiert
$$a^2 \sin^2 \beta + a^2 \cos^2 \beta = b^2 \sin^2 \alpha + c^2 - 2bc \cos \alpha + b^2 \cos^2 \alpha$$
$$a^2(\sin^2 \beta + \cos^2 \beta) = b^2(\sin^2 \alpha + \cos^2 \alpha) + c^2 - 2bc \cos \alpha \tag{III}$$

Nach Gleichung (10.18) sind die Klammern in (III) jeweils gleich Eins, und man erhält, ergänzt durch zwei weitere entsprechende Gleichungen, den C o s i n u s s a t z :

$$\boxed{\begin{aligned} a^2 &= b^2 + c^2 - 2bc \cos \alpha \\ b^2 &= c^2 + a^2 - 2ca \cos \beta \\ c^2 &= a^2 + b^2 - 2ab \cos \gamma \end{aligned}} \tag{12.11}$$

- Im Dreieck ist das Quadrat einer Seite gleich der Summe der Quadrate der beiden anderen Seiten, vermindert um das doppelte Produkt aus diesen beiden Seiten und dem Cosinus des eingeschlossenen Winkels.

Ist in der letzten Gleichung von (12.11) der Winkel $\gamma = 90°$, dann folgt mit $\cos \gamma = \cos 90° = 0$ der Satz von Pythagoras als Sonderfall des Cosinussatzes.

Mit Hilfe des Cosinussatzes können aus zwei Seiten und dem eingeschlossenen Winkel die dritte Seite oder aus allen drei Seiten ein Innenwinkel berechnet werden.

Beispiel 12.15:
Aus den gegebenen Größen $a = 24,8$ cm, $b = 53,7$ cm, $\gamma = 48,22°$ eines Dreiecks sind die fehlenden Größen c, α, β zu berechen.

Lösung:
Zunächst wird die dritte Seite mit dem Cosinussatz berechnet:
$$c = \sqrt{a^2 + b^2 - 2ab\cos\gamma} = \underline{\underline{41,52 \text{ cm}}}$$
Mit dem Sinussatz ergibt sich der Winkel α:
$$\sin\alpha = \frac{a\sin\gamma}{c}$$
Man erhält zunächst zwei Winkel α:
$$\alpha_1 = 26,45° \quad , \quad \alpha_2 = 153,55°$$
Die Lösung ist aber eindeutig (anschaulich: aus den gegebenen Größen läßt sich nur ein Dreieck konstruieren), es ist also ein Winkel auszuwählen. Wegen $b > a$ muß $\beta > \alpha$ sein. Würde man den stumpfen Winkel α_2 wählen, müßte auch $\beta > \alpha_2$ stumpf sein. Das ist ein Widerspruch zur Winkelsumme im Dreieck, daher ist $\alpha_1 = \alpha$ die Lösung
$$\underline{\underline{\alpha = 26,45°}}.$$
Schließlich ist $\beta = 180° - (\alpha + \gamma) = \underline{\underline{105,33°}}$

Beispiel 12.16:
Im Schwerpunkt S eines Körpers greifen drei Kräfte $F_1 = 470$ N, $F_2 = 810$ N und $F_3 = 590$ N an (Bild 12.27a). Wie groß müssen die Winkel α, β, γ zwischen den Richtungen der Kräfte sein, damit der Körper im Gleichgewicht ist?

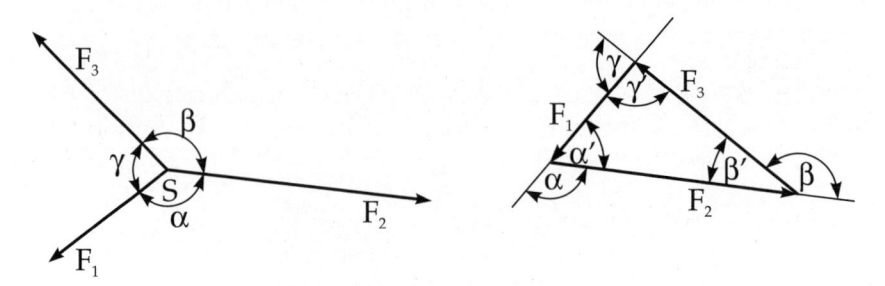

Bild 12.27a und b

12.9 Berechnung des schiefwinkligen Dreiecks 301

Lösung:
Die Kräfte müssen (nach Parallelverschiebung) entsprechend Bild 12.27b ein Dreieck bilden, dessen Außenwinkel die zubestimmenden Winkel α, β, γ sind.
Man stellt den Cosinussatz für die größte Seite, also F_2 auf:
$$F_2^2 = F_1^2 + F_3^2 - 2F_1 F_3 \cos \gamma'$$
und stellt nach $\cos \gamma'$ um:
$$\cos \gamma' = \frac{F_1^2 + F_3^2 - F_2^2}{2F_1 F_3} = -0,1571$$
Aus der Cosinusfunktion ergibt sich γ' eindeutig mit $\gamma = 99,04°$. α' folgt aus dem Sinussatz
$$\sin \gamma' = \frac{F_3 \cdot \sin \gamma'}{F_2} = 0,7194$$
Daraus folgt α' eindeutig als spitzer Winkel, da γ' stumpf ist (Winkelsumme):
$$\alpha' = 46,00°$$
$$\beta' = 180° - (\alpha' + \gamma') = 34,96°.$$

Die gesuchten Winkel sind
$$\alpha = 180° - \alpha' = \underline{\underline{134,00°}}$$
$$\beta = 180° - \beta' = \underline{\underline{145,04°}}$$
$$\gamma = 180° - \gamma' = \underline{\underline{80,96°}}$$

Die Probe: $\alpha + \beta + \gamma = 360°$ ist erfüllt.

12.9.4 Die Grundaufgaben der Dreiecksberechnung

Werden unter gegebenen oder gesuchten Größen des Dreiecks nur Seiten oder Winkel verstanden, dann lassen sich, wie in Abschnitt 12.9.1 beschrieben, vier Grundaufgaben unterscheiden.

1. Grundaufgabe (SWW oder WSW)
Gegeben sind eine Seite und zwei Winkel, z. B. a, α, γ.
Lösung: Man berechnet mit der Winkelsumme den dritten Winkel und durch zweimalige Anwendung des Sinussatzes die fehlenden Seiten (vgl. Beispiel 12.12). Die Lösung ist eindeutig
$$\beta = 180° - (\alpha + \gamma)$$
$$b = \frac{a \sin \beta}{\sin \alpha}$$
$$c = \frac{a \sin \gamma}{\sin \alpha}.$$

2. Grundaufgabe (SWS)

Gegeben sind zwei Seiten und der eingeschlossene Winkel, z. B. a, b, γ.
Lösung: Die dritte Seite wird nach dem Cosinussatz berechnet, ein Winkel nach dem Sinussatz und der dritte Winkel über die Winkelsumme im Dreieck. Die Lösung ist eindeutig, denn mit Hilfe des Satzes: der größeren Seite liegt der größere Winkel gegenüber, kann für den aus dem Sinussatz berechneten Winkel eindeutig entschieden werden, ob er spitz oder stumpf ist (vgl. Beispiel 12.15).

$$c = \sqrt{a^2 + b^2 - 2ab\cos\gamma}$$
$$\sin\alpha = \frac{a\sin\gamma}{c}$$
$$\beta = 180° - (\alpha + \gamma).$$

(oder auch β nach dem Sinussatz und als Probe: $\alpha + \beta + \gamma = 180°$)

3. Grundaufgabe (SSW)

Gegeben sind zwei Seiten und der einer Seite gegenüberliegende Winkel, z. B. a, b, α
Lösung: Der erste fehlende Winkel wird nach dem Sinussatz berechnet, der zweite Winkel über die Winkelsumme und die fehlende Seite nach dem Sinussatz. Je nach den gegebenen Werten sind ein Dreieck, zwei Dreiecke oder kein Dreieck möglich. Hierzu folgende Übersicht:

1. $\sin\beta = \dfrac{b\sin\alpha}{a} > 1$ keine Lösung

2. $\sin\beta = \dfrac{b\sin\alpha}{a} = 1$ eine Lösung: $\beta = 90°$ (rechtwinkliges Dreieck)

3. $\sin\beta = \dfrac{b\sin\alpha}{a} < 1$

    3.1 $b > a$

            $\alpha < 90°$, wegen $\beta > \alpha$ sind zwei Lösungen β_1, β_2
                   möglich (spitzer und stumpfer Winkel)
            $\alpha > 90°$, α ist stumpf, wegen $\beta > \alpha$
                   müßte auch β stumpf sein, d. h. es gibt
                   keine Lösung für β.

    3.2 $b < a$, wegen $\beta < \alpha$ kann β nur spitz sein, es gibt
            nur eine Lösung für β.

Die weitere Berechnung erfolgt mit einem oder mit zwei Werten für β:

$$\gamma_1 = 180° - (\beta_1 + \alpha) \qquad \gamma_2 = 180° - (\beta_2 + \alpha)$$
$$c_1 = \frac{a\sin\gamma_1}{\sin\alpha} \qquad\qquad c_2 = \frac{a\sin\gamma_2}{\sin\alpha}$$

(vgl. auch Beispiel 12.13)

12.9 Berechnung des schiefwinkligen Dreiecks

4. Grundaufgabe (SSS)
Gegeben sind die drei Seiten a, b, c des Dreiecks.
Lösung: Man stellt für die größte Seite den Cosinussatz auf und stellt ihn nach dem Cosinus des Winkels um. Der Winkel ergibt sich aus der Cosinusfunktion eindeutig (vgl. Abschnitt 12.9.1). Ein zweiter Winkel wird nach dem Sinussatz berechnet und ist eindeutig ein spitzer Winkel. Der dritte Winkel folgt aus der Winkelsumme. Z. B. sei $a > b$, $a > c$.

$$a^2 = b^2 + c^2 - 2bc\cos\alpha \quad \Rightarrow \quad \cos\alpha = \frac{b^2 + c^2 - a^2}{2bc}$$

$$\sin\beta = \frac{b\sin\alpha}{a} \quad , \quad \gamma = 180° - (\alpha + \beta)$$

(oder auch γ nach dem Sinussatz und als Probe: $\alpha + \beta + \gamma = 180°$)

Es wird noch eine Formel für den Flächeninhalt des Dreiecks hergeleitet, wenn zwei Seiten und der eingeschlossenen Winkel gegeben sind, z. B. a, b, γ.
Es ist (Bild 12.28)

$$A = \frac{a \cdot h_a}{2} \quad \text{und mit} \quad h_a = b\sin\gamma$$

folgt für den F l ä c h e n i n h a l t d e s D r e i e c k s

$$\boxed{A = \frac{1}{2}ab\sin\gamma = \frac{1}{2}bc\sin\alpha = \frac{1}{2}ca\sin\beta} \qquad (12.12)$$

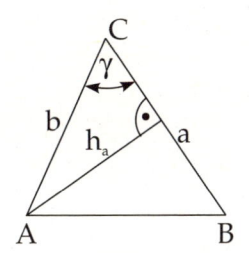

Bild 12.28

- Der Flächeninhalt des Dreiecks ist gleich dem halben Produkt aus zwei Seiten und dem Sinus des eingeschlossenen Winkels.

Beispiel 12.17:
Von einem Dreieck sind $a = 52,2$ cm, $b = 35,9$ cm, $\alpha = 78,20°$ gegeben. Gesucht wird der Flächeninhalt des Dreiecks.

Lösung:
$$\begin{aligned}
\sin\beta &= \frac{b\sin\alpha}{a} = 0,6732, \\
\beta &= 42,31° \quad (\beta \text{ spitz nach 3. Grundaufgabe}) \\
\gamma &= 180° - (\alpha + \beta) = 59,49° \\
A &= \frac{1}{2}ab\sin\gamma = \underline{\underline{807,25 \text{ cm}^2}}
\end{aligned}$$

12.10 Aufgaben

12. 1 Man konstruiere ein Dreieck aus
   a) den drei Seiten $a = 7$ cm, $b = 9$ cm, $c = 5$ cm
   b) der Seite $b = 5$ cm und den Winkeln $\alpha = 51°$, $\gamma = 38°$
   c) den Seiten $a = 4$ cm, $b = 3$ cm und dem Winkel $\beta = 75°$

12. 2 Nach Bild 12.29 sind $a = 35,1$ cm, $b = 17,3$ cm, $c = 28,7$ cm gegeben. Man berechne $x(b\|c)$.

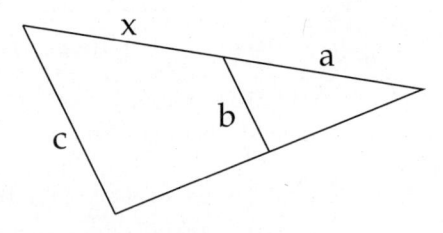

Bild 12.29

12. 3 Ein Dreieck ist zu konstruieren aus
   a) $c = 5$ cm, $\beta = 51°$, $s_a = 4$ cm
   b) $a = 3,5$ cm, $c = 2,5$ cm, $h_c = 3$ cm

12. 4 Man berechne die Fläche des Dreiecks mit den Seiten
   $a = 24$ m, $b = 32$ m, $c = 40$ m.

12. 5 Im rechtwinkligen Dreieck sind von den Größen a, b, c, p, q, h je zwei Größen gegeben. Man berechne die übrigen Größen.
   a) $a = 35,1$ cm, $p = 14,7$ cm
   b) $c = 8,32$ m, $q = 3,59$ m
   c) $b = 12,5$ cm, $h = 5,1$ cm
   d) $p = 27,40$ m, $q = 15,50$ m

12. 6 Im rechtwinkligen Dreieck sind von den Größen $a, b, c, \alpha, \beta, h$ je zwei gegeben. Die fehlenden Größen sind zu berechnen.
   a) $c = 151,2$ cm, $\alpha = 67,22°$
   b) $b = 6,52$ m, $\beta = 51°12'$
   c) $a = 19,6$ cm, $h = 11,5$ cm
   d) $a = 31,18$ m, $\beta = 57,030°$

12. 7 Von einem Holzgerüst sind nach Bild 12.30 $s_1 = 3,25$ m, $s_2 = 2,10$ m gegeben. Man berechne die Längen der Streben s_3, s_4, s_5, s_6.

12. 8 Von einem gleichschenkligen Dreieck sind der Schenkel $a = 25,2$ cm und der Winkel an der Spitze $\gamma = 31,08°$ gegeben. Gesucht werden die Basis c, die Höhe h und der Basiswinkel α.

12. 9 Von einem gleichschenkligen Dreieck sind die Basis $c = 45,2$ cm und der Schenkel $a = 76,8$ cm gegeben. Man berechne den Radius r_i des Inkreises und den Radius r_u des Umkreises.

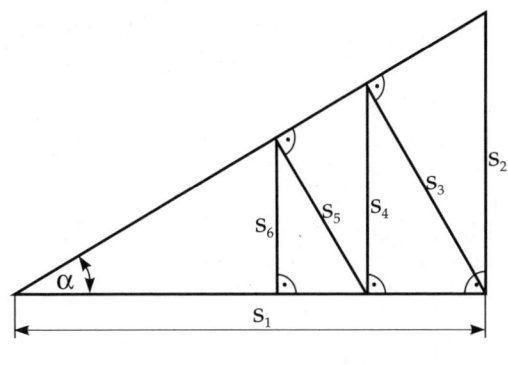

Bild 12.30

12.10 Eine Betonrinne hat als Querschnitt ein gleichschenkliges Dreieck mit dem Winkel $\alpha = 130°$. Wie groß ist die Querschnittsfläche des durchfließenden Wassers, wenn seine Höhe $h = 0,80$ m beträgt (Bild 12.31)?

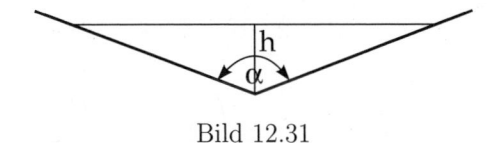

Bild 12.31

12.11 Man berechne Um- und Inkreisradius des gleichseitigen Dreiecks mit der Seite a.

12.12 In einem schiefwinkligen Dreiecks sind von den sechs Größen (Seiten und Winkel) drei Größen gegeben. Man berechne die fehlenden Größen.
a) $a = 138,24$ m, $\alpha = 64°18'$, $\beta = 52°54'$
b) $b = 234,45$ m, $c = 328,75$ m, $\gamma = 75°16'30''$
c) $a = 18,14$ m, $b = 23,08$ m, $c = 38,74$ m
d) $b = 61,4$ cm, $c = 37,5$ cm, $\alpha = 126,40°$
e) $a = 64,1$ cm, $b = 75,0$ cm, $\alpha = 49,20°$
f) $a = 12,05$ m, $c = 44,21$ m, $\beta = 26,35°$
g) $a = 43,5$ cm, $c = 61,2$ cm, $\alpha = 114,60°$

12.13 An einen Körper greifen zwei Kräfte $F_1 = 264$ N und $F_2 = 490$ N an, die miteinander den Winkel $\alpha = 49,67°$ einschließen. Man berechne die resultierende Kraft F_R und den Winkel φ, den F_R mit F_1 bildet.

12.14 Die Eckpunkte A, B, C eine Dreiecks sind durch Polarkoordinaten gegeben:

$$r_A = 18,90 \text{ m}, \quad \varphi_A = 116°30'$$
$$r_B = 34,05 \text{ m}, \quad \varphi_B = 35°21,5'$$
$$r_C = 48,52 \text{ m}, \quad \varphi_C = 74°01'$$

Man berechne die Dreiecksfläche. Hinweis: Man bilde unter Verwendung von (12.12) die Summe der Flächeninhalte von $\triangle OCA$ und $\triangle OBC$ und subtrahiere den Flächeninhalt von $\triangle OBA$ (O als Pol, Zeichnung).

12. 15 Zur Bestimmung der Entfernung von zwei Turmspitzen M und N wurden die Strecke $\overline{AB} = c = 129{,}41$ m und die Winkel $\alpha_1 = 104°15'30''$, $\alpha_2 = 35°07'00''$, $\beta_1 = 41°58'30''$, $\beta_2 = 103°02'00''$ gemessen. Man berechne $\overline{MN} = x$ (Bild 12.32).

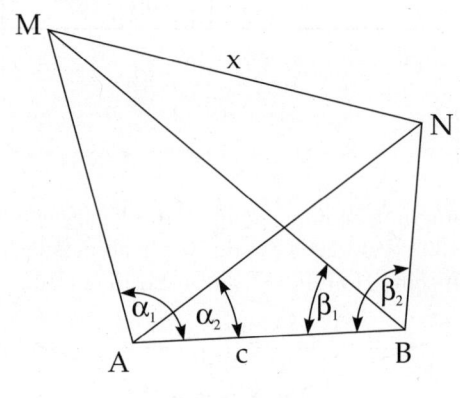

Bild 12.32

12. 16 Ein Schiff fährt unter dem Kurswinkel $\alpha = 141°10'$ und peilt einen Leuchtturm in der Richtung $\alpha_1 = 65°50'$. Nach einer Fahrt von 3 sm (1 sm = 1852 m) peilt es den Leuchtturm ein zweites mal unter $\alpha_2 = 31°30'$ an. Wie weit war das Schiff während dieser zweiten Peilung vom Leuchtturm entfernt? Hinweis: Kurs- und Peilwinkel werden von Nord aus in mathematisch negativer Richtung gemessen.

Kapitel 13

Das Viereck, Vielecke

13.1 Das allgemeine Viereck

In der Ebene seien vier Punkte A, B, C, D gegeben, die beliebig liegen können, von denen aber nie drei Punkte auf einer Geraden liegen. Diese Punkte bilden ein Viereck. A, B, C, D sind seine Eckpunkte (Bild 13.1), $\overline{AB} = a, \overline{BC} = b, \overline{CD} = c, \overline{DA} = d$

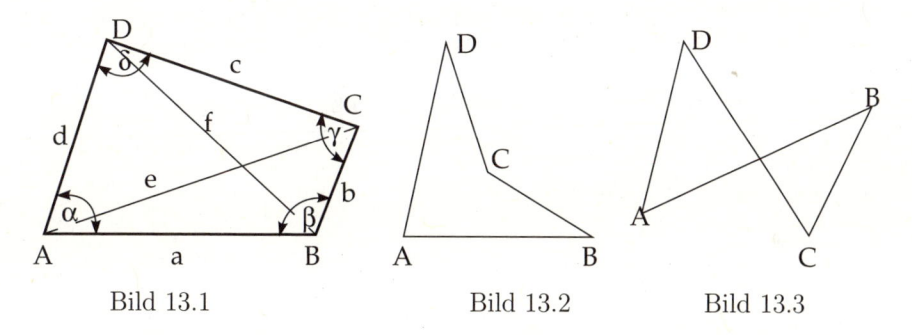

Bild 13.1   Bild 13.2   Bild 13.3

seine Seiten und $\alpha, \beta, \gamma, \delta$ seine Winkel. Die Strecken $\overline{AC} = e$ und $\overline{BD} = f$ sind die Diagonalen des Vierecks. Da die Punkte A, B, C, D beliebige Lage haben können (bis auf die genannte Bedingung), sind auch Vierecke wie in Bild 13.2 und 13.3 denkbar. Bild 13.1 zeigt ein *konvexes Viereck*, Bild 13.2. ein *konkaves Viereck* (es hat eine „einspringende" Ecke), Bild 13.3 ein *überschlagendes Viereck*. Die letzteren werden im folgenden nicht behandelt. Die Berechnung von Vierecken wird meist auf die Berechnung von Dreiecken zurückgeführt, in dem man das Viereck durch eine Diagonale zerlegt.

- Die Summe der Winkel des Vierecks beträgt 360°.

$$\boxed{\alpha + \beta + \gamma + \delta = 360°} \tag{13.1}$$

Zum Beweis braucht man nur das Viereck in Bild 13.1 in zwei Dreiecke, z. B. $\triangle ABC$ und $\triangle ACD$, zu zerlegen und die Winkelsummen in beiden Dreiecken zu addieren.

Zur Berechnung eines allgemeinen Vierecks müssen fünf Größen gegeben sein, davon mindestens zwei Seiten.

Beispiel 13.1:
Man konstruiere ein Viereck aus $a = 5$ cm, $b = 4,5$ cm, $d = 3$ cm, $\alpha = 110°$, $\delta = 85°$.

Lösung:
Man zeichnet $a = \overline{AB}$, trägt in A Winkel α an und trägt auf seinem freien Schenkel d ab bis D (Bild 13.4). In D wird δ angetragen. Der Kreisbogen um B mit dem Radius b schneidet den freien Schenkel von δ in C_1 und C_2. Man erhält zwei Lösungen: Viereck ABC_1D und Viereck ABC_2D.

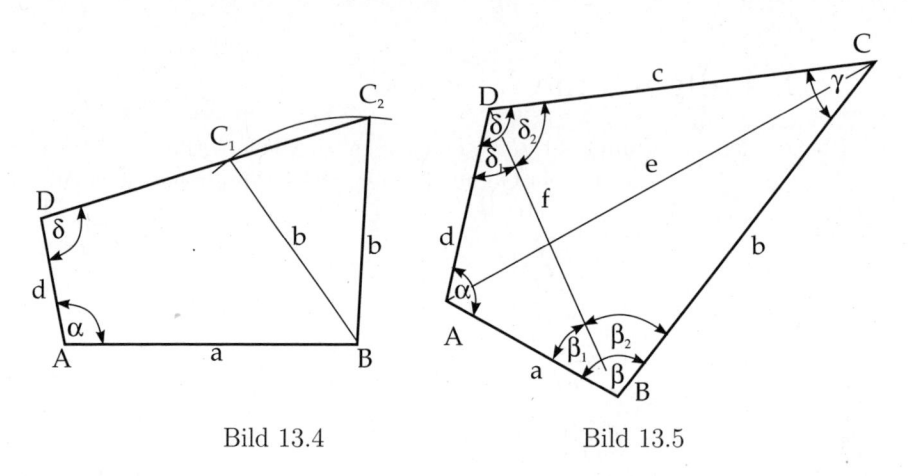

Bild 13.4   Bild 13.5

Beispiel 13.2:
Zur Bestimmung der Strecke $\overline{AC} = e$, die nicht direkt gemessen werden konnte, wurden die Strecken $a = 251,09$ m, $d = 277,84$ m und die Winkel $\alpha = 115°12'40''$, $\beta = 110°00'20''$, $\delta = 111°03'00''$ gemessen (Bild 13.5). Man berechne e.

Lösung:
Es liegt eine „Viereckaufgabe" vor. Von dem Viereck sind zwei Seiten sowie drei Winkel gegeben, und eine Diagonale ist zu berechnen.
Im Dreieck ABD wird zunächst die Diagonale $\overline{BD} = f$ nach dem Cosinussatz berechnet:

$$f = \sqrt{a^2 + d^2 - 2ad\cos\alpha} = 446,848 \text{ m}.$$

Die Winkel β_1 und δ_1 ergeben sich aus dem Sinussatz:

$$\sin\beta_1 = \frac{d\sin\alpha}{f}, \quad \beta_1 = 34°13'56''$$

$$\sin\delta_1 = \frac{a\sin\alpha}{f}, \quad \delta_1 = 30°33'24''$$

Mit den Winkeln
$$\beta_2 = \beta - \beta_1 = 75°46'24''$$
$$\delta_2 = \delta - \delta_1 = 80°29'36''$$

sind im Dreieck BCD eine Seite (f) und zwei anliegende Winkel (β_2, δ_2) bekannt, und man berechnet mit dem Sinussatz:
$$b = \frac{f \sin \delta_2}{\sin(\beta_2 + \delta_2)} = 1094{,}987 \text{ m}$$
$$c = \frac{f \sin \beta_2}{\sin(\beta_2 + \delta_2)} = 1076{,}184 \text{ m}$$

(Man beachte: $\sin \gamma = \sin[180° - (\beta_2 + \delta_2)] = \sin(\beta_2 + \delta_2)$)
Damit kennt man im Dreieck ABC zwei Seiten (a, b) und den eingeschlossenen Winkel (β) und erhält e mit dem Cosinussatz:
$$e = \sqrt{a^2 + b^2 - 2ab \cos \beta} = \underline{1204{,}23 \text{ m}}$$

Als Probe kann man e ein zweites mal im Dreieck ACD berechnen:
$$e = \sqrt{c^2 + d^2 - 2cd \cos \delta} = 1204{,}23 \text{ m}.$$

13.2 Spezielle Vierecke

Spezielle Vierecke ergeben sich je nach der Größe von Seiten und Winkeln bzw. nach deren Lage zueinander.

Ein Viereck heißt T r a p e z , wenn es mindestens zwei parallele Seiten hat. Nach

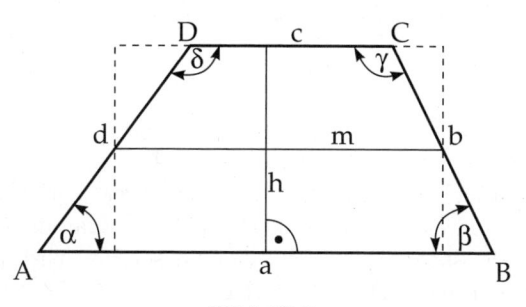

Bild 13.6

Bild 13.6 sei z. B. $a \| c$. Dann heißen die Seiten a, c *Grundlinien* und die Seiten b, d *Schenkel* des Trapezes. Die *Mittellinie m* verbindet die Mittelpunkte beider Schenkel, und man zeigt leicht:
$$m = \frac{a + c}{2}.$$

Der Abstand der Grundlinien ist die *Höhe h* des Trapezes. Sind zwei Schenkel gleich, z. B. $b = d$, dann liegt ein *gleichschenkliges Trapez* vor, und es gilt auch $\alpha = \beta, \gamma = \delta$

(vgl. Bild 13.7). Der Flächeninhalt des Trapezes ist, wie man aus den gestrichelten Linien in Bild 13.6 erkennt, gleich dem Flächeninhalt eines Rechtecks mit den Seiten m und h:

$$\boxed{A = m \cdot h = \frac{a+c}{2} \cdot h} \tag{13.2}$$

Beispiel 13.3:
Auf einer waagerechten Geländeebene ist ein Damm mit der oberen Breite $c = 5$ m, mit der Höhe $h = 2,8$ m und dem Böschungswinkel $\alpha = 32°$ aufzuschütten (Bild 13.7). Man berechne die Querschnittsfläche des Dammes.

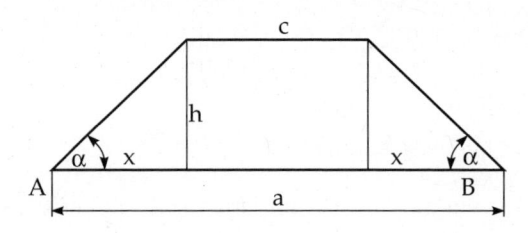

Bild 13.7

Lösung:
Gesucht wird die Fläche eines gleichschenkligen Trapezes. Nach Bild 13.7 ist

$$x = \frac{h}{\tan \alpha}$$

und $\quad a = c + 2x = c + 2\dfrac{h}{\tan \alpha}$

Für die Fläche folgt nach (13.2):

$$A = \frac{a+c}{2} \cdot h = \frac{c + 2\dfrac{h}{\tan \alpha} + c}{2} \cdot h = \left(c + \frac{h}{\tan \alpha}\right) \cdot h$$

$$\underline{\underline{A = 26,55 \text{ m}^2}}$$

Ein Viereck heißt P a r a l l e l o g r a m m, wenn es zwei Paare von parallelen Gegenseiten hat, d. h. $a\|c$ und $b\|d$ (Bild 13.8). Das Parallelogramm ist also ein spezielles Trapez. Durch die Diagonalen – ihr Schnittpunkt sei E – wird das Parallelogramm in mehrere Paare kongruenter Dreiecke zerlegt,

z. B. $\triangle ABC \cong \triangle ACD$,
$\triangle ABE \cong \triangle CDE$ usw.

Aus diesen Kongruenzen ergeben sich die folgenden Sätze:
- Im Parallelogramm
  – sind die gegenüberliegenden Winkel gleich ($\alpha = \gamma, \beta = \delta$)
  – sind die einer Seite anliegenden Winkel Nebenwinkel ($\alpha+\beta = 180°, \beta+\gamma = 180°, \ldots$)
  – halbieren sich die Diagonalen gegenseitig ($\overline{AE} = \overline{EC}, \overline{BE} = \overline{ED}$).

13.2 Spezielle Vierecke

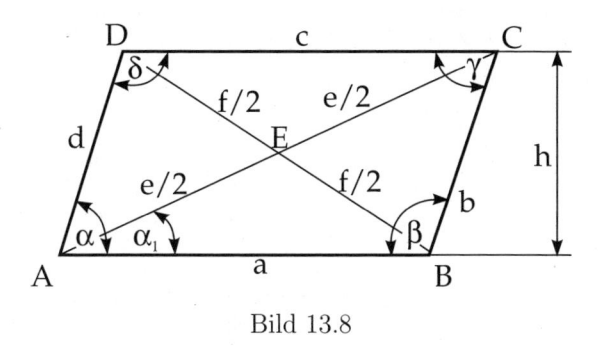

Bild 13.8

Der Flächeninhalt des Parallelogramms ist gleich dem Produkt aus Grundlinie und Höhe:

$$A = a \cdot h \qquad (13.3)$$

Diese Gleichung folgt sofort aus (13.2) mit $a = c$. Damit ergibt sich aber der Satz:

- Parallelogramme mit gleicher Grundlinie und gleicher Höhe haben den gleichen Flächeninhalt.

Bild 13.9 zeigt zwei Parallelogramme mit gleichem Flächeninhalt.

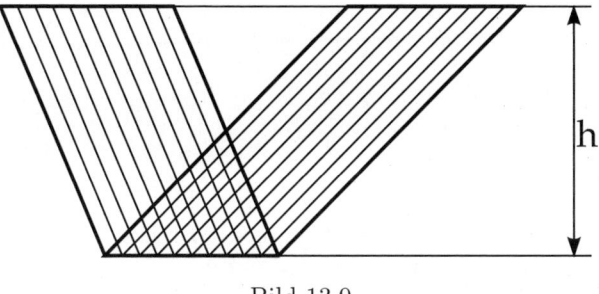

Bild 13.9

Aus der Gleichung (12.12) folgt sofort:
Der Flächeninhalt des Parallelogramms ist gleich dem Produkt aus zwei benachbarten Seiten und dem Sinus des eingeschlossenen Winkels.

Beispiel 13.4:
Von einem Parallelogramm sind die Seite $a = 41,5$ cm und die Diagonalen $e = 63,2$ cm, $f = 30,7$ cm gegeben. Gesucht wird sein Flächeninhalt.

Lösung:
Im Dreieck ABE (Bild 13.8) sind die drei Seiten $\overline{AB} = a, \overline{BE} = \dfrac{f}{2}$ und $\overline{AE} = \dfrac{e}{2}$ gegeben. Nach dem Cosinussatz wird α_1 berechnet:

$$\cos\alpha_1 = \frac{a^2 + \left(\dfrac{e}{2}\right)^2 - \left(\dfrac{f}{2}\right)^2}{e \cdot a}, \quad \alpha_1 = 18,6424°.$$

Der Flächeninhalt des Parallelogramms ist gleich dem doppelten Flächeninhalt des Dreiecks ABC, der nach (12.12) berechnet wird:

$$A = 2\frac{1}{2}a \cdot e \sin\alpha_1 = a \cdot e \sin\alpha_1 = \underline{\underline{838,41 \text{ cm}}}$$

Ein R h o m b u s ist ein Parallelogramm mit vier gleichen Seiten: $a = b = c = d$ (Bild 13.10).

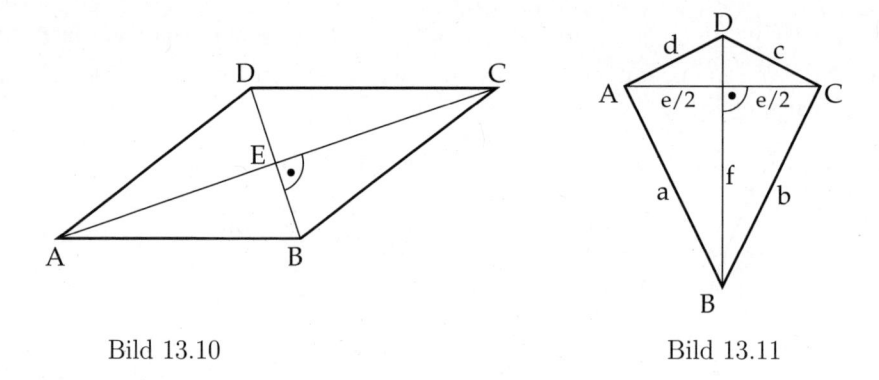

Bild 13.10   Bild 13.11

Da es durch die Diagonalen in vier kongruente Dreiecke zerlegt wird:

$$\triangle ABE \cong \triangle BCE \cong \ldots,$$

müssen die Winkel bei E gleich sein, also ist jeder Winkel $360° : 4 = 90°$.

• Im Rhombus stehen die Diagonalen senkrecht aufeinander.

Ist in einem Parallelogramm jeder Winkel ein rechter Winkel, so ist es ein R e c h t - e c k , sind außerdem die Seiten gleich, so ist es ein Q u a d r a t .

Das Quadrat ist also sowohl ein spezielles Rechteck als auch ein spezieller Rhombus.

Ein Sonderfall ist noch das D r a c h e n v i e r e c k . Bei ihm sind zwei Paare benachbarter Seiten gleich lang, z. B. $a = b, c = d$ (Bild 13.11).

Da es aus zwei gleichschenkligen Dreiecken besteht, stehen die Diagonalen senkrecht aufeinander, und eine Diagonale wird durch den Schnittpunkt E halbiert. Für den Flächeninhalt des Drachenvierecks gilt: $A = \dfrac{1}{2}e \cdot f$.

Ist V die Menge aller Vierecke,
T " " " Trapeze,
D " " " Drachenvierecke,
P " " " Parallelogramme,
R " " " Rechtecke,
S " " " Rhomben,
Q " " " Quadrate,

dann gilt $Q \subset R \subset P \subset T \subset V$, $Q \subset S \subset P$, $S \subset D$ usw. Bild 13.12 stellt diesen Zusammenhang übersichtlich dar. Jeder Satz über ein Viereck gilt auch für die Vierecke der Untermenge. Z. B. gilt auch für Rhomben und Quadrate: $A = \frac{1}{2} e \cdot f$.

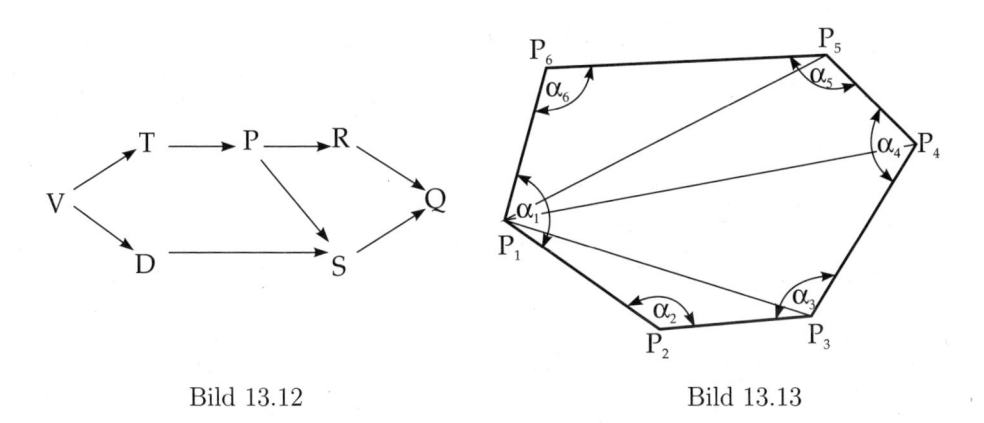

Bild 13.12   Bild 13.13

13.3 Das n-Eck

Sind in der Ebene n Punkte gegeben und liegen nie drei benachbarte Punkte auf einer Geraden, dann bilden sie ein n - E c k (Bild 13.13 für $n = 6$). Verbindet man einen Eckpunkt mit den anderen Eckpunkten, dann werden $n - 2$ Dreiecke gebildet. Da die Winkelsumme im Dreieck 180° beträgt, folgt:

- Die Winkelsumme im n-Eck beträgt $(n - 2) \cdot 180°$.

$$\boxed{\alpha_1 + \alpha_2 + \ldots + \alpha_n = (n - 2) \cdot 180°} \qquad (13.4)$$

Die Fläche eines n-Ecks bestimmt man, indem es entweder in Dreiecke oder wie bei dem folgenden Beispiel in Dreiecke, Rechtecke und Trapeze zerlegt wird.

Beispiel 13.5:
Zu berechnen ist der Flächeninhalt des in Bild 13.14 gezeigten Werkstücks (Maße in mm).

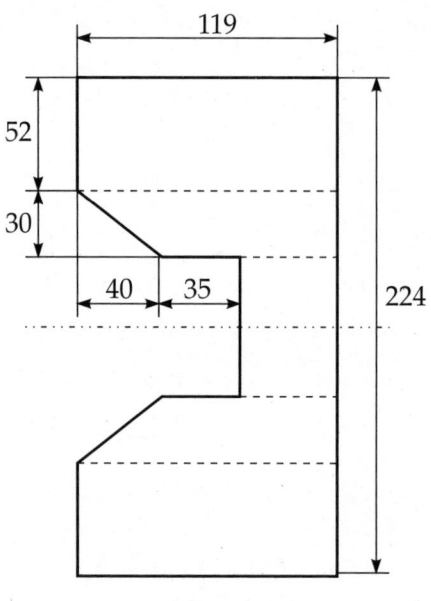

Bild 13.14

Lösung:
Die strichpunktierte Linie ist eine Symmetrieachse. Das Zehneck kann entsprechend den gestrichelten Linien in drei Rechtecke und zwei Trapeze zerlegt werden. Man erhält für den gesuchten Flächeninhalt

$$A = 2 \cdot 52 \cdot 119 \text{ mm}^2 + 60 \cdot 44 \text{ mm}^2 + 2 \cdot \frac{119 + 79}{2} \cdot 30 \text{ mm}^2$$
$$A = 209,56 \text{ cm}^2$$

Sind alle Seiten des n-Ecks gleich groß und ebenso alle Winkel, so ist es ein r e g e l - m ä ß i g e s n - E c k. Die Seite wird mit s_n, der Winkel mit α_n bezeichnet. Bild 13.15 zeigt ein regelmäßiges Siebeneck. Alle Eckpunkte $P_i (i = 1, 2, \ldots, n)$ des regelmäßigen n-Ecks liegen auf einem Kreis, dem *Umkreis*. Zwei benachbarte Eckpunkte P_i und $P_i + 1$ des regelmäßigen n-Ecks bilden mit dem Mittelpunkt M des Umkreises das *Bestimmungsdreieck*. Es ist gleichschenklig mit dem Winkel $\gamma_n = \dfrac{360°}{n}$ an der Spitze und dem Basiswinkel

$$\beta_n = \frac{180° - \gamma_n}{2} = 90° - \frac{180°}{n}.$$

Für α_n folgt

$$\alpha_n = 2\beta_n = 180° - \frac{360°}{n}.$$

Der Flächeninhalt des regelmäßigen n-Ecks ist gleich dem n-fachen Flächeninhalt A_n des Bestimmungsdreiecks. Nimmt man den Radius r des Umkreises als gegeben an, dann folgt

$$A_n = n \cdot \frac{1}{2}r^2 \sin \gamma_n = \frac{1}{2}nr^2 \sin \frac{360°}{n}. \tag{I}$$

Der Umfang U_n, das ist die Seitensumme, ist

$$U_n = n \cdot s_n = n \cdot 2r \sin \frac{\gamma_n}{2} = 2n \cdot r \cdot \sin \frac{180°}{n}. \tag{II}$$

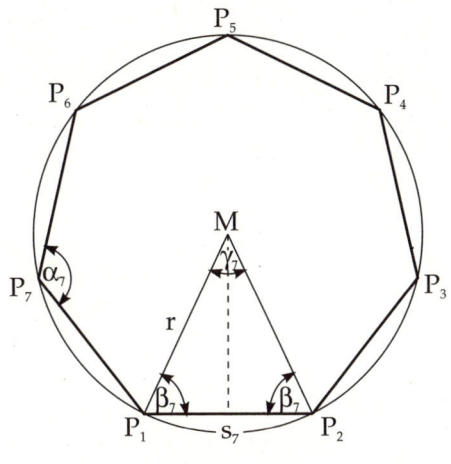

Bild 13.15

Beispiel 13.6:
Man berechne A_n und U_n für a) das regelmäßige Zwanzigeck b) das regelmäßige Hunderteck für gegebenen Radius r.

Lösung:
Man berechnet nach (I) und (II):

$$\begin{aligned}
A_{20} &= \frac{1}{2} \cdot 20 \cdot r^2 \sin \frac{360°}{20} = 10 \cdot \sin 18° \cdot r^2 = 3{,}090 r^2 \\
U_{20} &= 2 \cdot 20 \cdot r \sin \frac{180°}{20} = 40 \cdot \sin 9° \cdot r = 6{,}257 r \\
A_{100} &= \frac{1}{2} \cdot 100 \cdot r^2 \sin \frac{360°}{100} = 50 \cdot \sin 3{,}6° \cdot r^2 = 3{,}140 r^2 \\
U_{100} &= 2 \cdot 100 \cdot r \sin \frac{180°}{100} = 200 \cdot \sin 1{,}8° \cdot r = 6{,}282 r
\end{aligned}$$

13.4 Aufgaben

13.1 Man konstruiere einen Rhombus aus $\alpha = 40°$ und $f = 5$ cm.

13.2 Man konstruiere ein Parallelogramm, wenn $a = 7$ cm, $e = 10$ cm, $f = 5$ cm gegeben sind.

13.3 Von einem Viereck sind $a = 39{,}5$ cm, $b = 43{,}1$ cm, $c = 36{,}2$ cm, $d = 28{,}7$ cm, $\alpha = 79{,}15°$ gegeben.
a) Man konstruiere das Viereck.
b) Man berechne den Flächeninhalt des Vierecks.

13. 4 Es ist die Fläche des in Bild 13.16 dargestellten Werkstücks zu berechnen (Maße in mm).

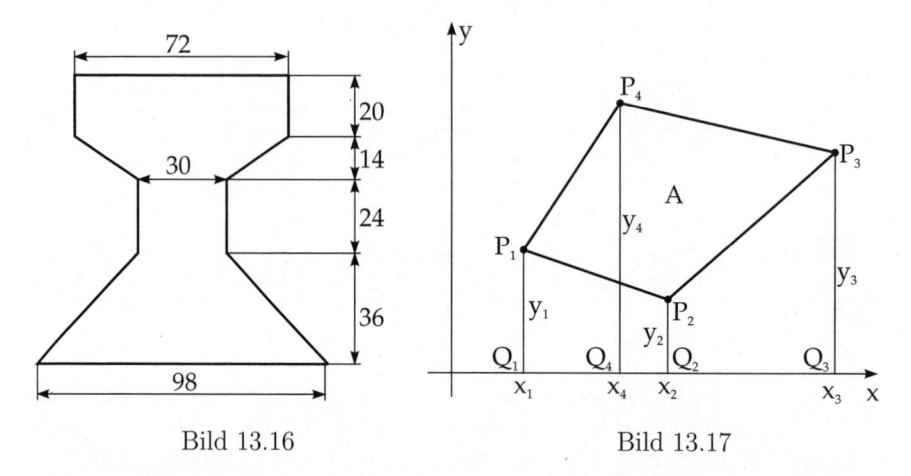

Bild 13.16

Bild 13.17

13. 5 Ein Trapez hat die Seiten $a = 24,2$ cm, $b = 16,5$ cm und die Winkel $\alpha = 72,8°$, $\beta = 56,9°$. Man berechne die fehlenden Seiten und Winkel.

13. 6 Ein Parallelogramm ist durch $a = 63,8$ cm, $b = 25,1$ cm, $\alpha = 52,18°$ gegeben. Gesucht wird die Seite x eines Quadrates mit gleichem Flächeninhalt wie das Parallelogramm.

13. 7 Man bereche den Flächeninhalt des Grundstücks mit den Eckpunkten P_1, P_2, P_3, P_4. Gegeben sind die Koordinaten dieser Punkte:
$P_1(100, 15; 170, 20)$
$P_2(372, 35; 89, 05)$
$P_3(621, 19; 311, 26)$
$P_4(265, 08; 421, 76)$ (Bild 13.17).

13. 8 Man berechne den Flächeninhalt des in Bild 13.18 dargestellten fünfeckigen Grundstücks.

13. 9 Es ist der Umfang und der Flächeninhalt des regelmäßigen Tausendecks auf vier Dezimalen zu berechnen, wenn der Radius des Umkreises gleich $r = 1$ m beträgt.

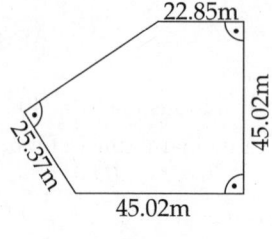

Bild 13.18

Kapitel 14

Der Kreis

14.1 Definition, Umfang und Fläche

Definition: Der K r e i s ist die Menge aller Punkte der Ebene, die von einem festen Punkt dieser Ebene einen konstanten Abstand haben.

Der feste Punkt ist der *Mittelpunkt M*, der konstante Abstand der *Radius r*. $d = 2r$ ist der *Durchmesser* des Kreises. Die Kreislinie wird auch als Peripherie bezeichnet. Für viele Aufgaben wird die Beziehung zwischen dem Radius bzw. Durchmesser und dem *Kreisumfang U* gebraucht. In Beispiel 13.6 und Aufgabe 13.9 erhielt man für den Umfang des regelmäßigen

Zwanzigecks: $\quad U_{20} = 6,275r = 2 \cdot 3,129r$
Hundertecks: $\quad U_{100} = 6,282r = 2 \cdot 3,141r$
Tausendecks: $\quad U_{1000} = 6,2832r = 2 \cdot 3,1416r$

Je größer die Anzahl n der Eckpunkte des regelmäßigen n-Ecks ist, um so mehr nähert sich das n-Eck einem Kreis, seinem Umkreis, und der Umfang U_n des regelmäßigen Vielecks nähert sich dem Umfang U des Kreises. Wie die Beispiele zeigen, nähert sich aber bei unbegrenzt wachsendem n der bei $2 \cdot r$ stehende Faktor unbegrenzt einer festen Zahl, der Zahl $\pi = 3,1415926\ldots$ (π ist eine transzendent-irrationale Zahl, d. h. ein unendlicher nichtperiodischer Dezimalbruch). Für $n \to \infty$ ergibt sich daher für den Kreisumfang:

$$\boxed{U = 2\pi r = \pi d} \qquad (14.1)$$

Beispiel 13.6 und Aufgabe 13.9 ergaben für den Flächeninhalt des regelmäßigen
Zwanzigecks: $\quad A_{20} = 3,090r^2$
Hundertecks: $\quad A_{100} = 3,140r^2$
Tausendecks: $\quad A_{1000} = 3,1416r^2$

Für $n \to \infty$ nähert sich A_n unbegrenzt dem Flächeninhalt A des Kreises und der Faktor von r^2 wieder der Zahl π. Man erhält daher für den Flächeninhalt des Kreises:

$$\boxed{A = \pi r^2 = \pi \frac{d^2}{4}} \qquad (14.2)$$

Beispiel 14.1:
Wie groß ist der Durchmesser eines Kreises mit dem Flächeninhalt $A = 20$ cm² ?

Lösung:
Gleichung (14.2) wird umgestellt:
$$d = \sqrt{\frac{4A}{\pi}} = \underline{\underline{5,05 \text{ cm}}}$$

14.2 Geraden, Strecken und Winkel am Kreis

Eine S e k a n t e des Kreises ist eine Gerade, die den Kreis schneidet (z. B. g_1 in Bild 14.1). Die Strecke $\overline{PQ} = s$ zwischen den zwei Schnittpunkten P und Q ist eine

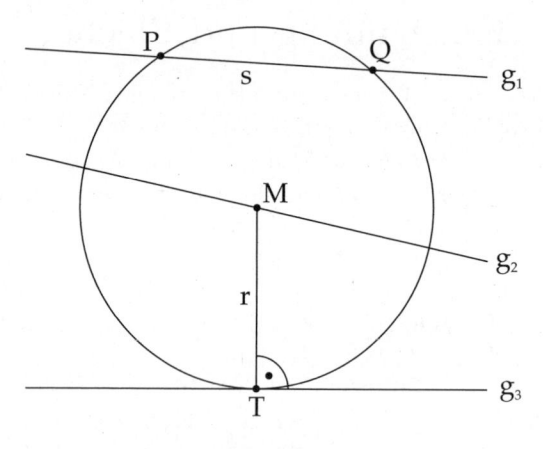

Bild 14.1

S e h n e des Kreises. Geht die Gerade (g_2) durch den Kreismittelpunkt M, heißt sie Z e n t r a l e. Die zugehörige Sehne ist gleich dem Durchmesser d des Kreises. Eine Gerade (g_3), die den Kreis in einem Punkt (T) berührt, heißt T a n g e n t e des Kreises. Es ist $g_3 \perp MT$, d. h.:

Die Tangente des Kreises ist senkrecht zum *Berührungsradius*.

Es seien P, Q, R drei Punkte des Kreises. Dabei sollen, wie in Bild 14.2, die Punkte R und M auf der gleichen Seite der Sehne $\overline{PQ}$ liegen. Der Winkel $\delta = \sphericalangle PRQ$ heißt P e r i p h e r i e w i n k e l (der Scheitelpunkt liegt auf der Peripherie) und der Winkel $\varepsilon = \sphericalangle PMQ$ heißt Z e n t r i w i n k e l (der Scheitelpunkt liegt im Zentrum). Beide Winkel liegen über dem Bogen $\overparen{PQ}$.

- Der Zentriwinkel ist doppelt so groß wie der Peripheriewinkel über dem gleichen Bogen.

Zum Beweis des Satzes zeichnet man die Gerade RM, die δ in die Winkel δ_1, δ_2 und ε in $\varepsilon_1, \varepsilon_2$ zerlegt. Wegen $\overline{PM} = \overline{MR} = r$ ist $\triangle PMR$ gleichschenklig und hat daher

14.2 Geraden, Strecken und Winkel am Kreis

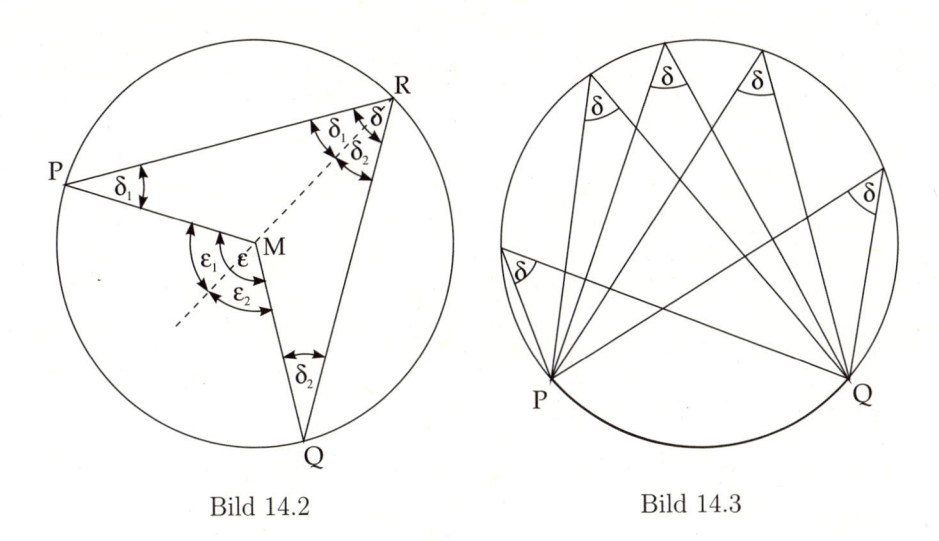

Bild 14.2

Bild 14.3

bei Punkt P und R gleiche Winkel δ_1. Nun ist der Außenwinkel ε_1 dieses Dreiecks gleich der Summe der nichtanliegenden Innenwinkel, also

$$\varepsilon_1 = 2\delta_1 \qquad (I)$$

Entsprechend gilt im gleichschenkligen Dreieck $\triangle QRM$

$$\varepsilon_2 = 2\delta_2. \qquad (II)$$

Die Addition von (I) und (II) ergibt:

$$\varepsilon_1 + \varepsilon_2 = 2(\delta_1 + \delta_2) \quad \text{oder}$$
$$\varepsilon = 2\delta.$$

Zu einem Kreisbogen $\overset{\frown}{PQ}$ gehören unendlich viel Peripheriewinkel, von denen jeder halb so groß wie der zu $\overset{\frown}{PQ}$ gehörende Zentriwinkel ist. Damit folgt sofort (Bild 14.3):

- Alle Peripheriewinkel über demselben Bogen sind gleich groß.

Ist im Sonderfall $\varepsilon = 180°$, d. h., ist $\overline{PQ}$ ein Durchmesser des Kreises (Bild 14.4), dann muß jeder zugehörige Peripheriewinkel gleich $\delta = \dfrac{\varepsilon}{2} = 90°$ sein.

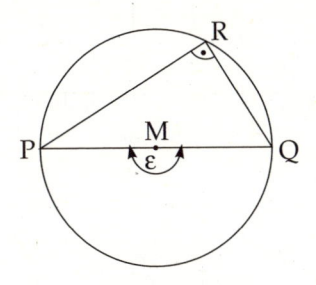

Bild 14.4

- Satz des Thales[1]: Jeder Peripheriewinkel über dem Halbkreis (über einem Durchmesser) ist ein rechter Winkel.

Der über einer gegebenen Strecke – als Durchmesser betrachtet – gezeichnete Kreis wird auch oft als *Thaleskreis* bezeichnet.

Beispiel 14.2:
Es sind die Tangenten von einem Punkt an einen Kreis zu konstruieren.

Lösung:
Nach Bild 14.5 ist P ein Punkt außerhalb des Kreises k. Man zeichnet die Zentrale PM und bestimmt den Mittelpunkt Q der Strecke $\overline{PM}$. Um Q zeichnet man den

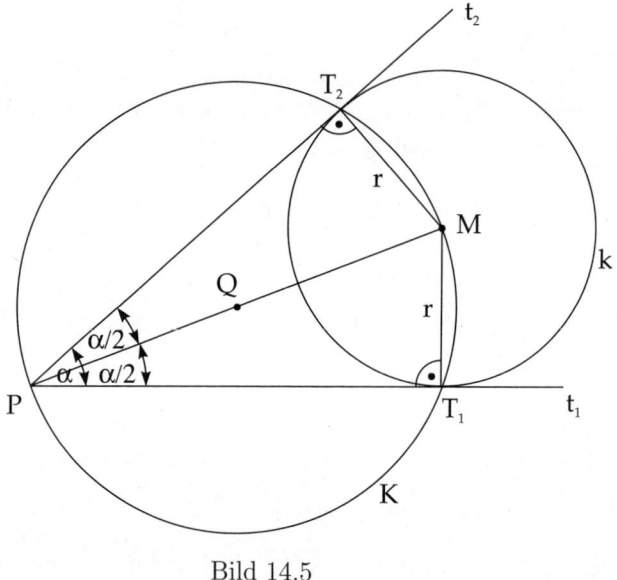

Bild 14.5

Kreis $\bar{k}$ mit dem Radius $\overline{PQ}$ (Thaleskreis). $\bar{k}$ schneidet k in den Punkten T_1 und T_2. Die Geraden $PT_1 = t_1$ und $PT_2 = t_2$ sind die gesuchten Tangenten. Es sind nämlich $\sphericalangle PT_1M$ und $\sphericalangle PT_2M$ als Winkel über dem Halbkreis nach dem Satz des Thales rechte Winkel. Folglich sind t_1 bzw. t_2 als Senkrechte zum Berührungsradius $\overline{MT_1}$ bzw. $\overline{MT_2}$ tatsächlich Tangenten.

Die zwei rechtwinkligen Dreiecke $\triangle PT_1M$ und $\triangle PT_2M$ sind nach dem zweiten Kongruenzsatz kongruent ($\overline{MT_1} = \overline{MT_2} = r$, $\overline{PM}$ gemeinsam, $\sphericalangle PT_1M = \sphericalangle PT_2M = 90°$). Daher ist auch $\overline{PT_1} = \overline{PT_2}$. Außerdem gilt, wenn $\sphericalangle T_1PT_2 = \alpha$ ist: $\sphericalangle T_1PM = \sphericalangle T_2PM = \dfrac{\alpha}{2}$.

---

[1] Thales von Milet, griechischer Philosoph und Mathematiker, um 624 bis 546 v. Chr.

14.2 Geraden, Strecken und Winkel am Kreis

- Die Tangentenabschnitte von einem Punkt bis zu den Berührungspunkten mit dem Kreis sind gleich lang. Der von beiden Tangenten gebildete Winkel wird von der durch den Punkt gehenden Zentralen halbiert.

In Bild 14.6 ist $\delta = \sphericalangle TRQ$ ein Peripheriewinkel. Der Winkel φ zwischen der Sehne $\overline{TQ}$ und der Tangente t im Punkt T heißt S e h n e n - T a n g e n t e n w i n k e l. In seinem Inneren liegt die Sehne $\overline{TQ}$. Es gilt der Satz:

- Der Sehnen-Tangentenwinkel ist gleich dem Peripheriewinkel über der gleichen Sehne.

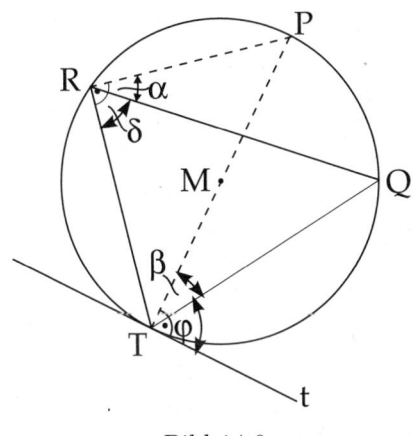

Bild 14.6

Beweis: Nach Bild 14.6. ist $\sphericalangle TRP$ nach Thales gleich 90°. Also ist $\delta = 90° - \alpha$. Weiter gilt: $\varphi = 90° - \beta$. Die Winkel α und β sind Peripheriewinkel über dem gleichen Bogen $\stackrel{\frown}{PQ}$, folglich ist $\alpha = \beta$. Daraus ergibt sich $\delta = \varphi$.

Ist $\overline{PQ} = s$ (Bild 14.7) eine beliebige Sehne des Kreises, dann ist das von den Endpunkten der Sehne und dem Kreismittelpunkt M gebildete Dreieck wegen $\overline{PM} = \overline{QM} = r$ stets gleichschenklig. Die durch M gehende Höhe des Dreiecks ist daher auch Mittelsenkrechte der Sehne und halbiert den zur Sehne gehörenden Zentriwinkel α.

- Die Mittelsenkrechte jeder Sehne des Kreises geht durch dessen Mittelpunkt.

Man verwendet diesen Satz, um durch drei gegebene Punkte einen Kreis zu legen. Man verbindet je zwei Punkte durch eine Sehne, zeichnet für jede Sehne die Mittelsenkrechte und erhält als Schnittpunkt der Mittelsenkrechten den Kreismittelpunkt.

Praktisch konstruiert man den Umkreis des aus den drei Punkten gebildeten Dreiecks (vgl. Bild 12.13).

Der in Sehnenmitte gemessene Abstand $\overline{NS} = p$ vom Kreis heißt P f e i l - h ö h e oder S t i c h m a ß. Bei Anwendungen sind häufig aus zwei der Größen r, s, p und α fehlende Größen zu berechnen.

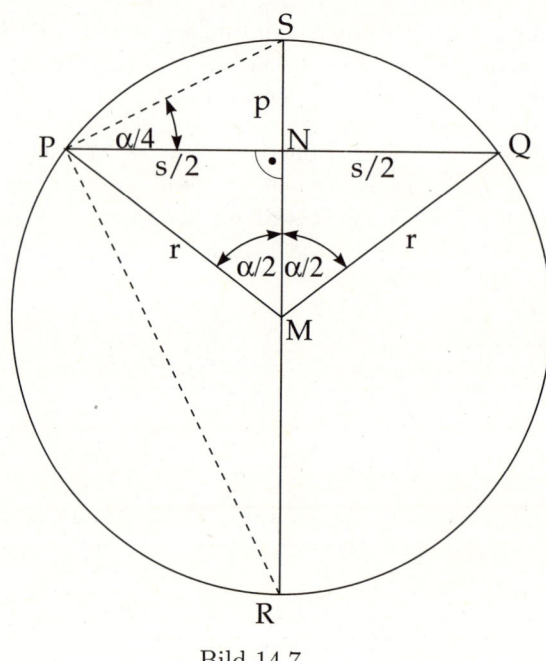

Bild 14.7

Beispiel 14.3:
Das Gleis einer Bahn liegt im Kreisbogen, dessen Radius zu bestimmen ist. Es wurden eine Sehne $s = 30$ m und die Pfeilhöhe $p = 150$ mm gemessen. Man berechne r.

Lösung:
Im rechtwinkligen Dreieck $\triangle RPS$ (Bild 14.7) ist nach dem Höhensatz von Euklid (12.8):

$$\overline{PN}^2 = \overline{SN} \cdot \overline{RN} \quad \text{oder}$$
$$\left(\frac{s}{2}\right)^2 = p(2r - p).$$

Nach r aufgelöst, ergibt

$$\frac{s^2}{4} = 2rp - p^2$$
$$r = \frac{s^2}{8p} + \frac{p}{2} = 750,075 \text{ m} \approx \underline{750 \text{ m}}$$

Häufig ist, wie im vorliegenden Beispiel, p sehr klein gegen s. Dann gilt die Näherung $r \approx \frac{s^2}{8p}$.

Beispiel 14.4:
Gegeben sind eine Sehne $\overline{PQ} = s = 2,450$ m und die Pfeilhöhe $p = 0,920$ m. Wie groß ist der zur Sehne gehörige Kreisbogen $\overset{\frown}{PQ} = b$?

Lösung:
Zur Berechnung des Bogens b wird der Zentriwinkel α gebraucht. Nach Bild 14.7 ist der Peripheriewinkel $\sphericalangle SPQ$ halb so groß wie der über dem gleichen Bogen $\widehat{SQ}$ stehende Zentriwinkel $\sphericalangle SMQ = \dfrac{\alpha}{2}$. Daher ist $\sphericalangle SPQ = \dfrac{\alpha}{4}$. Man erhält im $\triangle SPN$:

$$\tan\frac{\alpha}{4} = \frac{p}{s/2} = \frac{2p}{s}; \quad \frac{\alpha}{4} = 36,9073°, \quad \alpha = 147,6292°$$

Im $\triangle PMN$ ist

$$r = \frac{s/2}{\sin\dfrac{\alpha}{2}} = \frac{s}{2\sin\dfrac{\alpha}{2}} = 1,276 \text{ m}.$$

Für den Bogen folgt:
$$\widehat{PQ} = b = \frac{r \cdot \alpha \cdot \pi}{180°} = \underline{\underline{3,287 \text{ m}}}.$$

14.3 Kreissektor und Kreissegment

Zwei Radien bestimmen mit dem von ihnen eingeschlossenen Winkel α einen K r e i s a u s s c h n i t t oder K r e i s s e k t o r (Bild 14.8). Ist $\alpha = 90°$, so ist der Flächeninhalt des Sektors gleich einem Viertel der Kreisfläche, für $\alpha = 45°$ gleich einem Achtel der Kreisfläche usw.

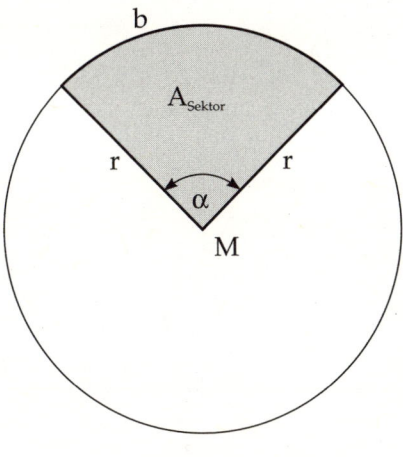

Bild 14.8

Es gilt also die Proportion:
Der Flächeninhalt des Sektors verhält sich zur Kreisfläche wie der Sektorwinkel α zu $360°$:

$$A_{Sektor} : \pi r^2 = \alpha : 360°.$$

Daraus folgt für den Flächeninhalt des Kreissektors:

$$\boxed{A_{Sektor} = \frac{\pi \alpha r^2}{360°}} \quad (\alpha \text{ in Grad}) \tag{14.3}$$

Mit $A = \dfrac{\pi \alpha r^2}{2 \cdot 180°}$ und $\dfrac{\pi \alpha}{180°} = \widehat{\alpha}$ ($\widehat{\alpha}$ in Radiant) folgt

$$\boxed{A_{Sektor} = \frac{1}{2} r^2 \widehat{\alpha}} \quad (\widehat{\alpha} \text{ in Radiant}) \tag{14.3a}$$

und schließlich wegen $b = r \cdot \widehat{\alpha}$

$$\boxed{A_{Sektor} = \frac{1}{2} r b} \tag{14.3b}$$

Beispiel 14.5:
In einem Kreis mit $r = 58,5$ cm hat ein Sektor den Flächeninhalt $A = 2090$ cm². Wie groß ist die zum Sektor gehörige Sehne s?

Lösung:
Aus (14.3) folgt:
$$\alpha = \frac{A \cdot 360°}{\pi \cdot r^2} = 69,9821°$$

Für die Sehne folgt (vgl. Bild 14.7):
$$s = 2r \sin \frac{\alpha}{2} = \underline{\underline{67,1 \text{ cm}}}$$

Eine Sehne zerlegt den Kreis in zwei Kreisabschnitte oder Kreissegmente. Bild 14.9 stellt das Segment dar, das M nicht enthält. Sein Flächeninhalt ist gleich der Differenz zwischen dem Flächeninhalt des Kreissektors und dem Flächeninhalt des Dreiecks $\triangle PMQ$.

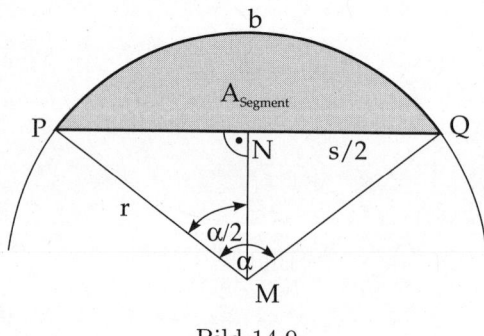

Bild 14.9

Es seien r und α gegeben. Die Sektorfläche berechnet man nach (14.3). Für den Flächeninhalt des Dreiecks folgt:

$$A_{Dreieck} = \frac{\overline{PQ} \cdot \overline{MN}}{2} \text{ und mit } \overline{PQ} = 2r\sin\frac{\alpha}{2}, \quad \overline{MN} = r\cos\frac{\alpha}{2}$$

$$A_{Dreieck} = \frac{2r\sin\frac{\alpha}{2} \cdot r\cos\frac{\alpha}{2}}{2} = \frac{1}{2}r^2\sin\alpha \text{ (vgl. (10.41))}.$$

Danach ist der Flächeninhalt des Kreissegments:

$$A_{Segment} = A_{Sektor} - A_{Dreieck} = \frac{\pi r^2 \alpha}{360°} - \frac{1}{2}r^2 \sin\alpha$$

$$\boxed{A_{Segment} = \frac{r^2}{2}\left(\frac{\pi\alpha}{180°} - \sin\alpha\right)} \quad (\alpha \text{ in Grad}) \tag{14.4}$$

oder

$$\boxed{A_{Segment} = \frac{r^2}{2}(\widehat{\alpha} - \sin\alpha)} \quad (\widehat{\alpha} \text{ in Radiant}) \tag{14.4a}$$

Beispiel 14.6:
Man berechne die Fläche des Kreissegments für $r = 1,96$ m, $\alpha = 132°$.

Lösung:
Nach (14.4) ist

$$A_{Segment} = \frac{1,96^2}{2}\left(\frac{\pi \cdot 132°}{180°} - \sin 132°\right) = \underline{\underline{3,00 \text{ m}^2}}$$

14.4 Ähnlichkeitssätze am Kreis

Ein Kreis wird von zwei Sekanten geschnitten, die sich selbst in einem Punkt S schneiden. Der Schnittpunkt S kann außerhalb (Bild 14.10a) oder innerhalb (Bild 14.10b) des Kreises liegen.

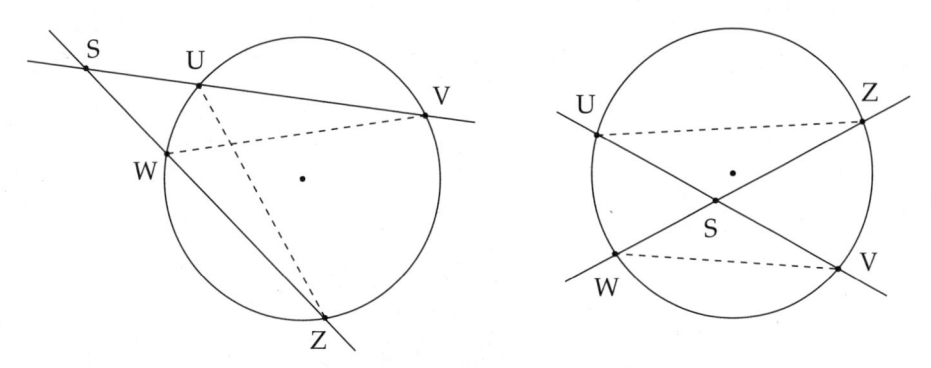

Bild 14.10a und b

Verbindet man U mit Z und V mit W, so entstehen zwei ähnliche Dreiecke:

$\triangle USZ \sim \triangle WSV$.

Beide Dreiecke haben nämlich bei S gleiche Winkel, und zwar in Bild 14.10a als gemeinsamen Winkel, in Bild 14.10b als Scheitelwinkel. Weiter sind die Peripheriewinkel über dem Bogen $\overparen{UW}$ gleich: $\sphericalangle UZW = \sphericalangle UVW$. Aus der Winkelsumme im Dreieck folgt damit die Gleichheit aller drei Winkel und daraus die Ähnlichkeit beider Dreiecke. Aus der Ähnlichkeit folgt die Proportion

$$\overline{SU} : \overline{SZ} = \overline{SW} : \overline{SV} \quad \text{oder als Produktgleichung}$$
$$\overline{SU} \cdot \overline{SV} = \overline{SZ} \cdot \overline{SW}. \tag{I}$$

Nennt man die Strecken vom Schnittpunkt S bis zu den Schnittpunkten U, V, W, Z mit dem Kreis *Sekantenabschnitte*, dann gilt mit (I) der S e k a n t e n s a t z

- Schneiden sich zwei Sekanten des Kreises, so ist das Produkt der Abschnitte der einen Sekante gleich dem Produkt der Abschnitte der anderen Sekante.

Denkt man sich in Bild 14.10a die Sekante um S so weit gedreht, daß sie zur Tangente wird, dann gehen die Punkte W und Z in den Tangentenberührungspunkt T über: $W = Z = T$ (Bild 14.11), und aus (I) folgt

$$\overline{SU} \cdot \overline{SV} = \overline{ST}^2$$

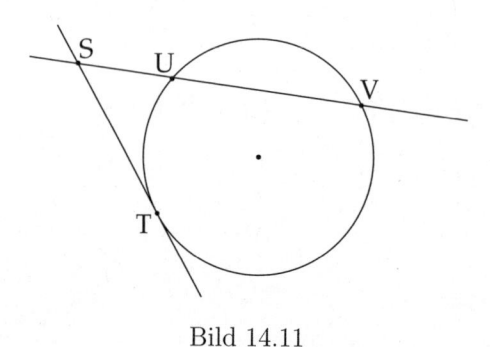

Bild 14.11

S e k a n t e n - T a n g e n t e n - S a t z

- Schneiden sich eine Sekante und eine Tangente des Kreises, dann ist das Produkt der Sekantenabschnitte gleich dem Quadrat des Tangentenabschnitts.

Beispiel 14.7:
Bis zu welcher Entfernung e kann ein Lichtsignal an der Küste vom Wasser aus gesehen werden, wenn der Signalpunkt die Höhe $h = 46$ m über der Wasseroberfläche hat und die Erde als Kugel mit dem Radius $r = 6370$ km betrachtet wird?

Lösung:
Mit dem Sekanten-Tangenten-Satz folgt:

$$(2r + h) \cdot h = e^2 \quad \text{oder}$$
$$e = \sqrt{2rh + h^2}$$

Im vorliegenden Beispiel ist h sehr klein gegen r. Deshalb genügt die Näherung:

$$e \approx \sqrt{2rh} = 24{,}2 \text{ km} \approx \underline{24 \text{ km}}$$

14.5 Zwei Kreise

Zwei Kreise, die einen gemeinsamen Mittelpunkt haben, heißen k o n z e n - t r i s c h e K r e i s e. Bei verschiedenen Mittelpunkten liegen e x z e n t r i - s c h e K r e i s e vor.

Die von zwei konzentrischen Kreisen begrenzte Fläche heißt K r e i s r i n g. Sind r_1 und r_2 die Radien der beiden Kreise (Bild 14.12), dann ist der Flächeninhalt des Kreisrings

$$\boxed{A = \pi(r_1^2 - r_2^2)} \tag{14.5}$$

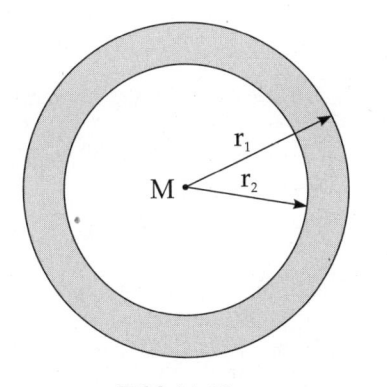

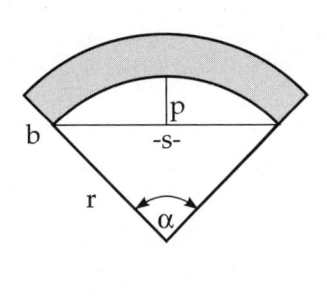

Bild 14.12   Bild 14.13

Beispiel 14.8:
Bild 14.13 zeigt einen Gewölbequerschnitt. Wie groß ist der Inhalt der Querschnittsfläche, wenn $s = 4{,}50$ m, $p = 1{,}00$ m, $b = 0{,}80$ m gegeben sind.

Lösung:
Der Inhalt A der Querschnittsfläche ist Teil eines Kreisrings und ergibt sich als Differenz der Flächeninhalte von zwei Kreissektoren. Dazu müssen zunächst r und α berechnet werden. Aus Bild 14.7 folgt (vgl. Beispiel 14.4):

$$\tan\frac{\alpha}{4} = \frac{2p}{s}, \quad \alpha = 95,8500°$$
$$r = \frac{s}{2\sin\frac{\alpha}{2}} = 3,03 \text{ m}$$

Mit Gleichung (14.3) erhält man:
$$A = \frac{\pi(r+b)^2 \alpha}{360°} - \frac{\pi r^2 \alpha}{360°} = \frac{\pi\alpha}{360°}\big((r+b)^2 - r^2\big) = \frac{\pi\alpha}{360°}(2rb+b^2)$$
$$\underline{\underline{A = 4,5904 \text{ m}^2}}$$

Zwei exzentrische Kreise haben entweder keinen Punkt gemeinsam oder sie berühren sich in einem Punkt oder sie schneiden sich in zwei Punkten. Im Fall der Berührung können sie sich innen (Bild 14.14a) oder außen (Bild 14.14b) berühren. Im Berührungspunkt haben beide Kreise eine gemeinsame Tangente t, die senkrecht zur Verbindungsgeraden beider Mittelpunkte ist.

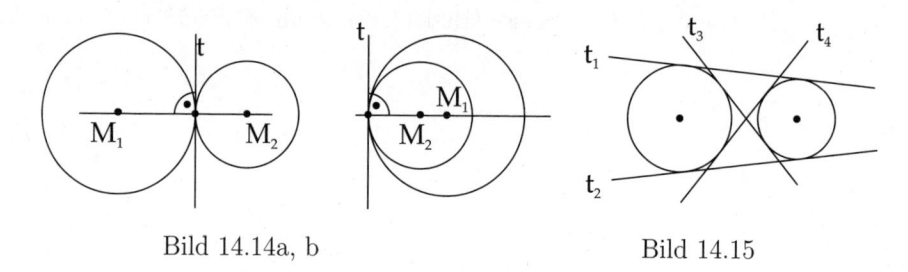

Bild 14.14a, b   Bild 14.15

An zwei Kreise entsprechend Bild 14.15 können vier gemeinsame Tangenten gelegt werden, die *äußeren Tangenten* t_1, t_2 und die *inneren Tangenten* t_3, t_4.

Beispiel 14.9:
Gegeben sind zwei Kreise k_1 und k_2 mit den Mittelpunkten M_1, M_2 und den Radien r_1, r_2 (Bild 14.16).

a) Man konstruiere die gemeinsamen äußeren Tangenten.

b) Um beide Kreise sei ein geschlossener Treibriemen gelegt. Man berechne die Länge des Treibriemens für $r_1 = 24$ cm, $r_2 = 50$ cm, $\overline{M_1 M_2} = 120$ cm.

Lösung:

a) Um M_2 wird ein Hilfskreis k_3 mit dem Radius $r_2 - r_1$ gezeichnet. Dann werden nach Beispiel 14.2 und Bild 14.5. mit Hilfe des Thaleskreises $\overline{k}$ von M_1 die Tangenten $\overline{t_1}$ und $\overline{t_2}$ an den Kreis k_3 gelegt bis E bzw. F. Die Geraden $M_2 E$ bzw. $M_2 F$ schneiden k_2 in B bzw. D. Die Senkrechten zu $\overline{t_1}$ bzw. $\overline{t_2}$ in M_1 schneiden k_1 in A bzw. C. $AB = t_1$ und $CD = t_2$ sind die gesuchten Tangenten. Der Leser führe selbst den Beweis für die Richtigkeit dieser Konstruktion.

14.5 Zwei Kreise

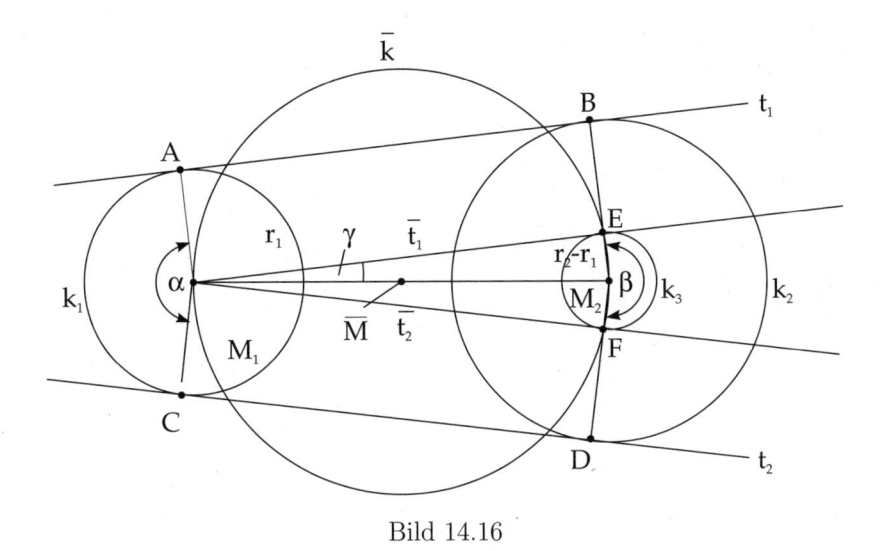

Bild 14.16

b) Ein geschlossener Treibriemen setzt sich, wie man aus Bild 14.16 abliest, aus den zwei gleich großen Tangentenstrecken $\overline{AB}, \overline{CD}$ und den zwei Kreisbögen $\widehat{AC}$ und $\widehat{BD}$ mit den Zentriwinkeln α bzw. β zusammen.
Man berechnet im $\triangle M_1 M_2 E$ zunächst den Winkel γ:

$$\sin\gamma = \frac{r_2 - r_1}{\overline{M_1 M_2}} = \frac{26}{120}, \quad \gamma = 12,5133°$$

Für die Tangentenlängen gilt

$$\overline{AB} = \overline{CD} = \overline{M_1 E} = \frac{r_2 - r_1}{\tan\gamma} = 117,1 \text{ cm}$$

Der Winkel α ergibt sich nach Bild 14.16 aus

$$\alpha = 360° - 2 \cdot 90° - 2\gamma = 180° - 2\gamma = 154,9734°$$

und für β folgt

$$\beta = 360° - 2(90° - \gamma) = 180° + 2\gamma = 205,0266°$$

Mit α und β lassen sich die beiden Bogen berechnen:

$$\widehat{AC} = \frac{\pi \cdot \alpha \cdot r_1}{180°} = 64,9 \text{ cm}$$
$$\widehat{BD} = \frac{\pi \cdot \beta \cdot r_2}{180°} = 178,9 \text{ cm}$$

Für die Länge des Treibriemens folgt

$$l = 2 \cdot \overline{AB} + \widehat{AC} + \widehat{BD} = \underline{478 \text{ cm}}$$

14.6 Aufgaben

14.1 Ein Kreis hat den Umfang $U = 1,88$ m. Wie groß ist sein Flächeninhalt?

14.2 Wieviel Umdrehungen macht ein Wagenrad, wenn sein Durchmesser $d = 42$ cm beträgt und eine Strecke von 1,4 km zurückgelegt wird?

14.3 Welchen inneren Durchmesser d muß ein Kanalisationsrohr haben, das die gleiche Querschnittsfläche hat wie zwei Rohre mit den inneren Durchmessern $d_1 = 22$ cm und $d_2 = 30$ cm?

14.4 Ein Rechteck hat die Seiten $a = 18$ mm, $b = 32$ mm. Welchen Durchmesser hat ein Kreis mit dem gleichen Flächeninhalt wie das Rechteck?

14.5 Einem Kreis ist ein Quadrat einbeschrieben. Um wieviel Prozent ist der Flächeninhalt des Kreises größer als der Flächeninhalt des Quadrates?

14.6 Eine Säule hat den Umfang $U = 205$ cm. Durch einen Hohlraum mit quadratischem Querschnitt soll die Querschnittsfläche auf die Hälfte verringert werden. Wie groß muß die Quadratseite a sein?

14.7 Ein Kreisring hat den äußeren Radius $r_1 = 12$ cm und den Flächeninhalt $A = 169$ cm^2. Wie groß ist der innere Radius r_2?

14.8 Gegeben ist ein Kreis mit $r = 62,1$ cm. Welche Sehne und welche Pfeilhöhe gehören zum Zentriwinkel $\alpha = 78,620°$?

14.9 Um wieviel ist im Kreis mit $r = 150$ m der zum Zentriwinkel $\alpha = 8°$ gehörige Bogen länger als die Sehne?

14.10 In den Kreis mit $r = 0,96$ m ist ein regelmäßiges Achteck einbeschrieben. Wie groß sind seine Seite s_8 und sein Flächeninhalt A_8?

14.11 Im Kreis mit $r = 1,20$ m liegen zwei parallele Sehnen mit den Längen $s_1 = 1,32$ m, $s_2 = 2,04$ m. Wie groß ist ihr Abstand d?

14.12 Um ein gleichseitiges Dreieck mit der Seite a sind Kreisbögen beschrieben, deren Mittelpunkte in den Eckpunkten des Dreiecks liegen (Bild 14.17). Wie groß ist der Flächeninhalt der gesamten Figur?

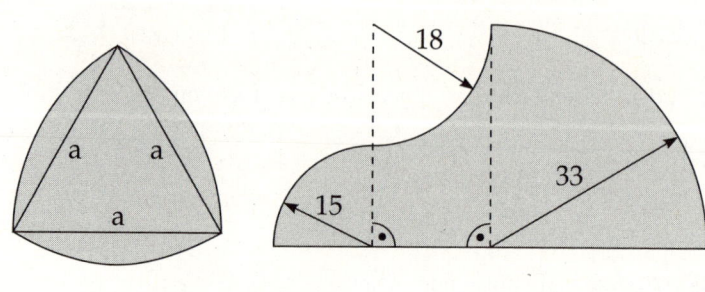

Bild 14.17

Bild 14.18

14.6 Aufgaben

14.13 Man berechne den Flächeninhalt des in Bild 14.18 gezeigten Werkstücks.

14.14 Gesucht wird der Flächeninhalt der Figur aus Bild 14.19, die durch Strecken und einen Kreisbogen begrenzt wird: $a = 21,0$ cm, $b = 8,4$ cm, $c = 4,2$ cm und $d = 5$ cm.

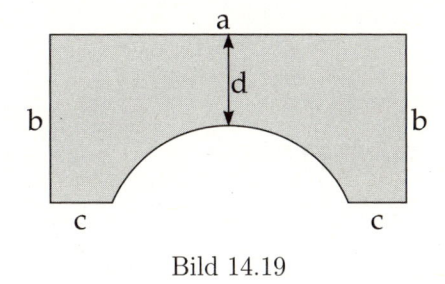

Bild 14.19

14.15 Zwei gerade Bahnstrecken stoßen unter dem Winkel $\alpha = 28°18'$ zusammen (Bild 14.20). Sie sind durch einen Kreisbogen mit dem Radius $r = 420$ m zu verbinden. Für die Absteckung der Punkte A, B und S (Bogenmitte) berechne man die Tangentenlänge $\overline{AT} = \overline{BT}$, die Strecke $\overline{ST}$ und außerdem die Bogenlänge $\overset{\frown}{AB}$.

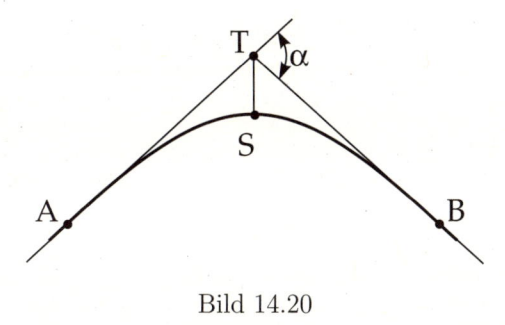

Bild 14.20

14.16 Für die in Beispiel 14.9 b) gegebenen Werte für r_1, r_2 und $\overline{M_1 M_2}$ berechne man die Länge eines Treibriemens bei „gekreuztem" Lauf (innere Tangenten).

Kapitel 15

Körperberechnung

15.1 Allgemeines über Körper

Ein Körper ist ein Teil des Raumes, der von Flächen vollständig begrenzt wird. Der eingeschlossene Raumteil ist das V o l u m e n V des Körpers. Die Summen der Flächeninhalte derjenigen Flächen, die den Körper begrenzen oder einschließen, ist die O b e r f l ä c h e A_O des Körpers. Wird der Körper nur von ebenen Flächenstücken begrenzt, heißt er P o l y e d e r (z. B. Quader, Prisma). Sind unter den Begrenzungsflächen auch gekrümmte Flächen enthalten, dann ist der Körper ein K r u m m f l ä c h n e r (z. B. Kegel, Kugel).

Bei den Polyedern schneiden sich die ebenen Flächen in Geradenstücken, den K a n t e n des Polyeders. Mindestens drei Kanten schneiden sich in einer E c k e des Körpers.

Zwischen der Anzahl f der ebenen Begrenzungsflächen eines Polyeders, der Anzahl k der Kanten und der Anzahl e der Ecken gibt es die von Euler[1]) gefundene G l e i c h u n g   f ü r   P o l y e d e r

$$\boxed{e + f - k = 2} \qquad (15.1)$$

Viele Körper haben ein ebenes Flächenstück, mit dem sie auf einer Bezugsfläche stehen. Es heißt G r u n d f l ä c h e ; ein dazu paralleles Flächenstück heißt D e c k f l ä c h e. Häufig werden beide zueinander parallele Flächen gemeinsam als Grundflächen bezeichnet. Die Gesamtheit der übrigen Flächenstücke des Körpers bildet den M a n t e l. Die Grundfläche A_G, die Deckfläche A_D und die Mantelfläche A_M ergeben zusammen die Oberfläche:

$$A_O = A_G + A_D + A_M.$$

Natürlich gibt es Sonderfälle. Bei einer Pyramide, „entartet" z. B. die Deckfläche zu einem Punkt.

Werden alle den Körper begrenzenden Flächenstücke so in die Ebene ausgebreitet, daß je zwei Flächenstücke eine Kante oder mindestens einen Punkt gemeinsam haben, so entsteht das N e t z des Körpers. Mit Hilfe des Netzes kann häufig die Oberfläche eines Körpers leichter überschaut und berechnet werden.

---

[1]) Leonhard Euler, 1707 - 1783, schweizer Mathematiker und Physiker

15.2 Der Quader

Zu den einfachsten Polyedern zählen der Q u a d e r oder das R e c h t k a n t und als Sonderfall der W ü r f e l. Ein Quader wird von $f = 6$ Rechtecken begrenzt, von denen je zwei, die gegenüberliegenden, kongruent sind. Die Rechtecke schneiden sich in $k = 12$ Kanten und $e = 8$ Eckpunkten. Tatsächlich gilt nach (15.1): $e + f - k = 8 + 6 - 12 = 2$.

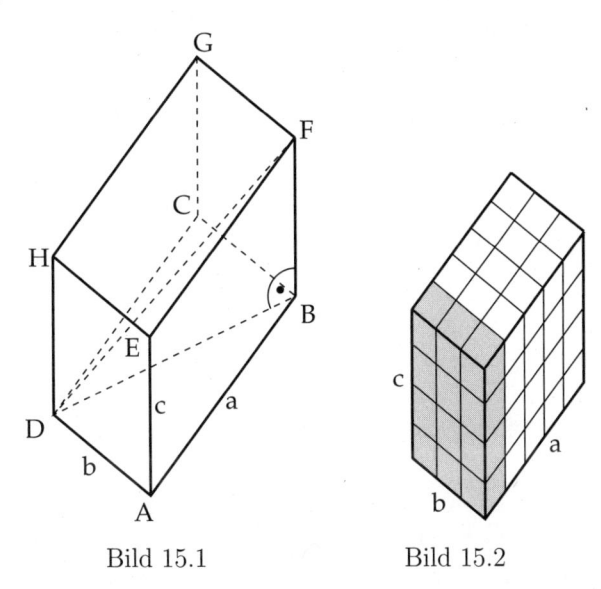

Bild 15.1   Bild 15.2

Die Kantenlängen seien a, b, c (Bild 15.1). Das Volumen eines Körpers wird gemessen, indem es mit dem Volumen eines Würfels verglichen wird, dessen Kantenlänge die Einheit des Längenmaßes ist, mit dem die Kanten einheitlich gemessen wurden, z. B. 1 cm, 1 dm usw. Der Quader in Bild 15.2 hat die Kantenlängen $a = 5$ cm, $b = 3$ cm, $c = 4$ cm. Der Quader kann durch Vertikalschnitte in fünf Scheiben zerlegt werden. Jede Scheibe besteht aus drei Säulen und jede Säule aus vier Würfeln mit 1 cm Kantenlänge. Der Quader setzt sich also aus $5 \cdot 3 \cdot 4 = 60$ Würfeln zusammen. Dem „Meßwürfel" ordnet man das Volumen 1 cm³ zu. Damit ist das Quadervolumen $V = 60$ cm³. Allgemein ist das V o l u m e n e i n e s Q u a d e r s

$$\boxed{V = a \cdot b \cdot c} \tag{15.2}$$

und für $a = b = c$ das V o l u m e n e i n e s W ü r f e l s mit der Kantenlänge a:

$$\boxed{V = a^3} \tag{15.3}$$

Bei anderen Kantenlängen des Quaders, wie z. B. $a = 5,4$ cm, müssen Meßwürfel mit der Kantenlänge 1 mm und dem Volumen 1 mm³ verwendet werden usw.

Betrachtet man entsprechend Abschnitt 15.1 das Rechteck $ABCD$ als Grundfläche mit dem Flächeninhalt $A_G = a \cdot b$ und $c = h$ als Höhe des Quaders, dann folgt aus Gleichung (15.2): $V = a \cdot b \cdot c = A_G \cdot h$, d. h., das Volumen eines Quaders ist gleich dem Produkt aus Grundfläche und Höhe.

Bild 15.3 zeigt das Netz des Quaders, d. h. die in die Ebene ausgebreiteten und mit je einer Kante zusammenhängenden Rechtecke.

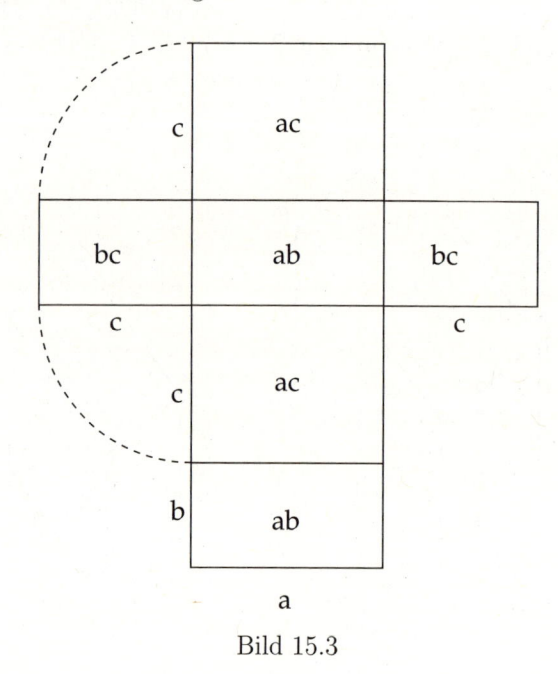

Bild 15.3

Die Summe der Flächeninhalte ist die **Oberfläche des Quaders**:

$$A_O = 2(ab + ac + bc)$$ (15.4)

Für die **Oberfläche des Würfels** folgt:

$$A_O = 6a^2$$ (15.5)

Der Quader hat vier *Raumdiagonalen* $\overline{AG}, \overline{BH}, \overline{CE}$ und $\overline{DF}$ mit der gleichen Länge d. Für $\overline{DF}$ liest man aus Bild 15.1 ab:
$d^2 = \overline{DF}^2 = \overline{DB}^2 + \overline{BF}^2$ und mit $\overline{DB}^2 = a^2 + b^2$ und $\overline{BF} = c$ ist die Länge der Raumdiagonalen:

$$d = \sqrt{a^2 + b^2 + c^2}$$ (15.6)

Beispiel 15.1:
Man berechne Volumen und Oberfläche des im Bild 15.4 gezeigten Werkstücks.

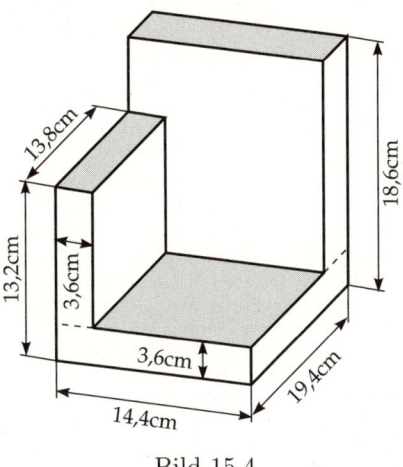

Bild 15.4

Lösung:
Der Körper kann in drei Quader entsprechend den gestrichelten Linien zerlegt werden, in eine Grundplatte und zwei senkrecht darauf stehende Platten. Danach folgt für das Volumen

$$V = 14,4 \text{ cm} \cdot 19,4 \text{ cm} \cdot 3,6 \text{ cm} + 9,6 \text{ cm} \cdot 13,8 \text{ cm} \cdot 3,6 \text{ cm}$$
$$+ 14,4 \text{ cm} \cdot 15,0 \text{ cm} \cdot 5,6 \text{ cm}$$
$$\underline{\underline{V = 2692,224 \text{ cm}^3}}$$

Die Oberfläche des Körpers setzt sich aus dem Flächeninhalt von 13 Rechtecken zusammen, die aber zweckmäßig zusammengefaßt werden können. Zum Beispiel ergeben die drei (schraffierten) Deckflächen die Grundfläche mit den Seiten 14,4 cm und 19,4 cm. Derart zusammengefaßt ergibt sich die Oberfläche aus

$$A_O = 2 \cdot 14,4 \text{ cm} \cdot 19,4 \text{ cm} + 2 \cdot 14,4 \text{ cm} \cdot 18,6 \text{ cm} + 2 \cdot 19,4 \text{ cm} \cdot 13,2 \text{ cm}$$
$$+ 2 \cdot 5,4 \text{ cm} \cdot 5,6 \text{ cm}$$
$$\underline{\underline{A_O = 1667,04 \text{ cm}^2}}$$

15.3 Das Prisma

Ein P r i s m a ist ein spezielles Polyeder. Es hat zwei zueinander parallele Grundflächen. Diese sind kongruente n-Ecke. Die n Seitenflächen sind Parallelogramme. Bei einem g e r a d e n Prisma bilden die Seitenflächen mit den Grundflächen rechte Winkel, anderenfalls liegt ein s c h i e f e s Prisma vor. Sind die Grundflächen regelmäßige n-Ecke, dann ist es ein r e g e l m ä ß i g e s Prisma.

Bild 15.5 zeigt ein dreiseitiges regelmäßiges gerades Prisma, ein fünfseitiges unregelmäßiges schiefes Prisma und ein vierseitiges regelmäßiges gerades Prisma (quadratische Säule, Quader). Der Abstand h der Ebenen, in denen die Grundfläche bzw. die Deckfläche liegt, ist die Höhe des Prismas.

Bild 15.5

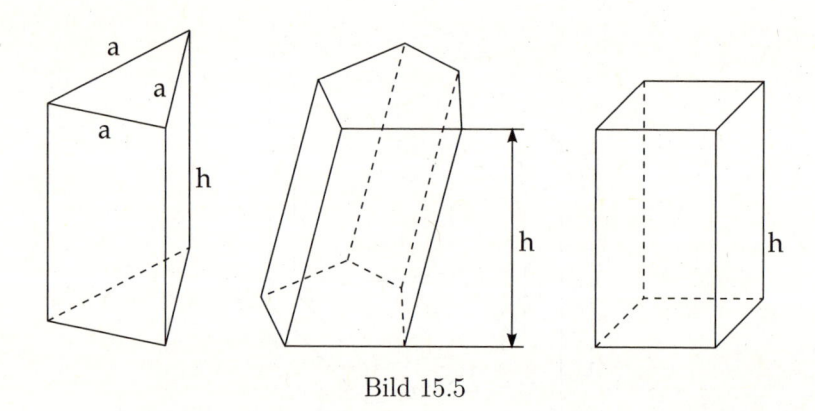

Ein schiefes Prisma, dessen Grundflächen Parallelogramme sind, heißt P a -
r a l l e l e p i d oder S p a t . Seine Oberfläche besteht also aus sechs Parallelogrammen, von denen je zwei gegenüberliegende kongruent sind (Bild 15.6).

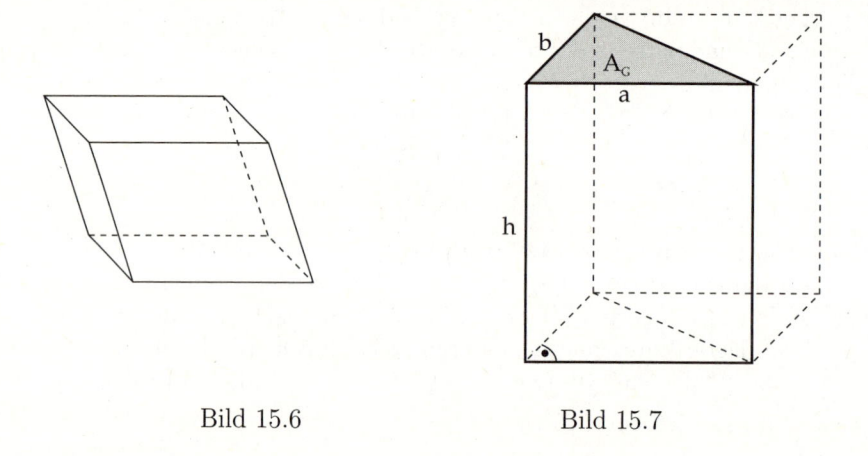

Bild 15.6   Bild 15.7

Das Volumen eines Prismas läßt sich wie bei dem Quader aus dem Produkt von Grundfläche A_G und Höhe h berechnen. Zum Beweis betrachtet man zunächst das gerade dreiseitige Prisma mit einem rechtwinkligen Dreieck als Grundfläche (Bild 15.7). Es läßt sich durch ein gleich großes Prisma zu einem Quader ergänzen. Das Volumen V des Prismas ist halb so groß wie das Volumen $V_Q = a \cdot b \cdot h$ des Quaders, d. h.

$$V = \frac{1}{2} a \cdot b \cdot h$$

Nun ist aber $\frac{1}{2}ab$ als Flächeninhalt des rechtwinkligen Dreiecks die Grundfläche A_G des Prismas, d. h.

$$V = A_G \cdot h$$

15.3 Das Prisma

Ist die Grundfläche des Prismas ein beliebiges n-Eck, dann kann dessen Flächeninhalt als Summe von Dreiecksflächen dargestellt und jedes Dreieck durch seine Höhe in zwei rechtwinklige Dreiecke zerlegt werden. Auch für n-seitige gerade Prismen ist also obige Volumenformel anwendbar.

Nun ist noch das Volumen von schiefen Prismen zu berechnen. Man denke sich das Dreiseitprisma des Bildes 15.7 durch parallele Schnitte in Scheiben zerlegt und diese wie in Bild 15.8. parallel verschoben.

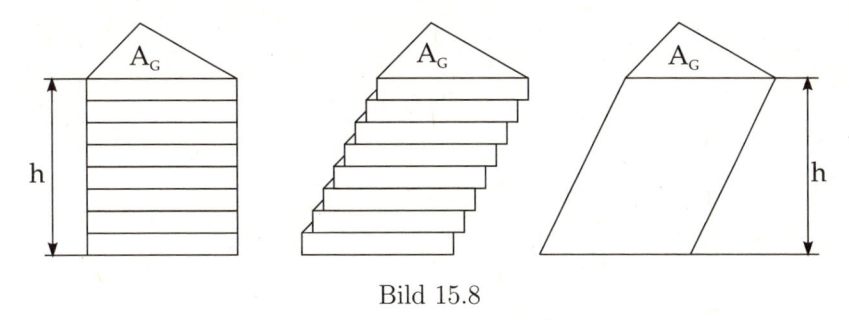

Bild 15.8

Dabei hat sich das Gesamtvolumen nicht geändert. Werden die Scheiben immer dünner gemacht, dann nähert sich der „stufenförmige" Körper des Bildes 15.8 unter Beibehaltung des Volumens unbegrenzt dem schiefen Prisma. Daher gilt ganz allgemein für das V o l u m e n e i n e s P r i s m a s mit der Grundfläche A_G und der Höhe h:

$$\boxed{V = A_G \cdot h} \tag{15.7}$$

Ist A_M der Mantel des Prismas, d. h. die Summen der Seitenflächen (Parallelogramme), dann ist die O b e r f l ä c h e d e s P r i s m a s:

$$\boxed{A_O = 2A_G + A_M} \tag{15.8}$$

Beispiel 15.2:
Ein schiefes Prisma mit rechtwinkligen Grundflächen hat die Kantenlängen
$a = 18$ cm, $b = 14$ cm, $c = 30$ cm (Bild 15.9).
Man berechne sein Volumen und seine Oberfläche.

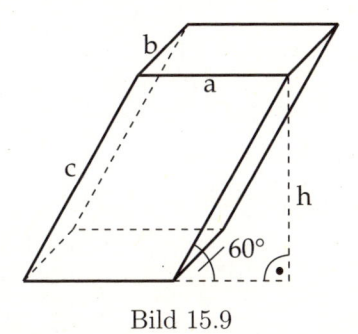

Bild 15.9

Lösung:
Die Höhe des Prismas ist
$$h = c \cdot \sin 60° = 26,0 \text{ cm}$$

Das Volumen ist
$$V = A_G \cdot h = a \cdot b \cdot h = \underline{\underline{6547,152 \text{ cm}^3}}$$

Die Oberfläche setzt sich aus zwei kongruenten Rechtecken mit den Seiten a, b, aus zwei kongruenten Rechtecken mit den Seiten b, c und aus zwei kongruenten Parallelogrammen mit der Seite a und der Höhe h zusammen:
$$A_O = 2(ab + bc + ah) = \underline{\underline{2279,31 \text{ cm}^2}}.$$

15.4 Die Pyramide

Eine P y r a m i d e ist ein Polyeder, dessen Grundfläche ein n-Eck ist und dessen Seitenflächen Dreiecke sind, die sich in einem Punkt S, der S p i t z e der Pyramide, schneiden. Die Verbindungsstrecken der Eckpunkte der Grundfläche mit der Spitze sind die S e i t e n k a n t e n der Pyramide. Ist die Grundfläche ein regelmäßiges n-Eck und fällt der Fußpunkt S' des Lotes von der Spitze auf die Grundfläche in den Mittelpunkt des n-Ecks, dann ist es eine g e r a d e P y r a m i d e , sonst eine s c h i e f e P y r a m i d e . Je nachdem, ob die Grundfläche ein regelmäßiges oder unregelmäßiges n-Eck ist, liegt eine r e g e l m ä ß i g e bzw. eine u n r e g e l - m ä ß i g e Pyramide vor.

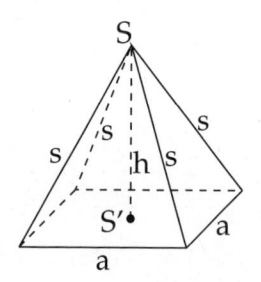

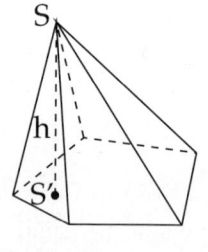

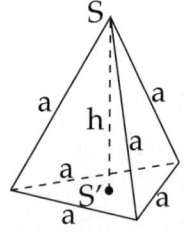

Bild 15.10

Bild 15.10 zeigt eine quadratische gerade Pyramide, eine fünfseitige unregelmäßige schiefe Pyramide und ein T e t r a e d e r , das ist eine dreiseitige regelmäßige gerade Pyramide, deren sechs Kanten alle gleich lang sind. Sie wird folglich von vier gleichseitigen Dreiecken begrenzt und gehört zu den fünf regelmäßigen Polyedern.

Analog zu Bild 15.8 läßt sich zeigen, daß das Volumen einer Pyramide nur von der Grundfläche und der Höhe abhängt.

Zur Herleitung einer Volumenformel für die Pyramide wird das dreiseitige gerade Prisma in Bild 15.11 betrachtet. Durch zwei ebene Schnitte mit den Schnittflächen CDE und ACE wird es in drei dreiseitige Pyramiden mit den Volumen V_1, V_2, V_3

15.4 Die Pyramide

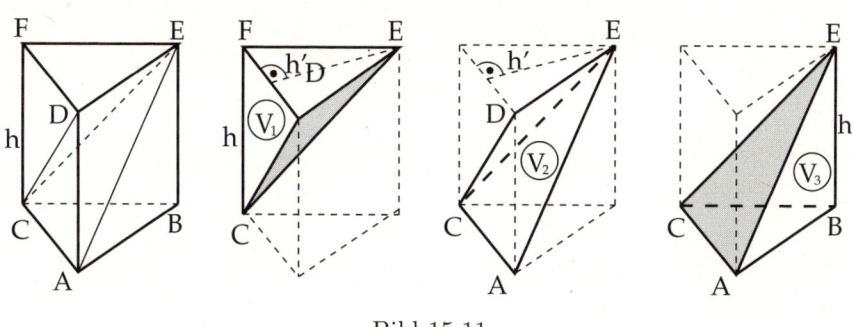

Bild 15.11

zerlegt. Nun ist aber $V_1 = V_2$, denn diese beiden Pyramiden haben als Grundflächen die kongruenten Dreiecke $\triangle CDF$ und $\triangle CAD$ sowie die gleiche Höhe h'. Es ist auch $V_1 = V_3$, da diese beiden Pyramiden die kongruenten Dreiecke $\triangle DEF$ und $\triangle ABC$ als Grundflächen sowie die gemeinsame Höhe h haben. Damit wird $V_1 = V_2 = V_3$. Ist $A_G \cdot h$ das Volumen des Prismas, dann ist das Volumen jeder der drei Pyramiden $V_1 = V_2 = V_3 = \frac{1}{3} A_G h$.

Allgemein ist das Volumen einer Pyramide

$$V = \frac{1}{3} A_G \cdot h \tag{15.9}$$

Beispiel 15.3:
Eine dreiseitige regelmäßige gerade Pyramide hat die Kantenlängen $a = 18$ cm und $b = 24$ cm (Bild 15.12). Wie groß sind
a) ihr Volumen,
b) ihre Oberfläche?

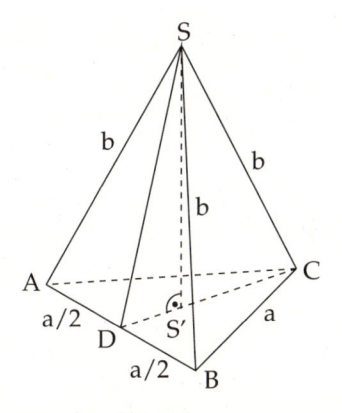

Bild 15.12

Lösung:
a) Die Grundfläche ist ein gleichseitiges Dreieck und hat nach Beispiel 12.11 den Flächeninhalt
$$A_G = \frac{a^2}{4}\sqrt{3}.$$
Der Höhenfußpunkt S' liegt im Schwerpunkt des Dreiecks ABC. Daher ist
$$\overline{DS'} = \frac{1}{3}\overline{DC} = \frac{1}{3}\sqrt{a^2 - \left(\frac{a}{2}\right)^2} = \frac{a}{6}\sqrt{3}.$$
Im $\triangle ABS$ ist:
$$\overline{DS} = \sqrt{b^2 - \left(\frac{a}{2}\right)^2}$$
und im $\triangle DS'S$:
$$h = \sqrt{\overline{DS}^2 - \overline{DS'}^2} = \sqrt{b^2 - \left(\frac{a}{2}\right)^2 - \left(\frac{a}{6}\sqrt{3}\right)^2} = \sqrt{b^2 - \frac{a^2}{3}}$$
Für das Volumen folgt:
$$V = A_G \cdot h = \frac{a^2}{4}\sqrt{3b^2 - a^2} = \underline{\underline{3035,069 \text{ cm}^3}}$$

b) Die Oberfläche besteht aus dem Flächeninhalt der Grundfläche A_G und dem Flächeninhalt von drei kongruenten gleichschenkligen Dreiecken als Seitenflächen:
$$A_O = \frac{a^2}{4}\sqrt{3} + 3 \cdot \frac{a \cdot \sqrt{b^2 - \left(\frac{a}{2}\right)^2}}{2} = \underline{\underline{741,01 \text{ cm}^2}}$$

Beispiel 15.4:
Eine quadratische gerade Pyramide (Bild 15.13) hat die Kante $a = 40$ cm der Grundfläche und die Höhe $h = 45$ cm. Man berechne
a) die Länge einer Seitenkante,
b) den Winkel α zwischen einer Seitenkante und der Grundfläche,
c) den Winkel β zwischen einer Seitenfläche und der Grundfläche,
d) den Winkel γ zwischen einer Seitenkante und einer Kante der Grundfläche.

Lösung:
a) $\overline{BS'} = \sqrt{\left(\frac{a}{2}\right)^2 + \left(\frac{a}{2}\right)^2} = \frac{a}{\sqrt{2}}$

$b = \overline{BS} = \sqrt{h^2 + \overline{BS'}^2} = \sqrt{h^2 + \frac{a^2}{2}} = \underline{\underline{53,2 \text{ cm}}}$

b) $\tan\alpha = \dfrac{\overline{SS'}}{\overline{BS'}} = \dfrac{h}{\frac{a}{\sqrt{2}}} = \dfrac{\sqrt{2}h}{a}, \quad \underline{\underline{\alpha = 57,85°}}$

c) $\tan\beta = \dfrac{h}{\frac{a}{2}} = \dfrac{2h}{a}, \quad \underline{\underline{\beta = 66,04°}}$

d) $\cos\gamma = \dfrac{\overline{AD}}{\overline{AS}} = \dfrac{a}{2 \cdot b}, \quad \underline{\underline{\gamma = 67,90°}}$

15.4 Die Pyramide

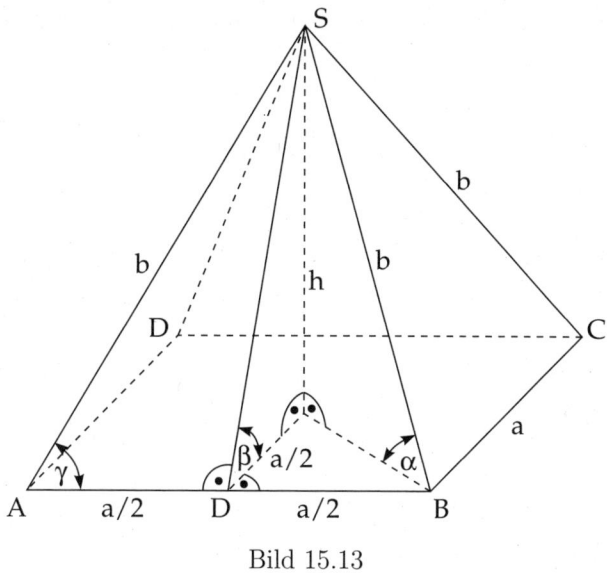

Bild 15.13

Wird eine Pyramide durch einen Schnitt parallel zur Grundfläche geteilt und wird der obere (die Spitze enthaltende) Teil abgetrennt, dann erhält man einen P y r a m i d e n s t u m p f . Bild 15.14 zeigt den aus einer quadratischen Pyramide hervorgegangenen Pyramidenstumpf.

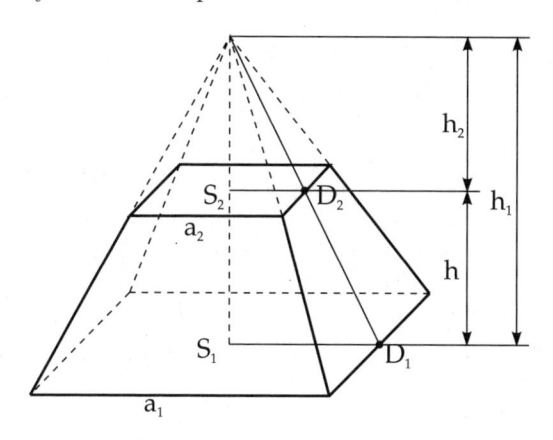

Bild 15.14

Gegeben seien die Grundfläche A_1, die Deckfläche A_2 und die Höhe h des Pyramidenstumpfes.

Sein Volumen läßt sich zunächst als Differenz von zwei Pyramidenvolumen darstellen:

$$V = \frac{A_1 h_1}{3} - \frac{A_2 h_2}{3} = \frac{A_1(h + h_2)}{3} - \frac{A_2 h_2}{3} \qquad (I)$$

h_1 und h_2 sind meist nicht bekannt und sollen durch h ersetzt werden. Es ist
$$\frac{A_1}{A_2} = \frac{a_1^2}{a_2^2} \qquad (II)$$
Aus ähnlichen Dreiecken kann man herleiten
$$\frac{a_1}{a_2} = \frac{\overline{D_1S}}{\overline{D_2S}} = \frac{h_1}{h_2} = \frac{h+h_2}{h_2}.$$
Damit folgt aus (II)
$$\frac{A_1}{A_2} = \frac{(h+h_2)^2}{h_2^2} \qquad (III)$$
Die Umstellung nach h_2 ergibt
$$h_2 = \frac{h\sqrt{A_2}}{\sqrt{A_1} - \sqrt{A_2}}.$$
Dieser Wert für h_2 wird in (I) eingesetzt:
$$V = \frac{1}{3}\left(A_1 h + A_1 \frac{h\sqrt{A_2}}{\sqrt{A_1} - \sqrt{A_2}} - A_2 \frac{h\sqrt{A_2}}{\sqrt{A_1} - \sqrt{A_2}}\right)$$
$$V = \frac{h}{3}\left(A_1 + \sqrt{A_2}\frac{A_1 - A_2}{\sqrt{A_1} - \sqrt{A_2}}\right) = \frac{h}{3}\left(A_1 + \sqrt{A_2}(\sqrt{A_1} + \sqrt{A_2})\right)$$

und damit erhält man für das **V o l u m e n d e s P y r a m i d e n s t u m p f s**

$$\boxed{V = \frac{h}{3}\left(A_1 + \sqrt{A_1 A_2} + A_2\right)} \qquad (15.10)$$

Diese Formel gilt auch für beliebige Grundflächen. Außerdem gilt allgemein für Pyramiden:
- Der ebene Schnitt einer Pyramide parallel zur Grundfläche ergibt als Schnittfigur ein n-Eck, das dem n-Eck der Grundfläche ähnlich ist. Die Flächeninhalte der beiden Schnittfiguren verhalten sich wie die Quadrate ihrer Abstände von der Spitze (vgl. z. B. (III)).

Beispiel 15.5:
Wieviel m³ Beton werden gebraucht, um den in Bild 15.15 dargestellten regelmäßigen sechseckigen Sockel zu gießen?

Lösung:
Der Sockel setzt sich aus zwei Prismen und einem Pyramidenstumpf zusammen. Alle Grundflächen sind regelmäßige Sechsecke. Ist a die Seite eines regelmäßigen Sechsecks, dann ist sein Flächeninhalt (vgl. Beispiel 12.11):
$$A = 6 \cdot \frac{a^2}{4}\sqrt{3} = \frac{3\sqrt{3}a^2}{2}$$

15.4 Die Pyramide

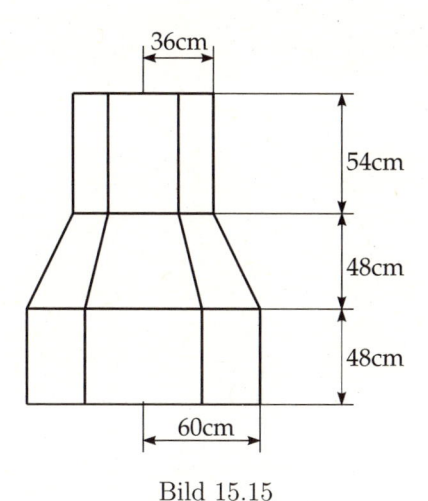

Bild 15.15

Die Grundflächen des unteren Prismas haben den Flächeninhalt:

$$A_1 = \frac{3\sqrt{3}}{2} \cdot 60^2 \text{ cm}^2 = 9353,07 \text{ cm}^2$$

und die Grundflächen des oberen Prismas:

$$A_2 = \frac{3\sqrt{3}}{2} \cdot 36^2 \text{ cm}^2 = 3367,11 \text{ cm}^2$$

Das Volumen des Sockels ist dann nach Gleichung (15.7) und Gleichung (15.10):

$$\begin{aligned} V &= A_1 \cdot 48 \text{ cm} + \frac{48 \text{ cm}}{3}(A_1 + \sqrt{A_1 \cdot A_2} + A_2) + A_2 \cdot 54 \text{ cm} \\ V &= 924084 \text{ cm}^3 = \underline{0,924 \text{ m}^3} \end{aligned}$$

Beispiel 15.6:
Es sollen oben offene Behälter hergestellt werden, deren Grundfläche ein Rechteck mit den Seiten $a = 1,26$ m, $b = 0,84$ m ist und die die Höhe $h = 0,62$ m haben. Die Seitenflächen sind nach außen geneigt und bilden mit der Ebene der Grundfläche den Winkel $\alpha = 78°$ (Bild 15.16). Wie groß ist die Oberfläche des Behälters, und welches Volumen hat er?

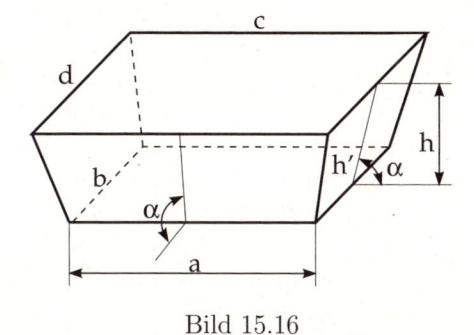

Bild 15.16

Lösung:
Der Behälter ist ein Pyramidenstumpf. Zunächst berechnet man

$$c = a + 2 \cdot \frac{h}{\tan\alpha} = 1,524 \text{ m}$$
$$d = b + 2 \cdot \frac{h}{\tan\alpha} = 1,104 \text{ m}$$
$$h' = \frac{h}{\sin\alpha} = 0,634 \text{ m}$$

Die Oberfläche besteht aus einem Rechteck und vier Trapezen, von denen je zwei kongruent sind.

$$A_O = a \cdot b + 2 \cdot \frac{a+c}{2} h' + 2 \cdot \frac{b+d}{2} h'$$
$$A_O = a \cdot b + h'(a+b+c+d) = \underline{\underline{4,0547 \text{ m}^2}}$$

Das Volumen ist nach Gl. (15.10):

$$V = \frac{h}{3}(a \cdot b + \sqrt{a \cdot b \cdot c \cdot d} + c \cdot d) = \underline{\underline{0,8419 \text{ m}^3}}$$

15.5 Der Zylinder

Wenn eine Gerade parallel zu sich an einer Kurve k, der *Leitkurve*, entlang gleitet, dann entsteht eine Z y l i n d e r f l ä c h e. In Bild 15.17a ist die Leitkurve z. B. eine Parabel, und man die nennt die Fläche eine parabolische Zylinderfläche.

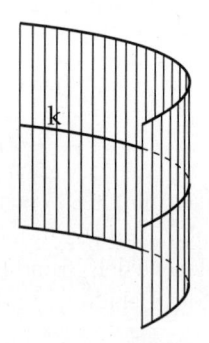

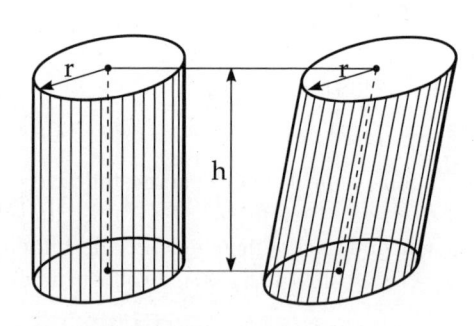

Bild 15.17

In den Bildern 15.17b und c ist die Leitkurve ein Kreis. Werden diese Kreiszylinderflächen durch zwei parallele Ebenen begrenzt, so entsteht als Körper ein K r e i s z y l i n d e r. Seine Grundflächen sind Kreisflächen. Die erzeugenden Geraden bzw. Strecken zwischen den Grundflächen sind die *Mantellinien* des Kreiszylinders. Bild 15.17b zeigt einen g e r a d e n K r e i s z y l i n d e r. Seine Mantellinien sind senkrecht zu den Grundflächen. Bild 15.17c zeigt einen s c h i e - fen K r e i s z y l i n d e r. Im allgemeinen versteht man unter einem Zylinder

15.5 Der Zylinder

meist den geraden Kreiszylinder. Der Abstand der Ebenen der Grundflächen ist die Höhe h des Zylinders. Die *Zylinderachse* ist die Verbindungsgerade der Mittelpunkte der Grundflächen.

Ein regelmäßiges n-seitiges Prisma nähert sich bei immer größer werdendem n unbegrenzt einem Zylinder (vgl. auch Abschn. 14.1). Analog zum Prisma ergibt sich daher auch das Volumen eines Zylinders aus dem Produkt von Grundfläche $A_G = \pi r^2$ und Höhe h.

V o l u m e n   d e s   Z y l i n d e r s:

$$\boxed{V = \pi r^2 \cdot h} \tag{15.11}$$

Zylinderflächen lassen sich stets (wie ein zusammengerolltes Stück Papier) in die Ebene abwickeln. Der abgewickelte Zylindermantel ergibt ein Rechteck, dessen eine Seite die Höhe h ist, während die andere Seite gleich dem Umfang $U = 2\pi r$ des Kreises der Grundfläche ist. Diese Mantelfläche und die zwei Grundflächen ergeben zusammen die O b e r f l ä c h e   d e s   Z y l i n d e r s:

$$\boxed{A_O = 2\pi r \cdot h + 2\pi r^2 = 2\pi r(h+r)} \tag{15.12}$$

Liegt die Ebene einer Grundfläche schräg zur Zylinderachse wie in Bild 15.18, dann ist diese Grundfläche eine Ellipse. Sind a und b ihre Halbachsen, dann ist ihr Flächeninhalt $A = a \cdot b \cdot \pi$, was mit Hilfe der Integralrechnung bewiesen wird.

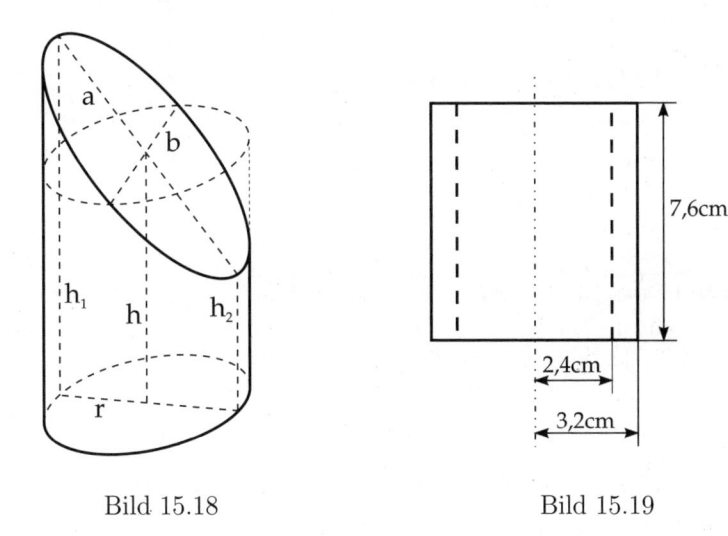

Bild 15.18   Bild 15.19

Man zeigt leicht, daß Volumen und Mantel eines s c h r ä g   g e s c h n i t t e n e n   Z y l i n d e r s mit dem Volumen bzw. dem Mantel eines Zylinders übereinstimmen, der die Höhe $h = \dfrac{h_1 + h_2}{2}$ hat.

Beispiel 15.7:
Welche Masse hat ein Hohlzylinder aus Stahl entsprechend Bild 15.19 (ρ_{Stahl} = 7,8 g/cm^3)?

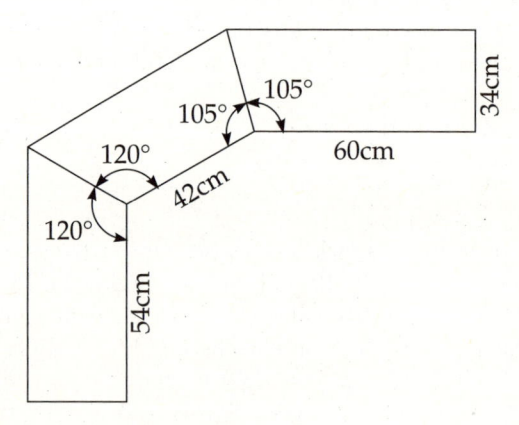

Bild 15.20

Lösung:
Das Volumen des Hohlzylinders ist gleich der Differenz zweier Zylindervolumen:
$$V = V_1 - V_2 = \pi h(r_1^2 - r_2^2)$$
Für die Masse folgt:
$$m = V \cdot \rho = \pi h \rho (r_1^2 - r_2^2) = \underline{\underline{834 \text{ g}}}$$

Beispiel 15.8:
Man berechne die Gesamtfläche des im Bild 15.20 dargestellten Blechrohres (die Blechdicke wird vernachlässigt).

Lösung:
Die Gesamtfläche des Blechs setzt sich aus den Mänteln von 3 schräg geschnittenen Zylindern zusammen. Der gemeinsame Radius der 3 Zylinder ist $r = 17$ cm. Der erste (obere) Zylinder hat (vgl. Bild 15.18) die Höhen $h_1 = 60$ cm, $h_2 = 60 + 34$ cm·tan 15° und damit die Mantelfläche

$$\begin{aligned}A_{M1} &= 2\pi r h = 2\pi r \frac{h_1 + h_2}{2} = \pi r(h_1 + h_2) \\ &= \pi \cdot 17(60 + 60 + 34 \cdot \tan 15°) \text{ cm}^2 = 6895,4 \text{ cm}^2\end{aligned}$$

Entsprechend erhält man für die Mantelflächen des 2. und 3. Zylinders
$$\begin{aligned}A_{M2} &= \pi \cdot 17(42 + 42 + 34(\tan 15° + \tan 30°)) \text{ cm}^2 = 6021,1 \text{ cm}^2 \\ A_{M3} &= \pi \cdot 17(54 + 54 + 34 \cdot \tan 30°) \text{ cm}^2 = 6816,3 \text{ cm}^2\end{aligned}$$

und für die Gesamtfläche
$$A = A_{M1} + A_{M2} + A_{M3} = \underline{\underline{1,9733 \text{ m}^2}}$$

15.6 Der Kegel

Die Menge der Geraden (Erzeugenden), die durch einen Punkt S gehen und eine Kurve k (Leitkurve) berühren, bildet eine K e g e l f l ä c h e (Bild 15.21a).

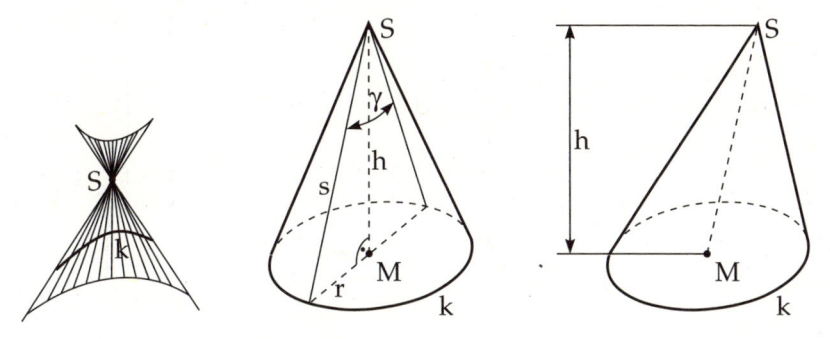

Bild 15.21a, b und c

Ist die Leitkurve ein Kreis und die Kreisfläche die Grundfläche, so ensteht ein K r e i s k e g e l. Die *Kegelachse* verbindet die *Spitze S* mit dem Mittelpunkt M des *Grundkreises* k. Bei einem *geraden Kreiskegel* ist die Kegelachse senkrecht zur Grundfläche (Bild 15.21b), sonst liegt ein *schiefer Kreiskegel* vor (Bild 15.21c). Im allgemeinen wird unter einem Kegel der gerade Kreiskegel verstanden. Ist h die Höhe des Kegels, r der Radius des Grundkreises, dann ist $s = \sqrt{r^2 + h^2}$ die Länge einer Mantellinie des geraden Kreiskegels. Der in Bild 15.21b gezeigte Winkel γ heißt *Öffnungswinkel* des Kegels. Wird bei einer Pyramide mit einem regelmäßigen n-Eck als Grundfläche die Zahl der Ecken ständig vergrößert, dann nähert sich die Pyramide unbegrenzt einem Kegel. Entsprechend Gleichung (15.8) ist daher das V o l u m e n e i n e s K e g e l s mit der Grundfläche A_G und der Höhe h:

$$V = \frac{1}{3} A_G \cdot h$$

und speziell das V o l u m e n d e s K r e i s k e g e l s:

$$\boxed{V = \frac{1}{3}\pi r^2 h} \tag{15.13}$$

Zur Berechnung der Oberfläche eines geraden Kreiskegels wird das Netz des Kegels betrachtet. Der abgewickelte Kegelmantel ist ein Kreissektor mit dem Radius s und dem Bogen $b = 2\pi r$ (Bild 15.22).

Der Flächeninhalt des Sektors wird nach Gleichung (14.3) berechnet und ergibt zusammen mit dem Flächeninhalt des Grundkreises die O b e r f l ä c h e d e s g e r a d e n K r e i s k e g e l s:

$$A_O = \pi r^2 + \frac{2\pi r \cdot s}{2} = \pi r^2 + \pi \cdot r \cdot \sqrt{r^2 + h^2}$$

$$\boxed{A_O = \pi r (r + \sqrt{r^2 + h^2})} \tag{15.14}$$

Bild 15.22 Bild 15.23 Bild 15.24

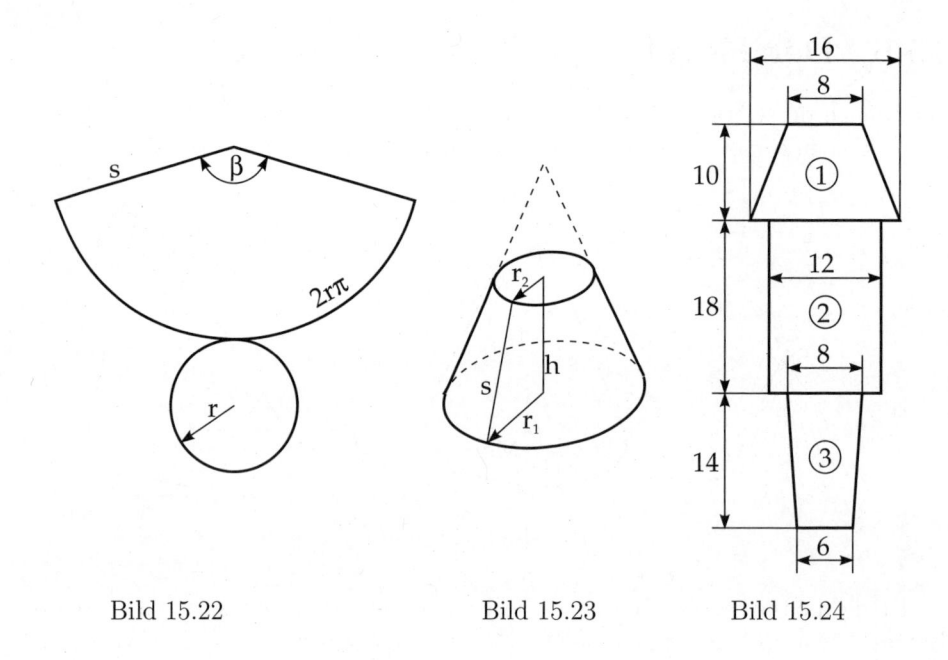

Schneidet man durch einen ebenen Schnitt parallel zur Grundfläche den oberen Teil des Kegels ab, so stellt der verbleibende Teil einen K e g e l s t u m p f dar. Mit den Bezeichnungen des Bildes 15.23 erhält man in Analogie zum Volumen des Pyramidenstumpfes für das V o l u m e n   d e s   K r e i s k e g e l s t u m p f e s

$$V = \frac{\pi h}{3}(r_1^2 + r_1 r_2 + r_2^2)$$ (15.15)

Ohne Beweis wird noch die Formel für die M a n t e l f l ä c h e d e s g e r a - d e n   K r e i s k e g e l s t u m p f s angegeben

$$A_M = \pi s (r_1 + r_2)$$ (15.16)

Beispiel 15.9:
Welche Masse hat der in Bild 15.24 dargestellte Stahlbolzen mit kreisförmigen Querschnitt (Maße in mm, $\rho = 7{,}8$ g/cm^3)?

Lösung:
Der Bolzenkörper setzt sich aus zwei Kegelstümpfen und einem Zylinder zusammen. Mit den Gleichungen (15.11) und (15.15) folgt:

$$m = \rho V = \rho(V_1 + V_2 + V_3)$$
$$m = 7{,}8 \left[\frac{\pi \cdot 1}{3}(1{,}6^2 + 1{,}6 \cdot 0{,}8 + 0{,}8^2) \right.$$
$$\left. + \pi \cdot 1{,}2^2 \cdot 1{,}8 + \frac{\pi \cdot 1{,}4}{3}(0{,}8^2 + 0{,}8 \cdot 0{,}6 + 0{,}6^2) \right] \text{g}$$
$$\underline{m = 117 \text{ g}}$$

Beispiel 15.10:
Ein kreissektorförmiges Blechstück mit dem Radius $s = 12,4$ cm und dem Zentriwinkel $\beta = 224°$ soll zu einem Kegel zusammengebogen werden. Man berechne Radius r, Höhe h und Volumen V dieses Kegels.

Lösung:
$\widehat{\beta} = \dfrac{\beta \cdot \pi}{180°} = 3,9095$ ist der in Radiant gemessene Winkel β. Nach Bild 15.22 ist $s \cdot \widehat{\beta}$ der Bogen des Sektors, d. h. $s \cdot \widehat{\beta} = 2\pi r$. Daraus folgt
$$r = \frac{s \cdot \widehat{\beta}}{2\pi} = \underline{\underline{7,7 \text{ cm}}}.$$
Für die Höhe folgt
$$h = \sqrt{s^2 - r^2} = \underline{\underline{9,7 \text{ cm}}}.$$
Damit ergibt sich das Volumen des Kegels
$$V = \frac{1}{3}\pi r^2 h = \underline{\underline{605,143 \text{ cm}^3}}.$$

15.7 Die Kugel

Die **Kugel** ist die Menge aller Punkte, die von einem festen Punkt einen konstanten Abstand haben. Der feste Punkt heißt *Mittelpunkt M* der Kugel und der konstante Abstand heißt *Radius r*.

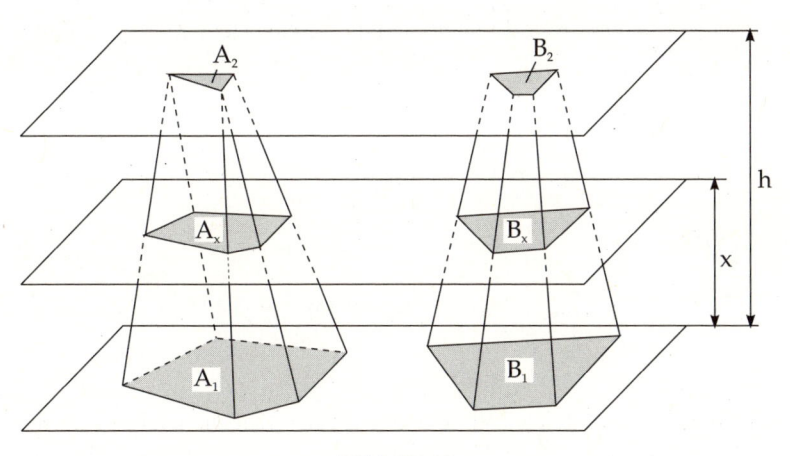

Bild 15.25

Um das Volumen der Kugel zu berechnen, wird das **Prinzip von Cavalieri** (italienischer Mathematiker, um 1598-1647) verwendet:
- Haben zwei Körper inhaltsgleiche Grundflächen sowie gleiche Höhen und werden sie parallel zur Grundfläche in beliebiger Höhe in inhaltsgleichen Figuren geschnitten, dann haben beide Körper das gleiche Volumen.

Zum Beispiel haben in Bild 15.25 die zwei gezeigten Körper die gleichen Grundflächen $A_1 = B_1, A_2 = B_2$ und die gleiche Höhe h.

Der Schnitt beider Körper in der Höhe x ergibt zwei Schnittflächen mit $A_x = B_x$. Gilt diese Gleichung für jedes x aus $0 < x < h$, dann gilt für die Volumen $V_1 = V_2$. Nach Cavalieri wird nun eine Halbkugel mit einem Körper verglichen, der aus einem Zylinder besteht, aus dem ein auf der Spitze stehender Kegel herausgenommen wurde (Bild 15.26).

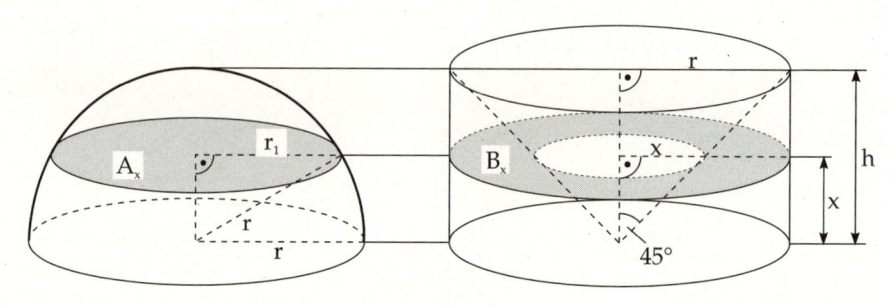

Bild 15.26

Beide Körper haben Grundflächen mit dem Inhalt $A_1 = B_1 = \pi r^2$ und die gleiche Höhe $h = r$. Ein Schnitt in der Höhe x ergibt für die Halbkugel eine Kreisfläche mit dem Radius $r_1 = \sqrt{r^2 - x^2}$ und dem Flächeninhalt $A_x = \pi r_1^2 = \pi(r^2 - x^2)$. Für den zweiten Körper ist die Schnittfigur ein Kreisring, dessen Flächeninhalt nach Bild 15.26 gleich $B_x = \pi(r^2 - x^2)$ ist, d. h. $A_x = B_x$. Folglich haben beide Körper gleiches Volumen. Das Volumen der Halbkugel ist daher gleich dem Zylindervolumen minus dem Kegelvolumen:

$$V_{Halbkugel} = \pi r^2 \cdot r - \frac{1}{3}\pi r^2 \cdot r = \frac{2}{3}\pi r^3.$$

Für das V o l u m e n d e r K u g e l folgt

$$\boxed{V = \frac{4}{3}\pi r^3} \qquad (15.17)$$

Ohne Beweis wird die Formel für die O b e r f l ä c h e d e r K u g e l angegeben:

$$\boxed{A_O = 4\pi r^2} \qquad (15.18)$$

Durch eine Ebene, die die Kugel schneidet, wird der Kugelkörper in zwei K u g e l - a b s c h n i t t e oder K u g e l s e g m e n t e und die Kugeloberfläche in zwei K u g e l k a p p e n oder K a l o t t e n zerlegt (Bild 15.27). h ist die Höhe des (schraffierten) Kugelabschnitts. Durch zwei parallele Ebenen wird aus der Kugel eine K u g e l s c h i c h t und aus der Kugeloberfläche eine K u g e l z o n e ausgeschnitten (Bild 15.28).

Ein K u g e l s e k t o r ist ein Körper, der sich aus einem Kugelabschnitt und einem Kegel zusammensetzt, dessen Spitze im Kugelmittelpunkt M liegt und dessen

15.7 Die Kugel

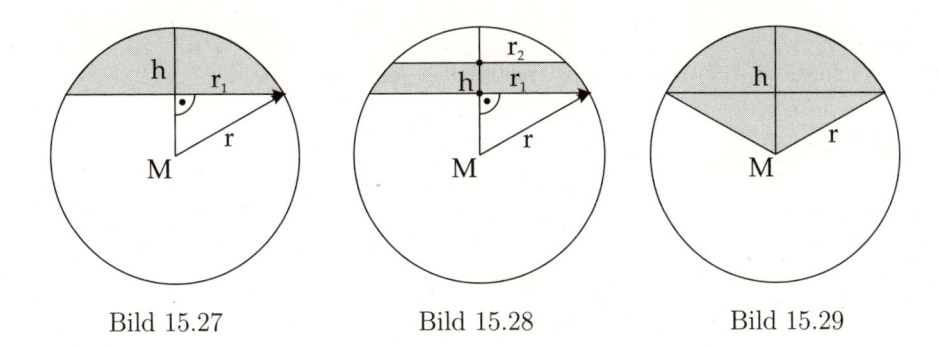

Bild 15.27   Bild 15.28   Bild 15.29

Grundkreis der begrenzende Kreis des Kugelabschnitts ist (Bild 15.29). Ohne Beweis werden die folgenden Formeln angegeben.

Volumen des Kugelabschnitts

$$V = \frac{\pi h^2}{3}(3r - h) = \frac{\pi h}{6}(3r_1^2 + h^2) \tag{15.19}$$

Flächeninhalt der Kugelkappe

$$A = 2\pi r h \tag{15.20}$$

Volumen der Kugelschicht

$$V = \frac{\pi h}{6}(3r_1^2 + 3r_2^2 + h^2) \tag{15.21}$$

Flächeninhalt der Kugelzone

$$A = 2\pi r h \tag{15.22}$$

Volumen des Kugelsektors

$$V = \frac{2}{3}\pi r^2 h \tag{15.23}$$

Oberfläche des Kugelsektors

$$A_O = \pi r \left(2h + \sqrt{h(2r - h)}\right) \tag{15.24}$$

Beispiel 15.11:
Wie groß ist der Radius einer Messingkugel ($\rho = 8,8$ g cm^{-3}) mit der Masse $m = 0,82$ kg?

Lösung:
Aus Gleichung (15.17) folgt durch Umstellen nach r:

$$r = \sqrt[3]{\frac{3V}{4\pi}}$$

und mit $V = \dfrac{m}{\rho}$ wird

$$r = \sqrt[3]{\frac{3m}{4\pi\rho}} = \sqrt[3]{\frac{3 \cdot 820 \text{ g cm}^3}{4\pi \cdot 8,8 \text{ g}}} = \underline{\underline{2,8 \text{ cm}}}$$

Beispiel 15.12:
Welche Masse hat ein Kugelgelenkbolzen aus Eisen ($\rho = 7,9$ g cm^{-3}) mit $a = 18$ mm, $b = 60$ mm, $r = 16$ mm (Bild 15.30)?

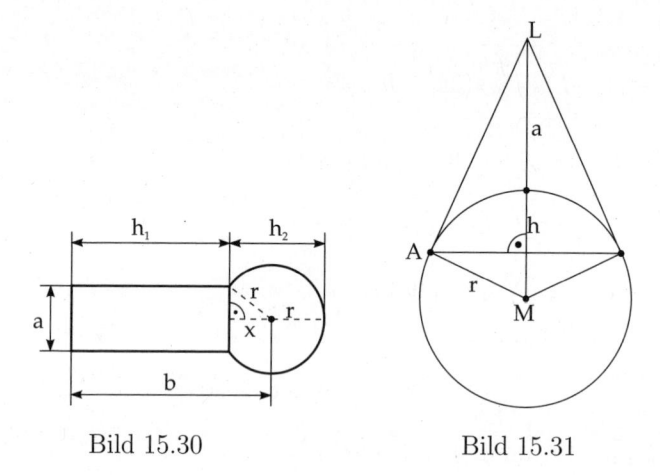

Bild 15.30

Bild 15.31

Lösung:
Der Bolzen setzt sich aus einem Zylinder und einem Kugelabschnitt zusammen. Es ist

$$x = \sqrt{r^2 - \left(\frac{a}{2}\right)^2} = 13,2 \text{ mm}$$

Die Höhe des Zylinders ist $h_1 = b - x = 46,8$ mm und die Höhe des Kugelabschnitts $h_2 = 29,2$ mm.
Mit den Gleichungen (15.11) und (15.19) ist das Volumen des Bolzens

$$V = \pi \left(\frac{a}{2}\right)^2 h_1 + \frac{\pi h_2^2}{3}(3r - h_2) = 28,695 \text{ cm}^3$$

und für die Masse folgt

$$m = V \cdot \rho = \underline{\underline{226,7 \text{ g}}}$$

Beispiel 15.13:
Wie groß ist der von einer punktförmigen Lichtquelle L beleuchtete Teil der Kugeloberfläche, wenn L von der Kugeloberfläche den Abstand $a = 45$ cm hat und der Kugelradius $r = 32$ cm ist?

Lösung:
Nach dem Kathetensatz von Euklid (vgl. Gl. (12.6)) ist im $\triangle MLA$ (Bild 15.31):
$$r^2 = x(r+a) \quad \text{oder} \quad x = \frac{r^2}{r+a}.$$

Der beleuchtete Teil der Kugeloberfläche ist eine Kugelkappe mit der Höhe
$$h = r - x = r - \frac{r^2}{r+a} = \frac{ra}{r+a}.$$

Der Flächeninhalt der Kugelkappe ist nach Gl. (15.20):
$$A = 2\pi r h = 2\pi r \frac{ra}{r+a} = \underline{\underline{3760 \text{ cm}^2}}$$

15.8 Aufgaben

15.1 Ein Würfel hat das Volumen $V = 350$ cm³. Wie groß ist seine Oberfläche?

15.2 Eine quadratische Säule mit dem Volumen $V = 540$ cm³ hat die Kante $a = 6$ cm der Grundfläche. Wie groß sind die Höhe h und die Oberfläche?

15.3 Auf welche Länge ist die Kante a eines Würfels zu vergrößern, damit das Volumen verdoppelt wird?

15.4 Ein 5 m langer Holzbalken hat als Querschnitt ein Rechteck mit den Seiten $a = 12$ cm, $b = 6$ cm. Wie groß ist seine Masse ($\rho = 0,68$ g cm^{-3})?

15.5 Ein Gefäß hat die Form eines geraden Prismas mit quadratischer Grundfläche, deren Innenkante $a = 8$ cm ist. Das Gefäß enthält 1,5 l Flüssigkeit. Wie hoch steht diese im Gefäß?

15.6 Eine Säule aus Sandstein ($\rho = 2,7$ kg dm^{-3}) hat als Grundfläche ein regelmäßiges Sechseck mit der Kantenlänge $a = 30$ cm und die Höhe $h = 3,80$ m. Wie groß sind
a) die Mantelfläche und
b) die Masse der Säule?

15.7 Wie groß sind Volumen und Oberfläche eines Tetraeders mit der Kantenlänge $a = 15$ cm?

15.8 Welche Masse hat der in Bild 15.32 in Grund- und Aufriß dargestellte Körper aus Beton ($\rho = 2,3$ kg dm^{-3})?

15.9 Ein Oktaeder besteht aus zwei quadratischen Pyramiden, deren Grundflächen zusammenfallen und deren Seitenflächen gleichseitige Dreiecke sind. Man berechne Volumen und Oberfläche eines Oktaeders mit der Kantenlänge $a = 8$ cm.

Bild 15.32

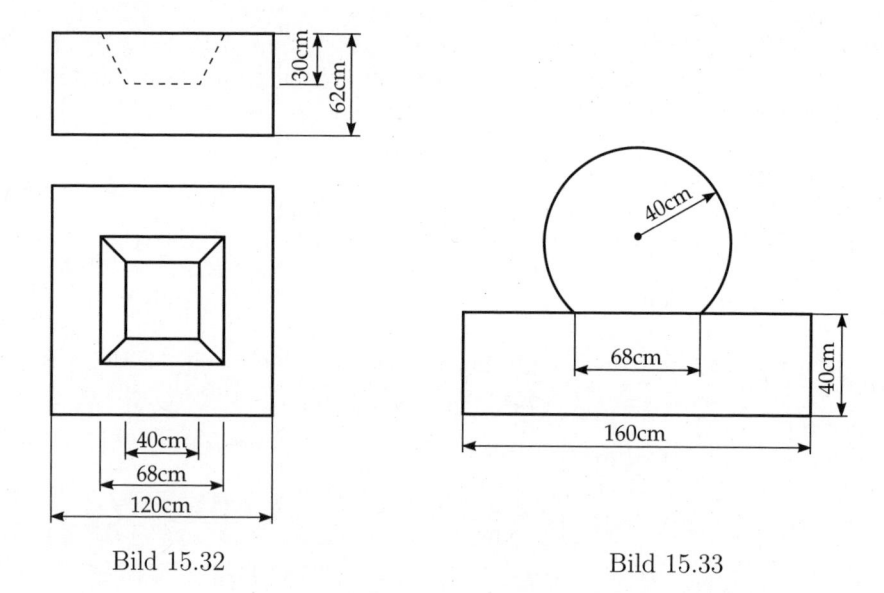

Bild 15.33

15. 10 Ein Glaszylinder hat den inneren Durchmesser $d = 9$ cm. Wie hoch muß er sein, damit er einen Liter Flüssigkeit faßt?

15. 11 Ein Glaszylinder zur Messung von Flüssigkeitsmengen hat Teilstriche im Abstand von 2 mm. Wie groß muß der innere Durchmesser sein, damit einem Teilstrichabstand 1 cm^3 entspricht?

15. 12 Wie groß ist die Oberfläche eines Zylinders, der ein Volumen von 200 cm^3 hat und dessen Höhe sich zum Durchmesser verhält wie 2:1?

15. 13 Welche Masse hat eine Hohlsäule aus Beton ($\rho = 2,4$ kg dm^{-3}) mit dem unteren Außendurchmesser $d_1 = 38$ cm, dem oberen Außendurchmesser $d_2 = 32$ cm, der Wanddicke $a = 5$ cm und der Höhe $h = 8$ m?

15. 14 Ein aufgeschütteter Kegel aus Sand hat die Höhe $h = 2,50$ m. Die Böschungsneigung des Sandes ist 1:1,8. Welches Volumen hat der Kegel?

15. 15 Ein kegelförmiger Trichter soll die obere Weite $d = 16$ cm und die Tiefe $h = 20$ cm haben. Welchen Radius s und welchen Zentriwinkel β muß der Sektor haben, aus dem der Trichter (ohne Überlappung) hergestellt werden kann?

15. 16 Die Mantellinien eines Kegels bilden mit der Grundfläche den Winkel $\alpha = 62°$. Die Kegelhöhe ist $h = 12$ cm. Wie groß ist die Mantelfläche?

15. 17 Welche Wanddicke a hat eine Hohlkugel aus Eisen ($\rho = 7,8$ g cm^{-3}), deren äußerer Durchmesser $d_1 = 10$ cm ist und eine Masse $m = 0,9$ kg hat?

15. 18 Eine Kugel hat die Oberfläche $A_O = 450$ cm^2. Wie groß ist ihr Volumen?

15. 19 Eine Kugel hat den Radius $r_k = 12$ cm. Sie wird zylindrisch mit dem Radius $r_z = 8$ cm so durchbohrt, daß die Zylinderachse durch den Kugelmittelpunkt geht. Wie groß ist das Volumen des Restkörpers?

15. 20 Gesucht werden die Masse des aus Sandstein ($\rho = 2,7$ kg dm^{-3}) hergestellten Körpers mit quadratischer Grundplatte und aufgesetztem Kugelsegment (Bild 15.33).

15. 21 Eine Kuppel in Form eines Kugelsegments soll mit Kupfer gedeckt werden. Gegeben sind $r_1 = 3,10$ m, $h = 2,80$ m. Wieviel Quadratmeter Kupferblech werden gebraucht?

15. 22 Für Anschauungszwecke sollen vier Kugeln hergestellt werden, die je eine Masse von 1 kg haben und aus
a) Blei ($\rho = 11,4$ kg dm^{-3})
b) Glas ($\rho = 2,6$ kg dm^{-3})
c) Holz ($\rho = 0,5$ kg dm^{-3})
d) Kork ($\rho = 0,25$ kg dm^{-3})
bestehen. Welche Durchmesser haben diese Kugeln?

15. 23 Wie groß ist der Flächeninhalt einer Zone der Erde, die zwischen den Breitenkreisen mit $\varphi_1 = 30°$, $\varphi_2 = 60°$ nördlicher Breite liegt, und welchen Teil der gesamten Erdoberfläche stellt diese Zone dar? Die Erde wird genähert als Kugel mit dem Radius $r = 6370$ km betrachtet.

Kapitel 16

Grundlagen der Vektorrechnung

16.1 Grundbegriffe, Definitionen

16.1.1 Vektor und Skalar

Die Anwendungen der Mathematik in Naturwissenschaft und Technik führten dazu, eine neue Rechengröße zu benutzen – den V e k t o r –, mit dessen Hilfe man einen großen Teil mathematischer Formeln und physikalischer Gesetzmäßigkeiten in einfacher Form wiedergeben kann. Zum Beispiel werden Vektoren in der Mechanik benutzt, um Kräfte an ruhenden Körpern sowie Geschwindigkeiten und Beschleunigungen von bewegten Körpern zu beschreiben. In der Strömungslehre verwendet man sie zur Darstellung von strömenden Medien wie Wasser, Öl, Luft, und in der Elektrotechnik beschreibt man mit ihnen elektrische Felder.

Ein Vektor läßt sich durch eine g e r i c h t e t e S t r e c k e , die sich an einer beliebigen Stelle im Raum befinden kann, darstellen. Die Strecke ist durch folgende Merkmale gekennzeichnet (Bild 16.1):

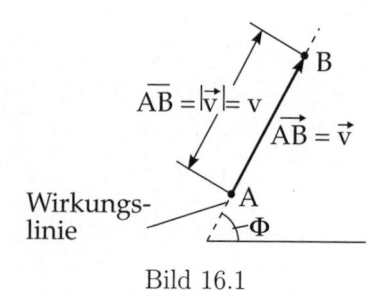

$$\overline{AB} = |\vec{v}| = v \qquad \overrightarrow{AB} = \vec{v}$$

Wirkungslinie

Bild 16.1

- die *Länge der Strecke* (Angabe einer Maßzahl),
- die *Richtung* (in der Ebene durch Angabe eines Winkels im kartesischen Koordinatensystem),
- den *Richtungssinn* (Pfeilspitze am Ende der Strecke).

16.1 Grundbegriffe, Definitionen

Ist die Lage des Vektors im Raum beliebig, so kann der Vektor nicht nur längs seiner *Wirkungslinie*, sondern auch parallel dazu verschoben werden. Man spricht dann von einem f r e i e n V e k t o r , beispielsweise sind die Geschwindigkeit oder die Beschleunigung freie Vektoren. In der Physik liegt es oft in der Natur der betreffenden Größe, die durch einen Vektor dargestellt werden soll, daß der Vektor nicht mehr frei beweglich ist. Man spricht dann von einem g e b u n d e n e n V e k t o r . Die häufigste Art sind die sogenannten F e l d v e k t o r e n :

Jedem Punkt eines Gebietes ist ein Vektor zugeordnet, alle Vektoren zusammen bilden ein V e k t o r f e l d . Beispiele für Vektorfelder sind die elektrische Feldstärke, das Schwerefeld der Erde, das Geschwindigkeitsfeld einer Strömung. Feldvektoren sind an einen bestimmten Raumpunkt gebunden. Vektorielle Verknüpfungen dürfen nur zwischen solchen Feldvektoren durchgeführt werden, die zum gleichen Raumpunkt gehören.

Auch eine Einzelkraft (z. B. in der Technischen Mechanik) ist ein gebundener Vektor, der nicht von seinem Angriffspunkt aus verschoben werden darf.

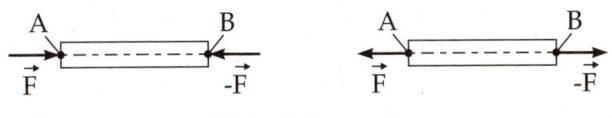

Bild 16.2a und b

In Bild 16.2a ist ein Stab dargestellt, der durch die im Punkt A angreifende Kraft $\vec{F}$ und die in dem Punkt B angreifende Kraft $-\vec{F}$ zusammengedrückt wird. Er ist ein sich im Gleichgewicht befindender *Druckstab*, da $\vec{F}$ und $-\vec{F}$ vom Betrag her gleich groß sind und dieselbe Wirkungslinie besitzen, jedoch entgegengesetzt gerichtet sind.

In Bild 16.2b wurden die beiden Kräfte längs ihrer Wirkungslinie in die gegenüberliegenden Angriffspunkte verschoben. Der Stab befindet sich auch in diesem Fall im Gleichgewicht, doch liegt jetzt ein ganz anderer Belastungsfall vor, die beiden Kräfte ziehen den Stab auseinander: aus dem Druckstab wurde ein *Zugstab*.

Kräfte, die an „starren Körpern[1])" angreifen, darf man längs ihrer Wirkungslinie, die durch den Angriffspunkt verläuft, verschieben, ohne daß sich die Wirkung auf den Körper verändert (Verschiebeaxiom[2]) der Statik). Eine Verschiebung der Kraft parallel zu ihrer Wirkungslinie ist allerdings nicht zulässig (Bild 16.3), sie ist ein l i n i e n g e b u n d e n e r V e k t o r . Bild 16.3a zeigt einen Körper, der unter den angreifenden Kräften $\vec{F}$ und $-\vec{F}$ im Gleichgewicht ist.

Verschiebt man zum Beispiel die Kraft $\vec{F}$ parallel zu ihrer Wirkungslinie nach unten (Bild 16.3b), entsteht ein Drehmoment $\vec{M}$, das den Körper im Uhrzeigersinn zu drehen versucht. Diese Beispiele zeigen, daß dem Vektor unter Umständen mehr Bedingungen auferlegt werden müssen, als es der mathematischen Definition entspricht, sobald eine physikalische Größe durch einen Vektor dargestellt wird. Ein Vektor ist

---

[1]) Starre Körper: Starre Körper sind Bauteile, bei denen die Verformbarkeit und Elastizität des Werkstoffes vernachlässigt werden können.
[2]) Axiom: Keines Beweises bedürfender Lehrsatz.

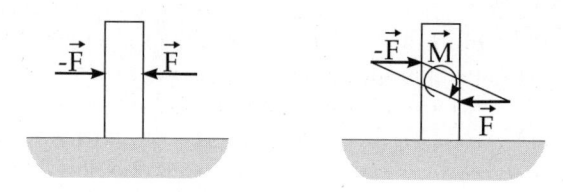

Bild 16.3a und b

demnach eine physikalische Größe, die mehrere Bestimmungsstücke in sich vereinigt, nämlich den Betrag, die Richtung und den Richtungssinn. Man kennzeichnet ihn durch:
- einen lateinischen Buchstaben mit Pfeil ($\vec{a}$) oder
- den Anfangs- und Endpunkt des den Vektor darstellenden Pfeiles ($\overrightarrow{AB}$).

Früher wurden Vektoren auch durch deutsche Buchstaben bezeichnet. In dem vorliegenden Abschnitt werden die Vektoren mit einem Pfeil gekennzeichnet.

In Gegensatz zum Vektor bezeichnet man eine physikalische Größe, die durch Maßzahl und Einheit eindeutig bestimmt ist, als S k a l a r ; z. B. die Zeit, die Masse, die Temperatur.

16.1.2 Definitionen

Definition
- Der B e t r a g a des Vektors $\vec{a}$ ist die Maßzahl der Länge eines Pfeiles, der den Vektor darstellt: $a = |\vec{a}|$
- Ein Vektor, bei dem Anfangs- und Endpunkt zusammenfallen, bezeichnet man als N u l l v e k t o r $\vec{0}$. Der Nullvektor ist ein Vektor vom Betrag Null, dem jede Richtung zugeordnet werden kann.
- Jeder Vektor mit dem Betrag „1" heißt E i n s v e k t o r oder „E i n - h e i t s v e k t o r "

$$\vec{a}_E = \frac{\vec{a}}{|\vec{a}|}$$

Es gibt unendlich viele verschiedene Einheitsvektoren, jedoch gehört zu einem bestimmten Vektor $\vec{a}$ nur der Einheitsvektor $\vec{a}_E$ mit gleichem Richtungssinn wie $\vec{a}$. Daher läßt sich ein Vektor $\vec{a}$ auch durch folgende Schreibweise darstellen:

$$\boxed{\vec{a} = |\vec{a}| \cdot \vec{a}_E} \tag{16.1}$$

Das heißt, jeder Vektor kann als Produkt aus seinem Betrag $a = |\vec{a}|$ und dem zugehörigen Einheitsvektor $\vec{a}_E$ dargestellt werden.

Definition

- Ein Vektor, dessen Anfang im Ursprung eines kartesischen Koordinatensystems und dessen Spitze in einem beliebigen Punkt P liegen, bezeichnet man als O r t s v e k t o r $\vec{r}$ (Bild 16.4a). Durch die Angabe des Ortsvektors $\vec{r}$ ist der Punkt P in der Ebene eindeutig festgelegt.

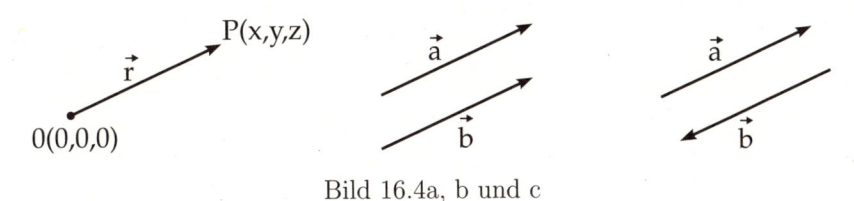

Bild 16.4a, b und c

- Vektoren sind g l e i c h , wenn sie durch Parallelverschiebung zur Deckung gebracht werden können (Bild 16.4b), das heißt, die beide Vektoren darstellenden Pfeile müssen in Länge, Richtung und Richtungssinn übereinstimmen.

- Zwei Vektoren heißen G e g e n v e k t o r e n , wenn sie sich nur durch ihr Vorzeichen unterscheiden. Sie haben gleichen Betrag, aber entgegengesetzten Richtungssinn. Zum Beispiel ist in Bild 16.4c $\vec{b} = -\vec{a}$.

16.2 Rechengesetze

16.2.1 Addition

- Zwei Vektoren $\vec{a}$ und $\vec{b}$ werden graphisch addiert, indem man den Anfangspunkt des einen Vektors an den Endpunkt des anderen Vektors legt. Der Summenvektor ist durch die Verbindung vom Anfangspunkt des ersten zum Endpunkt des zweiten Vektors gegeben (Bild 16.5).

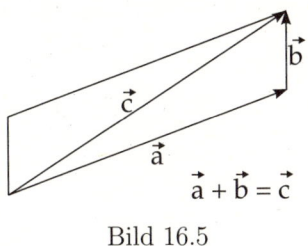

Bild 16.5

Für die Vektoraddition gelten folgende Sätze:
1. Die Summe zweier Vektoren ist wieder ein Vektor.

2. Das Kommutativgesetz: Die Reihenfolge, in der Vektoradditionen ausgeführt werden, ist beliebig.
$$\vec{a} + \vec{b} = \vec{b} + \vec{a}$$

3. Das Assoziativgesetz: Bei der Addition von mehreren Vektoren ist es beliebig, welche Vektoren zunächst zu einer Teilsumme zusammengefaßt werden.
$$(\vec{a} + \vec{b}) + \vec{c} = \vec{a} + (\vec{b} + \vec{c}) = \vec{a} + \vec{b} + \vec{c}$$

4. Der Summenvektor beliebig vieler Vektoren läßt sich über eine V e k t o r - k e t t e oder ein V e k t o r e c k (Vektorpolygon[1]) (Bild 16.6) ermitteln.

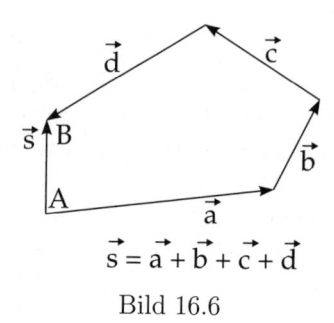

$$\vec{s} = \vec{a} + \vec{b} + \vec{c} + \vec{d}$$

Bild 16.6

Zum Beispiel werden in Bild 16.6 von einem Punkt A ausgehend die Vektoren $\vec{a}, \vec{b}, \vec{c}, \vec{d}$ schrittwese graphisch addiert und ergeben als Endpunkt von $\vec{d}$ den Punkt B. Der Vektor $\overrightarrow{AB}$ ist der Summenvektor $\vec{s}$.

Fällt der Anfangspunkt A des ersten Vektors $\vec{a}$ mit dem Endpunkt B des letzten - in diesem Fall $\vec{d}$ - zusammen, ist das Vektoreck geschlossen und $\vec{s}$ gleich dem Nullvektor $\vec{s} = \vec{0}$.

16.2.2 Subtraktion

Entsprechend den Rechenarten von Zahlen wird die Subtraktion als Umkehrung der Addition eingeführt:
Aus
$$\vec{b} + \vec{c} = \vec{a} \quad \text{folgt} \quad \vec{c} = \vec{a} - \vec{b}$$

Der Differenzvektor $\vec{c}$ ist der Vektor, den man zu $\vec{b}$ addieren muß, um $\vec{a}$ zu erhalten. Diese Definition ist gleichbedeutend mit
$$\vec{a} - \vec{b} = \vec{a} + (-\vec{b})$$

Das heißt, man erhält „$\vec{a} - \vec{b}$", indem man zu $\vec{a}$ den Gegenvektor von $\vec{b}$ addiert (Bild 16.7).

---
[1] Polygon: Ein Polygon ist ein Vieleck

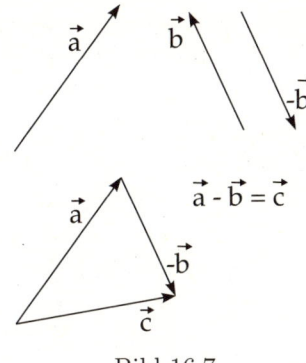

Bild 16.7

16.2.3 Multiplikation eines Vektors mit einem Skalar

Definition
- Ist k eine beliebige reelle Zahl, $\vec{a}$ ein beliebiger Vektor, so ist das Produkt $k \cdot \vec{a}$ wieder ein Vektor, der
  1. für $k > 0$ die k-fache Länge von $\vec{a}$ hat und gleichsinnig parallel zu $\vec{a}$ ist;
  2. für $k < 0$ die k-fache Länge von $\vec{a}$ hat, aber gegensinnig parallel zu $\vec{a}$ ist;
  3. für $k = 0$ dem Nullvektor $\vec{0}$ entspricht.
- Vektoren, die zu derselben Geraden parallel sind, heißen k o l l i n e a r e Vek-
t o r e n .

Weiter gelten folgende Sätze:
1. Das Kommutativgesetz:
$$k \cdot \vec{a} = \vec{a} \cdot k$$
2. Das Assoziativgesetz:
$$k_1 \cdot (k_2 \cdot \vec{a}) = (k_1 \cdot k_2) \cdot \vec{a} = k_1 \cdot k_2 \cdot \vec{a}$$
3. Zwei Distributivgesetze:
$$1) \quad k \cdot (\vec{a} + \vec{b}) = k \cdot \vec{a} + k \cdot \vec{b}$$
$$2) \quad (k_1 + k_2) \cdot \vec{a} = k_1 \cdot \vec{a} + k_2 \cdot \vec{a}$$

Anstatt der Schreibweise $k \cdot \vec{a}$ für ein Produkt ist auch die Darstellung $k\vec{a}$ zulässig.

Beispiel 16.1:
Man berechnet den Vektor $\vec{x}$ aus der linearen Vektorgleichung:
$$3\vec{x} + 2(\vec{a} - \vec{x}) = 3\vec{b} - \vec{x} + 5(\vec{b} + 2\vec{x})$$

Lösung:
Durch eine Gleichungsumformung erhält man das Ergebnis
$$\vec{x} = \frac{\vec{a}}{4} - \vec{b}$$

Beispiel 16.2:
Es ist zu beweisen, daß sich die Diagonalen eines Parallelogramms halbieren (Bild 16.8).

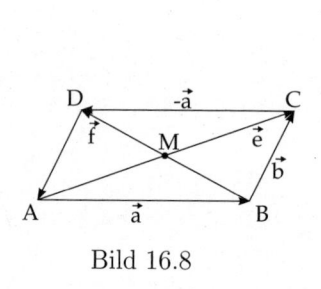

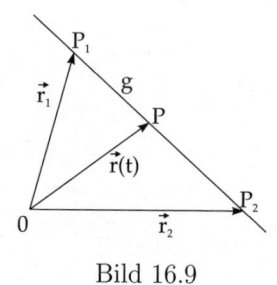

Bild 16.8　　　　　Bild 16.9

Lösung:
Aus $\vec{e} = \vec{a} + \vec{b}$ und $\vec{f} = \vec{b} - \vec{a}$ folgt einmal
$$\vec{e} + \vec{f}) = 2\vec{b}$$

und daraus

$$\vec{b} = \frac{\vec{e}+\vec{f}}{2} = \frac{\vec{e}}{2} + \frac{\vec{f}}{2}$$

und zum anderen

$$\vec{e} - \vec{f} = 2\vec{a}$$

und daraus

$$\vec{a} = \frac{\vec{e}-\vec{f}}{2} = \frac{\vec{e}}{2} - \frac{\vec{f}}{2}$$

und damit $\overline{AM} = \frac{1}{2}\overline{AC}$ und $\overline{BM} = \frac{1}{2}\overline{DB}$.

Beispiel 16.3:
Gesucht ist die Gleichung der Geraden durch die beiden Raumpunkte P_1 und P_2.

Lösung:
Bezeichnet man den Ortsvektor von P_1 mit $\vec{r}_1$ (Bild 16.9), den von P_2 mit $\vec{r}_2$ und den von einem beliebigen variablen Punkt auf der gesuchten Geraden mit $\vec{r}$, so gilt:
$\vec{r} = \vec{r}_1 + \overrightarrow{P_1P}$ (I)
$\overrightarrow{P_1P} = k\,\overrightarrow{P_1P_2}$ (II)
$\overrightarrow{P_1P_2} = \vec{r}_2 - \vec{r}_1$ (III)
Durch Einsetzen der Gleichung (III) in (II) und (II) in (I) erhält man die gesuchte Geradengleichung
$\underline{\underline{\vec{r} = \vec{r}_1 + k(\vec{r}_2 - \vec{r}_1)}}$ (IV)

16.3 Komponenten, Koordinaten, Richtungswinkel

Bisher wurde der Vektor in seiner bildlich-geometrischen Darstellungsform als gerichtete Strecke betrachtet. Für numerische Rechnungen benötigt man jedoch eine Darstellung, die den praktischen Gegebenheiten besser entspricht. Zu diesem Zweck wird ein rechtwinkliges räumliches Koordinatensystem (Bild 16.10) eingeführt, und alle Vektoren werden in bezug auf dieses System betrachtet.

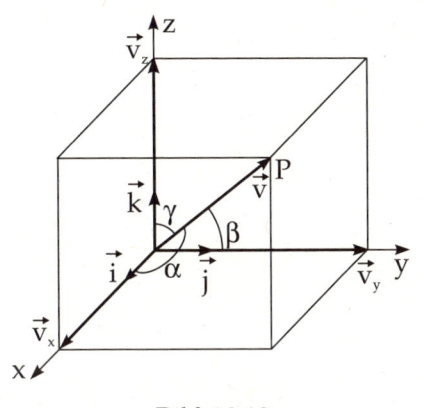

Bild 16.10

Die Anordnung der positiven x-, y- und z-Achse ist so gewählt, daß bei einer Drehung der positiven x-Achse in die positive y-Achse die positive z-Achse in die Richtung zeigt, in die sich bei der gleichen Bewegung eine rechtsgängige Schraube bewegen würde. Ein derartiges System heißt R e c h t s s y s t e m .

Jeder der drei Koordinatenachsen wird ein sogenannter E i n h e i t s v e k t o r (siehe Def.) $\vec{i}, \vec{j}, \vec{k}$ in entsprechender Reihenfolge zugeordnet. Jeder freie Vektor darf so verschoben werden, daß sein Anfang in den Koordinatenursprung fällt. Ferner läßt sich jeder Vektor als eine Summe aus drei Vektoren darstellen, deren Wirkungslinien parallel zu den drei Koordinatenachsen verlaufen:

$$\vec{v} = \vec{v_x} + \vec{v_y} + \vec{v_z} \tag{I}$$

Die drei Vektoren $\vec{v_x}, \vec{v_y}, \vec{v_z}$ werden die drei v e k t o r i e l l e n K o m p o n e n t e n des Vektors $\vec{v}$ genannt. Diese lassen sich jeweils als Produkt ihres Betrages mit den entsprechenden Einheitsvektoren in Richtung der Koordinatenachsen darstellen:

$$\begin{aligned}\vec{v_x} &= |\vec{v_x}| \cdot \vec{i} = v_x \cdot \vec{i} \\ \vec{v_y} &= |\vec{v_y}| \cdot \vec{j} = v_y \cdot \vec{j} \\ \vec{v_z} &= |\vec{v_z}| \cdot \vec{k} = v_z \cdot \vec{k}\end{aligned} \tag{II}$$

Werden die Gleichungen (II) in die Gleichung (I) eingesetzt, ist das Ergebnis die Basisdarstellung des Vektors:

$$\vec{v} = v_x \cdot \vec{i} + v_y \cdot \vec{j} + v_z \cdot \vec{k}$$ (16.2)

Der Name Basisdarstellung stammt daher, daß die drei Vektoren $\vec{i}, \vec{j}, \vec{k}$ eine o r t h o - g o n a l e[1] B a s i s , auch o r t h o g o n a l e s D r e i b e i n genannt, bilden. Die skalaren Größen v_x, v_y, v_z heißen s k a l a r e K o m p o n e n - t e n des Vektors $\vec{v}$. Mi ihnen ist es möglich, einen Vektor beliebiger Richtung im Raum durch drei Skalare (Zahlen) auszudrücken. Diese drei Zahlen sind zugleich die Koordinaten x, y, z des Raumpunktes P, für den $\overrightarrow{OP} = \vec{v}$ ist. Häufig werden der Einfachheit halber die Pluszeichen und die Einheitsvektoren $\vec{i}, \vec{j}, \vec{k}$ weggelassen. Der Vektor wird in diesem Fall nur noch mit seinen Komponenten angegeben, entweder in Z e i l e n f o r m

$$\vec{v} = (v_x; v_y; v_z)$$

oder in S p a l t e n f o r m

$$\vec{v} = \begin{pmatrix} v_x \\ v_y \\ v_z \end{pmatrix}$$

Allgemein spricht man von Zeilen- und Spaltenmatrizen. Aus den gegebenen Koordinaten von $\vec{v}$ erhält man nach dem Satz von Pythagoras den Betrag des Vektors $\vec{v}$:

$$|\vec{v}| = \sqrt{v_x^2 + v_y^2 + v_z^2}$$ (16.3)

Der Betrag von $\vec{v}$ ist stets eine positive Größe. Oft ist eine zahlenmäßige Angabe der Richtung von $\vec{v}$ erwünscht. Hierzu werden die Richtungswinkel α, β, γ eingeführt. Es sind die drei Winkel zwischen den positiven Koordinatenachsen und dem Vektor. Den Kosinus eines Winkels bezeichnet man als R i c h t u n g s k o s i n u s :

$$\cos\alpha = \frac{v_x}{v}; \quad \cos\beta = \frac{v_y}{v}; \quad \cos\gamma = \frac{v_z}{v}$$ (16.4)

Die Winkel sind nicht unabhängig voneinander, vielmehr ergibt sich durch Quadrieren und Addieren dieser drei Gleichungen unter Beachtung von Gl. (16.3) die Beziehung:

$$\cos^2\alpha + \cos^2\beta + \cos^2\gamma = 1$$ (16.5)

Löst man diese Gleichung nach einem Winkel auf, dann ist der Winkel wegen des doppelten Vorzeichens der Quadratwurzel nicht eindeutig bestimmt. Damit ist auch ein Vektor durch Angabe seines Betrages und zweier Richtungswinkel nicht eindeutig bestimmt. Deshalb werden stets alle Richtungswinkel angegeben. Dies hat den

---

[1] orthogonal (griech. orthos gon, rechter Winkel): rechtwinklig

16.3 Komponenten, Koordinaten, Richtungswinkel

Vorteil, daß keine besonderen Vereinbarungen über den Drehsinn und das Vorzeichen getroffen zu werden brauchen. Bei den weiteren Rechnungen mit den Vektoren werden die Komponenten benötigt. Falls der Vektor durch Betrag und Richtungswinkel gegeben ist, erhält man die Komponenten des Vektors $\vec{v}$ durch Umformen der Gleichungen (16.4):

$$\boxed{\begin{aligned} v_x &= v \cdot \cos\alpha \\ v_y &= v \cdot \cos\beta \\ v_z &= v \cdot \cos\gamma \end{aligned}} \qquad (16.6)$$

Damit kann der Vektor $\vec{v}$ aus Gleichung (16.2) in der Basisform dargestellt werden:

$$\boxed{\vec{v} = v \cdot (\vec{i}\cos\alpha + \vec{j}\cos\beta + \vec{k}\cos\gamma) = v \cdot \vec{v_E}} \qquad (16.7)$$

mit $\vec{v_E}$ als Einheitsvektor von $\vec{v}$. Aus Gleichung (16.7) folgt

$$\boxed{\vec{v_E} = \vec{i}\cos\alpha + \vec{j}\cos\beta + \vec{k}\cos\gamma} \qquad (16.7a)$$

d. h., die Komponenten eines Einheitsvektors sind die Richtungskosinusse dieses Vektors.

Ist ein Richtungswinkel 90°, so wird die betreffende Komponente gleich Null. Der Vektor liegt dann in einer Koordinatenebene.

Bei der Addition und Subtraktion von Vektoren in Komponentenform werden die zur gleichen Richtung gehörenden Komponenten addiert oder subtrahiert (Bild 16.11).

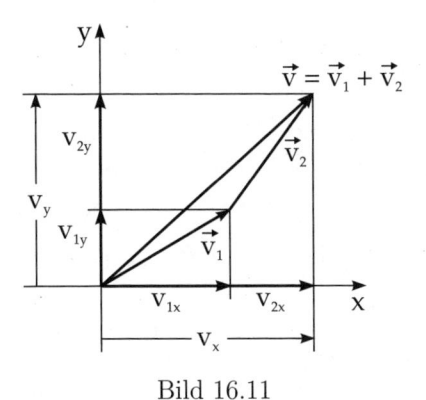

Bild 16.11

$$\boxed{\begin{aligned} \vec{v_1} + \vec{v_2} &= (v_{1x}; v_{1y}; v_{1z}) + (v_{2x}; v_{2y}; v_{2z}) \\ &= (v_{1x} + v_{2x}; v_{1y} + v_{2y}; v_{1z} + v_{2z}) \end{aligned}} \qquad (16.8)$$

Bei der Spaltenform wird entsprechend verfahren:
$$\vec{v_1} + \vec{v_2} = \begin{pmatrix} v_{1x} \\ v_{1y} \\ v_{1z} \end{pmatrix} + \begin{pmatrix} v_{2x} \\ v_{2y} \\ v_{2z} \end{pmatrix} = \begin{pmatrix} v_{1x} + v_{2x} \\ v_{1y} + v_{2y} \\ v_{1z} + v_{2z} \end{pmatrix}$$

Beispiel 16.4:
Gegeben sind die beiden Kräfte $\vec{F_1}$ und $\vec{F_2}$ durch ihre Beträge und die Richtungswinkel ihrer Komponenten:

$F_1 = 1472$ N; $\alpha_1 = 60°$; $\beta_1 = 130°$; $\gamma_1 = 54,5°$
$F_2 = 1992$ N; $\alpha_2 = 160°$; $\beta_2 = 90°$; $\gamma_2 = 70°$

Man berechne Betrag und Richtung der resultierenden Kraft
$\vec{F} = \vec{F_1} + \vec{F_2}$.

Lösung:
Zunächst werden die Komponenten der beiden Kräfte nach Gleichung (16.6) berechnet und gerundet:

$F_x = F\cos\alpha$; $F_y = F\cos\beta$; $F_z = F\cos\gamma$
$\vec{F_1} = (736; -946; 855)$ N;
$\vec{F_2} = (-1872; 0; 681)$ N

und entsprechend Gleichung (16.8) addiert:

$\vec{F} = (F_{1x} + F_{2x}; F_{1y} + F_{2y}; F_{1z} + F_{2z}) = (-1136; -946; 1536)$ N.

Mit diesen Werten berechnet man den Betrag von $\vec{F}$ mit der Gleichung (16.3):

$F = \sqrt{(-1136)^2 + (-946)^2 + 1536^2} = \underline{2132 \text{ N}}$

und die Richtungskosinusse nach Gleichung (16.4):

$\cos\alpha = -1136/2132$, daraus folgt: $\underline{\alpha = 122°}$
$\cos\beta = -946/2132$, daraus folgt: $\underline{\beta = 116°}$
$\cos\gamma = 1536/2132$, daraus folgt: $\underline{\gamma = 44°}$

16.4 Lineare Abhängigkeit von Vektoren

Für viele praktische Anwendungen ist der Begriff der L i n e a r k o m b i n a - t i o n   v o n   V e k t o r e n   sehr wichtig.

Definition:
- Jeder Ausdruck der Form

$$k_1\vec{v_1} + k_2\vec{v_2} + k_3\vec{v_3} + \ldots + k_n\vec{v_n}$$

in dem $k_1, k_2, \ldots, k_n$ reelle Zahlen und $\vec{v_1}, \vec{v_2}, \ldots, \vec{v_n}$ Vektoren sind, heißt Linearkombination der Vektoren $\vec{v_1}$ bis $\vec{v_n}$.

16.4 Lineare Abhängigkeit von Vektoren

Die Summe $\vec{s} = \vec{a} + \vec{b} + \vec{c} + \vec{d}$ (siehe Bild 16.6) ist z. B. eine Linearkombination der Vektoren $\vec{s}, \vec{a}, \vec{b}, \vec{c}, \vec{d}$ mit $k_1 = k_2 = k_3 = k_4 = 1$.

Definition:
- Die n Vektoren $\vec{v_1}, \vec{v_2}$ bis $\vec{v_n}$ sind dann l i n e a r a b h ä n g i g , wenn gilt:

$$\boxed{k_1 \vec{v_1} + k_2 \vec{v_2} + \ldots + k_n \vec{v_n} = \vec{0}} \qquad (16.9)$$

wobei k_1 bis k_n reelle Zahlen sein sollen, die ungleich Null sind. Ist Gleichung (16.9) nur für $k_1 = k_2 = \ldots = k_n = 0$ erfüllt, sind die Vektoren l i n e a r u n - a b h ä n g i g .

Zwei Vektoren $\vec{v_1}$ und $\vec{v_2}$ sind linear abhängig, wenn sie kollinear sind, d. h., wenn ihre Wirkungslinien parallel zueinander verlaufen. Dann läßt sich der eine Vektor durch das k-fache des anderen ausdrücken (Bild 16.12a).

$\vec{v_1} = -k_2 \vec{v_2}$ oder $\vec{v_1} + k_2 \vec{v_2} = \vec{0}$

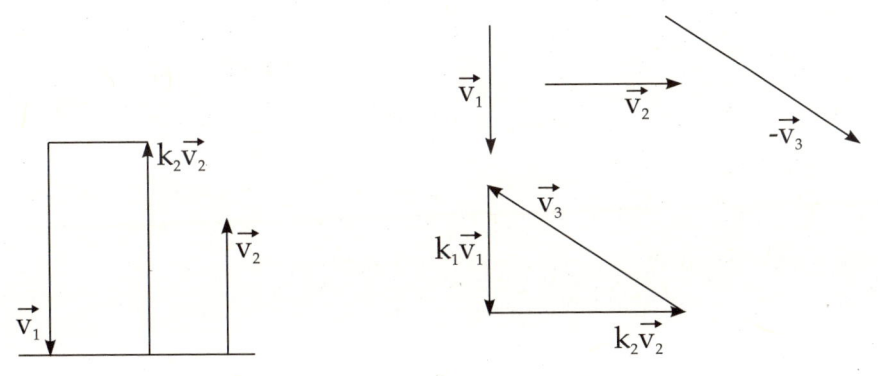

Bild 16.12a und b

Beispiel 16.5:
Welche mit dem Vektor $\vec{v_1} = \vec{i} - 2\vec{j} + 3\vec{k}$ kollineare Vektor hat die Komponente $5\vec{j}$?

Lösung:
Schreibt man die Linearitätsbedingung $\vec{v_1} + k_2 \vec{v_2} = \vec{0}$ in Spaltenform

$$\begin{pmatrix} 1 \\ -2 \\ 3 \end{pmatrix} + k_2 \begin{pmatrix} x_2 \\ 5 \\ z_2 \end{pmatrix} = \begin{pmatrix} 0 \\ 0 \\ 0 \end{pmatrix}$$

erhält man ein Gleichungssystem mit drei Gleichungen zur Berechnung der drei Unbekannten k_2, x_2, z_2:

$$\begin{aligned} 1 + k_2 x_2 &= 0 \\ -2 + k_2 5 &= 0 \\ 3 + k_2 z_2 &= 0 \end{aligned}$$

Daraus folgt:
$$k_2 = \frac{2}{5}; \quad x_2 = -\frac{5}{2}; \quad z_2 = -\frac{15}{2}$$
Der gesuchte Vektor lautet:
$$\underline{\underline{\vec{v}_2 = \left(-\frac{5}{2}; 5; -\frac{15}{2}\right)}}$$

Ebenso sind drei Vektoren $\vec{v}_1, \vec{v}_2, \vec{v}_3$ genau dann voneinander linear abhängig, wenn sie in einer Ebene liegen. Ein Vektor der Ebene läßt sich immer als Linearkombination zweier anderer Vektoren derselben Ebene darstellen (Bild 16.12b). Aus
$$k_1\vec{v}_1 + k_2\vec{v}_2 = -\vec{v}_3 \quad \text{folgt}$$
$$k_1\vec{v}_1 + k_2\vec{v}_2 + \vec{v}_3 = \vec{0} \quad \text{mit} \quad k_3 = 1$$

Entsprechend zu zwei linear voneinander abhängigen Vektoren, die man als kollineare Vektoren bezeichnet, heißen drei linear voneinander abhängige Vektoren komplanar.

Definition:
- Vektoren heißen k o m p l a n a r , wenn sie in einer Ebene liegen.

Beispiel 16.6:
Man beweise, daß sich die drei Seitenhalbierenden eines Dreiecks
a) im Verhältnis 2:1 teilen und
b) in einem Punkt schneiden

Lösung zu a):
Man betrachtet die Seiten des Dreiecks als Vektoren und das Dreieck selbst als ein geschlossenes Vektoreck (Bild 16.13a), für das gilt:

$$\vec{a} + \vec{b} + \vec{c} = \vec{0} \tag{I}$$
$$\vec{c} = -\vec{a} - \vec{b} \tag{Ia}$$
$$\overline{AD} = -\vec{b} - \frac{\vec{a}}{2} \tag{IIa}$$
$$\overline{BE} = \vec{a} + \frac{\vec{b}}{2} \tag{IIb}$$
$$\overline{AS} = \vec{c} + \overline{BS} \tag{III}$$
$$\text{weiter gilt: } \overline{AS} = m \cdot \overline{AD} \tag{IV}$$
$$\text{und } \overline{BS} = n \cdot \overline{BE} \tag{V}$$

Gleichsetzen der Gleichungen (III) und (IV) führt auf
$$\vec{c} + \overline{BS} = m \cdot \overline{AD} \tag{VI}$$

Setzt man die Gleichungen (Ia), (V), (IIa) und (IIb) in Gleichung (VI) ein, erhält man
$$-\vec{a} - \vec{b} + n\left(\vec{a} + \frac{\vec{b}}{2}\right) = m\left(-\vec{b} - \frac{\vec{a}}{2}\right)$$

und nach entsprechenden Umformungen
$$\vec{a}\left(n - 1 + \frac{m}{2}\right) + \vec{b}\left(\frac{n}{2} - 1 + m\right) = \vec{0} \tag{VII}$$

16.4 Lineare Abhängigkeit von Vektoren

Gleichung (VII) ist eine Linearkombination aus zwei nicht kollinearen Vektoren. Sie ist nur erfüllt, wenn beide Klammerausdrücke – sie entsprechen k_1 und k_2 – Null werden:

$$n - 1 + \frac{m}{2} = 0 \quad \text{und} \quad \frac{n}{2} - 1 + m = 0$$

Daraus errechnet man: $m = \frac{2}{3}$ und $n = \frac{2}{3}$
womit bewiesen ist, daß sich die drei Seitenhalbierenden eines Dreiecks im Verhältnis 2:1 teilen.

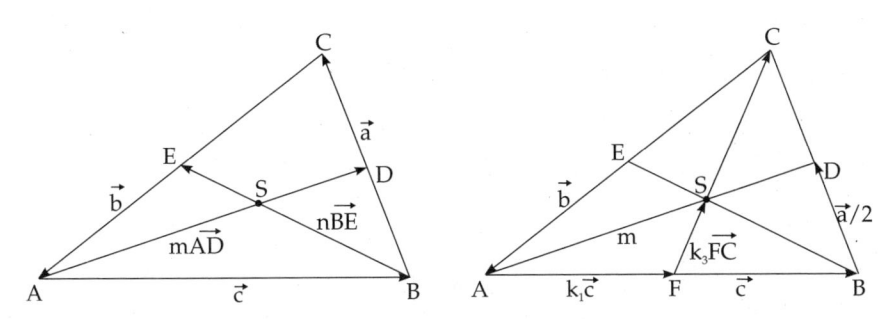

Bild 16.13a und b

Lösung zu b):
Für den zweiten Beweis zeichnet man eine Gerade durch den Schnittpunkt S der beiden anderen Seitenhalbierenden und durch den Eckpunkt C des gegebenen Dreiecks (Bild 16.13b). Anschließend ist nachzuweisen, daß diese Gerade die Seite $\overline{AB}$ des Dreiecks halbiert:

$$k_1 \vec{c} + k_3 \overrightarrow{FC} = m \overrightarrow{AD} = m \left(\vec{c} + \frac{\vec{a}}{2} \right) \quad \text{(VIII)}$$

$$k_1 \vec{c} + \overrightarrow{FC} = -\vec{b} \quad \text{daraus folgt} \quad \overrightarrow{FC} = -\vec{b} - k_1 \vec{c} \quad \text{(IX)}$$

Gleichungen (IX) und (I) in Gleichung (VIII) einsetzen:

$$k_1 \vec{c} + k_3(-\vec{b} - k_1 \vec{c}) = m \left(\vec{c} + \frac{\vec{a}}{2} \right) = m \left(\vec{c} - \frac{\vec{b}}{2} - \frac{\vec{c}}{2} \right) = \frac{m}{2}(\vec{c} - \vec{b})$$

Nach einer weiteren Umformung erhält man:

$$\vec{c}\left(k_1 - k_3 k_1 - \frac{m}{2} \right) + \vec{b}\left(\frac{m}{2} - k_3 \right) = \vec{0}$$

Da $\vec{c}$ und $\vec{b}$ nicht kollinear sind, gilt diese Gleichung nur, wenn

$$\left(k_1 - k_3 k_1 - \frac{m}{2} \right) = 0 \quad \text{und} \quad \left(\frac{m}{2} - k_3 \right) = 0 \quad \text{sind.}$$

Aus diesen beiden Bedingungen erhält man $k_3 = \frac{1}{3}$ und $k_1 = \frac{1}{2}$, womit der geforderte Beweis erbracht ist.

Durch den Beweis werden zwei Gesichtspunkte der Vektorrechung verdeutlicht:
1. Zur Durchführung waren außer der Addition und der Subtraktion von Vektoren keinerlei schwierige geometrische Überlegungen nötig. Diese Einfachheit ist es, die solche und ähnliche Operationen so anschaulich und durchsichtig gestaltet.
2. Bei der Rechnung muß die Richtung der Vektoren berücksichtigt werden.

Man vergleiche auch Abschnitt 12.4.

Beispiel 16.7:
Zwei Füße eines Dreibeines sind durch die Vektoren $\vec{r_1} = \vec{i}$ und $\vec{r_2} = -\vec{i}$ festgelegt. Die Spitze ist durch den Ortsvektor $\vec{r_4} = \vec{j} + 4\vec{k}$ bestimmt, dort greift die Kraft $\vec{F} = \vec{j} + \vec{k}$ an. Der dritte Fuß des Dreibeins wird durch den Ortsvektor $\vec{r_3} = p \cdot \vec{j}$ dargestellt (Bild 16.14a).

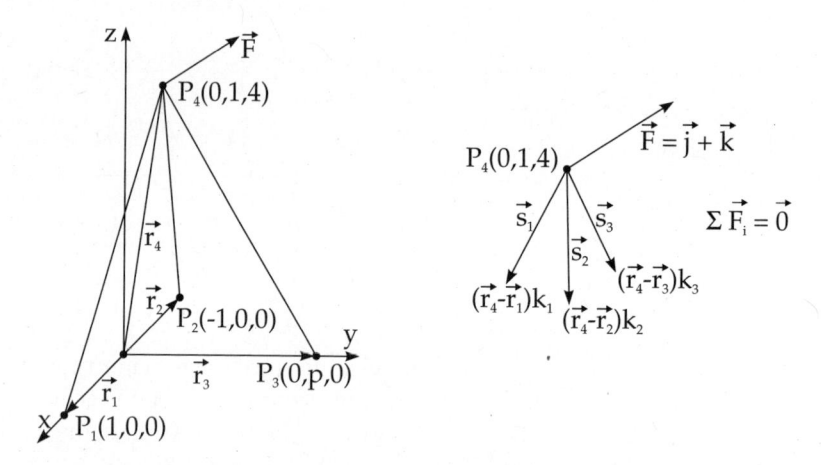

Bild 16.14a und b

a) Man berechne die Kraft in der Strebe $P_3 P_4$ in Abhängigkeit von p.
b) Wie groß werden die Strebenkräfte für beliebig wachsendes p?

Lösung zu a):
Nach den Gesetzen der Mechanik müssen die in der Spitze $P_4(0;1;4)$ des Dreibeins angreifenden Kräfte – die drei Strebenkräfte und die Kraft $\vec{F}$ (Bild 16.14b) – zueinander im Gleichgewicht stehen:
$$\vec{s_1} + \vec{s_2} + \vec{s_3} = \vec{F} \tag{X}$$
Da die Streben nur auf Druck oder Zug beansprucht werden – es treten keine Biege- oder Torsionskräfte auf –, ist die Lage der Strebenkräfte durch die Lage der Streben eindeutig bestimmt. Die Wirkungslinien der Strebenkräfte liegen in den Streben, deren Lage durch die Differenzvektoren der entsprechenden Ortsvektoren $\vec{r_1}$ bis $\vec{r_2}$ bestimmt wird. Aus (X) folgt daher:
$$k_1 \overrightarrow{P_1 P_4} + k_2 \overrightarrow{P_2 P_4} + k_3 \overrightarrow{P_3 P_4}$$
$$= k_1(\vec{r_4} - \vec{r_1}) + k_2(\vec{r_4} - \vec{r_2}) + k_3(\vec{r_4} - \vec{r_3}) = \vec{F}$$

(Die Koeffizienten k_i haben die Einheit Kraft/Länge) und in Komponentenform

$$k_1 \begin{pmatrix} 0-1 \\ 1-0 \\ 4-0 \end{pmatrix} + k_2 \begin{pmatrix} 0-(-1) \\ 1-0 \\ 4-0 \end{pmatrix} + k_3 \begin{pmatrix} 0-0 \\ 1-p \\ 4-0 \end{pmatrix} = \begin{pmatrix} 0 \\ 1 \\ 1 \end{pmatrix}$$

Diese Darstellung beinhaltet ein Gleichungssystem mit drei Gleichungen zur Berechnung der drei Unbekannten k_1, k_2, k_3:

$-k_1 + k_2 = 0$
$k_1 + k_2 + k_3(1-p) = 1$
$4k_1 + 4k_2 + 4k_3 = 1$

Man erhält:
$$k_1 = k_2 = \frac{1}{8} + \frac{3}{8p}$$
$$k_3 = -\frac{3}{4p}$$

Damit gilt für die Strebenkräfte $\vec{s_1}$ (s. Bild 16.14b):

$$\vec{s_1} = k_1(\vec{r_4} - \vec{r_1}) = \left(\frac{1}{8} + \frac{3}{8p}\right) \begin{pmatrix} -1 \\ 1 \\ 4 \end{pmatrix} = \begin{pmatrix} -\dfrac{1}{8} - \dfrac{3}{8p} \\ \dfrac{1}{8} + \dfrac{3}{8p} \\ \dfrac{1}{2} + \dfrac{3}{2p} \end{pmatrix}$$

$$\vec{s_2} = k_2(\vec{r_4} - \vec{r_2}) = \left(\frac{1}{8} + \frac{3}{8p}\right) \begin{pmatrix} 1 \\ 1 \\ 4 \end{pmatrix} = \begin{pmatrix} \dfrac{1}{8} + \dfrac{3}{8p} \\ \dfrac{1}{8} + \dfrac{3}{8p} \\ \dfrac{1}{2} + \dfrac{3}{2p} \end{pmatrix}$$

$$\vec{s_3} = k_3(\vec{r_4} - \vec{r_3}) = -\frac{3}{4p} \begin{pmatrix} 0 \\ 1 \\ 4 \end{pmatrix} = \begin{pmatrix} 0 \\ -\dfrac{3}{4p} \\ -\dfrac{3}{p} \end{pmatrix}$$

Lösung zu b):

Für unbegrenzt wachsendes p, also für $p \to \infty$, nähert sich $\dfrac{1}{p}$ unbegrenzt der Null, d. h. $\dfrac{1}{p} \to 0$. Damit nähern sich die Strebenkräfte s_i unbegrenzt den Werten

$$\vec{s_1} = \left(-\frac{1}{8}; \frac{1}{8}, \frac{1}{2}\right)$$
$$\vec{s_2} = \left(\frac{1}{8}; \frac{1}{8}, \frac{1}{2}\right)$$
$$\vec{s_3} = \left(0; \frac{3}{4}, 0\right)$$

Die Kraft- und Längeneinheiten wurden in diesem Beispiel bewußt außer acht gelassen, um nicht von dem mathematischen Sachverhalt abzulenken.

16.5 Skalares Produkt zweier Vektoren

16.5.1 Definitionen

Verknüpft man zwei Vektoren durch eine s k a l a r e M u l t i p l i k a t i o n , so erhält man als Ergebnis das S k a l a r p r o d u k t der beiden Vektoren, das wie folgt definiert ist:

Definition

- Das s k a l a r e P r o d u k t zweier Vektoren $\vec{a}$ und $\vec{b}$ ist gleich dem Produkt ihrer Beträge und dem Kosinuswert des eingeschlossenen Winkels Φ:

$$\boxed{\vec{a} \cdot \vec{b} = a \cdot b \cdot \cos \Phi} \tag{16.10}$$

Man kann das skalare Produkt aufgrund des Bildes 16.15 folgendermaßen angeben:

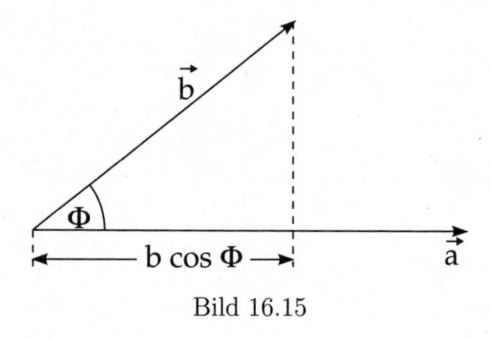

Bild 16.15

Das Skalarprodukt zweier Vektoren ist das Produkt des Betrages eines Vektors $\vec{a}$ mit der Projektion „$\vec{b}\cos\Phi$" des zweiten Vektors $\vec{b}$ auf die Richtung des ersten Vektors.

16.5.2 Eigenschaften des skalaren Produktes

1. Das Skalarprodukt wird Null, wenn gilt:
   $\vec{a} = 0$ und/oder $\vec{b} = 0$ oder $\vec{a}$ senkrecht auf $\vec{b}$
2. Es gilt das kommutative Gesetz:
   $$\vec{a} \cdot \vec{b} = \vec{b} \cdot \vec{a}$$
3. Es gilt das distributive Gesetz:
   $$\vec{a} \cdot (\vec{b} + \vec{c}) = \vec{a} \cdot \vec{b} + \vec{a} \cdot \vec{c}$$

   Das assoziative Gesetz ist gegenstandslos, da skalare Produkte nur für zwei Faktoren definiert sind.
4. Es gilt:
   $$|\vec{a}| = \sqrt{\vec{a}^2} = \sqrt{a \cdot a \cdot \cos 0} = a$$

Eine skalare Division (Umkehrung der skalaren Produktbildung) existiert nicht, da sich aus $\vec{a} \cdot \vec{b}$ ein Vektor $\vec{a}$ oder $\vec{b}$ nicht eindeutig bestimmen läßt.

Beispiel 16.8:
Man beweise den Satz von Thales: „Der Winkel im Halbkreis ist ein Rechter".

Lösung:
Da nach Bild 16.16 $\vec{a}$ und $\vec{b}$ senkrecht zueinander stehen sollen, ist die Bedingung
$$\vec{a} \cdot \vec{b} = 0 \qquad \text{(I)}$$
nachzuweisen. Aus Bild 16.16 entnimmt man
$$\vec{a} = -(\vec{r} + \vec{r_1}) \quad \text{und} \qquad \text{(II)}$$
$$\vec{b} = \vec{r} - \vec{r_1} \qquad \text{(III)}$$

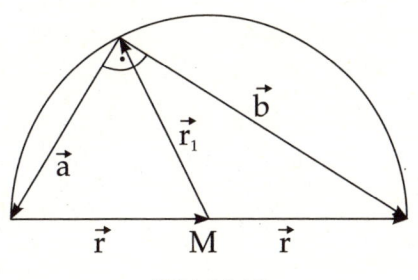

Bild 16.16

Weiter gilt:
$$|\vec{r_1}| = r_1 = |\vec{r}| = r \qquad \text{(IV)}$$
Setzt man die Gleichung (II) und (III) in (I) ein und berücksichtigt Gleichung (IV) erhält man

$$-(\vec{r}+\vec{r_1})(\vec{r}-\vec{r_1}) = -(\vec{r}^{\,2}-\vec{r_1}^{\,2}) = -(r^2-r_1^2) = -(r^2-r^2) = 0,$$

was zu beweisen war.

Beispiel 16.9:
Man beweise, daß sich die Höhen eines Dreiecks in einem Punkt schneiden.

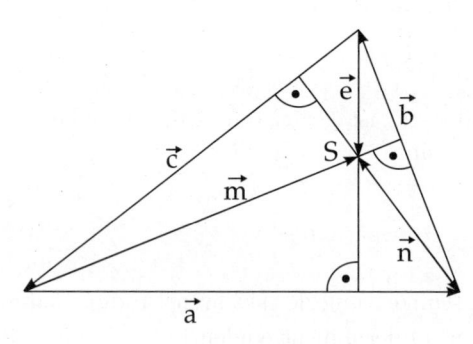

Bild 16.17

Lösung:
Man betrachtet Seiten und Höhen des Dreiecks als Vektoren. Zur Beweisführung setzt man voraus, daß sich zwei Höhen eines Dreiecks $(\vec{e}, \vec{m})$ in einem Punkt schneiden (Bild 16.17), und beweist dann, daß der durch den dritten Eckpunkt und den Schnittpunkt gehende Vektor $\vec{n}$ auch eine Höhe des Dreiecks ist. Laut Voraussetzung gilt:

$\vec{a} \cdot \vec{e} = 0$ und (V)
$\vec{b} \cdot \vec{m} = 0$ (VI)

Weiter ist aus Bild 16.17 zu entnehmen:

$\vec{a} = \vec{m} - \vec{n}$ (VII)
$\vec{b} = \vec{n} - \vec{e}$ (VIII)

Addiert man (V) und (VI)

$\vec{a} \cdot \vec{e} + \vec{b} \cdot \vec{m} = 0$ (IX)

und setzt man (VII) und (VIII) in (IX) ein, erhält man

$$\vec{m}\cdot\vec{e} - \vec{n}\cdot\vec{e} + \vec{n}\cdot\vec{m} - \vec{e}\cdot\vec{m} = -\vec{n}\cdot\vec{e} + \vec{n}\cdot\vec{m} = \vec{n}(\vec{m}-\vec{e}) = \vec{n}(-\vec{c}) = 0,$$

d. h., $\vec{n}$ steht senkrecht auf $\vec{c}$ und ist somit eine Höhe des gegebenen Dreiecks.

Beispiel 16.10:
Man beweise mittels der Vektorrechnung den Satz von Pythagoras: „In einem rechtwinkligen Dreieck ist das Quadrat über der Hypotenuse gleich der Summe der Quadrate über den Katheten".

16.5 Skalares Produkt zweier Vektoren

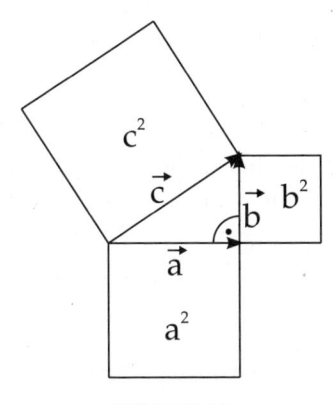

Bild 16.18

Lösung:
Man betrachtet wieder die Seiten des gegebenen Dreiecks als Vektoren (Bild 16.18), wobei gilt:
$$\vec{a} + \vec{b} = \vec{c}$$

Beide Seiten werden quadriert $(\vec{a} + \vec{b})^2 = \vec{c}^{\,2}$ und die linke Seite ausmultipliziert
$$\vec{a}^2 + 2 \cdot \vec{a} \cdot \vec{b} + \vec{b}^{\,2} = \vec{c}^{\,2},$$

und man erhält über
$$a^2 + 2ab \cdot \cos 90° + b^2 = c^2$$

den gesuchten Beweis
$$a^2 + b^2 = c^2$$

Die vorherigen Beispiele zeigen wieder, wie leicht mit Hilfe der Vektorrechnung geometrische Beweise geführt werden können. Man versuche zur Übung selbst einmal, den Kathetensatz oder den Kosinussatz zu beweisen. Weitere Anwendungsgebiete der Vektorrechnung, auf die nicht weiter eingegangen wird, sind die analytische Geometrie des Raumes, bei der es unter anderem um die Berechnung von Flächen im Raum, Schnittpunkten von Geraden und Flächen geht, und die Vektoranalysis, die sich mit der Berechnung von Vektorfeldern befaßt.

16.5.3 Komponentendarstellung des Skalarproduktes

Im allgemeinen ist der von zwei Vektoren eingeschlossene Winkel nicht bekannt, da die Vektoren gewöhnlich durch ihre Komponenten angegeben werden. Deshalb ist es unerläßlich, das skalare Produkt zweier Vektoren unmittelbar aus den Komponenten berechnen zu können. Dazu wird das Produkt der beiden Vektoren in ihrer Basisdarstellung gebildet.

$$\begin{aligned}
\vec{a}\vec{b} &= (a_x\vec{i} + a_y\vec{j} + a_z\vec{k})(b_x\vec{i} + b_y\vec{j} + b_z\vec{k}) \\
&= a_xb_x\vec{i}\vec{i} + a_xb_y\vec{i}\vec{j} + a_xb_z\vec{i}\vec{k} \\
&+ a_yb_x\vec{j}\vec{i} + a_yb_y\vec{j}\vec{j} + a_yb_z\vec{j}\vec{k} \\
&+ a_zb_x\vec{k}\vec{i} + a_zb_y\vec{k}\vec{j} + a_zb_z\vec{k}\vec{k}
\end{aligned}$$

Auf Grund der Definition des Skalarproduktes ist
$$\vec{i}\vec{i} = \vec{j}\vec{j} = \vec{k}\vec{k} = 1 \cdot 1 \cdot \cos 0° = 1;$$
$$\vec{i}\vec{j} = \vec{j}\vec{i} = \vec{i}\vec{k} = \vec{k}\vec{i} = \vec{j}\vec{k} = \vec{k}\vec{j} = 1 \cdot 1 \cdot \cos 90° = 0$$

Das hat zur Folge, daß auf der linken Seite der Gleichung fast alle Summanden entfallen. Übrig bleibt als Komponentendarstellung des Skalarproduktes der Vektoren $\vec{a}$ und $\vec{b}$ nur noch

$$\boxed{\vec{a} \cdot \vec{b} = a_x b_x + a_y b_y + a_z b_z} \tag{16.11}$$

Beispiel 16.11:
a) Man berechne das Skalarprodukt der beiden Vektoren
    $\vec{a} = (1; 2; 3)$ und $\vec{b} = (4; 5; 6)$;
b) Welchen Winkel Φ schließen die beiden Vektoren miteinander ein?

Lösung zu a):
$$\vec{a} \cdot \vec{b} = 1 \cdot 4 + 2 \cdot 5 + 3 \cdot 6 = 4 + 10 + 18 = \underline{\underline{32}}$$

Lösung zu b):
Mit $a = \sqrt{1^2 + 2^2 + 3^2} = 3,74$ und
$b = \sqrt{4^2 + 5^2 + 6^2} = 8,77$

erhält man aus Gleichung (16.10)
$$\cos \Phi = \frac{\vec{a}\vec{b}}{ab} = \frac{32}{3,74 \cdot 8,77} = 0,976$$

daraus folgt $\underline{\underline{\Phi = 12,7°}}$.

Eine wichtige Anwendung des Skalarproduktes in der Technik ist die Berechnung der Arbeit, die durch eine Kraft $\vec{F}$ längs eines Weges $\vec{s}$ geleistet wird. Kraft und Weg sind also vektorielle Größen. Ist die Kraft konstant und fällt ihre Wirkungslinie mit der des Weges zusammen, dann gilt
$$W = |\vec{F}| \cdot |\vec{s}| = F \cdot s \text{ (Bild 16.19a)}$$

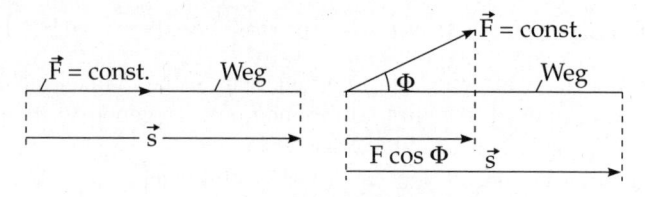

Bild 16.19a und b

Haben die konstante Kraft $\vec{F}$ und der Weg $\vec{s}$ verschiedene Richtungen (Bild 16.19b), dann verrichtet nur die Komponente von $\vec{F}$, die in Richtung des Weges wirkt (die sogenannte Bahnkomponente) $F_t = F \cos \Phi$, eine Arbeit:

$$W = F_t s = F s \cos \Phi$$

Diese Gleichung beschreibt - aus Sicht der Vektorrechnung - nichts anderes als das Skalarprodukt des Kraftvektors $\vec{F}$ und des Wegvektors $\vec{s}$.
Die mechanische Arbeit kann daher ganz allgemein wie folgt definiert werden:
Die Arbeit W, die eine konstante Kraft $\vec{F}$ längs eines Weges $\vec{s}$ leistet oder verbraucht, ist gleich dem Skalarprodukt aus Kraftvektor und Wegvektor:

$$\boxed{W = \vec{F} \cdot \vec{s}} \tag{16.12}$$

Beispiel 16.12:
Gegeben ist eine Kraft $\vec{F} = (-29,4; 19,6; -49,0)$N, die längs des Weges $\vec{s} = (1; 3; -4)$m wirkt. Welche Arbeit W wird dabei geleistet oder frei?

Lösung:
$$\begin{aligned} W &= \vec{F} \cdot \vec{s} = F_x s_x + F_y s_y + F_z s_z \\ &= [-29,4 \cdot 1 + 19,6 \cdot 3 + (-49,0) \cdot (-4)] \text{ Nm} \\ &= \underline{\underline{225,4 \text{ J}}} \end{aligned}$$

Das Ergebnis ist positiv, d. h., die Arbeit muß aufgewendet werden.

Beispiel 16.13:
Der Angriffspunkt der Kraft $\vec{F} = (4; -1; 6)$N wird vom Punkt $P_1(7; 8; 3)$m zum Punkt $P_2(4; 9; 5)$m geradlinig verschoben. Welche Arbeit wird bei dieser Verschiebung geleistet oder gewonnen?

Lösung:
Der zurückgelegte Weg ist
$$\begin{aligned} \vec{s} &= \overrightarrow{P_1 P_2} = \vec{r_2} - \vec{r_1} = (4-7; 9-8; 5-3) \text{ m} \\ &= (-3; 1; 2) \text{ m} \end{aligned}$$

Die dabei verrichtete Arbeit beträgt
$$W = \vec{F}\vec{s} = [4 \cdot (-3) + (-1) \cdot 1 + 6 \cdot 2] \text{ Nm} = \underline{\underline{-1 \text{ Nm}}}$$

Das Minuszeichen gibt an, daß die Arbeit gewonnen wird.

16.6 Vektorprodukt zweier Vektoren

16.6.1 Definition

Verknüpft man zwei Vektoren durch eine v e k t o r i e l l e M u l t i p l i k a t i o n miteinander, so erhält man das V e k t o r p r o d u k t zweier Vektoren, das folgendermaßen definiert ist.

Definition

- Das **V e k t o r p r o d u k t** zweier Vektoren $\vec{a}$ und $\vec{b}$ ergibt einen Vektor $\vec{c}$

$$\vec{a} \times \vec{b} = \vec{c}$$

(gelesen: „a kreuz $b = c$" oder „Vektorprodukt ab") mit folgenden Eigenschaften:

a) $\vec{c}$ steht senkrecht auf der von $\vec{a}$ und $\vec{b}$ aufgespannten Ebene (Bild 16.20)
b) Der Betrag von $\vec{c}$ ist eine Maßzahl für die Größe des Flächeninhaltes des von $\vec{a}$ und $\vec{b}$ aufgespannten Parallelogramms:

$$\boxed{|\vec{a} \times \vec{b}| = |\vec{c}| = |\vec{a}| \cdot |\vec{b}| \cdot \sin \Phi} \qquad (16.13)$$

c) $\vec{a}, \vec{b}, \vec{c}$ bilden in dieser Reihenfolge ein Rechtssystem.

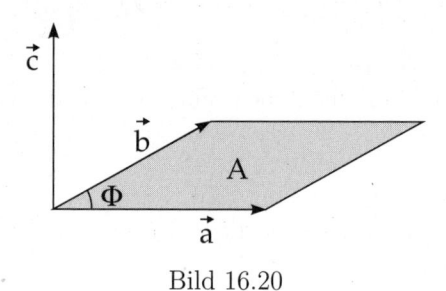

Bild 16.20

16.6.2 Eigenschaften des Vektorproduktes

1. Das Vektorprodukt ergibt den Nullvektor, wenn zwei vom Nullvektor verschiedene Vektoren $\vec{a}$ und $\vec{b}$ parallel sind:

   $\vec{a} \times \vec{b} = \vec{0}$, daraus folgt $\vec{a} \parallel \vec{b}$ und umgekehrt

2. Es gilt $\vec{a} \times \vec{b} = -(\vec{b} \times \vec{a})$
3. Es gilt das distributive Gesetz:

   $$\vec{a} \times (\vec{b} + \vec{c}) = \vec{a} \times \vec{b} + \vec{a} \times \vec{c}$$

4. Ebenfalls gilt das assoziative Gesetz:

   $$k(\vec{a} \times \vec{b}) = (k\vec{a}) \times \vec{b} = \vec{a} \times (k\vec{b})$$

5. Die vektorielle Multiplikation läßt keine Umkehrung zur Division zu.

16.6 Vektorprodukt zweier Vektoren

Beispiel 16.14:
Man berechne
a) $(\vec{a} - \vec{b}) \times (\vec{a} + \vec{b})$
b) $(4\vec{i} - 9\vec{k}) \times (-3\vec{i} + 5\vec{k})$

Lösung zu a):
$$\vec{a} \times \vec{a} + \vec{a} \times \vec{b} - \vec{b} \times \vec{a} - \vec{b} \times \vec{b} = \vec{a} \times \vec{b} - (-\vec{a} \times \vec{b}) = 2(\vec{a} \times \vec{b})$$

da $\vec{a} \times \vec{a}$ und $\vec{b} \times \vec{b}$ den Nullvektor ergeben.

Lösung zu b):
$$\begin{aligned}
&-12(\vec{i} \times \vec{i}) + 20(\vec{i} \times \vec{k}) + 27(\vec{k} \times \vec{i}) - 45(\vec{k} \times \vec{k}) \\
&= 20(\vec{i} \times \vec{k}) - 27(\vec{i} \times \vec{k}) = -7(\vec{i} \times \vec{k}) \\
&= -7(-\vec{j}) = 7\vec{j}
\end{aligned}$$

$\vec{i} \times \vec{i}$ und $\vec{k} \times \vec{k}$ sind gleich dem Nullvektor, und $\vec{i}, \vec{k}$ und $-\vec{j}$ bilden in dieser Reihenfolge ein Rechtssystem (s. Bild 16.10).

Beispiel 16.15:
Zwei Vektoren $\vec{a} = (1; 2; 3)$ und $\vec{b} = (4; 5; 6)$ spannen ein Parallelogramm auf. Man berechne seinen Flächeninhalt A.

Lösung:
Gemäß der Definition zum Vektorprodukt entspricht der gesuchte Flächeninhalt dem Betrag des aus $\vec{a} \times \vec{b}$ hervorgegangenen Vektors $\vec{c}$, der sich mit Gleichung (16.13) berechnen läßt. Vorher ist der Winkel Φ mit Hilfe des Skalarproduktes nach den Gleichungen (16.10) und (16.11) zu bestimmen.

$$\begin{aligned}
\cos \Phi &= \frac{a_x b_x + a_y b_y + a_z b_z}{ab} \\
&= \frac{1 \cdot 4 + 2 \cdot 5 + 3 \cdot 6}{3,7 \cdot 8,8} \\
\cos \Phi &= 0,983, \text{ daraus folgt } \Phi = 10,6° \text{ und} \\
\sin \Phi &= 0,185
\end{aligned}$$

Damit erhält man aus Gleichung (16.13)

$$A = |\vec{c}| = c = 3,7 \cdot 8,8 \cdot 0,185 = \underline{6 \text{ Flächeneinheiten}}$$

Beispiel 16.16:
Zwei Vektoren $\vec{a}$ und $\vec{b}$ erzeugen ein gleichseitiges Dreieck $(0, \vec{a}, \vec{b})$.

a) Welche Beziehungen bestehen zwischen $\vec{a}$ und $\vec{b}$?

b) Man berechne vektoriell den Flächeninhalt des Dreiecks (Flächeninhalt in Flächeneinheit FE angeben).

Lösung zu a)
In einem gleichseitigen Dreieck sind - wie der Name sagt - alle drei Seiten gleich. Daraus folgt: $|\vec{a}| = |\vec{b}|$. Außerdem sind in einem gleichseitigen Dreieck alle drei Winkel gleich groß. Da die Winkelsumme eines Dreiecks 180° beträgt, ist jeder Winkel 60°. Somit gilt als weitere Bedingung: Winkel $(\vec{a}, \vec{b}) = \Phi = 60°$.

Lösung zu b):
Entsprechend Definition (s. Seite 378) spannen die beiden Vektoren $\vec{a}$ und $\vec{b}$ ein Parallelogramm auf, dessen Flächeninhalt A gleich dem Betrag des Vektorproduktes aus den beiden Vektoren ist. Der Flächeninhalt des gesuchten Dreiecks ist halb so groß wie der Flächeninhalt des Parallelogramms:

$$\begin{aligned} A_{Dreieck} &= \frac{1}{2}|\vec{a} \times \vec{b}| = \frac{1}{2}(a \cdot b \cdot \sin\Phi) \\ &= \frac{1}{2}(a \cdot b \cdot \sin 60°) \\ &= \frac{a^2}{4}\sqrt{3} \text{ FE} \end{aligned}$$

16.6.3 Komponentendarstellung des Vektorproduktes

Auch für das Vektorprodukt läßt sich eine Formel aufstellen, mit der man das Produkt ohne Kenntnis der Beträge und des eingeschlossenen Winkels unmittelbar aus den Komponenten von $\vec{a}$ und $\vec{b}$ berechnen kann:

$$\begin{aligned} \vec{a} \times \vec{b} &= (a_x\vec{i} + a_y\vec{j} + a_z\vec{k}) \times (b_x\vec{i} + b_y\vec{j} + b_z\vec{k}) \\ &= (a_y b_z - a_z b_y)\vec{i} + (a_z b_x - a_x b_z)\vec{j} + (a_x b_y - a_y b_x)\vec{k} \end{aligned}$$

$$\boxed{\vec{a} \times \vec{b} = \begin{pmatrix} a_y b_z - a_z b_y \\ a_z b_x - a_x b_z \\ a_x b_y - a_y b_x \end{pmatrix}} \tag{16.14}$$

Dabei wurde berücksichtigt:

$$\begin{aligned} \vec{i} \times \vec{i} &= \vec{j} \times \vec{j} = \vec{k} \times \vec{k} = \vec{0} \\ \vec{i} \times \vec{j} &= \vec{k}; \quad \vec{j} \times \vec{k} = \vec{i}; \quad \vec{k} \times \vec{i} = \vec{j} \\ \vec{j} \times \vec{i} &= -\vec{k}; \quad \vec{k} \times \vec{j} = -\vec{i}; \quad \vec{i} \times \vec{k} = -\vec{j} \end{aligned}$$

Gleichung (16.14) kann auch als Determinante geschrieben werden:

$$\boxed{\vec{a} \times \vec{b} = \begin{vmatrix} \vec{i} & \vec{j} & \vec{k} \\ a_x & a_y & a_z \\ b_x & b_y & b_z \end{vmatrix}} \tag{16.15}$$

Die Entwicklung der Determinante nach der ersten Zeile ergibt nämlich:

$$\begin{aligned} \vec{a} \times \vec{b} &= \vec{i}\begin{vmatrix} a_y & a_z \\ b_y & b_z \end{vmatrix} - \vec{j}\begin{vmatrix} a_x & a_z \\ b_x & b_z \end{vmatrix} + \vec{k}\begin{vmatrix} a_x & a_y \\ b_x & b_y \end{vmatrix} \\ &= \vec{i}(a_y b_z - a_z b_y) - \vec{j}(a_x b_z - a_z b_x) + \vec{k}(a_x b_y - a_y b_x) \end{aligned}$$

16.6 Vektorprodukt zweier Vektoren

Beispiel 16.17:
Man bilde das Vektorprodukt der beiden Vektoren
$\vec{a} = (1; 2; 3)$ und $\vec{b} = (4; 5; 6)$.

Lösung:

$$\vec{a} \times \vec{b} = \begin{vmatrix} \vec{i} & \vec{j} & \vec{k} \\ 1 & 2 & 3 \\ 4 & 5 & 6 \end{vmatrix}$$
$$= \vec{i}(2 \cdot 6 - 5 \cdot 3) - \vec{j}(1 \cdot 6 - 4 \cdot 3) + \vec{k}(1 \cdot 5 - 2 \cdot 4)$$
$$= -3\vec{i} + 6\vec{j} - 3\vec{k} = \vec{c}$$

Man erhält als Ergebnis einen Vektor $\vec{c} = (-3; 6; 3)$, der zusammen mit $\vec{a}$ und $\vec{b}$ in der Reihenfolge $\vec{a}\vec{b}\vec{c}$ ein Rechtssystem bildet.

Als drei wichtige Anwendungen des Vektorproduktes in der Technik sind die Berechnungen des Drehmomentes, der Lorentz-Kraft und der Umfangsgeschwindigkeit zu erwähnen.

Beispiel 16.18:
Das Drehmoment M bezüglich eines Drehpunktes $P_0(0; 0; 0)$ einer Kraft $\vec{F} = (F_x; F_y; F_z)$, die in einem Punkt $P(x; y; z)$ der Masse m angreift (Bild 16.21), ist zu berechnen.

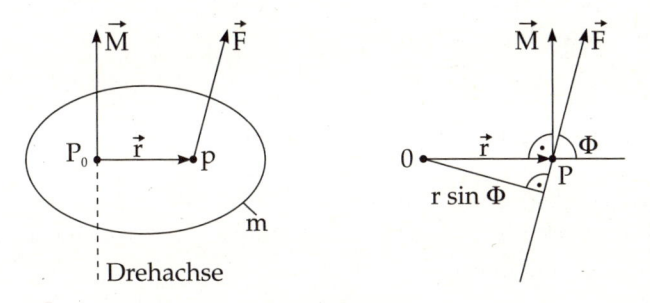

Bild 16.21

Lösung:
Aus dem Umstand, daß man in der Ebene das Drehmoment als Produkt aus Kraft und Kraftarm (Bild 16.21a) erhält – wobei Kraft und Kraftarm senkrecht aufeinander stehen –, definiert man das Drehmoment als Momentenvektor $\vec{M}$, der aus dem Vektorprodukt von $\vec{r}$ und $\vec{F}$ berechnet werden kann:

$$\vec{M} = \vec{r} \times \vec{F} = \begin{vmatrix} \vec{i} & \vec{j} & \vec{k} \\ x & y & z \\ F_x & F_y & F_z \end{vmatrix}$$

$\vec{M}$ ist ein Vektor, der senkrecht auf $\vec{r}$ und $\vec{F}$ steht, in der Drehachse liegt oder parallel zu ihr verläuft (Bild 16.21b). Die drei Vektoren $\vec{r}, \vec{F}, \vec{M}$ bilden in dieser Reihenfolge ein Rechtssystem. Blickt man auf die Spitze des Momentenvektors, ist die Drehrichtung entgegen dem Uhrzeigersinn ausgerichtet.
Der Betrag
$$|\vec{M}| = M = rF\sin\Phi = \sqrt{M_x^2 + M_y^2 + M_z^2}$$
ist ein Maß für die Größe des Drehmomentes.

Zahlenbeispiel:
$\vec{F} = 3\vec{i} + 2\vec{j} + \vec{k}$ greift in $P(1;2;3)$ an einer Masse m an.
 a) Wie lautet der Momentenvektor $\vec{M}$ in bezug auf den Ursprung?
 b) Wie groß ist das hervorgerufene Drehmoment M (Kraft in N, Ortsvektor in m)?

Lösung zu a):
$$\vec{M} = \begin{vmatrix} \vec{i} & \vec{j} & \vec{k} \\ 1 & 2 & 3 \\ 3 & 2 & 1 \end{vmatrix} = \underline{\underline{(-4; 8; -4)\text{ Nm}}}$$

Lösung zu b):
$$M = \sqrt{(-4)^2 + 8^2 + (-4)^2} = \underline{\underline{9,8\text{ Nm}}}$$

Beispiel 16.19:
Man berechne die Kraft $\vec{F_L}$, die sogenannte Lorentz-Kraft, die ein elektrisch geladenes Teilchen erfährt, das sich mit der Geschwindigkeit $\vec{v}$ durch ein magnetisches Feld der magnetischen Flußdichte $\vec{B}$ bewegt.

Lösung:
Die Lorentzkraft ist definiert durch das Vektorprodukt aus Geschwindigkeit $\vec{v}$ und Flußdichte $\vec{B}$ $\qquad \vec{F_L} = -e \cdot (\vec{v} \times \vec{B})$ \hfill (I)
mit der negativen Elementarladung des Elektrons $(-e)$. Sie wirkt - entsprechend der Definition des Vektorproduktes - stets senkrecht zur Geschwindigkeit $(\vec{v})$ und zur Richtung der magnetischen Feldlinien $(\vec{B})$.
Daraus folgt:
1. Die Elektronenbahn wird durch das magnetische Feld nicht beeinflußt, wenn sich das Elektron parallel zur Richtung der Kraftlinien bewegt (Bild 16.22b).
2. Ist dagegen die Geschwindigkeit senkrecht zum Magnetfeld gerichtet, so bewirkt ($\vec{F_L}$ eine Beschleunigung senkrecht zur Bahn (Bild 16.22a). Ist das Feld homogen, so ist diese Beschleunigung konstant und die Elektronenbahn ist ein Kreis, dessen Ebene senkrecht zur Feldrichtung liegt.
3. Bildet die Geschwindigkeit einen beliebigen Winkel mit den Kraftlinien eines homogenen Feldes, so kann sie in zwei Komponenten zerlegt werden, eine parallel zu den Kraftlinien und eine senkrecht zu ihnen. Die erstere bleibt unverändert, die zweite führt auf eine Kreisbahn. Als ganzes hat die Elektronenbahn daher die Form einer Schraubenlinie (Bild 16.22c).

16.6 Vektorprodukt zweier Vektoren

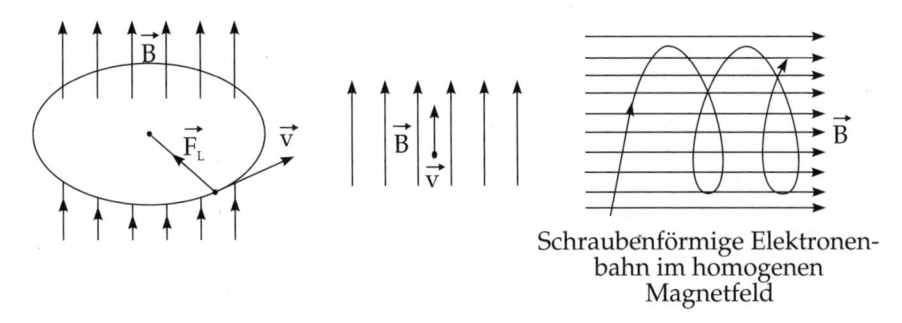

Bild 16.22a, b und c

Schraubenförmige Elektronenbahn im homogenen
Magnetfeld

Beispiel 16.20:
Welche Kraft wirkt auf ein Elektron mit der negativen elektrischen Elementarladung $e = 1,6 \cdot 10^{-19}$ Coulomb, das sich mit der Geschwindigkeit $\vec{v} = (1500; 1500; 0)$ m/s durch ein Magnetfeld mit der Flußdichte $\vec{B} = (0; 0; 0,067)$ Tesla (1 Tesla = 1T = 1Vs/m^2) bewegt?

Lösung:
$$\begin{aligned}
\vec{F_L} &= -1,6 \cdot 10^{-19} \cdot (1500; 1500; 0) \times (0; 0; 0,067) \text{ CTm/s} \\
&= -1,6 \cdot 10^{-19} \cdot \begin{vmatrix} \vec{i} & \vec{j} & \vec{k} \\ 1500 & 1500 & 0 \\ 0 & 0 & 0,067 \end{vmatrix} \text{ CV/m} \\
&= \underline{1,6 \cdot 10^{-18} \cdot (-1; 1; 0) \text{ N}}
\end{aligned}$$

Beipiel 16.21:
Man berechne die Umfangsgeschwindigkeit $\vec{v} = (v_x; v_y; v_z)$, die ein Massenpunkt P erfährt, der im Abstand $\vec{r} = (x; y; z)$ von einem Drehpunkt M mit der Winkelgeschwindigkeit $\vec{\omega} = (\omega_x; \omega_y; \omega_z)$ rotiert (Bild 16.23a).

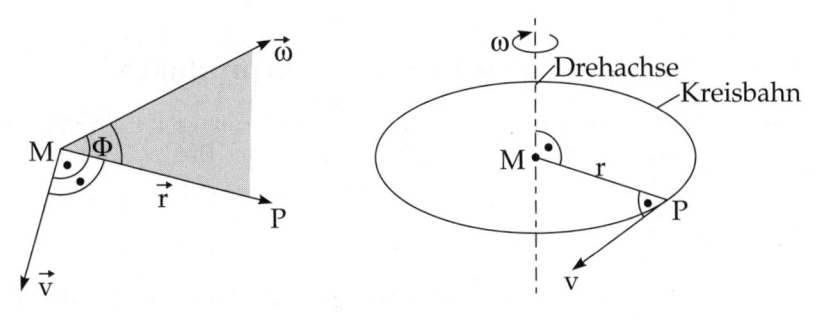

Bild 16.23a und b

Lösung:
Die Umfangsgeschwindigkeit $\vec{v}$ berechnet sich mit dem Vektorprodukt aus $\vec{r}$ und $\vec{\omega}$ nach der Gleichung

$$\vec{v} = \vec{r} \times \vec{\omega} = \begin{vmatrix} \vec{i} & \vec{j} & \vec{k} \\ x & y & z \\ \omega_x & \omega_y & \omega_z \end{vmatrix}$$

Den Betrag erhält man über $v = |\vec{v}| = r\omega \cos \Phi$. Mit $\vec{r} = (3; 4; 0)$ m und $\vec{\omega} = (0; 0; 2)$ 1/s ergibt sich eine Umfangsgeschwindigkeit von

$$\vec{v} = \begin{vmatrix} \vec{i} & \vec{j} & \vec{k} \\ 3 & 4 & 0 \\ 0 & 0 & 2 \end{vmatrix} = 2(4\vec{i} - 3\vec{j} + 0\vec{k}) = \underline{\underline{(8; -6; 0) \text{ m/s}}}$$

mit dem Betrag $v = |\vec{v}| = 10$ m/s. Bild 16.23b zeigt den Sonderfall $\Phi = 90°$.

16.7 Spatprodukt

16.7.1 Definition

Definition:
- Das skalare Produkt aus $(\vec{a} \times \vec{b})$ und $\vec{c}$ heißt S p a t p r o d u k t.

Statt $(\vec{a} \times \vec{b})\vec{c}$ schreibt man kurz $(\vec{a}\vec{b}\vec{c})$. Durch Ausmultiplizieren und Umordnen der Ausdrücke erhält man folgende Gleichung zur Berechnung des Spatproduktes aus den Komponenten der drei Vektoren

$$(\vec{a} \times \vec{b})\vec{c} = (\vec{a}\vec{b}\vec{c}) = \begin{vmatrix} a_x & a_y & a_z \\ b_x & b_y & b_z \\ c_x & c_y & c_z \end{vmatrix} \tag{16.16}$$

D. h.: Das Spatprodukt der drei Vektoren $\vec{a}, \vec{b}, \vec{c}$ ist gleich der Determinante aus den Komponenten dieser Vektoren.

16.7.2 Geometrische Deutung des Spatproduktes

Geometrisch läßt sich das Spatprodukt als Rauminhalt V eines Parallelepipeds (Bild 16.24, vgl. Abschn. 15.3) mit der Grundfläche A und der Höhe h deuten:

$$\begin{aligned} V &= A \cdot h = |\vec{a} \times \vec{b}| \cdot |\vec{c}| \cdot \cos \alpha \\ &= |(\vec{a} \times \vec{b}) \cdot \vec{c}| = |(\vec{a}\vec{b}\vec{c})| \end{aligned}$$

Dieser geometrische Körper ist in der Natur die Kristallisationsform des Minerals Feldspat. Daher stammt auch der Name.

Liegen die drei Vektoren $\vec{a}, \vec{b}$ und $\vec{c}$ in einer Ebene, d. h. sie sind komplanar, dann gilt $(\vec{a}\vec{b}\vec{c}) = 0$.

16.7 Spatprodukt

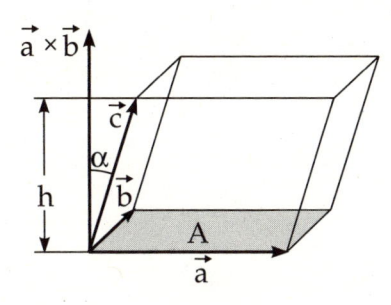

Bild 16.24

Beispiel 16.22:
Man stelle fest, ob die drei Vektoren $\vec{a} = (3;0;6), \vec{b} = (2;5;0)$ und $\vec{c} = (1;0;2)$ in einer Ebene liegen.

Lösung:
In diesem Fall muß die Determinante aus den Komponenten der drei Vektoren Null sein.

$$(\vec{a}\vec{b}\vec{c}) = \begin{vmatrix} 3 & 0 & 6 \\ 2 & 5 & 0 \\ 1 & 0 & 2 \end{vmatrix} = 5 \cdot (3 \cdot 2 - 1 \cdot 6) = 0$$

$\vec{a}, \vec{b}, \vec{c}$ liegen demnach in einer Ebene. Das ist dadurch zu begründen, daß die beiden Vektoren $\vec{a}$ und $\vec{c}$ kollinear, d. h. ihre Wirkungslinien verlaufen parallel zueinander, sind: $\vec{a} = 3\vec{c}$.

Beispiel 16.23:
Man berechne das Volumen V und die Oberfläche A des von den Vektoren $\vec{a} = (3;4;12), \quad \vec{b} = (10;5;-5)$ und $\vec{c} = (-9;2;6)$ aufgespannten Spates.

Lösung:

$$V = (\vec{a}\vec{b}\vec{c}) = \begin{vmatrix} 3 & 4 & 12 \\ 10 & 5 & -5 \\ -9 & 2 & 6 \end{vmatrix}$$
$$= \underline{840 \text{ Volumeneinheiten}}$$

Die Oberfläche des Spates setzt sich aus sechs Parallelogrammen zusammen, die von jeweils zwei Vektoren aufgespannt werden und die paarweise gleich sind (Bild 16.24). Der Flächeninhalt eines Parallelogramms ist aber gleich dem Betrag des Vektorproduktes der beiden Vektoren, die das Parallelogramm aufspannen. Demnach ist:

$$|\vec{A}| = 2 \cdot (|\vec{a} \times \vec{b}| + |\vec{b} \times \vec{c}| + |\vec{c} \times \vec{a}|)$$
$$= \underline{739 \text{ Flächeneinheiten}}$$

16.7.3 Rechengesetze

An Hand der Regeln zur Determinantenberechnung lassen sich folgende Rechengesetze herleiten:
1. $(\vec{a}\vec{b}\vec{c}) = (\vec{b}\vec{c}\vec{a}) = (\vec{c}\vec{a}\vec{b})$
   d. h., die Faktoren eines Spatproduktes dürfen zyklisch vertauscht werden.
2. $(\vec{a} \times \vec{b}) \cdot \vec{c} = \vec{a} \cdot (\vec{b} \times \vec{c}) = (\vec{a}\vec{b}\vec{c})$
3. $k\vec{a} \cdot (\vec{b} \times \vec{c}) = \vec{a} \cdot (k\vec{b} \times \vec{c}) = \vec{a} \cdot (\vec{b} \times k\vec{c})$

16.8 Aufgaben

16. 1 Man berechne mit den Vektoren $\vec{a} = 2\vec{i} + 4\vec{j} - \vec{k}, \vec{b} = -5\vec{j} + 10\vec{k}, \vec{c} = 6\vec{i} + 8\vec{j}$ die Ausdrücke
   a) $\vec{a} + \vec{b} - \vec{c}$
   b) $3\vec{a} + 2(\vec{b} + \vec{c})$
   c) $\dfrac{1}{2}(\vec{a} - \vec{c}) + \dfrac{1}{5}\vec{b}$

16. 2 Welche Länge hat der Vektor $\vec{v} = 4\vec{i} - 4\vec{j} + 2\vec{k}$, und wie groß ist sein Einheitsvektor $\vec{v_E}$?

16. 3 Zwei Punkte P_1, P_2 haben die Ortsvektoren $\vec{r_1}, \vec{r_2}$. Welchen Abstand hat der Mittelpunkt M von der Strecke $\overline{P_1P_2}$ von 0?

16. 4 In einem Massenpunkt greifen die Kräfte $\vec{F_1} = 4\vec{i} - 8\vec{j} + \vec{k}$, $\vec{F_2} = 2\vec{i} + 5\vec{j} + 3\vec{k}$ an. Durch welche Kraft $\vec{F_3}$ kann der Massenpunkt im Gleichgewicht gehalten werden?

16. 5 Die Diagonalen e, f eines Parallelogramms sind durch die Vektoren $\vec{e}$ und $\vec{f}$ gegeben (Bild 16.25). Man bestimme die Vektoren $\vec{a}$ und $\vec{b}$ der Parallelogrammseiten.

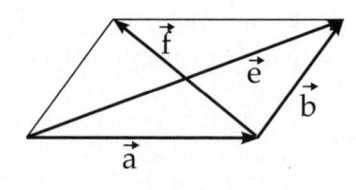

Bild 16.25

16. 6 Welche Winkel bildet der Vektor $\vec{v} = 5\vec{i} - 3\vec{j} + \vec{k}$ mit den Koordinatenachsen?

16. 7 Ein Vektor $\vec{r}$ bildet mit der x-Achse einen Winkel von 45° und mit der y-Achse einen Winkel von 72°; sein Betrag ist 10. Man bestimme $\vec{r}$.

16. 8 Gegeben sind die Kräfte $\vec{F_1}$ mit $|\vec{F_1}| = 1900$ N und den Richtungswinkeln $\alpha_1 = 0°, \beta_1 = 90°, \gamma_1 = 90°$ und $\vec{F_2}$ mit $|\vec{F_2}| = 2400$ N und den Richtungswinkeln $\alpha_2 = 60°, \beta_2 = 40°, \gamma_2$ spitzer Winkel. Man berechne die resultierende Kraft $\vec{F_3}$.

16.8 Aufgaben

16. 9 Der Vektor $\vec{a} = 5\vec{i} + 2\vec{j} + \vec{k}$ ist in drei vektorielle Komponenten zu zerlegen, die parallel zu $\vec{e_1} = \vec{i} + \vec{j}, \vec{e_2} = \vec{j} + \vec{k}$ bzw. $\vec{e_3} = \vec{i} + \vec{k}$ sind.

16. 10 Welcher Vektor $\vec{v_2}$ ist zu $\vec{v_1}$ kollinear und hat die Länge 12?

16. 11 Es ist zu prüfen, ob die folgenden drei Vektoren linear unabhängig sind?

a) $\vec{a} = \vec{i} - 2\vec{j} + \frac{1}{2}\vec{k}, \quad \vec{b} = 3\vec{i} + \vec{k}, \quad \vec{c} = -\frac{1}{2}\vec{i} + 2\vec{j} + 3\vec{k}$

b) $\vec{v_1} = 5\vec{i} + \frac{3}{2}\vec{j} + \vec{k}, \quad \vec{v_2} = -2\vec{i} + \frac{1}{2}\vec{k}, \quad \vec{v_3} = \vec{i} + \frac{3}{2}\vec{j} + 2\vec{k}$

16. 12 Wie lautet die Gleichung der Geraden durch die Punkte $P_1(1;-5;-1)$, $P_2(4;2;8)$? Liegt $P_3(7;9;17)$ auf der Geraden?

16. 13 Man berechne das Skalarprodukt der folgenden Vektoren. Welchen Winkel schließen die Vektoren ein?

a) $\vec{a} = \vec{i} + 5\vec{j} - 2\vec{k}, \quad \vec{b} = 3\vec{i} + 8\vec{j} + 6\vec{k}$

b) $\vec{a} = 4\vec{i} + 4\vec{j} - 3\vec{k}, \quad \vec{b} = -2\vec{i} + 5\vec{j} + 4\vec{k}$

c) $\vec{a} = \frac{1}{2}\vec{i} - \frac{3}{4}\vec{j} + \vec{k}, \quad \vec{b} = -\frac{1}{3}\vec{i} + \frac{1}{2}\vec{j} - \frac{2}{3}\vec{k}$

16. 14 Welche Arbeit ist zu leisten, um die Kraft $\vec{F} = (280; -190; 350)$ N längs des Weges $\vec{s} = (8; 5; 4)$ zu verschieben?

16. 15 Man bestimme die Vektorkomponente $\vec{a_b}$ des Vektors $\vec{a} = 39\vec{i} + 15\vec{j} - 24\vec{k}$ in Richtung des Vektors $\vec{b} = 2\vec{i} - \vec{j} + 2\vec{k}$.

16. 16 Man bestimme mit Hilfe des Skalarproduktes den Einheitsvektor $\vec{x_E}$, der zu jedem der beiden Vektoren $\vec{a} = \vec{i} + 2\vec{j} - \vec{k}, \quad \vec{b} = 2\vec{i} - 2\vec{j} + \vec{k}$ orthogonal ist.

16. 17 Man berechne das Vektorprodukt der folgenden Vektoren

a) $\vec{a} = \vec{i} - \frac{1}{2}\vec{j} + \frac{3}{2}\vec{k}, \quad \vec{b} = \frac{5}{2}\vec{i} + 2\vec{j} - 3\vec{k}$

b) $\vec{a} = \frac{2}{3}\vec{i} + \vec{j} - \frac{1}{3}\vec{k}, \quad \vec{b} = -\vec{i} - \frac{3}{2}\vec{j} + \frac{1}{2}\vec{k}$

16. 18 Die Punkte 0, $A(5; 2; 6)$, $B(1; 8; 2)$ bestimmen ein Dreieck. Wie groß ist sein Flächeninhalt?

16. 19 Wie groß ist $(\vec{a} \times \vec{b})^2 + (\vec{a} \cdot \vec{b})^2$?

16. 20 Eine Ebene geht durch die drei Punkte $P_1(3; 0; 3)$, $P_2(2; 2; 1)$, $P_3(-2; 1; 5)$. Welcher Einheitsvektor $\vec{n_E}$ steht senkrecht auf der Ebene (Normalenvektor)?

16. 21 Man berechne das Volumen des Parallelepipeds, das von den Vektoren
$\vec{a} = 4\vec{i} + 2\vec{j} + 3\vec{k}, \quad \vec{b} = \vec{i} + 4\vec{j} + 2\vec{k}, \quad \vec{c} = -2\vec{i} + \vec{j} + 6\vec{k}$
aufgespannt wird.

Lösungen

1.1 a) $53 = 32 + 16 + 4 + 1 = 2^5 + 2^4 + 0 \cdot 2^3 + 2^2 + 0 \cdot 2^1 + 2^0 = LLOLOL$
     b) $LOOLOLLOLLLL$
     c) $LLLLLOLOOO$

1.2 a) 141   b) 819   c) 100

1.3 a) 6   b) 24

1.4 a) $z_1 = 14$, $z_2 = 14$, $z_1 = z_2$
     b) $z_1 = 2$, $z_2 = 14$, $z_1 < z_2$
     c) $z_1 = 2$, $z_2 = 14$, $z_1 < z_2$
     d) $z_1 = 14$, $z_2 = 14$, $z_1 = z_2$

1.5 a) $\frac{6}{7}$ b) $\frac{5}{11}$ c) $\frac{4}{33}$ d) nicht weiter zu kürzen

1.6 a) $4\frac{2}{3}$ b) $2\frac{5}{21}$ c) $3\frac{37}{39}$ d) $1\frac{33}{67}$

1.7 a) $\frac{92}{5}$ b) $\frac{2024}{13}$ c) $\frac{197}{20}$ d) $\frac{499}{5}$

1.8 a) 80   b) 120   c) 1575   d) 2244   e) 9702

1.9 a) $\frac{2}{3}$, HN: 30   b) $\frac{37}{180}$, HN: 180
     c) $\frac{18}{65}$, HN: 195   d) $\frac{497}{1400}$, HN: 1400
     e) $\frac{2}{7}p$ f) $\frac{5a^2 - 3a^2b^2 + b^2}{15ab}$

1.10 a) $\frac{45}{150} = \frac{3}{10}$ b) $\frac{420}{1155} = \frac{4}{11}$ c) $\frac{110}{390} = \frac{11}{39}$
      d) $\frac{595}{2856} = \frac{5}{24}$ e) $\frac{7}{8}$ f) $\frac{8}{75}$
      g) $4abc$ h) $\frac{2np}{m}$ i) xy

Lösungen

1.11 a) $0,\overline{57}$ b) $0,225$ c) $0,\overline{285714}$ d) $0,3\overline{24}$

1.12 a) $2,37$ b) $0,40$ c) $0,82$ d) $3,46$

1.13
$$\begin{array}{llll}
3:4 & = & 9:12 & \qquad 4:3 & = & 12:9 \\
3:9 & = & 4:12 & \qquad 9:3 & = & 12:4 \\
4:12 & = & 3:9 & \qquad 12:4 & = & 9:3 \\
9:12 & = & 3:4 & \qquad 12:9 & = & 4:3
\end{array}$$

1.14 a) richtig b) falsch c) richtig d) richtig e) falsch

1.15 a) 33 b) 3,9 c) 28a d) 6/7

1.16 0,2 mm

1.17 R konstant: I und U direkt proportional zueinander
U konstant: I und R indirekt proportional zueinander
I konstant: R und U direkt proportional zueinander

1.18 a) $62,5\%$ b) $133,3\%$ c) 123% d) $99,51\%$

1.19 a) 578,7 b) 0,18 c) 3127 DM

1.20 8,125 m²

1.21 607,80 DM

1.22 a) 593,75 DM b) 379,75 DM

1.23 24076,92 DM

2.1 a) 14 b) 0 c) $\dfrac{1}{3}$ d) 4 e) $-5b$ f) $m+n+p$
g) $p-q$ h) $a(b+c)$ i) $\dfrac{3}{4}(a-b+c)$

2.2 a) 10 b) 199 c) 1 d) 0 e) $1\dfrac{2}{3}$ f) 65,5
g) 13,1 h) $a-9b+c$ i) $p+14q$ j) $-4(m+n)$
k) $d+2f$

2.3 a) 2 b) $\dfrac{3}{7}$ c) 0,5 d) 49,92 e) $2n$ f) $2x-\dfrac{4}{9}y$
g) $-0,22p-0,92q$ h) $2\dfrac{b}{c}-5a+b^2$ i) $12(x-9)$

2.4 a) 65 b) $-10,2$ c) $-430,92$ d) $6a^2+13ab-5b^2$
e) $m^2+13mn-9n^2$ f) $5,25p^2+6,75pq-0,84q^2$
g) $-20x^2y+8xy^2$ h) $-2u^3+12u^3v-8uv^2-2v^3$

2.5 a) $x^2 - 4xy + 4y^2$ b) $a^2 + 2a + 1$ c) $9m^2 + 12mn + 4n^2$

d) $\dfrac{25}{4}c^2 - \dfrac{15}{4}cd + \dfrac{9}{16}d^2$ e) $17,64s^2 - 15,12st + 3,24t^2$

f) $24a^2 + 28ab - 12b^2$ g) 0 h) $-48xy$ i) $4a^2 - b^2$

j) $c^2 - 1$ k) $\dfrac{1}{4}x^2 - \dfrac{9}{4}y^2$ l) $4 - 9a^4$

2.6 a) $(x-3)^2$ b) $(2a+6b)^2$ c) $(1-4m)^2$ d) $(1,2u + 0,8v)^2$

e) $(m+n)(m-n)$ f) $(3x+6y)(3x-6y)$

g) $\left(\dfrac{5}{2}a + \dfrac{1}{4}b\right)\left(\dfrac{5}{2}a - \dfrac{1}{4}b\right)$ h) $(0,1a+b)(0,1a-b)$

2.7
$$\binom{0}{0}$$
$$\binom{1}{0} \quad \binom{1}{1}$$
$$\binom{2}{0} \quad \binom{2}{1} \quad \binom{2}{2}$$
$$\binom{3}{0} \quad \binom{3}{1} \quad \binom{3}{2} \quad \binom{3}{3}$$

2.8 a) $\dfrac{(-3)\cdot(-4)\cdot(-5)\cdot(-6)}{1\cdot 2\cdot 3\cdot 4} = 15$ b) $\dfrac{\frac{1}{3}\cdot\left(-\frac{2}{3}\right)}{1\cdot 2} = -\dfrac{1}{9}$

c) $\dfrac{\left(-\frac{5}{4}\right)\cdot\left(-\frac{9}{4}\right)\cdot\left(-\frac{13}{4}\right)}{1\cdot 2\cdot 3} = -\dfrac{195}{128}$

2.9 a) $8a^3 + 12a^2b + 6ab^2 + b^3$

b) $m^4 - 4m^3 + 6m^2 - 4m + 1$

c) $\dfrac{1}{8}x^3 - x^2y + \dfrac{8}{3}xy^2 - \dfrac{64}{27}y^3$

d) $2,0736k^4 + 2,7648k^3 + 1,3824k^2 + 0,3072k + 0,0256$

e) $1 - \dfrac{3}{2}a + \dfrac{3}{4}a^2 - \dfrac{1}{8}a^3$

f) $c^5 + 0,5c^4 + 0,1c^3 + 0,01c^2 + 0,0005c + 0,00001$

2.10 $\dfrac{35}{8}m^3$

2.11 a) $6a - 2b$
b) $12v - 5w + 2$
c) $6x + 5y - \dfrac{16}{9}$
d) $1,4rs - 0,8s^2 + 4,3s$

Lösungen

2. 12   a) $a - 4b$ b) $m - n$ c) $2x^2 - 4xy + 3y^2$
        d) $9m - 2n$ e) $a^2 + ab + b^2$
        f) $0,2u - 4,1v + 0,4z$ g) $5a^2 - 2ab + b^2$

2. 13   a) $a^2 + 2ab - b^2$ b) $4x + 3y$ c) $a^2 - 2a + 2 - \dfrac{1}{a - 2}$

2. 14   a) $2a(b + 2c - 4d)$ b) $x(x^3 - 9)$
        c) $3mn(4m - 2mn + 5n)$ d) $(a - 6b)(x + y)$

        e) $\dfrac{1}{5}x^2 y \left(\dfrac{1}{3}x - \dfrac{1}{2}y + \dfrac{1}{4}y^2\right)$

2. 15   a) $(m - 1)(n + 1)$ b) $(m - 1)(m + 3)$
        c) $(2p + q)(p - 2q)$ d) $(2a - 5b^2)(9a + 7b)$
        e) $(3x^2 + 4y^2)(4x - 3y)$ f) $2x(y - 4z)(y - 5z)$

2. 16   a) $(2a - 3b)^2$ b) $p\left(\dfrac{1}{4}m + 2n\right)^2$

        c) $\dfrac{1}{2}(3x + 5y)(3x - 5y)$

2. 17   a) $\dfrac{x - 1}{x + 1}$ b) $\dfrac{3x + 1}{2x + 3}$ c) $\dfrac{m - 1}{x - 1}$

        d) $\dfrac{(m - 7) \cdot 2(6m + 42)}{(6m - 42)(m + 7)}$ e) $\dfrac{a + b}{2}$

2. 18   a) $\dfrac{a - 1}{a + 1}$ b) $p + 1$ c) $\dfrac{m^2}{m - 1}$

        d) $\dfrac{b^2}{a^2 - b^2}$ e) $\dfrac{u + 1}{u}$

2. 19   a) $\dfrac{a}{b}$ b) $\dfrac{1}{m}$ c) $\dfrac{y - x}{y + x}$ d) $\dfrac{a(a - 1)(a - 2)}{2 - a^2}$

        e) $\dfrac{b}{a - b}$

3. 1 $\{1\}, \{2\}, \{3\}, \{1, 2\}, \{1, 3\}, \{2, 3\}$

3. 2 $Q \subset R, R \subset P, P \subset T, T \subset V, Q \subset S, S \subset P$

3. 3   a) $\{a, b, c, d, e\}$ b) $\{b, d\}$ c) $\{a, c\}$ d) $\{e\}$

3. 4   a) $\{2, 6, 7, 8\}$ b) $\{1, 3, 5\}$ c) $\{1, 3, 5, 6, 7, 8\}$
      d) $\{5, 6, 7, 8\}$ e) $\{1, 3, 5\}$

3. 5   siehe Bild L1

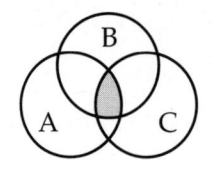

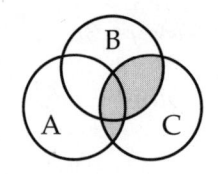

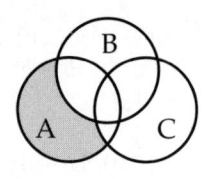

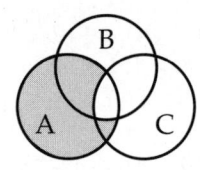

Bild L1

4.1 $x = 5$

4.2 $x = 12$ 4.3 $x = \dfrac{3}{7}$

4.4 $x = 3b$ 4.5 $x = \dfrac{b+d}{a-c}$

4.6   71 cm, 43 cm, 55 cm

4.7 $x = 5$ 4.8 $x = 2$

4.9 $x = -4$ 4.10 $x = 2$

4.11 $x = 10$ 4.12 $x = 8$

4.13 $x = \dfrac{q-p}{m+2n}$ 4.14 $x = \dfrac{(a+1)^2}{4a}$

4.15 t sei die seit 10.00 Uhr vergangene Zeit.
$v_1 t + v_2(t - 1\text{ h}) = e \implies t = 2,5$ h.
Beide Fahrzeuge treffen sich um 12.30 Uhr. Der Treffpunkt ist 200 km von A entfernt.

4.16 x sei die Anzahl der Liter von 95%igem Alkohol.
$50 \cdot \dfrac{50}{100} + x \cdot \dfrac{95}{100} = (50 + x)\dfrac{80}{100} \implies x = 100$. Es müssen 100 l 95%igen Alkohol zugegeben werden.

4.17 $x = 7$ 4.18 $x = 17$

4.19 $x = 5$ 4.20 $x = 2$

4.21 $x = 1$ 4.22 $x = \dfrac{ab}{a-b}$

4.23 $x = \dfrac{p+q}{p-q}$ 4.24 $x = b$

4.25 $x = m - n$

4.26 $x = 2, \ y = -5$

4.27 $x = -1,5, \ y = 3,4$

4. 28 unendliche Lösungsmenge: $\left\{(x,y)|x \in R, \quad y = \frac{2}{5}x - \frac{3}{5}\right\}$, die Gleichungen sind linear voneinander abhängig.

4. 29 $x = 12,5, \quad y = -38,3$

4. 30 $x = \dfrac{176}{12} \approx 14,\overline{6}, \quad y = -6$

4. 31 $x = 84, \quad y = 60$

4. 32 $x = 12, \quad y = 15$

4. 33 $x = \dfrac{1}{5}, \quad y = 1$

4. 34 $x = 9,69, \quad y = -0,2$

4. 35 $x = 17, \quad y = 13$

4. 36 $x = a - b, \quad y = a + b$

4. 37 $x = \dfrac{a+b}{2}, \quad y = \dfrac{a-b}{2}$

4. 38 $x = \dfrac{1}{b}, \quad y = \dfrac{1}{a}$

4. 39 $x = \dfrac{m}{m-n}, \quad y = \dfrac{n}{m+n}$

4. 40 $a = 13, \quad b = 5$

4. 41 $U = 34,5 \text{ V}$

4. 42 12 l/min, 8 l/min

4. 43 $U_1 = I_1(R_1 + R_3) + I_2 R_3 \quad | \quad I_1(R_1 + R_3) + I_2 R_3 = U_1$
$U_2 = I_2(R_2 + R_3) + I_1 R_3 \quad | \quad I_1 R_3 + I_2(R_2 + R_3) = U_2$

Cramer-Regel:

$$I_1 = \frac{\begin{vmatrix} U_1 & R_3 \\ U_2 & R_2 + R_3 \end{vmatrix}}{\begin{vmatrix} R_1 + R_3 & R_3 \\ R_3 & R_2 + R_3 \end{vmatrix}} = \frac{110 \cdot 20 - 220 \cdot 10}{30 \cdot 20 - 100} = \underline{\underline{0 \text{ A}}}$$

Analog: $I_2 = 11A = I_3; \quad U_3 = R_3(I_1 + I_2) = 110 \text{ V}$

4. 44 x, y = Ladungskapazitäten beider Wagen, M = Gesamtmenge

$\begin{vmatrix} 12x + 12y & = & M \\ 8x + 8y + 7y & = & M \end{vmatrix} \quad \begin{vmatrix} 12x + 12y & = & M \\ 8x + 15y & = & M \end{vmatrix}$

$x = \dfrac{-3M}{-84} = \dfrac{1}{28}M; \quad y = \dfrac{-4M}{-84} = \dfrac{1}{21}M$

Der eine Wagen würde alleine 28 Tage, der andere 21 Tage benötigen.

4. 45 Nennerdeterminante: $D = 0$;
Zählerdeterminante: $D_x = 0; D_y = 0; D_z = 0$
Es gibt beliebig viele Lösungen (z. B.: $x = 3, \quad y = 12, \quad z = 2$)

4. 46 $x = -1, \quad y = 2, \quad z = 1$

4.47 $x = 18,\quad y = 32,\quad z = -93$

4.48 $x = 5,3,\quad y = -2,5,\quad z = 4,1$

4.49 $x = -4,5,\quad y = 1,8,\quad z = -2,6$

4.50 $x = 2,\quad y = -3,\quad z = 1,\quad t = 4$

4.51 $x = 0,5,\quad y = -1,2,\quad z = 2,4,\quad t = -0,8$

4.52 $x = 4,\quad y = -3,\quad z = 1,\quad u = -2,\quad v = 5$

4.53   a) 6   b) -288 c) 0   d) $-9n$
       e) 138   f) -1385 g) abc h) $a^2 - b^2$

4.54   a) Lösungsmenge für x ist das Intervall $L = \left(-\dfrac{1}{6}, \infty\right)$
       b) $L = (-\infty, 0]$
       c) $L = (-1, \infty)$
       d) $L = \{x \mid 0 < x \leq \dfrac{1}{7}\}$
       e) $L = (-\infty, 1) \cup \left(\dfrac{7}{5}, \infty\right)$

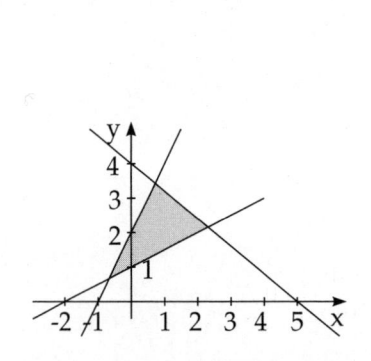

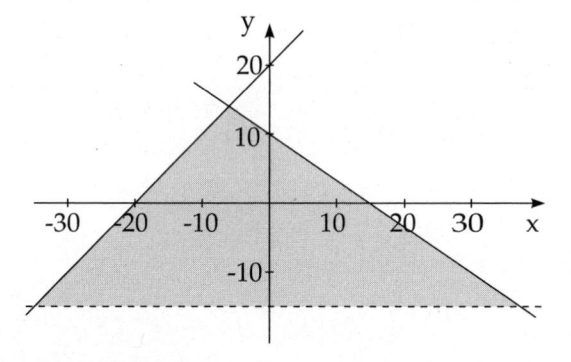

4.55   a) siehe Bild L2
       b) siehe Bild L3

Bilder L2 und L3

5.1   siehe Bild L4

5.2   siehe Bild L5 (Funktionsgleichung $y = \dfrac{2}{1 + x^2}$)

5.3 $y = \dfrac{1}{4}x - 1$

5.4 $g_1: \ y = \dfrac{1}{2}x - 1, \quad g_2: \ y = 1, \quad g_3: \ y = -x + 3, \quad g_4: \ y = -\dfrac{1}{2}x$

5.5   a) $y = x - 1$ b) $y = -\dfrac{4}{9}x + \dfrac{14}{9}$ c) $y = \dfrac{1}{3}x$

5.6   ja, $y = 3x + 1$

Lösungen 395

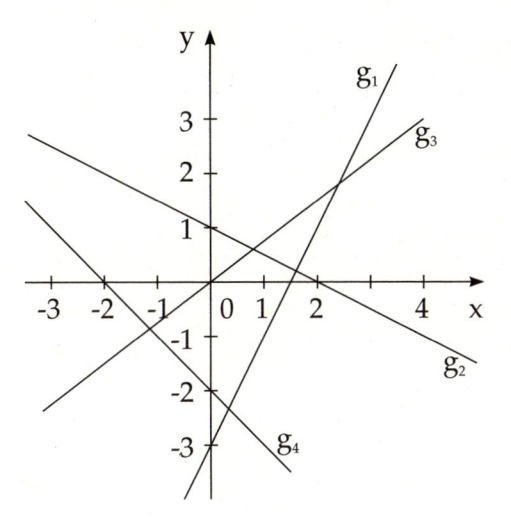

Bild L4

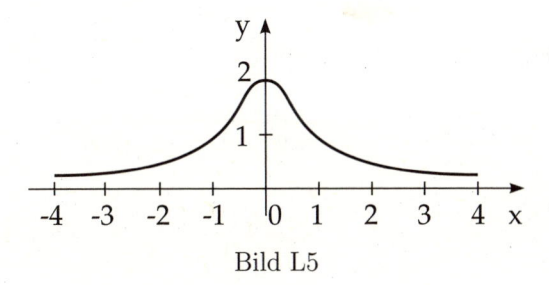

Bild L5

5. 7   a) $y = 0,8x + 6,6$ b) $y = -1,5x + 6,3$

5. 8   a) $y = -\dfrac{3}{4}x + \dfrac{3}{4}$ b) $y = \dfrac{4}{3}x - \dfrac{29}{3}$

5. 9   Man setzt $y = 0$ bzw. $x = 0$. $A(0; -5)$, $B(3; 0)$

5. 10   a) $S(-2; 3)$ b) kein Schnittpunkt, die Geraden sind parallel
       c) $S(-1,2; 3,4)$ d) kein Schnittpunkt, die Geraden fallen zusammen

5. 11 $y = 2x - 6$

6. 1   a) $3^5 = 243$ b) $2^8 = 256$ c) 608

      d) $3ab(a+b)$ e) $5uv\left(\dfrac{1}{4}u^2 - \dfrac{1}{9}v^2\right)$ f) xm^3

6. 2   a) $3^9 = 19683$ b) $(-0,5)^3 = -0,125$ c) x^{5a} d) $18a^5b^5$

      e) $2x^2$ f) a^{2x+1} g) $-a^{2n+6}$ h) $(a+b)^{10}$

i) $24x^n$ k) $\dfrac{x}{a}$ l) u^{x+2} m) a^{n-1}

n) $\dfrac{1}{4}a^{-4}b^{-2}c^{-3}$ o) $\dfrac{ab^2}{c}$ p) $\dfrac{2b^2}{a^6}(a-b)^2$

6. 3 a) $\dfrac{1}{x^5}$ b) $a^2 - 2 + a^{-2}$ c) $\dfrac{1}{a^{n+1}}$ d) $3y^3 + 9xy^2 - 17x^3y$

e) $\dfrac{(a^2+b^2)^2}{a^4b^4}$ f) $a^{3x+1} - a^{2x+2} + a^{x+3} - a^4$

6. 4 a) $2,3 \cdot 10^6 \cdot 4 \cdot 10^4 = 10 \cdot 10^{10} = 10^{11}$
b) $4 \cdot 10^{-3} \cdot 10^4 = 4 \cdot 10 = 40$

c) $\dfrac{20 \cdot 10^3}{5 \cdot 10^{-2}} = 4 \cdot 10^5$

6. 5 a) 10^8 b) $\left(\dfrac{3}{2}\right)^2$ c) $0,1^3$ d) 3^4 e) $3^5 \cdot 2^2 = 972$

f) $(xy)^3$ g) $(x^2 - y^2)^2$ h) $\left(\dfrac{10x}{y}\right)^4$ i) $\left(\dfrac{2c+d}{a-b}\right)^4$

6. 6 a) $4^6 = 4096$ b) $-2^9 = -512$ c) x^{3n} d) x^{12}

e) $a^{6(n-1)}$ f) $\left(\dfrac{a^n}{b^m}\right)^2$ g) ab h) $\dfrac{1}{a^2bx}$

i) $(uvw)^{-4}$ k) $a^4 + 2 + \dfrac{1}{a^4}$ l) $4x^6 - 4x^2 + \dfrac{1}{x^2}$ m) $\dfrac{x^4}{x^8 - 2x^4 + 1}$

6. 7 $y - 2 = 3(x-1)^2$, siehe Bild L6

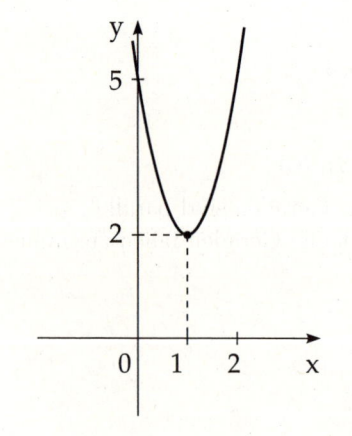

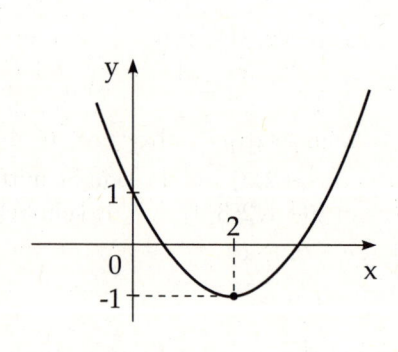

Bilder L6 und L7

6. 8 $y + 1 = \dfrac{1}{2}(x-2)^2$, siehe Bild L7

Lösungen

6. 9 Für den Schnittpunkt mit der y-Achse gilt $t = 0$. Damit folgt $y(0) = 9$.

6. 10 Für $x \to -2$ folgt $y \to \infty$, daher lautet die Gleichung der Asymptote $x = -2$.
$y(0) = \dfrac{1}{2}$

6. 11 a) Die Frage läßt sich auch so formulieren: Wie groß müssen x und $f(x)$ gleichzeitig sein, damit zwei Zeilen oder Spalten proportional zueinander sind? Dann nämlich ist
$D = 0$: $P_1(1;2)$, $P_2(0;1)$, $P_3(3;0)$

b) $f(x) = -\dfrac{2}{3}x^2 + \dfrac{5}{3}x + 1$
(nach Auflösen der Determinante mittels des Entwicklungssatzes)

7. 1 a) $3\sqrt[2]{a} + 4\sqrt[2]{b}$ b) $7(\sqrt[3]{x} - \sqrt[2]{x})$
c) 19 d) 7

7. 2 a) $2a$ b) $30x^3$ c) $6a^2$
d) $\dfrac{x}{y}$ e) $a - b$ f) $(a+b)\sqrt[3]{a-b}$
g) $a - b$ h) b

7. 3 a) $2\sqrt{2}$ b) 12 c) $215 - 120\sqrt{3}$
d) $8(7 - 4\sqrt{3})$ e) 3 f) 32
g) -41 h) $58\sqrt{2xy}$

7. 4 a) 6 b) $6p$ c) 5
d) $\dfrac{3b}{a}$ e) $x - y$, Partialdivision anwenden
f) $\dfrac{\sqrt{x^2 + y^2}}{x - y}$ g) $\sqrt[x-y]{\dfrac{a^x}{a^y}} + \sqrt[x+y]{a^x a^y}$

7. 5 a) $\sqrt[3]{x^3 y^4}$ b) $\sqrt[4]{a^3}$ c) $\sqrt[3]{\dfrac{u^2}{v}}$
d) $\sqrt{a^2 - b^2}$ e) $\sqrt{\dfrac{a+1}{a-1}}$ f) $\sqrt{x^2 - 1}$

7. 6 a) $\sqrt[10]{b^3}$ b) $\sqrt[6]{\dfrac{a}{x}}$ c) $\sqrt[10]{x^7}$
d) $\sqrt[6]{a^{11}}$ e) $\sqrt[12]{a^{25}}$

7. 7 a) $\sqrt[3]{12} = 2,289$ b) 4 c) $\sqrt[3]{a}$ d) $\sqrt[3]{a}$
e) $\sqrt[8]{128} = 1,834$ f) $a\sqrt[5]{b^2}$ g) $\sqrt[3]{2}$ h) $\sqrt[6]{a}$
i) $\sqrt[x]{a}$

7. 8 a) $\dfrac{1}{2}\sqrt{2}$ b) $4\sqrt{2a}$ c) $\dfrac{5\sqrt{a+b}}{a+b}$ d) $\dfrac{1}{2}(3 - \sqrt{3})$

e) $-3-2\sqrt{2}$ f) $\dfrac{x(x-\sqrt{x-y})}{x^2-x+y}$ g) $\dfrac{5}{6}\sqrt{6}-\dfrac{1}{2}\sqrt{10}+6\sqrt{3}-3\sqrt{5}$

h) $5+2\sqrt{6}$ i) $\sqrt{7}+\sqrt{5}-\sqrt{3}$

7. 9 $y=\sqrt[2]{x^3}$ und $y=-\sqrt[2]{x^3}$, $x\geq 0$, Relation (Bild L8)
Die Graphen haben im Ursprung eine Spitze.

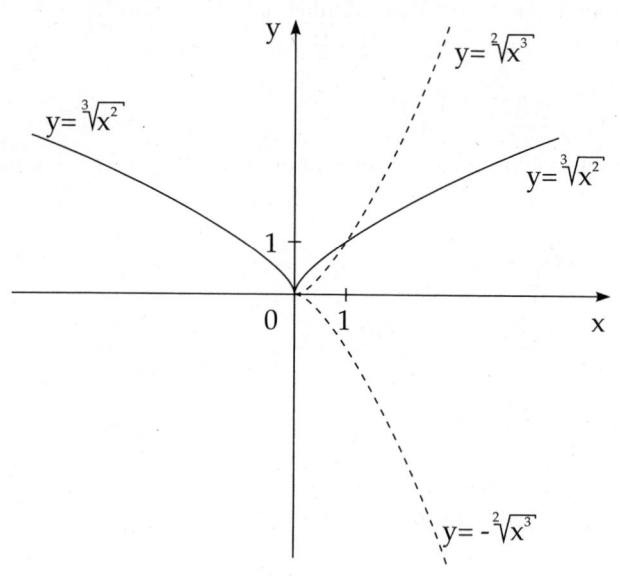

Bild L8

8. 1   a) $x_1=0$, $x_2=-\dfrac{3}{4}$, Bild L9

b) $x_1=\dfrac{1}{2}$, $x_2=-\dfrac{1}{2}$, Bild L10

c) $x_1=x_2=2$, Bild L11

d) $x_{1,2}=-\dfrac{3}{4}\pm\dfrac{1}{4}\sqrt{7}\,j$, Bild L12

8. 2   a) $x_1=4$, $x_2=-4$ b) $x_1=12\,j$, $x_2=-12\,j$
c) $x_1=0$, $x_2=\dfrac{7}{10}$ d) $x_1=7$, $x_2=-7$
e) $x_1=\sqrt{m\cdot n}$, $x_2=-\sqrt{m\cdot n}$ f) $x_1=0$, $x_2=a+b$

8. 3   a) $x_1=3$, $x_2=-1$ b) $x_1=0,8$, $x_2=-1,5$ c) $x_{1,2}=5\pm 2\,j$
d) $x_1=3,179$, $x_2=-8,179$ e) $x_{1,2}=2,1\pm 0,8\,j$
f) $x_1=a$, $x_2=\dfrac{b+c-a}{2}$,
Hinweis: alle Terme auf die linke Seite bringen und $a-x$ ausklammern.

Lösungen

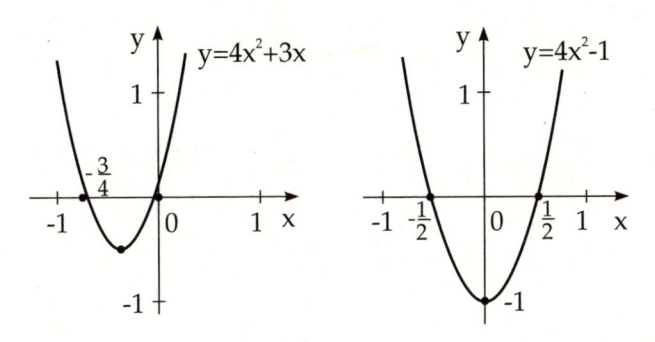

Bilder L9 und L10

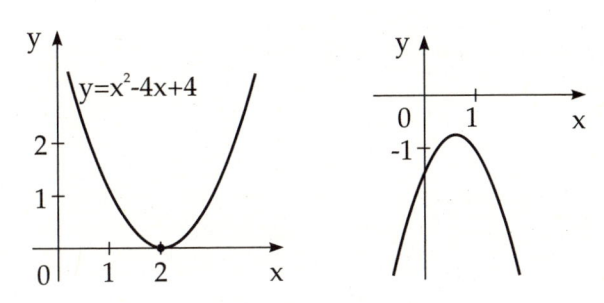

Bilder L11 und L12

8.4   a) $x_1 = 1$, $x_2 = \dfrac{12}{5}$ b) $x_1 = 1$, $x_2 = -28$ c) $x_{1,2} = 1 \pm \sqrt{2}$
     d) $x_{1,2} = \pm\sqrt{5}$ e) $x_1 = 4$, $x_2 = -2$ f) $x_1 = 2a$, $x_2 = a$

8.5   a) $x^2 - 7x + 12 = 0$ b) $x^2 - 4x + 5 = 0$ c) $x^2 - 6x + 9 = 0$

8.6   a) $x_1 = x_2 = 0$, $x_{3,4} = \pm 3, 8$ b) $x_{1,2} = \pm 4$, $x_{3,4} = \pm 7\,\mathrm{j}$
     c) $x_{1,2} = \pm\sqrt{2}$, $x_{3,4} = \pm\sqrt{2}\,\mathrm{j}$

8.7   Das Rechteck hat die Seiten $x = 24$ cm, $y = 12$ cm.

8.8 $F_1 = 160$ N, $F_2 = 120$ N

8.9   a) $x = 2$ b) $x = -5$ c) $x = \sqrt{m^2 + n^2}$ d) $x = 3$
     e) $x = 2$ f) $x = 4$ g) $x = 6$ h) $x = 4$
     i) $x_1 = 4$, $x_2 = -1$ k) $x_1 = 5$, $x_2 = \dfrac{2}{3}$ l) $x = 3$

9.1   a) $y(\infty) = K$
     b) $y(T) = K\left(1 - \dfrac{1}{e}\right) = 0{,}632 K$
     c) $0{,}95\, y(\infty) = 0{,}95 K = K\left(1 - e^{-\frac{t}{T}}\right)$ $\Rightarrow$ $e^{-\frac{t}{T}} = 0{,}05$ $\dfrac{t_{95}}{T} = 3{,}000$

9.2 a) 3   b) 1   c) 3   d) 1   e) 4   f) 6
     g) -3 h) $-\dfrac{1}{2}$ i) 6   k) 1   l) 0   m) $-1,594$

9.3 a) $x = 2,638$ b) $2^x = 2^{\frac{3}{2}}$, $x = \dfrac{3}{2}$ c) $x = 5$ d) $x = 0,01$
     e) $x = 0,3$ f) $x = \dfrac{1}{32}$ g) $x = \dfrac{1}{3}$ h) $x = -\dfrac{3}{2}$
     i) $x = m$ k) $x = \dfrac{1}{n}$

9.4 a) $2\lg(a+b) + \dfrac{1}{2}\lg d$

     b) $\ln(m-n) - \dfrac{1}{2}\ln(m+n)$

     c) $\dfrac{1}{2}\lg a - \dfrac{1}{3}(\lg a + \lg b)$

     d) $2\ln(a+b) + \ln c - \dfrac{1}{4}\ln(b-c^2) - 3\ln d$

9.5 a) $\lg \dfrac{u^3 \cdot w^2}{v}$ b) $\ln \sqrt[2]{\dfrac{x}{y^3}}$

     c) $\ln(1+x)$ d) $\lg \dfrac{\sqrt[3]{a \cdot b^2} \cdot c}{(a^2 - b^2)^3}$

9.6 a) $x = 4$ b) $x = -5$ c) $x = -3,700$

     d) $x = \dfrac{\ln 4}{\ln 8} = 0,667$ e) $x = 2,930$

     f) $x = 5,248$ g) $x = 1,3713$ h) $x = \pm\sqrt{\dfrac{\ln a}{\ln b}}$

     i) $x = 3$ k) $x = \dfrac{n\ln a - \ln 2}{\ln a + \ln b}$

9.7 $2K = K\left(1 + \dfrac{4,5}{100}\right)^n$, $n = \dfrac{\ln 2}{\ln 1,045} = 15,7$
     Das Kapital verdoppelt sich nach 15,7 Jahren.

9.8 a) $h = \dfrac{p_0}{\rho_0 g}(\ln p_0 - \ln p)$ b) $n = \dfrac{\ln \dfrac{p_1}{p_2}}{\ln \dfrac{p_1}{p_2} - \ln \dfrac{T_1}{T_2}}$

     c) $t = -\dfrac{1}{k}\ln \dfrac{1-c}{1+c}$

9.9 a) $x = \dfrac{\sqrt[3]{100}}{5} = 0,928$ b) $x = \dfrac{\ln 2}{\ln 3} + \dfrac{\ln 3}{\ln 2} = 2,216$

     c) $x = e^{\frac{\ln 15}{3 \cdot \ln 4}} = 1,918$ d) $x_1 = e^2$, $x_2 = \dfrac{1}{e}$

     e) $x = e^{0,6} = 1,822$

Lösungen 401

10. 1 a) $\alpha = 12,2189° = 0,21326$ rad $= 13,5765$ gon
b) $\alpha = 114°03'54'' = 1,9908$ rad $= 126,7389$ gon
c) $\alpha = 100,6286° = 100°37'43'' = 111,8095$ gon
d) $\alpha = 58,8626° = 58°51'45'' = 1,02735$ rad

10. 2 a) $\dfrac{1}{\cos\alpha}$ b) 1 c) $\sin\alpha$

10. 3 Man verwende (10.19a) und (10.18).

10. 4 $\cos\alpha = \dfrac{\sqrt{k^2-1}}{k}$, $\tan\alpha = \dfrac{1}{\sqrt{k^2-1}}$, $\cot\alpha = \sqrt{k^2-1}$

10. 5 a) $y = \cos x$ b) $y = \sin x$ c) $y = \tan x$ d) $\tan\lambda$

10. 6 a) $-\sqrt{2}\sin\beta$ b) $-\sin\alpha$ c) $\tan\dfrac{\alpha}{2}$
d) $\dfrac{1}{2}\tan\dfrac{\alpha}{2}$ e) $\tan\dfrac{\alpha+\beta}{2}$

10. 7 a) Man verwende (10.31). b) (10.19), (10.37)
c) (10.42b, c) d) (10.33)
e) Zerlegung: $\sin 3x = \sin(2x + x)$, (10.31) usw.

10. 8 a) $\alpha_1 = 32,100°$, $\alpha_2 = 147,900°$
b) $\alpha_1 = 150°$, $\alpha_2 = 210°$
c) $\alpha_1 = 36,870°$, $\alpha_2 = 216,870°$
d) $\alpha_1 = 135°$, $\alpha_2 = 315°$
e) $\alpha_1 = -21,938°$, $\alpha_2 = 338,062°$
f) $\alpha_1 = 18,010°$, $\alpha_2 = 341,990°$

10. 9 a) x b) $\dfrac{\pi}{2} - x$

10. 10 a) $x_1 = 228°35'$, $x_2 = 311°25'$
b) $2x = 60° + k \cdot 360° \Rightarrow x_1 = 30°$, $x_2 = 210°$
$2x = 120° + k \cdot 360° \Rightarrow x_3 = 60°$, $x_4 = 240°$
c) $x_1 = 90°$, $x_2 = 180°$
d) $x_1 = 90°$, $x_2 = 330°$
e) $x_1 = 60°$, $x_2 = 300°$
f) $x_1 = 0°$, $x_2 = 45°$, $x_3 = 180°$, $x_4 = 225°$
g) $x_1 = 60°$, $x_2 = 180°$, $x_3 = 300°$
h) $x_1 = 30°$, $x_2 = 90°$, $x_3 = 150°$, $x_4 = 270°$
i) $x_1 = 0°$, $x_2 = 19°28'$, $x_3 = 160°32'$
k) $x_1 = 60°$, $x_2 = 120°$

10. 11 $a = 2$, $\omega = \dfrac{3}{2}$, $\varphi = \dfrac{\pi}{4}$, $\psi = -\dfrac{\pi}{4}$, $b_1 = b_2 = \sqrt{2}$

10. 12 $i = 14,14\,\mathrm{A}\sin(\omega t + 0,785)$

11. 1 a) $y(0) = P_5(0) = -1$ b) $y(1) = P_5(1) = 4$

11. 2 a) $P_3(x) = (x+5)^2(x-8)$ b) $P_3(x) = -\dfrac{1}{20}(x+5)^2(x-8)$

11.3 $P_4(x) = \dfrac{13}{12}(x+1)(x-2)(x+3)(x-4)$

11.4 $P_4(x) = -\dfrac{1}{6}(x^2-3)(x^2-6)$

11.5 $P_5(x) = x(x-2)^2(x+2)^2$

11.6 $x_2 = 1;\ x_3 = -1$

11.7 $x_1 = x_2 = 1;\ x_3 = 4 \ \Rightarrow\ P_3(x) = (x-1)^2(x-4)$

11.8   a) $P_5(x) = (x-2)^3(x+3)^2$
        b) Wendepunkt mit waagerechter Tangente

11.9   a) keine Nullstellen; einfacher Pol $x=-1$; x-Achse ist Asymptote; Schnittpunkt mit der y-Achse: $y=1$

b) einfache Nullstelle $x=0$; einfacher Pol $x=-2$; $y=1$ ist Asymptote; Schnittpunkt mit der y-Achse: $y=0$

c) doppelte Nullstelle $x_1=x_2=0$; einfacher Pol $x_3=-1$; $y=x-1$ ist Asymptote; Schnittpunkt mit der y-Achse: $y=0$

d) keine Nullstelle; keinen Pol; x-Achse ist Asymptote; Schnittpunkt mit der y-Achse: $y=1$ (Maximum), gerade Funktion

e) doppelte Nullstelle $x_1=x_2=0$ (Minimum); keinen Pol; $y=1$ ist Asymptote; Schnittpunkt mit der y-Achse: $y=0$; Achsensymmetrie

f) dreifache Nullstelle $x_1=x_2=x_3=0$ (Wendepunkt); einfacher Pol $x=-1$; Parabel mit der Scheitelgleichung $y - 0,75 = (x-0,5)^2$ ist Asymptote; Schnittpunkt mit der y-Achse: $y=0$

11.10   dreifache Nullstelle $x_1=x_2=x_3=0$; einfache Nullstelle $x_4=2$; einfache Nullstelle $x_5=-2$; doppelte Polstelle $x_6=1$; $y=x+2$ ist Asymptote.

11.11   a) $f_1(x) = \dfrac{3}{x-2} + \dfrac{2}{x+5}$ b) $f_2(x) = \dfrac{1}{2(x+4)} - \dfrac{3}{2(x-6)}$

c) $f_3(x) = \dfrac{1}{x-3} - \dfrac{2}{(x-3)^2}$ d) $f_4(x) = \dfrac{4}{x-1} + \dfrac{11}{x+2} - \dfrac{1}{(x+2)^2}$

e) $f_5(x) = \dfrac{-4+3x}{x^2-6x+34}$

12.1   a) Zeichnen von Seite $a = \overline{BC}$. Der Kreis um B mit c und der Kreis um C mit b schneiden sich in A (Bild L13).

b) Zeichnen der Seite $b = \overline{AC}$. Antragen von α in A an AC und Antragen von γ in C an CA. Die freien Schenkel von α und γ schneiden sich in B (Bild L14).

c) Zeichnen von $a = \overline{BC}$. Antragen von β in B an BC. Kreis um C mit b schneidet freien Schenkel von β nicht. Keine Lösung (Bild L15).

Lösungen 403

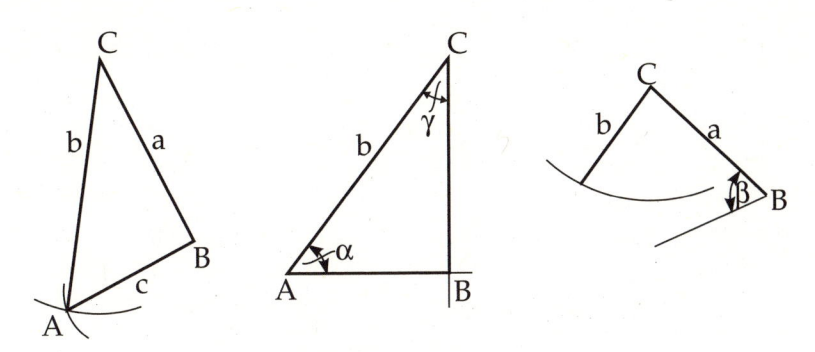

Bilder L13, L14 und L15

12. 2 $a : b = (a+x) : c \Rightarrow x = 23,1$ cm

12. 3 a) Zeichnen von $c = \overline{AB}$. Antragen von β in B an BA. Kreisbogen um A mit S_a schneidet freien Schenkel von β in M_a. $\overline{BM_a} = \dfrac{a}{2}$ von M_a auf Schenkel von β abtragen bis C (Bild L16).

b) Zeichnen der Geraden g. In beliebigem Punkt von g Senkrechte errichten und h_a abtragen bis C. Kreis um C mit a schneidet g in B_1 und B_2. a von B_1 bzw. B_2 abtragen auf g ergibt A_1 bzw. A_2. Zwei Dreiecke als Lösungen: $\triangle A_1 B_1 C, \triangle A_2 B_2 C$ (Bild L17).

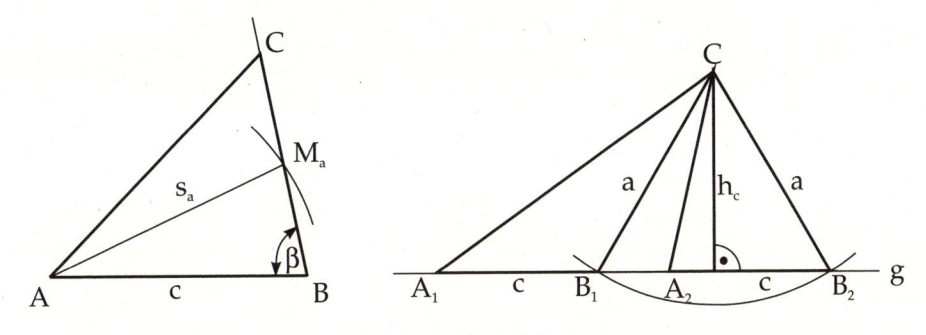

Bilder L16 und L17

12. 4 $A = 384$ m²

12. 5 a) $b = 76,1$ cm, $c = 83,8$ cm, $h = 31,9$ cm, $q = 61,1$ cm
       b) $a = 6,27$ m, $b = 5,47$ m, $h = 4,12$ m, $p = 4,73$ m
       c) $a = 5,6$ cm, $c = 13,7$ cm, $p = 2,3$ cm, $q = 11,4$ cm
       d) $a = 34,28$ m, $b = 25,79$ m, $c = 42,90$ m, $h = 20,61$ m

12. 6 a) $a = 139,4$ cm, $b = 58,5$ cm, $\beta = 22,78°$, $h = 54,00$ cm
       b) $a = 5,24$ m, $c = 8,37$ m, $\alpha = 38°48'$, $h = 4,09$ m
       c) $b = 14,2$ cm, $c = 24,2$ cm, $\alpha = 54,07°$, $\beta = 35,93°$
       d) $b = 42,96$ m, $c = 53,08$ m, $\alpha = 35,970°$, $h = 25,23$ m

12. 7 $\tan\alpha = \dfrac{s_2}{s_1}, \quad \alpha = 32,8687°$
$s_3 = s_1 \sin\alpha = 1,76$ m
$s_4 = s_3 \cos\alpha = 1,48$ m
$s_5 = s_4 \cos\alpha = 1,24$ m
$s_6 = s_5 \cos\alpha = 1,05$ m

12. 8 $\alpha = 90° - \gamma/2 = 74,46°, \quad c = 2a\sin\gamma/2 = 13,5$ cm, $h = a\cos\gamma/2 = 24,3$ cm

12. 9 $r_i = 16,7$ cm, $r_u = 40,18$ cm

12. 10 $A = h^2 \cdot \tan\alpha/2 = 1,3725$ m²

12. 11 $r_i = \dfrac{a}{6}\sqrt{3}, \quad r_u = \dfrac{a}{3}\sqrt{3}$

12. 12   a) $b = 122,36$ m, $c = 137,10$ m, $\gamma = 62°48'$
        b) $a = 297,63$ m, $\alpha = 61°06'58'', \beta = 43°36'32''$
        c) $\alpha = 17,612°, \beta = 22,642°, \gamma = 139,745°$
        d) $a = 88,9$ cm, $\beta = 33,76°, \gamma = 19,84°$
        e) $c_1 = 78,8$ cm, $\beta_1 = 62,34°, \gamma_1 = 68,46°$
           $c_2 = 19,3$ cm, $\beta_2 = 117,66°, \gamma_2 = 13,14°$
        f) $b = 33,84$ m, $\alpha = 9,09°, \gamma = 144,56°$
        g)   keine Lösung.

12. 13 $F_R = 690,8$ N, $\varphi = 32,73°$

12. 14 $A = \dfrac{1}{2}[r_A r_C \sin(\varphi_A - \varphi_C) + r_C r_B \sin(\varphi_C - \varphi_B) + r_A r_B \sin(\varphi_A - \varphi_B)]$
$A = 507,75$ m²

12. 15 $\overline{AM} = a = \dfrac{c \sin\beta_1}{\sin(\alpha_1 + \beta_1)} = 155,718$ m
$\overline{AN} = b = \dfrac{c \sin\beta_2}{\sin(\alpha_2 + \beta_2)} = 188,968$ m
$x = \sqrt{a^2 + b^2 - 2ab\cos(\alpha_1 - \alpha_2)} = 197,49$ m

12. 16 $e = 9530$ m $= 5,1$ sm

13. 1   Man zeichnet $f = \overline{AC}$, bestimmt den Mittelpunkt E und trägt in A an $\overline{AC}$ den Winkel $\alpha/2$ an. Eine Senkrechte zu $\overline{AC}$ durch E schneidet den freien Schenkel von α in B. Die Parallele zu BC durch A schneidet die Parallele zu AB durch C in D. Viereck $ABCD$ ist der gesuchte Rhombus.

13. 2   Man zeichnet $a = \overline{AB}$. Der Kreisbogen um A mit $e/2$ und um B mit $f/2$ schneiden sich in E. Man verlängert $\overline{AE}$ um $e/2$ bis C und $\overline{BE}$ um $f/2$ bis D.

13. 3   a) Zeichnen von α mit Scheitelpunkt A. Auf den Schenkeln von α wird $a = \overline{AB}$ und $d = \overline{AD}$ abgetragen. Der Kreisbogen um B mit b und um D mit c schneiden sich in C.

b) $f = \sqrt{a^2 + d^2 - 2ad\cos\alpha} = 44,24$ cm,
$\cos\gamma = \dfrac{b^2 + c^2 - f^2}{2bc}, \quad \gamma = 67,166°$
$A = \dfrac{1}{2}ad\sin\alpha + \dfrac{1}{2}bc\sin\gamma = 1275,67$ cm^2

13. 4 Die Fläche besteht aus zwei Rechtecken und zwei Trapezen, $A = 588,04$ cm^2

13. 5 $h = b\sin\beta = 13,82$ cm, $d = \dfrac{h}{\sin\alpha} = 14,5$ cm,
$c = a - d\cos\alpha - b\cos\beta = 10,9$ cm,
$\gamma = 180° - \beta = 123,1°, \beta = 180° - \alpha = 107,2°$

13. 6 $x = \sqrt{ab\sin\alpha} = 35,6$ cm

13. 7 A setzt sich aus dem Flächeninhalt von 4 Trapezen wie folgt zusammen :
A_1 sei Flächeninhalt von Trapez $P_1Q_1Q_2P_2$
A_2 ''   ''   ''   '' $P_2Q_2Q_3P_3$
A_3 ''   ''   ''   '' $P_3Q_3Q_4P_4$
A_4 ''   ''   ''   '' $P_4Q_4Q_1P_1$
$A = A_3 + A_4 - A_1 - A_2 = 94243$ m^2

13. 8 $A = 2076,98$ m^2

13. 9 $U_{1000} = 6,2832r$, $A_{1000} = 3,1416$ m^2

---

14. 1 $A = \dfrac{U^2}{4\pi} = 0,2813$ m^2

14. 2 1061 Umdrehungen

14. 3 $d = 2\sqrt{11^2 + 15^2} = 37,2$ cm

14. 4 $d = \sqrt{\dfrac{18 \cdot 32 \cdot 4}{\pi}} = 27$ mm

14. 5 Quadratseite: $a = \sqrt{2}r$. Der Flächeninhalt des Kreises ist um 57% größer als der Flächeninhalt des Quadrates.

14. 6 $a = \sqrt{\dfrac{U^2}{8\pi}} = 40,9$ cm

14. 7 $r_2 = \sqrt{r_1^2 - \dfrac{A}{\pi}} = 9,5$ cm

14. 8 $s = 2r\sin\dfrac{\alpha}{2} = 78,7$ cm, $p = r\left(1 - \cos\dfrac{\alpha}{2}\right) = 14,1$ cm

14. 9 $b - s = \dfrac{\alpha r \pi}{180°} - 2r\sin\dfrac{\alpha}{2} = 0,017$ m

14. 10 $\alpha = \dfrac{360°}{8} = 45°$, $s_8 = 2r\sin\dfrac{\alpha}{2} = 0,734$ m, $A_8 = 4r^2\sin\alpha = 2,6067$ m^2

14. 11 $d = \sqrt{r^2 - \left(\dfrac{s_1}{2}\right)^2} - \sqrt{r^2 - \left(\dfrac{s_2}{2}\right)^2} = 0,37$ m

14. 12 $A_{Dreieck} = \dfrac{a^2}{4}\sqrt{3}, \quad A_{Segment} = \dfrac{a^2\pi}{6} - \dfrac{a^2}{4}\sqrt{3}$
$A = 3 \cdot A_{Segment} + A_{Dreieck} = \dfrac{a^2}{2}(\pi - \sqrt{3}) = 0,705a^2$

14. 13 $A = 751{,}72$ cm^2

14. 14 $A_{Rechteck} - A_{Segment} = 176{,}4$ cm$^2 - 30{,}16$ cm$^2 = 146{,}24$ cm^2

14. 15 $\overline{AT} = \overline{BT} = r \cdot \tan\dfrac{\alpha}{2} = 105{,}89$ m

$\overline{ST} = \dfrac{r}{\cos\dfrac{\alpha}{2}} - r = 13{,}14$ m, $\widehat{AB} = \dfrac{\pi \alpha r}{180°} = 207{,}45$ m

14. 16 Der Hilfskreis k_3 (vgl. Bild 13.17) wird mit dem Radius $r_1 + r_2$ gezeichnet.

$\sin\gamma = \dfrac{r_1 + r_2}{\overline{M_1 M_2}}$, $\overline{M_1 E} = \dfrac{r_1 + r_2}{\tan\gamma}$, $\widehat{AC} = \dfrac{\pi r_1(180° + 2\gamma)}{180°}$

$\widehat{BD} = \dfrac{\pi r_2(180° + 2\gamma)}{180°}$

$l = 2\overline{M_1 E} + \widehat{AC} + \widehat{BD} = 520$ cm

15. 1 $A_O = 6\sqrt[3]{V^2} = 298$ cm^2

15. 2 $h = 15$ cm, $A_O = 432$ cm^2

15. 3 $1{,}26a$

15. 4 $m = 24{,}5$ kg

15. 5 $h = 23{,}4$ cm

15. 6 $A_M = 684$ dm^2, $m = 2399$ kg

15. 7 $V = \dfrac{a^3}{12}\sqrt{2} = 397{,}748$ cm^3, $A_O = a\sqrt{3} = 389{,}71$ cm^2

15. 8 $m = 1847{,}73$ kg

15. 9 $V = \dfrac{a^3}{3}\sqrt{2} = 241{,}359$ cm^3, $A_O = 2a^2\sqrt{3} = 221{,}70$ cm^2

15. 10 $h = 15{,}7$ cm

15. 11 $d = 2{,}52$ cm

15. 12 $A_O = 198{,}78$ cm^2

15. 13 $m = 905$ kg

15. 14 $V = 87$ m^3

15. 15 $s = 21{,}5$ cm, $\beta = 133{,}7°$

15. 16 $A_M = \dfrac{\pi h^2}{\tan\alpha \sin\alpha} = 272{,}43$ cm^2

15. 17 $r_2 = \sqrt[3]{r_1^3 - \dfrac{3V}{4\pi}}$, $a = r_1 - r_2 = 4$ mm

15. 18 $V = \dfrac{1}{6}\sqrt{\dfrac{A_O^3}{\pi}} = 897{,}6$ cm^3

15. 19 $h_z = 2\sqrt{r_k^2 - r_z^2} = 17{,}89$ cm, $h = r_k - \dfrac{h_z}{2} = 3{,}06$ cm

$V = \dfrac{4}{3}\pi r_k^3 - \pi r_z^2 h_z - 2\dfrac{\pi h^2}{3}(3r_k - h) = 2997{,}254$ cm^3

Lösungen 407

15.20 $m = 3386$ kg

15.21 $A_O = 55$ m^2

15.22 a) $d = 5,5$ cm, b) $d = 9,0$ cm, c) $d = 15,6$ cm, d) $d = 19,7$ cm

15.23 $A_M = 2\pi r^2(\sin 60° - \sin 30°) = 93,32 \cdot 10^6$ km^2, das ist der 0,183-te Teil der Erdoberfläche.

16.1 a) $-4\vec{i} - 9\vec{j} + 9\vec{k}$ b) $18\vec{i} + 18\vec{j} + 17\vec{k}$ c) $-2\vec{i} - 3\vec{j} + \dfrac{3}{2}\vec{k}$

16.2 $|\vec{v}| = 6$, $\vec{v_E} = \dfrac{2}{3}\vec{i} - \dfrac{2}{3}\vec{j} + \dfrac{1}{3}\vec{k}$

16.3 $\overline{OM} = \dfrac{1}{2}|\vec{a} + \vec{b}|$

16.4 $\vec{F_3} = -6\vec{i} + 3\vec{j} - 4\vec{k}$

16.5 $\vec{a} = \dfrac{1}{2}(\vec{e} + \vec{f})$, $\vec{b} = \dfrac{1}{2}(\vec{e} - \vec{f})$

16.6 $\alpha = 32,31°$, $\beta = 120,47°$, $\gamma = 80,27°$

16.7 $\gamma = 66,14°$, $\vec{r} = 7,07\vec{i} + 3,09\vec{j} + 4,05\vec{k}$

16.8 $\vec{F_3} = (3100; 1839; 969)$ N

16.9 $\vec{a} = \vec{a_1} + \vec{a_2} + \vec{a_3}$ mit $\vec{a_1} = 3\vec{i} + 3\vec{j}$, $\vec{a_2} = -\vec{j} - \vec{k}$, $\vec{a_3} = 2\vec{i} + 2\vec{k}$

16.10 2 Lösungen: $\vec{v_2} = 8\vec{i} + 4\vec{j} + 8\vec{k}$, $\vec{v_2}' = -8\vec{i} - 4\vec{j} - 8\vec{k}$

16.11 a) linear unabhängig   b) komplanar

16.12 $\vec{r} = \begin{pmatrix} 1 \\ -5 \\ -1 \end{pmatrix} + k \begin{pmatrix} 3 \\ 7 \\ 9 \end{pmatrix}$, P_3 liegt auf der Geraden und ergibt sich für $k = 2$.

16.13 a) $31, \phi = 57,17°$ b) $0, \phi = 90°$ c) $-\dfrac{29}{24}, \phi = 0°$

16.14 $W = 2690$ Nm

16.15 $\vec{b_E} = \dfrac{2}{3}\vec{i} - \dfrac{1}{3}\vec{j} + \dfrac{2}{3}\vec{k}$, $\vec{a_b} = (\vec{a} \cdot \vec{b_E}) \cdot \vec{b_E} = \dfrac{10}{3}\vec{i} - \dfrac{5}{3}\vec{j} + \dfrac{10}{3}\vec{k}$

16.16 $\vec{x_E} = \dfrac{1}{\sqrt{5}}\vec{j} + \dfrac{2}{\sqrt{5}}\vec{k}$

16.17 a) $\vec{a} \times \vec{b} = -\dfrac{3}{2}\vec{i} + \dfrac{27}{4}\vec{j} + \dfrac{13}{4}\vec{k}$ b) $\vec{a} \times \vec{b} = \vec{0}$

16.18 $A = \dfrac{1}{2}|\vec{a} \times \vec{b}| = 29,14$ Flächeneinheiten

16.19 $a^2 b^2 \sin^2 \varphi + a^2 b^2 \cos^2 \varphi = a^2 b^2$

16.20 $\vec{a} = \vec{r_2} - \vec{r_1}$, $\vec{b} = \vec{r_3} - \vec{r_1}$, $\vec{n_E} = \dfrac{\vec{a} \times \vec{b}}{|\vec{a} \times \vec{b}|} = 0,37\vec{i} + 0,74\vec{j} + 0,56\vec{k}$

16.21 $V = 95$ Volumeneinheiten

Sachwortverzeichnis

A

Absolutglied 98, 161
Abstand 95
Addition 6
Additionssystem 2
Additionstheorem 226
Additionsverfahren 61
Adjunkte 73
Ähnlichkeit 285
algebraische Gleichung 249
Arkusfunktion 231
Asymptote 133, 266
Atto 123
Außenwinkel 281
Aussage 49
Aussageform 50

B

Basis 117, 294
Basiswinkel 294
Berührungsradius 318
Bestimmungsdreieck 314
Bestimmungsgleichung 56
Betrag, absoluter 5
Binärsystem 4
Binomialkoeffizient 31
binomische Formel 29
binomischer Satz 30, 32
Bogenmaß 210
Bruch 9
–, echter 10
–, gemeiner 13
–, Kehrwert 12
–, unechter 10
Bruchgleichung 59
Bruchterm 39

C

Cosekans 216
Cosinus 215
Cosinussatz 299
Cotangens 216
Cramer-Regel 67

D

Deckfläche 332
Definitionsbereich 88
Definitionslücke 265
dekadisches System 122
Determinante 66
–, dreireihige 69
–, Hauptdiagonale 66
–, Nebendiagonale 66
–, Spaltenindex 66
–, Zeilenindex 66
Determinantengesetze 71
Dezimalbruch 13
–, endlicher 13
–, periodischer 13
Dezimalsystem 3, 121
Division 9
doppelt-logarithmisches Papier 200
Drachenviereck 312
Dreieck 280
–, Flächeninhalt 290, 303
–, gleichschenkliges 294
–, gleichseitiges 295
–, Kongruenz 283
–, Pascalsches 31
–, rechtwinkliges 281
–, Schwerelinien 288

Sachwortverzeichnis 409

–, Schwerpunkt 288
–, spitzwinkliges 281
–, stumpfwinkliges 281
Dreiecksberechnung, Grundaufgaben 301
Dualsystem 3
Durchmesser 317

E

e-Funktion 182
Einermenge 46
einfach-logarithmisches Papier 200
Einheitskreis 219
Einheitsvektor 358, 363
Einsetzungsmethode 61
Einsvektor 358
Element 45
entgegengesetzt liegende Winkel 213
Entwicklungssatz 74
Euklid 146
Eulersche Gerade 288
Exponent 117
Exponentialfunktion 179
Exponentialgleichung 196
Exponentialpapier 204
Extremwert, relativer 254

F

Fakultätendarstellung 35
Feldvektor 357
Femto 123
Fundamentalsatz der Algebra 249
Funktion 87
–, algebraische 246
–, gebrochene rationale 258
–, gerade 125
–, lineare 98
–, logarithmische 187
–, quadratische 129
–, stetige 265
–, transzendente 246
–, trigonometrische 216
–, ungerade 131
– 2. Grades 129
Funktionen des doppelten Winkels 228
Funktionsgleichung 56
– 2. Grades 129

Funktionsleiter 200
Funktionsnetz 200
Funktionspapier 200
Funktionswert 255

G

Gauß, Carl Friedrich 249
Gaußscher Algorithmus 64
gebrochene rationale Funktion 258
Gegenvektor 359
Geradengleichung, Achsenabschnitts-Form 102
–, allgemeine 99
–, Normalform 99
–, Punkt-Steigungs-Form 101
–, Zwei-Punkte-Form 99
Gesetz, assoziatives 27
–, distributives 28
–, kommutatives 6 f., 27
Giga 123
Gleichsetzungsverfahren 60
Gleichung 54
–, algebraische 56, 249
–, biquadratische 167
–, explizite Form 90
–, gemischt-quadratisch 165
–, goniometrische 235
–, implizite Form 90
–, lineare mit drei Unbekannten 63
–, lineare mit einer Unbekannten 58
–, Lösung 57
–, quadratische 161 f.
–, transzendente 56
–, Wurzel 57
– 1. Grades 58
Gleichung für Polyeder 332
Gleichungssystem, gestaffeltes 276
Gleichungssystem, lineares mit zwei Unbekannten 60
Glied, lineares 161
–, quadratisches 161
Gon 209
Grad 208
Grenze 261
Grenzgerade 266
Grenzkurve 266

Grenzwert 261
–, linksseitiger 262
–, rechtsseitiger 261
Grenzwertschreibweise 133, 261
Größengleichung 91 f.
Grundaufgabe 296
Grundfläche 332
Grundzahl 117

H

Heronische Formel 290
Hochzahl 117
Höhe 287
Höhensatz von Euklid 292
Horner-Schema 249, 255
Hyperbel 124, 133
–, Zweige 134
Hypotenuse 291

I

imaginäre Einheit 163
Inkreis 288
Interpolation, lineare 89
Intervall 77
–, geschlossenes 77
–, offenes 77

K

Kalotte 350
Kathete 291
Kathetensätze von Euklid 292
Kathetenwinkel 291
Kegel, Öffnungswinkel 347
Kegelachse 347
Kegelfläche 347
Kegelschnitt 124
Kegelstumpf 348
–, Mantelfläche 348
Kegelstumpfvolumen 348
Kegelvolumen 347
Kilo 123
Klammerrechnung 24
kleinstes gemeinsames Vielfaches 11
Koeffizient 26
–, eines Polynoms 246
Koeffizientendeterminante 67
Koeffizientenvergleich 273, 276

komplanar 368
Komplementwinkel 230
Komponente, skalare 364
kongruent, gleichsinnig 285
–, ungleichsinnig 285
Koordinatensystem, kartesisches 93
–, Polar- 95
Körper, Ecke 332
–, Kante 332
–, Netz 332
Kreis 317
–, exzentrischer 327
–, konzentrischer 327
–, Mittelpunkt 317
Kreisabschnitt 324
Kreisausschnitt 323
Kreisegment 324
Kreiskegel 347
–, gerader 347
–, schiefer 347
Kreiskegeloberfläche 347
Kreisring 327
Kreissegment, Flächeninhalt 325
Kreissektor 323
–, Flächeninhalt 324
Kreisumfang 317
Kreiszylinder 345
–, gerader 345
–, schiefer 345
Krummflächner 332
Kubikwurzel 141
Kubikzahl 8
kubisches Polynom 247
Kugel 349
Kugelabschnitt 350
–, Volumen 351
Kugelkappe 350
–, Flächeninhalt 351
Kugeloberfläche 350
Kugelschicht 350
–, Volumen 351
Kugelsegment 350
Kugelsektor 350
–, Volumen 351
Kugelvolumen 350
Kugelzone 350
–, Flächeninhalt 351

L

lineare Abhängigkeit 367
lineares Bauteil 247
lineare Unabhängigkeit 367
Linearfaktorenzerlegung 251
linearisieren 247
Linearkombination von Vektoren 366
Linkskrümmung 131, 254
Logarithmensystem, Briggssches 188
–, dekadisches 188
–, natürliches 188
–, Nepersches 188
Logarithmieren 186
logarithmische Funktion 186
logarithmisches Papier 196
Logarithmus 186
Lücke 265

M

Mantel 332
Maximum 131
Maximumpunkt 131
Mega 123
Menge 45
–, Differenz 48
–, Durchschnitt 48
–, leere 46
–, Vereinigung 47
Mikro 123
Milli 123
Milligon 209
Minimum 131
Minimumpunkt 131
Mittelsenkrechte 287
Multiplikation 7
–, skalare 372

N

Nano 123
Nebenwinkel 213
n-Eck 313
Nennerdeterminante 67
Nennerfunktion 263
Nennergrad 258
Nennerpolynom 260

Normalform, gemischt-quadratische Gleichung 165
Normalparabel 125
Nullprodukt 274
Nullstelle 98, 248
–, doppelte 248, 260
–, dreifache 260
–, einfache 248
–, k-fache 259
–, k-ter Ordnung 254, 259
–, mehrfache 251
Nullvektor 358
Numerus 186

O

Oberfläche 332
orthogonale Basis 364
orthogonales Dreibein 364
Ortsvektor 359

P

Parabel 124
–, kubische 131
–, n-ter Ordnung 132
– 2. Ordnung 129
– 3. Ordnung 131
Parallelepid 336
Parallelogramm 310
Parameter 93
Parameterdarstellung 93
Partialbruch 273
Partialbruchzerlegung 273
Peripheriewinkel 318
Pfeilhöhe 321
Piko 123
Polstelle 225
–, doppelte 263
–, einfache 262
Polyeder 332
Polynom, kubisches 247
–, quadratisches 247
–, reduziertes 257
Polynomdivision 249
Polynomfunktion 246
Polynomwert 247
Positionssystem 3
–, dekadisches 3

Potenz 117
Potenzfunktion 124
–, n-ten Grades 124
Potenzpapier 204
Potenzrechnung 8
Potenzwert 117
Primzahl 11
Prinzip von Cavalieri 349
Prisma 335
–, gerades 335
–, regelmäßiges 335
–, schiefes 335
Prismaoberfläche 337
Prismavolumen 337
Produktdarstellung 251
Proportion 15
Proportionalität, direkte 18
–, indirekte 19
Proportionalitätsfaktor 18, 96
Prozentrechnung 19
Pyramide 338
–, gerade 338
–, regelmäßige 338
–, schiefe 338
–, unregelmäßige 338
Pyramidenstumpf 341
Pyramidenstumpfvolumen 342
Pyramidenvolumen 339

Q

Quader 333
Quaderoberfläche 334
Quadervolumen 333
Quadrantenrelation 230
Quadrat 312
–, vollständiges 130
quadratische Ergänzung 130, 165
quadratisches Polynom 247
Quadratwurzel 141
qualitativer Verlauf 264
quantitativer Verlauf 264

R

Radiant 210
Radikand 140
Radius 317

Radiusvektor 95
Radizieren 140
Rationalmachen des Nenners 152
Rechenoperation, inverse 14
Rechteck 312
Rechtkant 333
Rechtskrümmung 131, 254
Rechtssystem 363
reduziertes Polynom 257
Regel von Sarrus 70
relativer Extremwert 254
Restbruch 268
Restpolynom 250
Rhombus 312
Richtungsfaktor 97
Richtungskosinus 364
Richtungswinkel 95

S

Satz des Thales 320
Satz von Pythagoras 292
Scheitelgleichung der Parabel 128
Scheitelpunkt 125
Scheitelwinkel 213
Schenkel 294
Schwingung, harmonische 240
Sehnen-Tangentenwinkel 321
Seitenhalbierende 288
Sekans 216
Sekante 318
Sekantensatz 326
Sekanten-Tangenten-Satz 326
Sinus 215
Sinussatz 297
Skalarprodukt 372
–, Komponentendarstellung 376
Spaltenindex 63
Spat 336
Spiegelachse 126
Stammbruch 10
Steigung 97
stetige Funktion 265
Strecke, gerichtete 356
Strichmaß 211, 321
Subtraktion 7
Summe 26
Summenschreibweise 33

Supplementwinkel 230
Symmetrieachse 126

T

Tangens 216
Tangente 318
–, äußere 328
–, innere 328
Teilmenge 46
–, echte 46
Teilung, dezimale 208
–, sexagesimale 208
Tera 123
Term 25
Terrassenpunkt 254
Tetraeder 338
Thaleskreis 320
Trapez 309
–, gleichschenkliges 309
–, Grundlinie 309
–, Höhe 309
–, Mittellinie 309
–, Schenkel 309

U

Umformung, äquivalente 58
Umkehrfunktion 114
unbestimmter Ansatz 274–276
Ungleichung 76
Unstetigkeitsstelle 265
Unterdeterminante 73

V

Variable, abhängige 88
–, unabhängige 88
variabler Punkt 100
Vektor 356
–, Basisdarstellung 364
–, Betrag 358
–, freier 357
–, gebundener 357
–, liniengebundener 357
Vektoraddition 359
Vektoreck 360
vektorielle Komponenten 363
vektorielle Multiplikation 377

Vektorprodukt 377
Viereck 307
–, konkaves 307
–, konvexes 307
–, überschlagendes 307
Volumen 332

W

Wechselwinkel 213
Wendepunkt 131, 254
Wertebereich 88
Wertepaar 88
Winkel 207
–, gestreckter 208
–, rechter 208
–, spitzer 208
–, stumpfer 208
–, überstumpfer 208
–, Voll- 208
Winkelfunktion 216
Winkelhalbierende 288
Würfel 333
Würfeloberfläche 334
Würfelvolumen 333
Wurzelexponent 140
Wurzelfunktion 154
Wurzelgleichung 175
Wurzelrechnung 140
Wurzelwert 140

Z

Zahl, ganze 5
–, imaginäre 162
–, irrationale 15, 144
–, komplexe 164
–, konjugiert komplex 164
–, natürliche 4
–, negative 5
–, positive 5
–, rationale 10, 14
–, reelle 15, 145
Zahlengerade 5
Zahlenwertgleichung 92
Zählerdeterminante 67
Zählerfunktion 260
Zählergrad 258

Zählerpolynom 259
Zeilenindex 63
Zentrale 318
Zentriwinkel 318
Zinsrechnung 20

Zylinder, schräg geschnittener 345
Zylinderachse 345
Zylinderfläche 344
Zylinderoberfläche 345
Zylindervolumen 345

Aus unserem Verlagsprogramm

Mathematik – Ein Lehr- und Übungsbuch

In dieser Lehrbuchreihe wird die Theorie in anschaulicher und leicht verständlicher Form dargestellt. Durch zahlreiche gut kommentierte Beispiele und anwendungsorientierte Aufgaben ist das Werk ausgezeichnet zum Selbststudium und als Repetitorium für die Studienvorbereitung geeignet. Neben der klassischen Mathematik werden in hohem Maße moderne Entwicklungen und Computertechniken zum Lösen der Aufgaben einbezogen.

Band 1:
C. Gellrich, R. Gellrich
Arithmetik, Algebra, Mengen- und Funktionenlehre
4., korrigierte Auflage 2006
480 Seiten, zahlreiche Abbildungen, Aufgaben mit Lösungen und Beispiele, gebunden
ISBN 978-3-8171-1792-5

Band 2:
C. Gellrich, R. Gellrich
Matrizen und Determinanten, Lineare Gleichungssysteme, Vektorrechnung, Analytische Geometrie
2., korrigierte Auflage 2006
441 Seiten, zahlreiche Abbildungen, Aufgaben mit Lösungen und Beispiele, gebunden
ISBN 978-3-8171-1773-4

Band 3:
C. Gellrich, R. Gellrich
Zahlenfolgen und -reihen, Einführung in die Analysis für Funktionen mit einer unabhängigen Variablen
2., korrigierte Auflage 2003
432 Seiten, zahlreiche Abbildungen, Aufgaben mit Lösungen und durchgerechneten Beispielen, gebunden
ISBN 978-3-8171-1702-4

Band 4:
R. Schark, T. Overhagen
Vektoranalysis, Funktionentheorie, Transformationen
1999, 513 Seiten, zahlreiche Abbildungen, Aufgaben mit Lösungen und Beispiele, gebunden
ISBN 978-3-8171-1584-6

Alle 4 Bände im Satz
ISBN 978-3-8171-1604-1

Aus unserem Verlagsprogramm

H. Stöcker (Hrsg.)
Mathematik – Der Grundkurs

Die drei Lehrbücher helfen den Studierenden der Anfangssemester in den Studiengängen der Naturwissenschaften und Technik, die nötigen Mathematikkenntnisse zu erwerben. Um die unterschiedliche Vorbildung der Studierenden für die Hochschulmathematik zu überbrücken, wird im ersten Band die Schulmathematik knapp, aber komplett wiederholt; somit ist eine solide Grundlage für den weiterführenden Teil geschaffen. Die mathematischen Sätze, Regeln und Definitionen sind anschaulich erläutert und anhand von Beispielen verdeutlicht. Viele Übungsaufgaben mit Lösungen helfen dem Studierenden, das Erlernte zu üben und seine Fähigkeiten zu testen.

Band 1 (Analysis 1):
Funktionen – Differentialrechnung mit einer Variablen – Integralrechnung mit einer Variablen
1995, 487 Seiten, 219 Abbildungen, 197 Aufgaben mit Lösungen, gebunden
ISBN 978-3-8171-1240-1

Band 2 (Analysis 2):
Funktionen mehrerer Variablen – Differential- und Integralrechnung – Vektorrechnung und Vektoranalysis – Unendliche Reihen – Gewöhnliche Differentialgleichungen – Integraltransformationen
1996, 413 Seiten, zahlreiche Abbildungen, Aufgaben mit Lösungen, gebunden
ISBN 978-3-8171-1340-8

Band 3:
Lineare Algebra, Optimierung, Wahrscheinlichkeitsrechnung und Statistik
1999, 388 Seiten, zahlreiche Abbildungen, Aufgaben mit Lösungen, gebunden
ISBN 978-3-8171-1534-1

Alle 3 Bände mit Multimedia-Enzyklopädie DeskTop Mathematik
ISBN 978-3-8171-1605-8

Aus unserem Verlagsprogramm

H. Stöcker (Hrsg.)
Taschenbuch der Physik

Nachdruck der 5., korrigierten Auflage 2004, 2007
1 080 Seiten, zahlreiche Abbildungen und Tabellen, Plastikeinband
ISBN 978-3-8171-1720-8
mit Multiplattform-CD-ROM
ISBN 978-3-8171-1721-5

Das *Taschenbuch der Physik* wurde von einem Team erfahrener Hochschuldozenten, Wissenschaftler und in der Praxis stehender Ingenieure unter dem Gesichtspunkt „Physik griffbereit" erstellt: Alle wichtigen Begriffe, Formeln, Meßverfahren und Anwendungen sind hier kompakt zusammengestellt.

Nicht zuletzt die ausführlichen Tabellenteile zur Mechanik, zu Schwingungen/Wellen/Akustik/Optik, zur Elektrizitätslehre, zur Thermodynamik und zur Quantenphysik machen dieses Buch zu einem unverzichtbaren Nachschlagewerk für Ingenieure und Naturwissenschaftler, die im physikalisch-technischen Sektor tätig sind.

H. Stöcker (Hrsg.)
Taschenbuch mathematischer Formeln und moderner Verfahren

Sonderausgabe der 4., korrigierten Auflage 1999, 2003
903 Seiten, zahlreiche Abbildungen und Tabellen, gebunden
ISBN 978-3-8171-1700-0
mit Multiplattform-CD-ROM
ISBN 978-3-8171-1701-7

Elementare Schulmathematik, Basis- und Aufbauwissen für Abiturienten oder Studenten, mathematischer Hintergrund für Ingenieure oder Wissenschaftler: dieses Buch bietet alle wichtigen Begriffe, Formeln, Regeln und Sätze, zahlreiche Beispiele und praktische Anwendungen, Hinweise auf Fehlerquellen, wichtige Tips und Querverweise, analytische und numerische Lösungsverfahren im direkten Vergleich.

Zudem behandelt das Taschenbuch auch Graphen und Bäume, Wavelets, Fuzzy Logik, Neuronale Netze, Betriebssysteme sowie ausgewählte Programmiersprachen und gibt eine Einführung in die Computeralgebra.

Beide Bücher sind jeweils auch mit einer CD-ROM aus der DeskTop-Reihe erhältlich, die den kompletten Inhalt der Taschenbücher als vernetzte HTML-Struktur mit farbigen Abbildungen, multimedialen Zusatzkomponenten und komfortabler Suchfunktion enthält. Diese Multimedia-Enzyklopädien sind ohne Installation überall dort verfügbar, wo der Nutzer seinen PC, Laptop, PDA oder MAC einsetzt.